网络工程设计教程

系统集成方法

第3版

陈鸣 李兵 编著

U0244904

Introduction to Computer Network Design and Its Integration
A System Integration Approach (Third Edition)

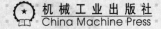
机械工业出版社
China Machine Press

图书在版编目（CIP）数据

网络工程设计教程：系统集成方法 / 陈鸣，李兵编著 . —3 版 . —北京：机械工业出版社，
2014.6（2019.11 重印）
（重点大学计算机教材）

ISBN 978-7-111-46695-6

I. 网… II.① 陈… ② 李… III. 计算机网络 – 高等学校 – 教材 IV. TP393

中国版本图书馆 CIP 数据核字（2014）第 133895 号

　　本书采用系统集成方法，系统地阐述 IP 网络的设计方法以及实施网络工程的过程管理方法。本书
以设计"具有几台 PC 的小型局域网"→"具有几十台到几百台 PC 的中型局域网"→"覆盖一个楼宇
的网络"→"覆盖几个楼宇的网络"→"覆盖几个园区的企业网"为主线，将网络系统的基本概念、设
计和建设网络系统的基本方法和技术有机地结合起来，并在每章最后部分通过"网络工程案例教学"综
合应用前面所学的内容。

　　本书在第 2 版的基础上进行了全面修订，内容先进，编排合理，便于教师实施教学和能力培养，适
合高等院校本科生和研究生作为"网络工程设计"、"网络规划与设计"等课程的教材使用，也可供从事
网络信息工程的技术人员参考。

出版发行：机械工业出版社（北京市西城区百万庄大街 22 号　邮政编码：100037）

责任编辑：朱　劼　　　　　　　　　　　　　　责任校对：殷　虹

印　　刷：三河市宏图印务有限公司　　　　　　版　　次：2019 年 11 月第 3 版第 10 次印刷

开　　本：185mm×260mm　1/16　　　　　　印　　张：20.75

书　　号：ISBN 978-7-111-46695-6　　　　　　定　　价：45.00 元

前言 Preface

因特网已经将我们带入信息社会，它极大地改变了我们的生产、生活方式，改变了我们的行为和态度。今天，世界上有超过 30 亿人在使用因特网，我们根本无法想象回到一个没有网络、不能随时随地与朋友聊天、展示照片、观看视频或者在线购物的时代将会是什么样子。在这个计算机网络已经成为社会基础设施的时代，社会对网络系统的强烈需求形成了一个巨大的网络建设市场，因此需要大量合格的网络工程师。

回想在 20 世纪 90 年代中期，计算机网络建设热潮刚刚兴起时，网络人才奇缺。当时除了少数几本网络厂商提供的设备操作手册和网络基本原理书籍外，国内外竟然找不到一本适用的网络工程教材！在学校领导和同事们的鼓励下，作者一边收集素材一边进行教学实践，构思并撰写了网络规划设计和实施网络工程的培训讲义。经过 5 年的教学与修改，终于在 2002 年出版了这本网络工程的教材，这是国内第一本系统介绍网络工程的专业教材！尽管第 1 版中尚有很多不足，但我在网络理论和实践方面积累的许多专业知识以及参与设计和实施军内外各种类型网络工程的宝贵经验已整理在这本教材中。经过 6 年多时间，作者于 2008 年出版了本书的第 2 版。结合作者多年来使用该书进行网络工程课程的教学体验和几十所高校老师使用经验与反馈建议，第 2 版教材针对教学适用性做出了很大的修改。作者认为，尽管课程涉及的知识面极广，但没有必要将课程变成"百科全书"式的宣贯，而是必须在培养学生利用网络原理知识提升解决网络工程实际问题能力方面有所突破。此时的教材，基于系统集成的理念，着眼于提高学生分析问题和解决问题的能力与素质，知识性和思想性较之第 1 版有了极大的改善。时至 2014 年，距第 2 版教材发行又过了 6 个年头，网络技术有了突飞猛进的发展，网络规划设计与网络工程技术也更加成熟，推出本书的第 3 版势在必行。值得高兴的是，李兵副教授加入了本书的编写，他在网络工程理论和实践方面的造诣为本书增色不少。

本书的特点

❏ 明确课程的目标，确立了"网络规划设计理论与网络工程实践紧密结合"的教学思路。为了调动学生的学习积极性，本书根据"学以致用"、"即学即用"的原则，设计了"具有几台 PC 的小型局域网" → "具有几十台到几百台 PC 的中型局域网"→"覆盖一个楼宇的网络"→"覆盖几个楼宇的网络"→"覆盖几个园区的网络"的教学主线，组织了全新的教学内容。

❑ 大幅度地增加了实践教学的内容。第 1 版为了不涉及厂商的具体网络设备而没有包括许多实用性和工程性的内容，第 2、3 版则大大充实了实践教学内容，如增加了"配置以太网交换机"和"配置路由器"两章完整的内容，并且系统地设计了与理论教学配套的实验教学内容，在每章最后以"网络工程案例教学"的形式呈现出来。尽管这样不可避免地会涉及某些厂家的具体网络产品，但由于网络产品的相似性，使得教学并不失一般性，教师可以很容易地使用其他厂家的网络设备进行教学。

❑ 大幅度地调整了教学内容。第 3 版进一步精选了理论内容并删除了陈旧的内容，如大幅精简了网络设备、广域网、接入网工作原理的内容，简化了质量管理、文档管理、网络管理等许多内容。与此同时，本版全面增加和补充了因特网发展中与网络工程设计相关的内容。

❑ 大幅增加和更新了许多网络设计新内容，如文档制作常用工具、施工组织设计、招标文件范本、多种结构化布线系统中的设备和工具、电源系统接地设计、单向传输设备、VPN 技术在企业网络中的应用等内容。此外，还增加了家庭网络设计、数据中心网络设计等前沿内容。

本书的读者

本书内容可供本科高年级学生或研究生的"网络工程设计"、"网络规划与设计"等课程 40 ~ 60 学时教学之用。学习本课程的学生应当已学习过"计算机网络（原理）"等先修课程。如果教学课时较少，可以根据教学要求略去第 3、6、8、9 章中的部分内容。如果学时充裕，可结合设备厂商的设备手册或提供的教学资料，对交换机、路由器等设备调试和组网进行更加细致的学习。对于工程性、实践性要求较高的大学本科、专科或应用型研究生，也可采用本书进行"计算机网络"课程的教学。本书亦可作为网络、通信和计算机专业的大专、本科、研究生教学参考材料，并可供有关专业工程技术人员参考和进修使用，或用于网络设计和维护或培养网络管理员的短训班。除在校学生外，本书的读者还可以是网络系统设计师、企业或机构的网络管理人员、信息技术主管或有志从事此类工作的技术人员。

本书的教学思想

如何科学地规划、设计和实施一个网络系统？如何控制和管理该系统的工程建设质量和进度？如何使网络系统既能满足当前各种不同的应用和技术需求，又能适应不断增长的带宽、可扩展性和可靠性需求，使其符合较长期的发展需要？网络系统根据结构、规模和用途的不同，其差异可能很大。这就是一个网络系统的解决方案可能并不适合另一个网络系统的原因。然而，网络工程作为一门课程，应当是有规律可循的。本书从探讨网络系统的基本概念和建设网络系统的基本方法出发，力图从工程实践的经验教训中总结出一些反映网络设计领域的客观规律，并以模型的形式表现出来。例如，"网络工程的系统集成模型"是设计和实现网络系统的系统化工程方法；而"具有四层结构的网络系统的层次模型"确定了网络系统体系结构应包括环境平台、网络平台、信息平台及应用系统这些层次，并选用适当的技术加以实施；设计网络拓扑的"三层层次模型"规定了大型网络应当具有接入层、分布层和核心层这些关键层次，等等。这些规律、经验甚至教训构成了本书的主要内容，希望读者能从中得到教益和启迪。

本书阐述的网络工程设计方法是以 TCP/IP 网络为蓝本进行的，"系统集成"是本书的一个重要出发点。从系统集成的观点出发，我们首先需要根据系统的应用需求，关注系统的总体功能和特性，再选用各种合适的部件来构造或定制所需要的网络信息系统。换言之，根据系统对网络设备或部件的要求，选用工作机制最为合适的设备；同时我们仅需关注各种设备或部件的外部特性（即接口），而忽略这些设备或部件的内部技术细节。本书假定读者已经在计算机网络原理等课程中学习过这些技术细节。从教学完整性和便于读者理解的角度，本书仅对网络设计所涉及的网络知识进行概念性介绍，而没有讨论它们的工作原理或定量关系。

为了适合网络工程设计课程教学，本书的教学思想包括：

❑ 按网络工程设计这条主线组织内容，以学生能够全面系统地掌握网络工程设计过程及基本知识、掌握设计实现通用计算机网络基本技能为教学目标，但并没有期望他们通过本课程的学习成为训练有素的网络工程师或结构化布线系统专业施工人员等专业人员。

❑ 按循序渐进、由浅入深的原则，系统地讲解设计实现小型网络 → 中型网络 → 大型网络的原理和技术。这反映在本书各章内容的设计编排上。

❑ 按基本网络工程设计原理方法与网络工程实践技能协调并重的原则，设计了多个实用性很强的网络工程案例。建议在进行理论教学的同时，同步进行实验（实践）教学。

本书的教学实施方法

通过学习本书，我们希望读者能够达到以下要求：了解用系统集成的思想进行网络工程设计的一般步骤和方法，理解网络工程系统集成模型，学会利用工具制作网络设计文档的方法；熟悉网络设计的基本构件，特别是掌握二层交换机和路由器的使用场合和配置方法；理解大型网络的需求分析的一般步骤，能够分析网络流量的分布情况；掌握设计逻辑网络和规划 IP 地址的基本方法，具有设计并实现小、中、大型 LAN 和企业网的能力；掌握网络维护与测试的常用方法和基本技能。

图1显示的是利用本书进行网络工程设计课程教学的导学图及其相应的知识结构。授课教师可以根据情况自行对学习内容加以取舍，但建议按本书的顺序讲授这些知识。

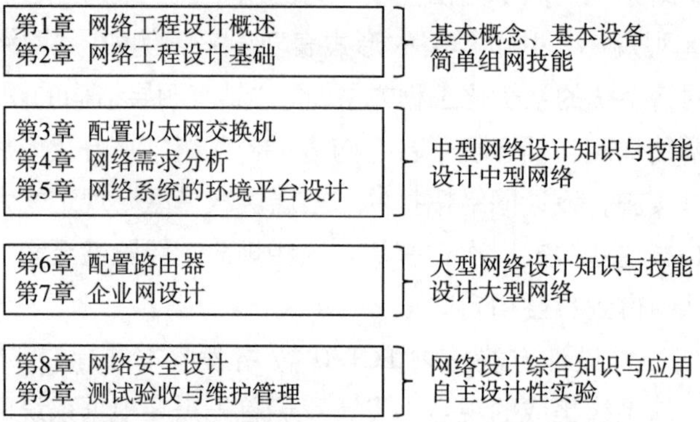

图1　网络工程设计导学图

本书作者建议的教学课时安排参见下表，也可以稍加调整应用于40甚至60学时的教学。

序号	教学内容	课堂教学学时	实践教学学时
1	网络工程设计概述	3	2
2	网络工程设计基础	5	2
3	配置以太网交换机	2	4
4	网络需求分析	4	0
5	网络系统的环境平台设计	2	0
6	配置路由器	2	4
7	企业网设计	6	0
8	网络安全设计	2	0
9	测试验收与维护管理	2	0
10	自主设计性实验		10
总计	50	28	22

事实上，本书每章的网络工程案例及其作业都是实践教学很好的素材，有些实验需要有一定网络实验环境或硬件条件的支持，有些设计作业则只需一张纸和一支笔（通常可用Word和Visio软件代替）即可实施。在实践中，学生们理解了这些设计的基础知识后，可能只需调整设计参数并加以计算，就能够很快拿出一个不错的网络工程设计方案了！实验，特别是自主性和设计性实验，往往是困扰教师的"难题"，我们给出以下建议：一是采用"先硬后软"实验法，即要求每名学生都先实际使用和配置网络设备（如交换机和路由器），然后再让他们使用PacketTracer这样的软件模拟器进行详细配置。这样就可以在不降低教学质量的前提下，降低教学成本和减轻教师劳动强度。二是采用分组实验，即让每4～6人组成一个工程小组（选出或指定一个组长），利用网络实验台上的设备资源，如3台交换机、一台路由器、6台PC（它既是端系统也是一台软路由器）和自行制作的双绞线，规划、设计并实现一个具有三层网络结构模型的原型网络系统。通过10个学时的实

验，学生们将会向你提交设计文档、工程管理文档和一个原型系统，以及他们得到提升的能力和自信心！

为了方便教学，我们将为教师们提供用于本书理论教学的 PPT 文档。需要的教师可登录华章网站获取。

本书的第 3 版也得益于许多人的关心和帮助。首先要感谢作者的家人，感谢他们多年来的耐心和支持。感谢机械工业出版社华章公司的温莉芳总经理的关心和朱劼编辑的辛勤工作。感谢解放军理工大学指挥信息系统学院和军用网络技术实验室的领导和老师们对本书的肯定、支持和帮助，以及为我们写好这本书提供的便利。感谢谢希仁教授一直支持、鼓励我进行这项工作。感谢胡超博士为本书制作了配套课件，感谢仇小锋、金凤林、胡超、张国敏、邢长友、许博等老师对本书给予的大力支持。感谢南京军区某部工程师常强林对本书 2.9 节提供的技术支持。研究生吴泉峰、牛文祥校对了书中所有的程序指令。本书的写作参考了大量国内外文献和资料及工程案例，这里一并向有关专家和作者致谢。

限于作者学识，错漏难免，望识者赐教。如果读者发现书中的错误或对本书有任何建议，欢迎通过 mingchennj@163.com 联系作者。

陈鸣

解放军理工大学指挥信息系统学院
军用网络技术实验室
2014 年 1 月

目 录

Contents

网络工程设计概述

【教学指导】

本章将对用系统集成方法进行计算机网络工程设计所涉及的一些基本概念、基本过程进行定义；学生应当深刻理解网络工程的系统集成模型，自觉用该模型指导网络工程设计中的各个过程；应当了解网络工程系统集成的步骤，了解网络工程的一般过程；应当重视网络系统的层次模型，主动利用该模型引导网络工程各阶段的工作；应了解网络工程文档及其在招投标工作中的重要性；能够使用 Microsoft Project 软件对网络工程项目进行规划和管理。

1.1 网络工程的基本概念

采用 TCP/IP 体系结构的计算机网络自 20 世纪 70 年代以来飞速发展，至今因特网已经发展成为覆盖全球的计算机网络，甚至成为计算机网络的代名词。因特网已经成为企业、国家乃至全球的信息基础设施，设计、建造各种规模的计算机网络的需求也随之而来。设计、建造和测试基于 TCP/IP 技术的计算机网络就成为**网络工程的任务**。根据网络应用需求的不同，设计实现的网络应当能够适应规模、性能、可靠性、安全性等方面的不同需求，网络工程必须能够应对这些挑战，解决好网络的设计、实施和维护等一系列技术问题。作为一门学科的分支，网络工程必须总结并研究与网络设计、实施和维护有关的概念和客观规律，从而根据这些概念和规律来设计、建造满足用户需求的计算机网络。

科学是对各种事实和现象进行观察、分类、归纳、演绎、分析、推理、计算和实验，从而发现规律，并对各种定量规律予以验证和公式化的知识体系。科学的任务是揭示事物发展的客观规律，探求真理，作为人们改造世界的指南。**技术**是为达到某一目的共同协作组成的各种工具和规则体系。科学的基本任务是认识世界，有所发现，从而增加人类的知识财富；技术的基本任务是发现世界，有所发明，以创造人类的物质财富，丰富人类社会的精神文化生活。科学要回答"是什么"和"为什么"的问题；技术则回答"做什么"和"怎么做"的问题。**工程**是应用科学知识使自然资源最佳地为人类服务的专门技术。

本书对**网络工程的定义**是：

定义 1：应用计算机和通信领域的科学和技术以及工程管理的原则，将系统化的、规范的、可度量的方法应用于网络系统结构的设计与实现、网络系统的规划与集成、网络管理与维护、网络安全保障和网络应用开发的过程。

定义 2：对定义 1 中所述方法的研究。

一般而言，**网络工程**是根据用户的需求和投资规模，合理选择各种网络设备和软件产品，通过集成设计、应用开发、安装调试等工作，建成具有良好的性能价格比的计算机网络系统的过程。换言之，网络工程就是用系统集成方法建设计算机网络的工作的集合。

1.2　网络工程的系统集成

抽象地讲，**系统**是指为实现某一目标而应用的一组元素的有机结合，而系统本身又可作为一个元素单位（或称子系统或组件）参与多次组合，这种组合过程可概括为**系统集成**。

系统集成是目前常用的一种实现复杂系统的工程方法，即选购大量标准的系统组件并可能自主开发部分关键组件进行组装。不同的组件通过其标准接口进行互联互通，实现复杂系统的整体功能。现代汽车工业是系统集成的典型例子，它采用了标准化的生产流水线和加工工艺，使零部件厂商专业化、标准化，以追求大批量、低成本和高效率的目标。

1.2.1　网络系统集成的特点

网络信息系统不同，其复杂程度、系统的技术含量、系统的建设规模，以及系统实施的难度和系统的涉及范围，都可能存在很大差异。如果完全自主开发一个系统，从技术、经济性、实用性和实施周期等角度考虑，都是不可行的。可见，系统集成方法具有以下几方面的好处：

- ❑ 质量水准较高：选择一流网络设备厂商的设备和系统，选择高水平的具有资质的系统集成商通常能够保证系统的质量水平，建造系统的风险较小。
- ❑ 系统建设速度快：由多年从事系统集成的专家和配套的项目组实施集成工作，他们有畅通的一流厂商设备的进货渠道、处理用户关系的丰富经验，能加快系统建设速度。
- ❑ 交钥匙解决方案：系统集成商全权负责处理所有的工程事宜，用户则能够将注意力放在系统的应用要求上。
- ❑ 标准化配置：系统集成商会采用他认为成熟和稳妥的方案，由于系统集成商承担的系统存在的共性，使得系统维护及时且成本较低。

可见，"系统集成"是目前建设网络信息系统的一种高效、经济、可靠的方法，它既是一种重要的工程建设思想，也是一种解决问题的思想方法论。

人在系统集成中起着关键性的作用。首先，人要对系统功能进行分析，通过这种分析得到系统集成的总体指标；其次，人要将该总体指标分解成各个子系统的指标；最后，人要选择合适的厂商的设备和部件，组织安装、调试和培训等工作。

网络系统集成的特点可以概括如下：

1）关注接口规范。接口是分隔各个系统组件的地方。系统集成的实质就是让不同产品、不同设备通过标准的接口互联，以实现新的系统功能。既然系统集成的关键不是研究开发具体设备，那么理解与解决产品、设备之间的接口问题则显得非常重要了。由于被集成的对象通常已是成熟的产品设备，而这些产品设备是遵从某种国际/国家/产业标准设计开发的标准化、通用化的产品，它们之间的互联互通应当没有问题。然而，由于某些品牌的新产品可能并不完善，有时为了早日抢占市场，可能没有经过完善测试，就投放市场，因此出现接口不兼容问题的情况也在所难免。

2）关注系统整体性能。由用户需求抽象出系统必须达到的性能指标，是集成商建设大型网络系统时必须面对的问题。当建立起网络系统后，若关键应用运行加载后，无法达到所需要的性能指标，再进行网络系统的性能调整就极为困难了。因此，首先要根据关键应用的要求提出关键的网络系统性能指标，再将这些性能指标分解到各个产品、设备中。一个合格的系统集成商不仅应具备集成系统的能力，更要具备对集成的系统进行性能分析的能力。

3）重视工程规范和质量管理。系统集成对工程管理规范化和系统化极为重视，这是关系到网络信息系统建设质量的大问题。系统集成本身是一项系统工程，必须以科学化、系统化、规范化的管理手段来实现。应做到所建设的任何网络系统都有完备的文档和数据规范。在网络系统的建设中，如果系统集成商不重视系统化、工程化的管理，缺乏行之有效的管理和监督手段，有关政策、法规和工程规范不完善，就会给工程带来极大的质量隐患。

4）建立良好的用户关系。系统集成的成败主要取决于三个因素：技术、管理和用户关系。其中，技术是基础，管理是保障，良好的用户关系是关键。系统集成商并不应代表设备厂商的利益，而应当代表用户的利益来建设系统。因为系统建成后，将交付给用户来使用。可见，加强与用户的沟通和交流，增进双方的理解与协调，是在整个系统集成工作过程中必须要坚持的。在处理系统集成过程中的用户服务与用户关系时要注意以下几个问题。首先，将设计方案、工程管理规范向用户做全面、详尽的介绍，反复讨论关键步骤，征得用户的理解和支持。其次，在工程实施过程中，系统集成技术人员和用户方技术人员共同工作在一线。当用户方遇到问题或不解之处时，技术人员应耐心讲解。这样做不仅能使系统集成商得到用户方的大力支持，保证工程的顺利进行，而且还能够为用户方培养出一支技术队伍，为以后的系统维护和管理奠定技术基础，并减少系统集成方的开销。实践证明，这种开放式的用户服务不仅能建立良好的用户关系，锻炼自己的队伍，强化为用户服务的观念，而且能保证工程实施过程中与用户保持友好和谐的合作关系，大大加快工程进展。

1.2.2 网络工程的系统集成模型

图 1-1 给出了网络工程的**系统集成模型**。该模型是一种对设计和实现网络系统的系统化工程方法的抽象。虽然该模型支持带有反馈的循环，但若将该模型视为具有某种线性关系可能更有助于处理各阶段的任务。该模型从系统级开始，涉及用户需求分析、逻辑网络设计、物理网络设计和测试等阶段。由于在物理网络设计阶段，网络设计者通常采用系统集成方法，因此将该模型称为网络工程的系统集成模型。本书后面几章将对该模型的各个阶段进行详细讲解。

在该模型的第一步，即用户需求分析阶段中，设计者将重点考虑用户的需求、约束和目标。因为一个好的网络设计者必须清楚用户需求，并且将这些需求转换为商业和技术目标，如可用性、可扩展性、可购买性、安全性和可管理性等。这一步是非常重要的，如果网络设计者认为已经理解了用户应用要求，而当网络安装完毕才发现他们实际并未认识到用户最重要的要求，那么随着业务变化或用户数量增加就可能产生性能或可扩展性等问题。该过程包括明晰部门和用户组的结构，明确网络将向谁提供服务，并从何处获取有用信息。当然，如果已经明确用户的需求和要达到的目标，并且用户希望对网络设计有一个快速响应，则可以直接进入逻辑网络设计阶段。

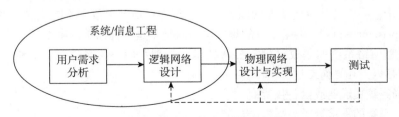

图 1-1　网络工程的系统集成模型

该设计方法是可以循环反复的。为避免从一开始就陷入细节陷阱中，应先对用户需求有全面的理解和掌握，以后再收集更多有关协议行为、可扩展性需求、优先级等技术细节信息。该设计方法认为，逻辑设计和物理设计的结果可以随着信息收集的不断深化而变化，螺旋式地深入到需求和规范的细节中去。

系统集成设计方法同时强调，逻辑设计必须充分考虑到可选用的厂商设备有档次、型号的限制，以及用户需求会不断变化和发展等情况，不能过分拘泥于用户需求的指标细节，应当在设计方案的经济性、时效性的基础上具有一定前瞻性。

在网络设计中使用该模型是有效的，但可能遇到如下一些问题：

1）用户常常难以给出所有网络应用需求，而该模型却要求得到所有需求，这使得该模型难以处理项目在开始阶段存在的不确定性。

2）网络系统的性能一直到项目开发后期的测试阶段才能得到，如果发现错误，后果可能是灾难性的。

3）开发者的工作常常被不必要的因素延误。该模型生命周期的线性特征会导致"阻塞"状态，其中某些项目组成员不得不等待组内其他成员先完成其依赖的任务。事实上，花在等待上的时间可能会超过花在开发工作上的时间，而阻塞状态经常在线性过程的开始和结束阶段出现。

这些问题在某些场合是真实存在的。但无论如何，传统的生命周期过程在网络工程中仍占有非常重要的位置。它提供了一个模型，使得分析、设计、编码、测试和维护方法可以在该模型的指导下展开。尽管这种模型还有许多缺点，但显然它要比随意处置好得多。更重要的是，由于网络设计时可选择的网络设备的类型和型号有限以及用户的要求可以归类，因此设计出来的网络系统具有一定的共性。同时，有许多成功设计的网络系统范例可供参考，所以在网络设计的实践中运用网络工程的系统集成模型是十分有用的。

此外，网络工程的系统集成模型非常强调在物理网络设计中采用系统集成的方法。这就要求我们首先要关注系统的总体功能和特性，再选用（而不是制造）各种合适的部件来构造或定制所需要的网络系统。换言之，根据系统对网络设备或部件的要求，仅需要关注各种设备或部件的外部特性（即接口），而忽略这些设备或部件的内部技术细节。这种方法使得开发网络系统的周期大大缩短，成本大大降低，从而减少了系统实现的风险。

设计提示　理解并遵从网络工程的系统集成模型是网络工程设计的第一步。

1.3　网络工程系统集成的步骤

对于规模不同的网络，系统集成过程的差异可能很大。对于一个连接几台主机（如PC）的小规模网络，只需要购置一台局域网交换机，配合线缆等工具很快就能建造起来。对于连接几十台主机的更大规模的网络，很难通过直接连接将它们构成一个系统，可能需要购置多台局域网交换机，也许还要通过结构化布线系统才能构建出满足要求的系统。而对于连接一座大楼或若干楼宇中的几百台机器的园区网，甚至连接地理上位于不同位置的多个园区的企业网（enterprise network），网络工程的集成工作就绝不是一件简单的事了！

一个大型网络系统的集成过程需要从技术、管理和用户关系这三个关键因素的角度考虑，主要包括以下几方面工作：

1）选择系统集成商或设备供货商。

2）网络系统的需求分析。

3）逻辑网络设计。

4）物理网络设计。

5）网络安全设计。

6）系统安装与调试。

7）系统测试与验收。

8）用户培训和系统维护。

1.3.1　选择系统集成商或设备供应商

如果要建设小型网络，那么只需要在计算机零售商店购买一些必需的网络设备和用品，这时选择适当的网络设备品牌和网络设备供应商很重要。如果是建设大中型网络系统，就需要选择系统集成商了，建网的技术细节可以与该系统集成商进行商谈。在这两种情况下，用户方都应当以招标的方式选择系统集成商或设备供应商。用户方对网络系统的意愿应体现在发布的招标文件中。

系统集成商则以投标的方式来响应用户方招标。一旦中标，系统集成商则需要与用户方商谈并签署合同。合同是系统集成商与用户方之间的一种商务活动契约，受法律保护。为此，系统集成商派销售代表和工程师到用户方单位，与用户方充分交流，了解用户方信息技术（IT）系统的现状和未来需求，为需求分析和方案设计打下基础。有了合作意向后，系统集成商派员进行现场勘察并进行用户需求分析。网络系统设计师根据用户需求和费用预算，选用合适的技术和相应的产品，提出初步的技术方案，制定网络系统集成方案、工程进度、人员配备、用户培训计划和系统维护等计划，以投标书的形式提交给用户。在招标公司或用户方的组织下，网络系统集成商进行述标和答辩，然后由评标委员会对集成商的投标书进行评估，选定一家（或数家）为中标单位。被选中（或中标）的集成商与用户方再进行商务等事宜的洽谈，直至签署合同。系统集成商的公司资质、公司业绩、技术实力、公关能力和谈判技巧等综合表现（当然也包括价格）是能否中标的关键。

1.3.2　网络系统的需求分析

在建设或扩建一个网络系统前，用户方的 IT 主管或中标的网络系统设计者必须关注该网络系统的需求问题。也就是说，应确定该网络系统要支持的业务、要完成的网络功能、要达到的性能等，从而为日后的逻辑网络设计打下坚实的基础。网络设计者应从以下三个方面进行用户需求分析：网络的应用目标、网络的应用约束和网络的通信特征。网络的应用目标主要从用户的商业需求、工作环境和组织结构等方面去分析，必须明确网络工程的应用范围、网络设计目标和各项网络应用。网络的应用约束主要应从商业约束和环境约束两方面分析，而网络的通信特征主要从通信流量方面分析。

接下来要全面细致地勘察整个网络环境，调查联网相关建筑物的分布、建筑物的结构、用户群和应用程序的分布，了解可用作中心机房的位置环境，电力系统供应状况和建筑物接地情况等。

网络设计者必须清楚用户的需求，并且将这些需求转换为商业和技术目标，如可用性、可扩展性、可购买性、安全性和可管理性等。如果网络设计者没有明确的用户应用要求，直到网络安装调试完毕，才发现他们所做的需求分析与实际要求相差甚远，其结果就可能导致工程返工，造成经济和时间的浪费，并可能产生可扩展性、安全性以及可管理性等各方面的问题。因此，网络需求分析是网络系统集成的第一步，也是重要的一步。我们将在第 4 章详细讨论相关问题。

1.3.3　逻辑网络设计

在深入分析网络系统需求的基础上，网络系统集成商将结合投标书中的设计方案进行逻辑网络设计。如果标书中的技术方案更注重系统的功能、技术、选用设备和性价比，在逻辑网络设计中，则要把重点放在网络系统的部署方案、IP 地址规划和网络拓扑结构等概要设计方面。

逻辑网络设计由网络架构设计师完成。其主要工作包括网络逻辑结构设计，确定是采用平面结构还是采用三层结构，如何规划 IP 地址，采用何种选路协议，采用何种网络管理方案等。例如，网络管理功能涉及故障管理、配置管理、账户管理、性能管理和安全管理等几个方面，因此要求所有的网络设备都要支持简单网络管理协议（SNMP），以提供基础网络管理数据。为了简化网络管理工作，通常可采用网络管理平台工具，如 HP 公司 OpenView、Cisco 公司的 CiscoWorks，以对这些网络设备进行管理。我们将在第 7 章详细讨论逻辑网络设计问题。

1.3.4　物理网络设计

物理网络设计的主要任务包括网络环境设计和网络设备选型。其中，网络环境设计包括结构化布线系统设计、网络机房系统设计和供电系统设计等方面。

1）结构化布线系统是指建筑物或建筑群内所安装的网络信号传输系统。该系统将所有的数据通信设备、语音设备、图像设备、安全监控设备用标准、统一的布线系统连接起来。结构化布线系统由一系列部件组成，其中包括建筑物 / 建筑物群内的传输线缆及其配件，如电缆与光缆传输媒介、连接器、插头、插座、适配器、电气保护设备及硬件、各类用户终端设备接口和外部网络接口等。结构化布线系统主要由工作区子系统、水平布线子系统、垂直干线子系统、设备间子系统和建筑群子系统 5 个子系统构成。

2）网络机房环境主要包括：设备安装环境、照明环境、温度与湿度环境以及系统防电磁辐射的环境。

3）供电系统主要考虑以下几方面的因素：计算机网络设备机房的电力负荷等级、供电系统的负荷大小、配电系统的设计、供电的方式、供电系统的安全、机房供电设计以及电源系统接地设计。

4）网络设备选型是在网络需求分析和网络逻辑设计的基础上，决定采用哪种网络技术和哪个厂商生产的哪款型号设备的过程。因为可能有多种不同的网络技术都能满足用户需求，例如，既可以用 IEEE 802.3 以太网技术，也可以用 IEEE 802.4 令牌环技术实现局域网；可以选用华为公司的交换机，也可以选用 Cisco 公司的交换机，而每个厂商又有多种型号的产品可供选择。这时网络设备选型的关键在于该网络设备的性价比、该厂商的技术支持和维护能力，以及该厂商在业界的影响。

有关结构化布线系统、网络机房环境和供电系统的设计问题详见第 5 章的内容，而网络设备选型的一些讨论请参见第 2 章的部分内容。

在设备选型时，应注意以下几点：

1）尽量选用同一厂商的设备，这样在设备的后继技术支持和购买价格等方面会具有优势。在经费允许的情况下，应尽可能选择业界口碑好的设备厂商，这样网络设备的返修率较低，售后服务也会更好。

2）尽可能选择采用主流网络技术的产品，如采用以太网技术的产品。

3）需要经广域网（WAN）互联的设备要有支持主流 WAN 接口的能力。

4）网络设备的交换能力和端口数量应具有一定余量。

尽管有时网络设备在招标时，用户对厂家和型号已有明确要求，但集成商仍需要论证选型。由于网络设备在网络工程中所占资金比例最大，对网络系统集成质量影响也最大，因此需要进行精心论证与选择。

1.3.5　网络安全设计

随着网络应用的日益普及，网络安全已经成为网络系统集成中必须要面对的重要问题。首先要明确安全性的定义，要鉴别网络上具有的各种信息资源，对它们进行风险评估，从而设计相应的安全性策略，采用相应的安全产品，如防火墙系统、入侵检测系统、漏洞扫描系统、防病毒系统、数据备份系统和监测系统。这些安全产品通常都采用了一种或几种安全性机制，在设计网络安全性方案时，需要注意这些机制的组合。广义的网络安全也包括数据不会损失，这就需要使用数据备份和容错技术来加以保证，其中包括对数据进行多种方式的备份，使用廉价冗余磁盘阵列、存储区域网络、因特网数据中心和服务器容错技术，必要时设置异地容灾系统并采用容错电源。此外，我们在进行网络设计时还要采用某些形式的网络安全方案。我们将在第 8 章对网络安全设计问题进行深入讨论。

1.3.6　网络设备安装调试与测试验收

安装网络设备之前要详细阅读设备安装说明书和设备的使用手册。打开设备包装箱后，应检查设备外观有无损坏之处，然后对设备分别进行加电并连入服务器和网络进行检查。网络设备应放置在条件良好的机房中。同时，设备机柜、机架及设备的安装要注意垂直度和水平度，拧紧螺丝，并具有适当的接地与抗震措施。接下来，要根据设计要求对网络设备进行调试。由于交换机和路由器是两款最重要的网络设备，我们将在第 3 章学习二层交换机的基本配置方法，并将在第 6 章介绍系统集成商路由器的基本配置方法。

当构建好网络系统后，需要进行系统测试。网络系统测试的目的是检查网络系统是否达到了预定的设计目标，能否满足网络应用的性能需求，使用的技术和设备的选型是否合适。网络测试通常包括网络协议测试、布线系统测试、网络设备测试、网络系统测试、网络应用测试和网络安全测试等多个方面。

1）布线系统测试：包括双绞线电缆测试、光纤测试和布线工程测试，看其技术指标是否满足要求。

2）网络设备测试：对各种网络交换设备、路由设备、接入设备和安全设备进行测试，看其功能是否正确。

3）网络吞吐量测试：通过不同的网络协议，对网络设备各个接口进行连通性测试和大流量测试，判断数据传输是否正确、网络吞吐量是否在额定的水平。

4）网络系统测试：对服务器中的操作系统、各种网络服务、应用软件进行测试，测试话音、数据、图像等多媒体业务是否正常。

5）网络安全测试：对防火墙、漏洞扫描系统、入侵检测系统等各种安全措施进行检测，并排除一些可能存在的安全隐患。

我们将在第 9 章学习网络测试的相关技术。

1.3.7　网络系统验收

网络系统验收是用户方正式认可系统集成商完成的网络工程的手续，用户方要通过网络系统验收来确认工程项目是否已经达到了设计要求。验收分为现场验收和文档验收。

现场验收主要查验环境是否符合要求，施工材料（如双绞线、光缆、机柜、集线器、接线面板、信息模块、座、盖、塑料槽管和金属槽等）是否达到了方案规定的技术要求，有无防火防盗措施，设备安装是否规范，线缆及线缆终端的安装是否符合要求，从而确认各子系统（工作区、水平干线、垂直干线、管理间、设备间和建筑群子系统）、网络服务器、网络存储、网络应用平台、网络性能、网络安全和网络容错等达到正常使用的条件。

文档验收需要查验开发文档、管理文档和用户文档是否完备。开发文档是网络工程设计过程中的重要文档，主要包括可行性研究报告、项目开发计划、系统需求说明书、逻辑网络设计文档、物理网络设计文档和应用软件设计文档等。管理文档是网络设计人员制定的一些工作计划或工作报告，内容包括网络设计计划、测试计划、各种进度安排、实施计划、人员安排、工程管理与控制等方面的资料。用户文档是网络设计人员为用户准备的有关系统使用、操作、维护的资料，包括用户手册、操作手册和维护修改手册等。

1.3.8　用户培训和系统维护

系统成功地安装后，系统集成商必须为用户提供必要的培训。培训的对象可分为网管人员和一般用户等类型。培训对象不同，则培训内容也会不同。用户培训是系统进入日常运行的第一步，必须制定培训计划，培训可采用现场培训、指定地点培训等方式。

尽管经过培训的用户方网管人员能够进行日常维护，但在一定的时期内，当网络系统出现重大故障或网络性能下降等技术难题时，应由系统集成商直接派人进行系统维护，这在签署合同时应作为必备条款。合同中必须标明免费技术支持的内容和时间范围、收费技术支持的内容和时间范围，以及售后服务的方式、方法及响应速度等。

1.4　网络系统的四层层次模型

设计实现一个复杂系统时最重要的问题之一是合理地确定其体系结构。所谓体系结构是指构成系统的层次和这些层次之间的关系。系统的一个独立层次通常是为解决一个独立的问题而设立的。为了便于设计实现一个网络系统，我们一般遵循网络系统的四层模型。该四层模型自下而上包括环境平台层、网络平台层、信息平台层和应用平台层（参见图1-2）。从系统集成的观点看，这种层次模型确定了网络系统体系结构应包括环境平台、网络平台、信息平台及应用系统，并在每个层次中选用适当的技术来实现特定的功能。

（1）环境平台层

环境平台能够为网络系统的运行提供支撑的基础设施。在设计和实施网络平台前，通常需要考虑部署计算机网络的楼宇的结构化布线系统、机房和电源等环境问题。环境平台的设计问题主要包括结构化布线系统、网络机房系统的设计和供电系统的设计等内容。

（2）网络平台层

网络平台通常采用TCP/IP技术，在信息高度集中的场所建立局域网，再互联这些局域网。采用具有良好扩展性的IP子网互联结构，可使网络具有可靠、安全、扩展性及交互性强的特点。由于其设备标准化程度高，因此设备的成本非常经济。应选用成熟的网络操作系统、适当的服务器和网络设备来构建网络平台。

（3）信息平台层

信息平台层主要是为标准因特网服务（如DNS、电子邮件、Web、FTP等）和特定网络服务（如 P2P、视频服务、办公系统等）提供支撑的数据库技术、群件技术、网管技术和分布式中间件等的集合。有了信息平台层的支持，设计、实现和配置各种网络应用就变得容易了。

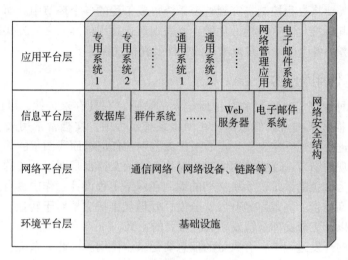

图 1-2　网络系统的四层模型

（4）应用平台层

应用平台层主要容纳各种网络应用系统，而这些网络应用程序则体现了网络系统的存在价值。应根据用户的应用需求尽可能选用成熟的网络应用系统商品软件，如果无法找到满足需求的应用程序，则应考虑自行或委托他人进行精心设计和实现。

（5）网络安全结构

除了上述 4 个层次外，该模型还包括一个贯穿四层的网络安全结构。该网络安全结构由在网络系统中保证信息在产生、处理、传输、存储过程中的机密性、认证、完整性和可用性的软硬件设施组成。

应当重视网络系统层次模型的指导作用。网络系统的四层模型是总结大量的网络信息系统架构而提炼出来的，全面覆盖了实现一个网络信息系统应当包括的主要工作。此外，该模型与实际工作的主要过程较为一致，不太繁琐，便于理解和记忆。按照此网络系统的四层模型来规划和设计系统，便于规划工作和确定接口参数，便于管理和控制网络信息系统的质量，使网络系统集成成为有机的整体，更有效地实现网络信息系统的应用目标。

设计提示　按照网络系统的四层模型来规划和设计系统，便于规划工作和确定接口参数，便于管理和控制网络信息系统的质量，使网络系统集成成为有机的整体。

1.5　网络系统集成的文档管理

网络系统通常具有结构复杂、设备种类繁多、技术多样、建设周期长和需要进行软件应用程序开发等特点。这些特点对系统集成商提出了新的要求。首先是技术上要求更全面，系统集成商必须精通通信和计算机等专业知识；有系统集成的专业知识，懂得如何合理地划分一个大系统，并能为每个子系统定出合理的接口指标。其次，系统集成商必须具有质量管理的专业知识，能够用科学手段控制质量管理的各个环节。系统集成商还应掌握管理经验，懂得如何合理调配和安排人力、物力和财力，并有与用户和设备厂商打交道的经验。

系统集成从广义上讲属于系统工程的范畴，而计算机网络系统集成则是涉及计算机网络软硬件设备、各种服务器和软件应用程序等基本构件的系统工程。对这样一个技术要求高的系统工程项目，需要将过程控制贯穿到整个系统集成工程的各个环节中。而对过程进行控制的最好方法是将其标准化。这种标准化的主要表现形式是用标准的文档方式制定出任务的执行步骤，以及任务的各个阶段所必须出具的文档及其格式标准。

1.5.1   文档的作用和分类

文档是指某种数据管理概要和其中所记录的数据。它具有永久性，可以由人或机器阅读，通常仅用于描述人类可读的东西。在网络系统工程中，文档常常用来表示对活动、需求、过程或结果进行描述、定义、规定、报告或鉴别的任何书面或图示的信息。它们描述网络系统设计和实现的细节，说明使用系统的操作命令。文档也是网络系统的一部分。没有文档的系统不能称为真正的系统。系统文档的编制在网络工程设计工作中具有突出的地位，其工作量也很大。高质量、高效率地开发、分发、管理和维护文档对于转让、变更、修正、扩充和使用文档，以及充分发挥系统效率有着重要的意义。

在网络系统的开发过程中，有大量的信息要记录、使用。因此，系统文档在系统设计过程中起着重要的作用。其重要性包括以下几个方面：

❑ 提高系统设计过程中的能见度。应把设计过程中发生的事件以某种可阅读的形式记录在文档中。管理人员可把这些记载下来的材料作为检查系统开发进度和开发质量的依据，实现对系统设计工作的管理。

❑ 提高设计效率。编制系统文档，使得设计人员对各个阶段的工作进行周密思考、全盘权衡，从而减少返工。同时，可在设计早期发现错误和不一致性，便于及时加工纠正。

❑ 作为设计人员某个阶段的工作成果和结束标志。

❑ 记录设计过程中的有关信息，便于协调以后的系统设计、使用和维护。

❑ 提供与系统的运行、维护和培训的有关信息，便于管理人员、设计人员、操作人员、用户之间的协作、交流和了解，使系统设计活动更科学和有成效。

❑ 便于潜在用户了解系统的功能、性能等各项指标，为他们选购或定制符合自己需要的系统提供依据。

从某种意义上讲，文档是网络工程设计规范的体现和指南。按规范要求生成一整套文档的过程，就是按照网络工程设计规范完成一个系统开发的过程。所以，在使用工程化的原理和方法进行网络设计和维护时，应当充分注意系统文档的编制和管理。

从形式来看，文档大致可以分为两类：一类是系统开发过程中填写的各种图表，可称为工作表格；另一类是应编制的技术资料或技术管理资料，可称为文档或文件。

文档的编制可以用自然语言、特别设计的形式语言、介于两者之间的半形式语言（结构化语言）、各类图形和表格来表示。文档可以书写，也可以在计算机支持系统中产生，但它必须是可阅读的。

按照文档产生和使用的范围，系统文档大致可分为下面三种类型：

❑ 开发文档：这类文档是在系统开发过程中，作为系统开发人员前一阶段工作成果和后一阶段工作依据的文档。开发文档包括需求说明书、数据要求说明书、概要设计书、详细设计说明书、可行性研究说明书和项目开发计划。

- 管理文档：这类文档是在网络设计过程中，由网络设计人员制定的一些工作计划或工作报告。管理文档的作用是使管理人员通过这些文档了解网络设计项目安排、进度、资源使用和成果。管理文档包括网络设计计划、测试计划、网络设计进度月报及项目总结。
- 用户文档：这类文档是网络设计人员为用户准备的有关该系统使用、操作、维护的资料。用户文档包括用户手册、操作手册、维护修改手册和需求说明书。

基于系统生存期的方法，系统从形成概念开始，经过开发、使用和不断增补修订，直到最后被淘汰的整个过程中应提交的文档有如下所示的十三种类型。这与国家标准局 1988 年 1 月发布的《计算机软件开发规范》和《软件产品开发文件编制指南》是一致的。

- 可行性研究报告：说明该项目的实现在技术上、经济上和社会因素上的可行性，评述为合理地达到开发目标可供选择的各种可能的实现方案，说明并论证选定某种实施方案的理由。
- 项目开发计划：为项目实施方案制定的具体计划。它应包括各部分工作的负责人员、开发的进度、开发经费的概算、所需的资源等。项目开发计划应提供给管理部门，并作为开发阶段评审的基础。
- 系统需求说明书：亦称系统规格说明书。它应对所设计系统的功能、性能、用户界面及其运行环境等做出详细说明。它是用户与开发人员双方在对系统需求取得共同理解基础上达成的协议，也是实施开发工作的基础。
- 数据要求说明书：该说明书应当给出数据逻辑和数据采集的各项要求，为生成和维护系统的数据文件做好准备。
- 概要设计说明书：该说明书是概要设计阶段的工作成果。它应当说明系统的功能分配、模块划分、程序的总体结构、输入输出及接口设计、运行设计、数据结构设计和出错处理设计等，为详细设计奠定基础。
- 详细设计说明书：该说明书着重描述每个模块是如何实现的，包括实现算法、逻辑流程等。
- 用户手册：详细描述系统的功能、性能和用户界面，使用户了解如何使用该系统功能。
- 操作手册：为操作人员提供该系统各种运行情况的知识，特别是操作方法细节。
- 测试计划：针对组装测试和确认测试，需要为组织测试制定计划。计划应包括测试的内容、进度、条件、人员、测试用例的选取原则、测试结果允许的偏差范围等。
- 测试分析报告：测试工作完成后，应当提交测试计划执行情况的说明。对测试结果加以分析，并提出测试的结论性意见。
- 开发进度月报：该月报是网络设计人员按月向管理部门提交的项目进展情况的报告。报告应包括进度计划与实际执行情况的比较、阶段成果、遇到的问题和解决的办法以及下个月的打算等。
- 项目开发总结：系统各项目开发完成之后，应当与项目实施计划对照，总结实际执行的情况，如进度、成果、资源利用、成本和投入的人力。此外，还需对开发工作做出评价，总结经验和教训。
- 程序维护手册（维护修改建议）：系统投入运行后，可能会遇到修改、更改等问题，应当对存在的问题、修改的考虑以及修改影响的估计等做出详细的描述，写成维护修改建议，提交审批。

以上这些文档是在系统生存期中，随着各个阶段工作的开展适时编制的。其中，有些文档仅反映某一个阶段的工作，有的则会跨越多个阶段。图 1-3 给出了各种文档应在系统生存期的哪个阶段编写。

阶段 文档	可行性研究与计划	需求分析	系统设计	软件开发	硬件安装调试	系统集成与测试	运行维护
可行性研究报告	→						
项目开发计划	——	→					
系统需求说明书		→					
数据要求说明书		→					
测试计划		——	——	→			
概要设计说明书			——	→			
详细设计说明书			——	→			
用户手册		——	——	——	——	→	
操作手册			——	——	——	→	
测试分析报告						——	→
开发进度月报	——	——	——	——	——	→	
项目开发总结						——	→
程序维护手册 （维护修改建议）							→

图 1-3　系统生存期各个阶段与各种文档编制间的关系

上述 13 种文档最终要为系统开发管理部门或用户回答下列问题：要满足哪些需求，即回答"做什么"（What）；所开发的系统在什么环境下实现，所需信息从哪里来，即回答"从何处"（Where）；开发工作的时间如何安排，即回答"何时做"（When）；开发或维护工作打算"由谁来做"（Who）；需求应如何实现，即回答"怎样干"（How）；"为什么要进行这些系统开发或维护修改工作"（Why）。具体在哪个文档要回答哪些问题，以及哪些人与哪些文档的编制有关，请参见图 1-3 和图 1-4。

阶段 文档	什么 （What）	何处 （Where）	何时 （When）	谁 （Who）	如何 （How）	为何 （Why）
可行性研究报告	√					√
项目开发计划	√		√	√		
系统需求说明书	√	√				
数据要求说明书	√	√				
测试计划			√		√	
概要设计说明书					√	
详细设计说明书					√	
用户手册					√	
操作手册					√	
测试分析报告	√					
开发进度月报	√		√			
项目开发总结	√					
程序维护手册 （维护修改建议）	√			√		√

图 1-4　文档所回答的问题

1.5.2　文档的质量要求

编制出的文档必须保证一定的质量，以发挥文档的桥梁作用，从而帮助系统集成人员集成系统，帮助程序员编制程序，帮助管理人员监督和管理系统开发，帮助用户了解系统开发的工作和应做的操作，有助于维护人员进行有效的修改和扩充。

质量差的文档不仅使读者难以理解，给使用者造成许多不便，而且会削弱对系统的管理功能，如难以确认和评价开发工作的进展情况；增加系统开发成本，如一些工作可能被迫返工；甚至造成更加有害的后果，如误操作等。

高质量的文档应当具有以下特点：

1）针对性：文档编制以前应分清读者对象，根据读者的类型、层次，决定怎样适应他们的需要。

2）精确性：文档的行文应当十分确切，不能出现多义性的表述。同一课题几个文档的内容应当协调一致，没有矛盾。

3）清晰性：文档编写应力求简明，如有可能，应配以适当的图表，以增强其清晰性。

4）完整性：任何一个文档都应当是完整的、独立的，应自成体系。例如，应做一般性介绍，在正文中给出中心内容，必要时还应有附录并列出参考资料等。

5）灵活性：对于不同的系统，其规模和复杂程度有许多实际差别，须具体分析需要安排的内容。应注意以下问题：

- 应根据具体的系统开发项目，决定编制的文档种类。
- 当所开发的系统非常大时，一种文档可以分为若干分册来编写。
- 应根据任务的规模、复杂性以及项目负责人对系统开发过程及运行环境所需详细程度的判断，确定文档的详细程度。
- 可对各条款进一步细分，反之，也可根据情况压缩合并各条款。
- 文档的表现形式没有规定或限制，可以使用自然语言，也可以使用形式化语言。
- 当通用文档类型不能满足系统开发特殊要求时，可以建立一些特殊的文档种类。

1.5.3　文档的管理和维护

在整个系统生存期中，各种文档作为半成品或最终成品，需要不断地生成、修改或补充。为了最终得到高质量的产品，必须加强文档的管理。可以采取以下几方面措施：

- 系统开发小组中应设一位文档管理员，负责集中保管本项目已有文档的两套主文本。这两套主文本的内容完全一致。开发小组成员可对其中的一套按一定手续办理借阅。
- 开发小组的成员可根据工作需要自行保存一些个人文档。这些文档一般都应是主文本的复制本，并注意与主文本保持一致，在做必要的修改时，也应先修改主文本。
- 开发人员个人只保管与他个人工作有关的部分文档。
- 在新文档取代旧文档时，管理人员应及时注销旧文档。文档的内容有变动时，管理人员应随时修订主文本，使其及时反映更新的内容。
- 发现个人文档与主文档有差别时，文档管理员应立即着手解决。这往往是在开发过程中没有及时修订主文档造成的。项目开发结束时，应收回开发人员的个人文档。
- 在系统开发的过程中，可能需要修改已完成的文档。特别是在规模较大的项目中，对主文本的修改必须特别谨慎。修改前要充分估计修改可能带来的影响，并且要按照"提议→评议→审核→批准→实施"的步骤加以严格控制。

设计提示　建立完整规范的网络系统文档是网络工程中不可或缺的工作。

1.5.4 常用的文档制作工具

前面说过，在网络系统集成的过程中，需要用到多种文档，如工程设计方案、预决算报表、演示汇报课件、网络结构图、布线施工图、项目进度表等。不同的文档需要使用不同的软件工具来制作，也可结合各工具的特点分别制作文档的一部分，然后再进行合成。常用的文档制作工具主要有：Word、Excel、PowerPoint、Visio、AutoCAD 和 Project 等。下面简要介绍这些软件的功能和用途。

1. Microsoft Office Word

该软件是微软公司提供的 Office 套件中的字处理软件，主要用于制作含有大量文字和段落、与书籍和办公资料风格相似的文档，其主界面如图 1-5 所示。

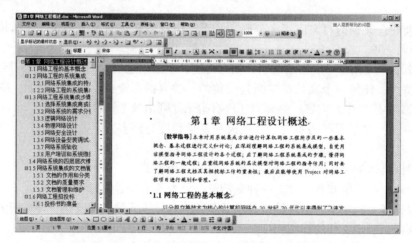

图 1-5　Microsoft Office Word 主界面

该软件以文字处理功能为主，是一种所见即所得的软件。通过设置封面、目录、标题、正文、段落、图文框、文本框等要素的格式，就可得到一个精美的文档。另外，该软件还具有简单的图形绘制功能和制表功能，如绘制简单的框图和表格；也支持在文档中插入现成的图片、Excel 表、PowerPoint 幻灯片等内容。无论在日常办公还是在网络系统集成工程中，Word 都是最常用的软件之一。

2. Microsoft Office Excel

该软件是微软公司提供的 Office 套件中的报表处理软件，主要用于制作各种复杂的报表，其主界面如图 1-6 所示。

该软件以报表处理功能为主，是一种所见即所得的软件。在软件中，可对数字单元格进行求和、平均等算术运算，这是进行工程预决算时所需的一个重要功能，在日常财务管理中也非常有用。另外，还可将在该软件中生成的报表插入到 Word 文档中。

3. Microsoft Office PowerPoint

该软件是微软公司提供的 Office 套件中的幻灯片制作软件，主要用于制作宣讲、演示、汇报、培训等场合所需的精美课件，其主界面如图 1-7 所示。

在该软件中，通过对每个幻灯片页面中的背景、标题、文字、图形、图片、动画等要素的设置可生成一个可播放的幻灯片，通过投影在大屏幕上播放，配合宣讲人员的讲解，可获得较好的宣讲效果。

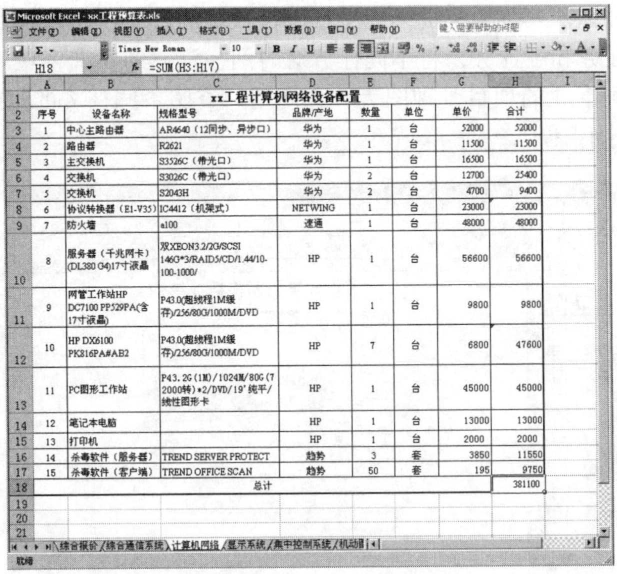

图 1-6 Microsoft Office Excel 主界面

图 1-7 Microsoft Office PowerPoint 主界面

4. Microsoft Office Visio

该软件是微软公司提供的 Office 套件中的图表制作软件，主要用于制作各类结构图、流程图等，其主界面如图 1-8 所示。

该软件也是一种所见即所得的软件，提供了许多现成的图标符号，可以用来表示各类结构图、框图、流程图中的元素。软件中的主要操作对象包括图标、图形、线、文字，可在界面中对操作对象进行移动、缩放等操作。另外，用 Visio 绘制的图形也可插入到 Word 文档或 PowerPoint 幻灯片中，因此该软件通常作为 Word 软件的一种辅助软件，即无法在 Word 软件中绘制的图形可用 Visio 软件来制作。

5. Microsoft Office Project

该软件是微软公司提供的 Office 套件中的项目管理软件，其主界面如图 1-9 所示。

　　通过该软件可对一个大型的系统集成项目进行很好的管理。在该软件中，可将项目细分为多个相对独立的任务和子任务，将不同任务对时间、资源的要求直观地描述出来，还可自动生成进度表等多种形式的项目管理图表，方便用户查阅不同任务的时间、资源约束情况，对任务完成情况进行跟踪。

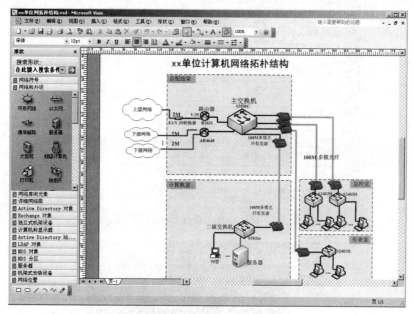

图 1-8　Microsoft Office Visio 主界面

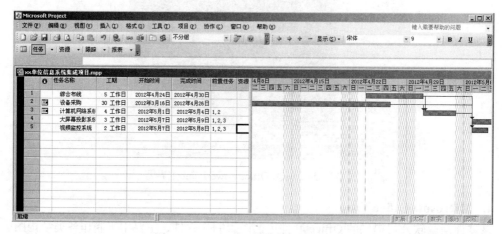

图 1-9　Microsoft Office Project 主界面

1.5.5　施工组织设计

　　施工组织设计是企业对某项工程的施工过程进行科学管理的重要手段，它体现了企业在工程施工的各个阶段对工作内容准备、施工单位协调、工种及资源分配等方面的规划、管理和实施能力。施工组织设计文档是用来指导施工全过程各项活动的技术、经济和组织的综合性文件，是施工技术与施工项目管理有机结合的产物，它是工程开工后使施工活动能有序、高效、科学、合理进行的保证。在工程设计阶段和工程施工阶段分别由设计、施工单位负责编制。

　　很多网络系统集成项目通常是作为某项大型建设工程中的子工程来组织实施的，这些大型建设工程对施工组织管理要求非常严格，有严格的工程监理制度，各子工程需按其工程特点编制施工组织设计文档。因此作为网络系统建设工程参与人员，有必要了解施工组织设计文档的基本内容和格式。

施工组织设计文档一般包括 4 项基本内容：①施工方案。②施工进度计划。③施工现场平面布置。④施工人力、机具、材料需求，运输与仓储措施；施工用水、电、动力等解决措施。

施工组织设计文档的详简，可根据工程规模、工程特点、技术复杂程度和施工条件等因素做出相应的调整，以满足实际需要。一般来说，可根据以上 4 项基本内容展开描述，按章节进行。下面给出施工组织设计文档的章节结构的一个例子：

> **第一章　编制说明**
>
> 主要描述以下三个方面的内容：
>
> 1）工程施工组织设计编制的依据。
>
> 2）工程施工组织设计编制原则。
>
> 3）工程施工组织设计引用的建设标准。
>
> **第二章　工程概况及特点**
>
> 主要描述以下三个方面的内容：
>
> 1）工程项目的性质、规模、建设地点、气象、地质、结构特点。
>
> 2）工程项目设计概况、设计单位、监理单位、勘察单位。
>
> 3）工程项目承包方式、建设目标、工程内容、建设期限。
>
> **第三章　项目和施工准备工作**
>
> 主要描述以下两个方面的内容：
>
> 1）根据工程情况，结合人力、材料、机械设备、资金、施工方法、合同规定交付使用的条件，全面部署施工任务，合理安排施工顺序，确定主要工程的施工方案。
>
> 2）对可能采用的几个施工方案进行定性、定量的分析，通过技术经济评价，选择最佳方案。
>
> **第四章　施工现场平面布置**
>
> 主要描述以下内容：施工方案及施工进度计划在空间上的全面安排。它是与工程有关的各种资源、材料、构件、机械、道路、水电供应网络、生产场地、生活场地、临时工程设施等要素在施工现场的直观展示，也体现了施工单位在现场进行文明施工的组织水平。
>
> **第五章　施工进度计划**
>
> 主要描述以下两个方面的内容：
>
> 1）反映施工方案在时间上的安排，采用计划的形式，通过计算和调整达到优化配置，使工期、成本、资源等，符合项目目标的要求。
>
> 2）反映为使施工有序地进行，为使工期、成本、资源等通过优化调整达到既定目标而编制的人力和时间安排计划、资源需求计划和施工准备计划。
>
> **第六章　分项工程施工方法**
>
> 主要描述：工程各分项工程的入场条件、主要施工方法、检验标准、注意事项、产品保护以及环境保护措施等。
>
> **第七章　工程物资与机械保障**
>
> 主要描述以下两个方面的内容：

1）工程分次分批投入的主要物资计划。

2）工程施工所需的机械设备、主要工具保障计划。

第八章　劳动力安排计划

主要描述：为按时完成工程应投入的劳动力保障计划，一般按月进行计划安排。

第九章　技术组织措施

主要描述以下九个方面的内容：

1）质量目标、质量方针、质量承诺、质量保证体系、项目质量控制和保证措施。

2）安全生产保障技术组织措施。

3）文明施工保障技术组织措施。

4）工期保障技术组织措施。

5）质量通病防治措施。

6）季节性施工措施。

7）成品保护措施。

8）创优综合措施。

9）成本控制措施。

第十章　技术支持体系

主要描述三个方面的内容：

1）技术培训措施。

2）技术支持体系。

3）回访、保修、服务措施。

第十一章　施工图纸

主要包括：施工平面总图、施工总进度图、施工网络图、各类单项施工图等。

1.6　网络工程招投标

网络工程通常涉及大量资金，根据我国有关政策规定，需要通过招投标来决定网络工程的系统集成商或设备提供商。招投标活动的组织应该参照《中华人民共和国招标投标法》（2000年施行）和《中华人民共和国招标投标法实施条例》（2012年施行）中的有关规定来执行。对于大型网络系统工程，招投标过程可为两步：第一步为用户方招总包单位；第二步为总包单位单独或与用户方联合招分包单位。对于复杂的网络系统，需要确定总包单位，总包单位代表用户方全面负责本网络系统，由总包单位再面对分包单位，这样用户方就可以规避许多不必要的麻烦。对于一般的网络系统工程，通过招投标过程即可直接决定承包单位，而承包单位不能再进行分包。

招投标是一个商务过程。系统集成商或设备供应商能否中标，主要取决于公司实力、技术人员配备情况、是否有同类项目及项目完成情况、系统集成方案的先进性、与设备供应商的关系、投标总金额、提供的服务和培训条件、维护维修的响应速度以及项目进度等。

1.6.1　招投标的形式

大多数工程建设项目都是由甲方（用户方）、监理、乙方（设计、施工、集成）、设备供应商等多个不同角色的团队共同协作来完成的。为保障工程质量、降低成本、提高效率、防止腐败，在确定乙方和设备供应商时一般需要经过招投标过程。由于工程的规模、性质和特点有所不同，可以采取不同的组织形式，一般来说，有如下几种形式：

1）甲方自行组织施工或设备采购：甲方自行组织人力、物力进行项目施工或设备的采购。这类形式无明确的乙方来承担项目的建设。

2）商务洽谈：甲方分别邀请几家有实力、资质的企业来进行商务谈判，以确定乙方或设备供应商。

3）邀请招标：甲方同时邀请 3 家以上符合招标要求的企业前来投标。对于这种情况，除需指定投标人范围外，其他环节与公开招标的要求是一样的。

4）公开招标：甲方通过公开媒体发布招标公告。所有符合招标要求的企业都可以前来投标。

1.6.2　招投标的流程

无论是邀请招标还是公开招标，都有严格的程序要求，招标人和投标人需共同遵守相关法律法规。一次成功的招投标实际上是招标人、投标人、监督人共同协作的结果。招投标的一般流程如图 1-10 所示。

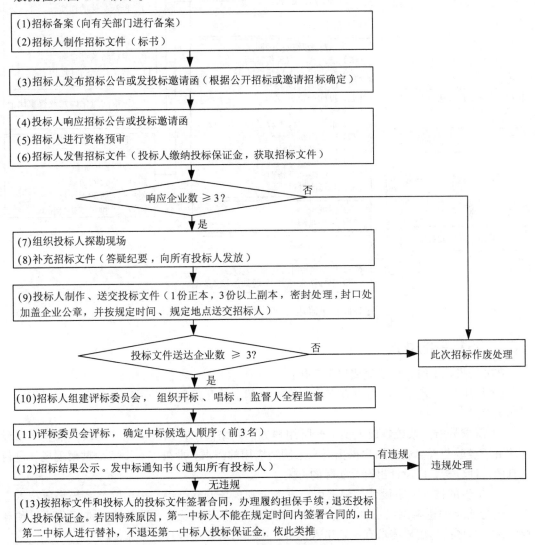

图 1-10　招投标的一般流程

1.6.3　招投标文件规范

招投标文件格式应遵循统一的规范，不同类型的工程项目可以根据自身特点制定一些特殊的规范。以工程施工为主的项目，应参照《中华人民共和国标准施工招标文件》（2007 版）来制作招投标文件。网络系统集成类项目还可参照中华人民共和国工业和信息化部发布的《通信建设项目货物招标文件范本》和《通信建设项目施工招标文件范本》来制作招投标文件。下面以施工招投标为例，简要介绍招投标文件规范。根据招投标过程的不同阶段，需要制作相应的文档，文档包含内容和要求如图 1-11 所示。

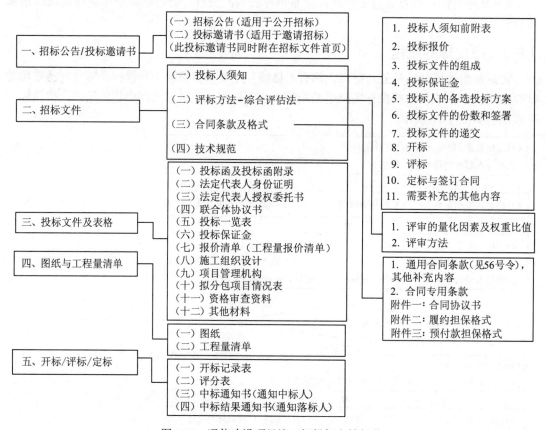

图 1-11　通信建设项目施工招投标文档规范

1.6.4　投标书的准备

在准备投标书时，主要完成以下工作：

1）与用户方交流。与用户方交流，建立起基本的互信关系，用户方向集成商提供招标等相关信息。

2）需求分析。系统集成人员应倾听用户方的网络需求，通过询问和交谈，根据网络设计的一般经验与规律启发用户得出对未来网络应用的需求。此外，还要实地勘察现场，进行认真的设计分析，以设计出符合实际的方案。

3）初步的技术方案设计。根据用户方需求和现场勘察结果，提出网络系统集成技术方案，进行初步的逻辑网络设计、物理网络设计、网络安全设计、设备选型推荐和项目预算等。该方案可能与用户需求有一定出入，可在中标后对方案进行改进完善。

4）撰写投标书。将初步技术设计方案与系统集成商的资质、业绩、技术、管理和人员等资料结合就形成了一份完整的投标书，也称标书。标书是招投标工作的纲领性文件，撰写标书是一项严肃的工作，应杜绝差错。标书的内容和格式应遵循本行业国家与地方的系统设计规范及相关法规、用户招标书、用户需求。投标书中的技术要求是核心内容，应做到重点突出，量化技术指标，所有图表数据都要准确无误。防止缺项、漏项，以免日后追加工程款，带来不必要的损失。

1.6.5　投标书的内容

投标书的内容通常包括工程概况、投标方概况、网络系统设计方案、应用系统设计方案、项目实施进度计划、培训维修维护计划、设备清单和报价几个部分。

（1）工程概况

工程概况部分主要依据用户方给出的招标书或需求说明书来编写，主要包括环境说明、信息点分布、网络功能、网络应用软件以及性能要求等。

（2）投标方概况

在这一部分中，投标方介绍本公司概况、主营业务范围、财务状况及信用等级、公司研发环境、人文环境、组织结构、技术力量、经济实力、工程业绩及在同行业中的地位等，主要围绕投标资格展开，并提供资质材料及相关材料附件。

（3）网络系统技术方案

这一部分应包括逻辑网络设计、物理网络设计、设备选型、安全管理设计、服务器和操作系统平台等。

（4）应用系统设计方案

多数用户在组建网络系统时，都需要有配套的应用系统，这可能需要集成商开发，也可能委托其他单位开发。

（5）项目实施进度计划

这一部分重点介绍参加项目的人员配置情况，整个项目的时间进度安排，包括供货周期、施工周期、开发周期、培训时间、调试时间及验收时间等。

（6）培训维修维护计划

在这一部分中，应介绍培训内容、培训对象和培训计划，介绍技术支持的内容；免费技术支持的时间和范围；收费技术支持的项目、时间和人员；售后服务的方式和响应速度等。

（7）设备清单和报价

设备清单应满足网络系统集成所需要的数量、质量和性能要求。报价包括设备到场价格；设备备用件价格；施工材料费（包括材料线缆清单、价格、数量和总价）；设计、施工、安装、调试、督导、测试等费用；人员培训费；售后服务费等。所有设备必须标明设备名称、型号、数量、厂家、产地、单价和总价表。最后应注明系统集成总价及付款方式。

1.6.6　述标与答疑

对于公开招标的项目，招标方都会组织投标的系统集成商进行述标，并回答专家组提出的问题。集成商往往用多媒体方式报告投标书的要点，介绍、演示相关的系统集成项目，以取得更好的效果。

1.6.7　商务洽谈与合同签订

网络集成商一旦中标，就开始与用户方进行商务洽谈。洽谈主要围绕价格、培训、服务、维护期以及付款方式等内容展开，达成一致后签订合同。通常投标书将作为合同的附件，成为合同的一部分。

设计提示 招投标工作要建立在网络工程初步设计的基础之上。

1.7 网络工程设计应注意的问题

网络工程的目标就是用技术手段和管理手段来使工程具有良好的性能价格比。在我国网络信息系统的建设过程中，有时存在着用户单位指导思想不明确或不正确，建设者对网络系统技术的了解不够深入，设备厂商的营销人员为了推销产品而进行有意或无意的误导等问题。因此，我们在网络工程设计中需要注意以下一些问题：

❑ 为树立企业形象而建造网络。建造网络本身不是目的，再好的网络也只能为企业提供信息基础设施，并不能自行提高企业的信息化程度。只有系统地规划和认真地考虑信息在企业发展中的内在促进作用，网络系统才能起到应有的作用。

❑ 盲目追求设备的超前性。根据计算机芯片发展的摩尔定律和网络带宽发展的吉尔德定律，计算机 CPU 和通信带宽分别以每 18 个月和每 6 个月翻一番的速度发展，所以要想用现在的金钱买到未来超前的技术是不可能的。考虑到设备的更新周期大约为 3～5 年，一个明智的抉择是，系统的技术水平够 3 年内的应用使用即可，同时考虑好系统可能的升级方案。

❑ 盲目追求网络的规模。因特网技术具有的可扩展性是它的生命力所在，只要网络规模够目前使用，并且制定了可行的网络扩展方案，就不会出现大的问题。所设计的网络应用程序是否能够支持网络的规模扩展（如是否能够适用多个局域网，是否适应跨越 WAN 使用等），则是一个需要认真考虑的问题。

❑ 一味追求网络系统的"先进性"。应用需求是设计网络信息系统的基本出发点，因此不仅要定性地分析系统性能，而且要重视定量地分析系统性能，至少要结合网络主要业务对系统关键参数进行测算。如果网络应用主要面向文本，则应用对网络的带宽要求非常低，服务质量问题基本可以不作考虑；如果网络应用主要面向多媒体，则应用对网络的带宽要求较高，服务质量问题也要进行专门设计，因此不能一概而论。

❑ 忽视网络安全问题或盲目夸大网络安全性威胁。首先应当认识到，要提高网络的安全性水平，需要进一步追加大量投资，并且会增加系统复杂、技术含量高和维护困难的问题。因此需要对网络数据应当具备的安全性进行分析，必要时对数据进行分类。如果某类数据的泄露不致给企业带来不良影响，则可采用最为经济的设计方案。

❑ 建设一个网络信息系统本质上是一场信息革命，往往需要在业务流程、工作方式和指导思想方面加以变革。系统的设计、施工和应用过程中会不可避免地出现人的既得利益与整体目标的矛盾，人与机器的矛盾，新人与旧人的矛盾；同时建设系统的投资预算大，建设周期较长，没有单位的一把手直接管理和负责系统建设是不可能成功的。因此，应注意以下几个问题：①应成立单位一把手挂帅的网络信息系统领导小组，全权处理系统建设有关问题。②工程应尽可能在一把手的任期内完成，工期应以一年左右为宜。

网络系统设计是一个复杂的问题，需要从多方面加以考虑。例如，如果高档设备与低档设备的价格相差很小，或低档设备很快就要被淘汰，当然应该购买较高档的设备；要考虑所选设备的厂商实力是否足够大，是否有该公司将被购并的传闻；设备代理商的技术支持能力是否足够强等。有关问题的详细内容我们将在本书后继章节中进行讨论。

1.8 网络工程案例教学

1.8.1 案例 1: 用 Project 管理网络工程项目

【网络工程案例教学指导】

案例教学要求: 基本掌握用 Microsoft Project 管理网络系统集成项目的方法。

案例教学环境: PC 1 台, Microsoft Project 软件 1 套。

设计要点:

1) 参照 1.3 节的介绍, 确定网络工程系统集成项目的主要工作步骤。

2) 分析每个主要步骤所需的时间和资源。

3) 画出该项目的甘特图、跟踪甘特图、任务分配状况、日历、统筹图、资源工作表、资源使用状况、资源图表等主要视图。

(1) 需求分析和设计考虑

一个网络工程系统集成项目主要约束条件是时间和经费。因此, 用 Project 管理一个网络工程项目时, 规划应当以时间和经费作为关键路径, 将必须串行执行的工作步骤按时间先后顺序列出。例如, 可将 "可行性研究与计划" → "需求分析" → "硬件安装调试" → "系统集成与测试" → "系统运行维护" 作为主路径, 而将网络应用系统软件的设计、编程、调试等步骤作为与上述关键路径并行的另一条路径。

(2) 设计方案

我们用 Project 工具设计一系列相关视图对该网络工程项目进行管理。

1) 甘特图 (Gantt Chart) 视图。该视图用两种方式显示项目信息: 视图的左边用工作表显示信息, 右边则用图表显示信息。工作表部分显示了有关任务的信息, 如任务何时开始和结束、任务持续的时间, 以及分配给任务的资源等。图表部分则用图形化的方式显示每个任务, 通常采用条形图。条形图在时间刻度上的位置和长度表明了任务何时开始, 何时结束。任务条形图之间的位置关系也可以表明任务是一个接着一个的还是相互重叠的。

图 1-12 显示了为某网络系统集成工程项目建立的 "甘特图" 视图。

2) "跟踪甘特图" 视图。该视图为每项任务显示两个任务条形图。下方的条形图显示了比较基准开始日期和完成日期, 而上面的条形图则显示了日程排定的开始日期和完成日期 (或者如果该项任务已经开始, 即任务完成的百分比大于零, 则上面的条形图显示的是实际的开始日期和完成日期)。

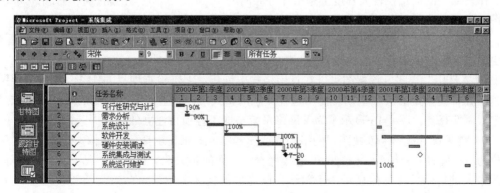

图 1-12 某项目的 "甘特图" 视图

图 1-13 显示了为某网络系统集成工程项目建立的"跟踪甘特图"视图。

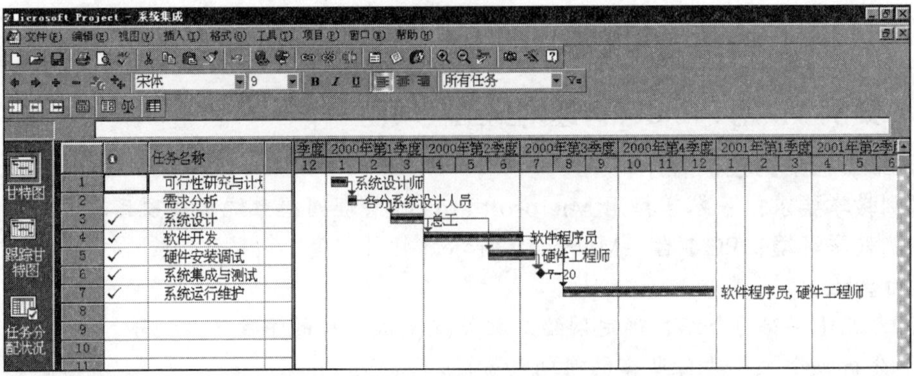

图 1-13 某项目的"跟踪甘特图"视图

3）"任务分配状况"视图。该视图列出了分配给每项任务的资源在各个时间段内（可能是每天、每周、每月或者其他更小或更大时间间隔）完成的工时，如图 1-14 所示。如果成本比工时更重要，则用"任务分配状况"视图可显示一项任务在各个时间段内所耗费的资源成本。此外，还可以同时显示多项信息，例如工时和实际工时，以便对不同的信息进行比较。

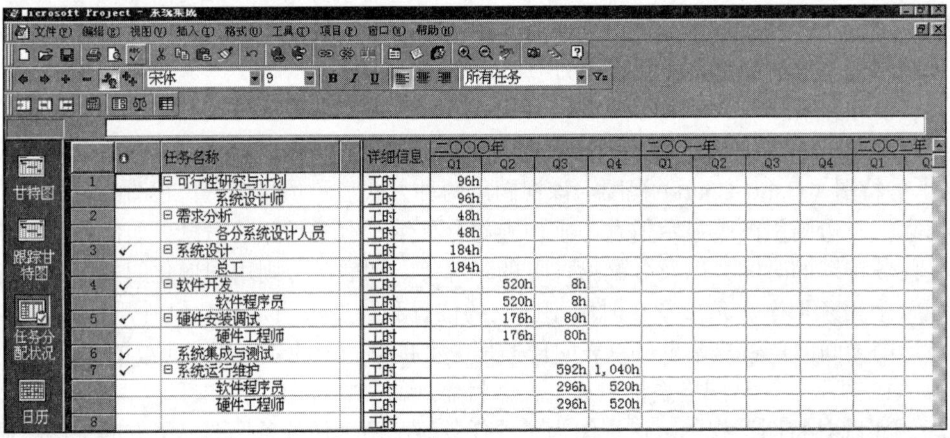

图 1-14 某项目的"任务分配状况"视图

在"任务分配状况"视图的工作表部分显示了任务以及分配的资源。默认情况下，显示在工作表部分的信息在较大程度上是由任务导向的（工时、工期、开始日期和完成日期）；而视图的时间刻度线部分则更多是由资源导向的，它显示了单位资源的工作量或成本信息。但是，可以自定义"任务分配状况"视图以显示有关任务（通过应用不同的表）或有关资源（通过更改显示在时间刻度中的详细信息）的多种信息。

4）"日历"视图。该视图可以在日历格式中创建、编辑检查项目的任务，任务条形图将跨越任务日程排定的天或星期。使用这种熟悉的格式可以快速查看在特定的天、星期或月中排定了哪些任务。图 1-15 显示了为某网络系统集成工程项目建立的"日历"视图。

5）"统筹图"视图。该视图以网络图表或流程图方式来显示任务及其相关性。一个框（有时称为节）代表一个任务，框之间的连线代表任务间的相关性。在默认情况下，在"统筹图"视图中，进行中的任务框显示一条斜线，已完成的任务框中显示两条交叉斜线。图 1-16 显示了为某网络系统集成工程项目建立的"统筹图"视图。

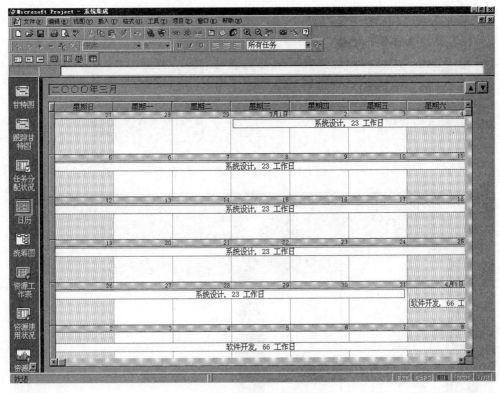

图 1-15　"日历"视图

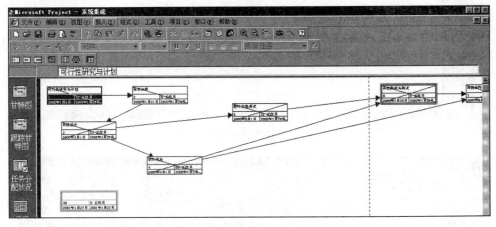

图 1-16　"统筹图"视图

6）"资源工作表"视图。该视图用模拟电子表格的形式显示每种资源的相关信息（如支付工资率、分配工作小时数、比较基准和实际成本），如图 1-17 所示。

7）"资源使用状况"视图。该视图显示项目所使用的资源，在任务的下方显示了分配的任务所使用的这些资源组合，如图 1-18 所示。

8）"资源图表"视图。该视图用图表的方式按时间显示分配、工时或资源成本的有关信息，如图 1-19 所示。每次可以审阅一个资源的相关信息，或选定资源的相关信息，也可以同时审阅某个资源和选定资源的相关信息。在这种情况下，会出现两幅图表：一幅显示单个资源，一幅显示选定资源，以便对两者做出比较。

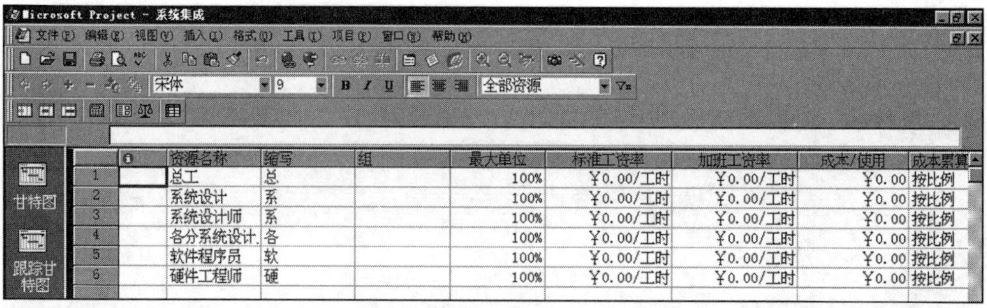

图 1-17 "资源工作表"视图

图 1-18 "资源使用状况"视图

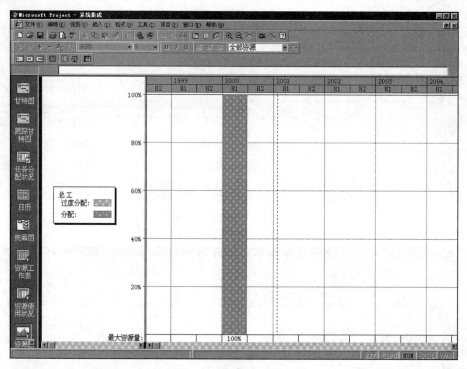

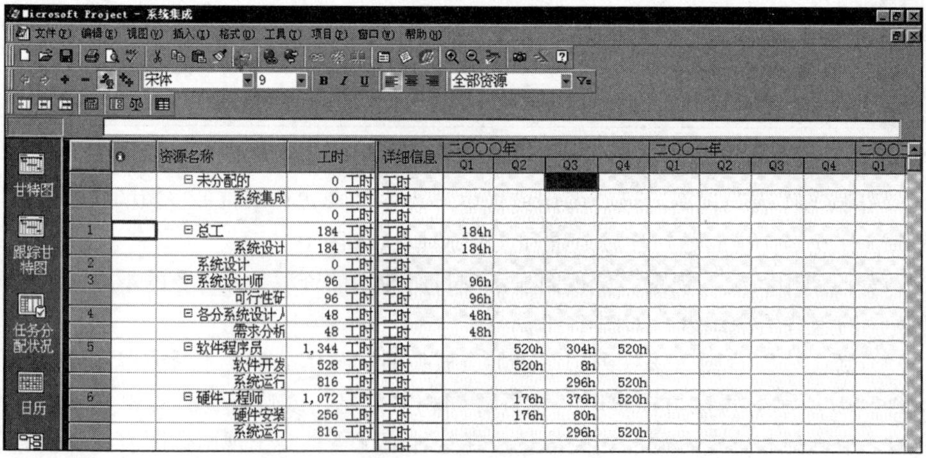

图 1-19 "资源图表"视图

9）组合视图。上述各种视图通常单独显示在整个窗口中，用户也可以根据需要，在一个屏幕上分上下两个窗口同时显示两种视图，Project 将其称为"组合视图"。组合视图的下方窗格视图中显示了在上方窗格选定的任务或资源的信息。如图 1-20 所示，上方窗格为甘特图视图，并选中了第三号任务，在下方窗格中，显示了指派给该任务的资源，以及与前置任务之间的关系。另外在组合窗口的左边新设置了一个显示视图方式的标志栏，当上方窗格被激活时，其标志栏为蓝色，反之为灰色。同样，下方窗格被激活时，标志栏为蓝色，否则为灰色。从图中可以看出，组合视图是由一个分隔条分出的上下两个窗格。当鼠标指针变为上下箭头图标时，拖动鼠标移动分割条便可以调整上下窗格的大小。

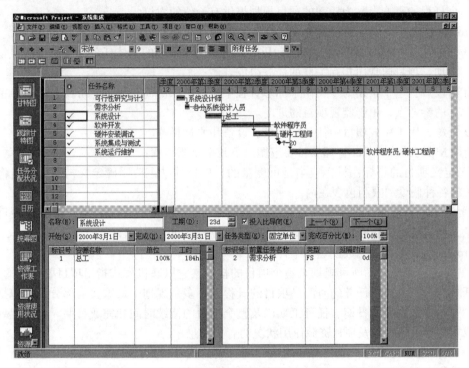

图 1-20　组合视图

在图 1-20 中，还有一个垂直隔条，用来垂直分割表和图表区域。如果要更多地显示一侧的内容，向左或向右拖动分隔条即可。若要同时改变窗格所有的大小，则应向前、后、左或右拖动窗格分隔条的交汇处。

1. Project 的基本概念

在网络工程，特别是大中型网络工程中，需要用科学手段和工具对工程计划和进度进行管理。Microsoft 公司开发的用于项目管理的软件 Project 就是这样一种工具。项目是为了完成一个具体的目的而设计的一系列行动步骤。Project 作为一个管理软件工具，可以帮助用户有效地计划、组织和管理项目。具体而言，它有如下功能。

❏ 编制、组织信息功能：当用户输入项目所要求的参数、各种条件及相关信息后，Project 程序能将这些内容进一步组织优化，使用户更便于观察项目的详细信息和全局状态，更易于观察和处理。

❏ 计算功能：Project 使用用户提供的信息，为项目计算规划日程，为每个任务的完成设置可行的时间框架，设置何时将特定资源分配给特定的任务，并计算项目可能的成本。

❑ 方案比较功能：Project 可对用户提供的不同项目计划方案进行比较，选出最优的方案提供给用户。

❑ 诊断维护功能：Project 随时对计划进行检测，并对所查得的问题及其解决方法进行提示，如任务分配不均衡、资源过度分配、费用超出了预算等。

❑ 共享项目信息功能：Project 提供了多种方法向需要了解项目的人员传递项目信息，如打印视图、打印报表，还可以通过内置的网络功能，在因特网上进行项目信息共享。

❑ 跟踪任务功能：在项目的执行过程中，用户可将已得到的实际数据输入计算机代替计划数据。Project 会据此计算其他信息，然后向用户显示这些变动对项目其他任务及整个日程的影响，并为后面的项目规划提供有价值的建议。

Project 认为一个完整的项目主要由任务、阶段点和资源组成。

❑ 任务：日程的组成单元，是指有开始日期和完成日期的具体任务。有时任务也指一项活动。项目通常由相互关联的任务组成。

❑ 阶段点：一个工期为零，用于标志日程中重要事项的简单任务，可作为项目中主要事件的参考点，用于监视项目的进度。

❑ 资源：用于完成项目中任务的人员、设备和原材料等。

使用 Microsoft Project 管理项目要遵循以下几个重要步骤：

1）定义项目的目标：目标应当是可度量的，项目的结束应明确定义，并且应当将与项目有关的各种假设和限制包含在内。

2）制定项目规划：即寻找实现目标的最佳途径。为做到这一点，首先应收集项目有关的信息，如需要完成的任务列表，每项任务要耗费的时间等。然后，将它们输入 Project，此时，Project 将为项目的完成创建一个计划。

3）实施项目规划：项目规划是整个项目的核心，它以联机模式指出项目要完成的工作、执行任务的人以及执行任务的时间。项目的日程差不多是规划中最重要的部分，它包括每个任务的开始日期、完成日期、任务工期以及整个项目的持续时间和完成日期。项目规划可以包含成本的有关信息以及项目资源使用状况的有关信息。

4）项目跟踪与管理：项目开始之后，项目成员就开始执行计划。但是，必须密切注意他们的进度，因为随时可能出现意料之外的事情。使用 Project 跟踪项目进度，能了解到项目的最新状况，并尽早发现和解决那些影响最终结果的问题。

5）结束项目：每个项目都是一个不断学习和积累经验的过程。无论开始时准备得多么充分，在项目后期还是可能发现实际走过的路线与原定的计划大不相同。如果将初始计划保存在 Project 中，通过把初始计划与项目过程中的实际情况比较，就能最充分地利用自己取得的经验。

要想更有效地使用 Project，需要了解以下基本规则和技巧。

❑ 提供数据：用户必须向计算机提供可能合理精确的任务信息，供 Project 对项目进行规划。用户汇集的任务信息越多，做出的项目规划就会越合理。这些信息包括：①完成项目所需的所有任务以及每个任务的工期、项目主要阶段的阶段点。②每个任务的执行顺序。在任务之间重建交互特性，使任务之间建立一种链接关系，将任务重叠或在任务之间添加间隔时间。③在任务的开始和结束时间添加的限制条件。

❑ 日历：在创建项目时，Project 将其标准日历设置为该项目中资源的默认日历，该日历中的工作时间为星期一到星期五的早八点到晚五点，没有节假日。用户可以根据自己的实际情况为每个资源创建自己的日历。

❑ 关键路径：Project 使用一种称为关键路径的方法来计算项目的整个工期。关键路径是指为保证项目如期完成而必须按时完成的任务序列。关键路径上的每个任务都是关键任务，所有关键任务工期之和即为项目工期。例如，两个任务系列同时进行，系列 1 的工期为 10 天，系列 2 的工期为 7 天，则关键路径为任务系列 1，完成该项目最少需要 10 天时间。

❑ 资源对工期的影响：用户将资源分配给任务后，项目的日程将发生显著变化。某些任务有一个固定工期，无论分配给它的资源数据怎样变化，它的工作总是固定不变的。例如，为一台服务器安装操作系统，即使增加人员也不会使安装工期缩短。但是，要为多台服务器安装操作系统，增加人员将会缩短工期。这种随着分配的资源数量变化而变化的任务工时称为资源驱动工时。

2. 制定项目的基本步骤

（1）制定计划

1）创建任务列表。了解目标并明确方向后，需要确定完成每个目标需要的所有步骤。首先应针对项目的主要任务和阶段点列出大纲，估算出每一个任务的工期，按任务发生的前后顺序输入 Project，创建一个任务列表。

2）设置项目的开始日期或完成日期。项目必须有一个开始日期或完成日期。对于已输入的任务，还要链接相关任务来确定其顺序，如一些任务必须在某个任务开始前开始，而有些任务必须在某任务结束后才能开始。

3）将资源分配给任务。每个任务都必须利用资源才能完成。使用资源分配可以更加具体地管理项目成本和工时。

4）为资源在任务上的工作输入支付比率或固定任务成本。为任务和资源输入成本信息后，用户可保存一个预算，并能够将其与累计的实际成本相比较。

5）检查已排定的计划。对当前已做好的项目进行检查，解决项目执行中出现的各种问题，如资源过度分配、项目不能如期完工等。

6）打印报表和视图。为有效地管理项目，项目设计者需要同大量的人员交流项目信息，需要打印符合特定的人或工作组需要的视图和报表。

7）将项目信息发表出去。

（2）项目的执行与管理

创建项目并且开始工作之后，可以跟踪实际开始日期、任务的进度、完成日期等，这些跟踪信息将向用户显示任务在执行过程中的变动情况，以及将对项目完成产生的影响。这些实际信息也为以后的项目会话提供了方便。

1）创建基准。每个项目从开始执行就是一个不断变化的过程。为了易于观察并有效地进行管理，就需要创建一个原项目计划作为比较基准与项目实际进程进行比较。该计划包括任务的开始日期、完成日期、资源信息和成本信息等。

2）收集项目进展的实际数据。可以收集开始日期、完成日期、任务完成百分比及实际费用等数据，并将其输入 Project，在进行分析处理后，重新修正日程和费用。

找出需要调整的问题或疏漏之处，并予以解决。

项目完成后，可将最终项目执行结果与最初的原项目计划基准进行比较，制作一份项目执行的完整报告。

【网络工程案例教学作业】

利用 Microsoft Project 来规划和管理一个网络设计的工程任务，试参照 1.3 节介绍的工作流程，画出相关视图。

1.8.2　案例2：用 Word 和 Visio 设计网络工程文档

1. 项目文档制作指导

【网络工程案例教学指导】

案例教学要求：基本掌握用 Microsoft Word 和 Microsoft Visio 制作网络系统集成项目相关文档的方法。

案例教学环境：PC 1 台，Microsoft Word 和 Microsoft Visio 软件各 1 套。

设计要点：

1）参照"××单位网络系统建设方案"，按要求制作项目文档。

2）设计文档结构及版式。

3）设计文档插图。

"XX 单位网络系统建设方案"(示例)：

该文档包括封面、目录、正文、标题、段落、页眉、页脚、插图等版式要素。文档封面样式如图1-21 所示，文档目录样式如图 1-22 所示，文档正文样式如图 1-23 所示，文档结构如图 1-24 所示。图1-24 中的插图采用 Visio 软件来制作。

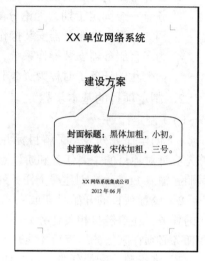

图 1-21　"××单位网络系统建设方案"文档封面

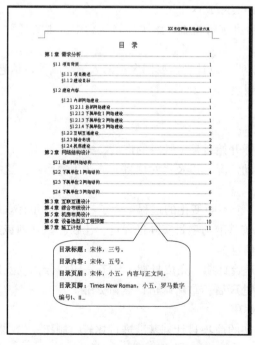

图 1-22　"××单位网络系统建设方案"文档目录

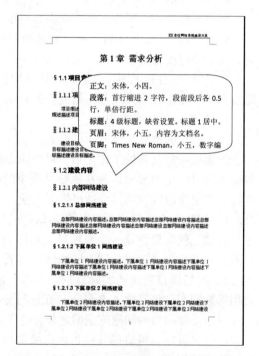

图 1-23　"××单位网络系统建设方案"文档正文

可根据示例中的文档结构和版式要求完成封面、目录、正文的设计，并利用 Visio 软件绘制一个如图 1-24 所示的网络结构图。

提示：封面、目录、正文应划分为独立的节，各节页眉、页脚不能链接到前一节，封面无页码，目录页码采用罗马数字编号，正文页码采用阿拉伯数字编号。

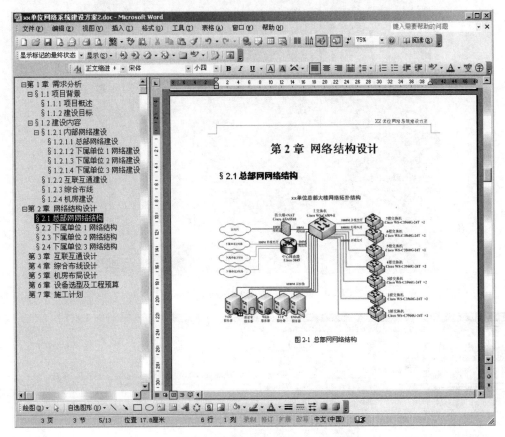

图 1-24　"××单位网络系统建设方案"文档结构及 Visio 插图

2. 制作项目文档的基本步骤

1）制作封面：进入 Word 软件界面，按示例文档制作文档封面。在封面页末插入分节符。封面应作为独立的节进行编辑。

2）设计文档结构：按示例文档结构输入相关内容。

3）设计正文版式：按示例文档样式，设置 1、2、3、4 级标题。插入正文部分的页眉和页脚，在编辑页眉和页脚时，需去掉与前一节的链接关系。正文应作为独立的节进行编辑。

4）绘制 Visio 插图：利用 Visio 软件绘制一个如图 1-24 所示的网络结构图，在 Visio 中选中所需的图形元素，复制、粘贴到 Word 文档中相应位置。在 Visio 软件中绘制网络结构图时，图中的交换机、路由器、服务器、防火墙等图形符号可在如图 1-25 所示的形状符号集中选取。

5）生成目录：在封面后插入分节符，按示例文档的样式设置标题。在 Word 菜单中，选择插入"索引和目录"，如图 1-26、图 1-27 所示，插入目录部分的页眉和页脚。在编辑页眉和页脚时，需去掉与前一节的链接关系。目录应作为独立的节进行编辑。

图 1-25　选取网络结构图所需的形状符号

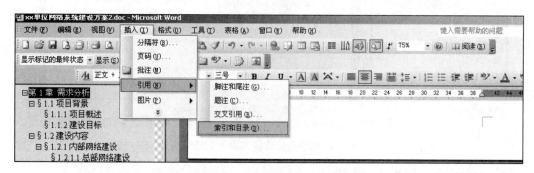

图 1-26　选择"插入→索引和目录"菜单

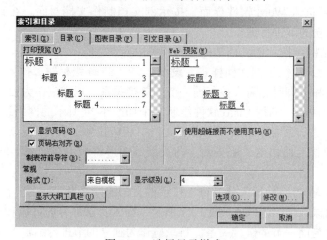

图 1-27　选择目录样式

【网络工程案例教学作业】

利用 Microsoft Word 来规划和管理一个网络设计的工程任务，试参照 1.3 节介绍的工作流程，画出相关视图。

习题

1. 网络工程的定义是什么？网络工程的任务是否就是建成并调试一个计算机网络，其中不涉及定量分析的内容呢？
2. 简述系统集成的定义。试讨论利用系统集成方法实施网络工程主要有哪些好处。
3. 与网络工程有关的工作可分为哪些主要阶段？每个阶段的主要任务是什么？
4. 详细描述网络工程的系统集成模型。为何将该模型称为网络设计的系统集成模型？该模型具有哪些优缺点？为何在实际工作中大量使用该模型？
5. 如果将所有网络工程都看成一个问题的循环解决过程，那么它们可包含哪四个截然不同的阶段？请说明这些阶段的主要任务。
6. 简述网络工程系统集成步骤及其主要工作。
7. 给出网络系统的层次模型以及各层次的主要功能。为什么说该层次模型对网络工程的实施具有指导作用？
8. 系统集成的文档是如何分类的？它们在网络工程各个阶段的作用是什么？
9. 系统集成的文档有哪些质量要求？
10. 系统集成文档管理和维护有哪些措施？
11. 网络工程招投标有哪些主要流程？
12. 网络设计应注意哪些问题？试讨论之。
13. Microsoft Project 的主要功能是什么？它有哪些主要视图？这些视图的主要功能是什么？
14. 理解并模仿案例 1，学习用 Project 工具来管理一个网络工程项目。
15. 理解并模仿案例 2，利用 Word 和 Visio 设计网络工程相关的文档。

网络工程设计基础

【教学指导】

在"计算机网络原理"课程中介绍过许多网络实体的工作原理。本章着重从系统集成的角度对这些网络实体的外部接口进行学习与理解。因特网是计算机网络的成功范例，是我们学习网络工程设计的首选对象。应当理解因特网的链路和节点这两种基础元素，知道关键设备交换机和路由器在网络设计中的作用；应当理解因特网的五层结构，懂得递归地通过互联"网络云"来构建任意大的网络；应当掌握以太网技术，懂得设计实现小型局域网的方法。

2.1 网络的组成

尽管目前因特网结构十分复杂，网络设备多种多样，但从逻辑上讲，构成因特网的所有网络实体均可以被抽象为两种基本构件：称为链路的物理介质和称为节点的计算设备。节点可以分为主机和中间节点两类，而中间节点又可以分为自治系统、虚拟节点、路由器、交换机和代理器等。链路则可以分为主机到主机的端到端路径和两个节点之间的跳。这些实体之间的关系如图 2-1 所示。

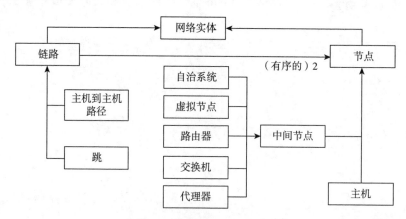

图 2-1　网络实体之间的关系

2.1.1 重要术语

为了使网络设计更为精确，我们对有关术语进行定义。

- 主机：能够使用因特网协议通信的计算机，包括路由器。
- 链路：两台（或更多）主机之间的链路级的连接，包括租用线路、以太网、帧中继云等。
- 路由器：通过转发 IP 分组使主机之间能够进行网络级通信的主机。
- 路径：形式为 $<h_0, l_1, h_1, ..., l_n, h_n>$ 的序列，其中 $n > 0$，每个 h_i 表示一台主机，每个 l_i 是一条 h_{i-1} 到 h_i 之间的链路，每个 $h_1 \cdots h_{n-1}$ 表示一台路由器。每个 $<l_i, h_i>$ 二元组称为一"跳"。在一个适当的运营配置中，某条路径中的链路和路由器有助于分组从 h_0 到 h_n 的网络级通信。注意，路径是一个单向的概念。
- 子路径：子路径是一条给定路径中的任何一个序列，它自身也是一条路径。因此，子路径的第一个和最后一个元素是一台主机。
- 网络云：一个无向的（可能是递归的）图，该图的顶点是路由器，其边是连接一对路由器的链路。用超过两台路由器连接的以太网络、帧中继云和其他链路，可以构模为用图的边全连接的网孔。注意，与一个网络云相连，即为通过一条链路与该网络云的一台路由器相连，该链路本身不是网络云的一部分。
- 交换：一种特殊的链路，交换直接连接到或者通过一台主机连接到一个网络云，或者一个网络云连接到另外一个网络云。
- 网络云子路径：一条给定路径的子路径，其中的全部主机都是一个给定网络云的路由器。
- 路径摘要：形式为 $<h_0, e_1, C_1, ..., e_n, h_n>$ 的序列，其中 $n \geqslant 0$，h_0 和 h_n 是主机，每个 $e_1 \cdots e_n$ 是交换，每个 $C_1 \cdots C_{n-1}$ 是网络云子路径。

2.1.2　节点和链路

网络节点是专用的计算机，如交换机或路由器等，它们通常是用专用硬件实现的。**网络链路**可在各种不同物理介质上实现，这些物理介质包括双绞线（如电话线）、同轴电缆（如电视连线）、光纤（用于高带宽、长距离链路的最普通的介质）以及空间（用于无线电波、微波及红外线电波传播的介质）。无论是哪种物理介质，都可用于传播信号。这些信号实际上是以光速传播的电磁波。然而，光速是介质相关的，电磁波通过铜线或光纤传播的速度大约是在真空中光速的 2/3。

一条链路就是用来传送电磁波信号的介质。在计算机网络中，这种链路为传输各种二进制数据（1 和 0）形式的信息提供了基础。我们可以用二进制数据对各种信号进行编码，再将二进制数据调制到电磁信号上以传输到更远的距离，即通过改变信号的频率、振幅或相位来影响信息的传输。在计算机网络中，通常只考虑二进制数据。

链路的另一个属性是在单位时间内可通过的比特数量。如果采用多路访问链路，那么连接到链路上的节点必须共享访问链路。如果点到点链路上可以同时传输两个比特流，每个方向传输一个，则这样的链路称为**全双工链路**。如果一个点到点链路一次仅支持数据向一个方向传输，并且连接到其上的两个节点能轮流使用这条链路，则这种链路称为**半双工链路**。计算机网络使用的点到点链路通常是全双工的。

网络互联可以在不同层次上进行。在最低层次，网络是将两台或多台计算机直接通过一些物理介质（如铜轴电缆或光纤）连接在一起。网络中节点与链路的连接方式如图 2-2 所示，一条物理链路有时仅与一对节点（如**点对点**）相连；然而在其他情况下，多于两个节点共享同一条链路（称为**多点接入**）。链路支持点对点连接方式，还是支持多点接入方式，要根据具体情况而定。多点接入方式也通常因它们覆盖的地理范围和互联的节点数量而限制了覆盖区域的大小。卫星链路是一个例外，它覆盖很大的地理范围。

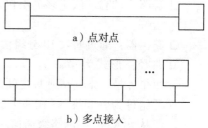

a) 点对点

b) 多点接入

图 2-2　节点与链路的连接方式

在图 2-3 中，将"网络云"内部实现网络的节点（称为分组交换机，它们的功能是存储和转发分组）和"网络云"外部的节点（通常称为主机，它们支持用户并可运行应用程序）区分开来。还应注意的是图 2-3 中的"网络云"是计算机网络最重要的图标之一。总地说来，我们使用"网络云"来表示任意类型的网络，无论它是一个点对点的连接、多点接入网络或分组交换网络。因此，只要在图中看见"云"，就可以将它想象为任意网络技术的代表。

图 2-4 中显示以图 2-3 所示的第一种组网方式（以网络云为单位），间接地构造一组主机与路由器的集合的第二种方式。在这种方式下，一系列独立的网络（"网络云"）可互联形成一个更大的网络。连接两个或两个以上的网络的节点通常称为路由器或网关，路由器将消息从一个网络转发到另一个网络。注意，一个互联网络本身可视为一种类型的网络，这意味着互联网络也可被互联形成新的互联网络。因此，我们可以递归地通过互联"网络云"形成更大的"网络云"来构建任意大的网络。

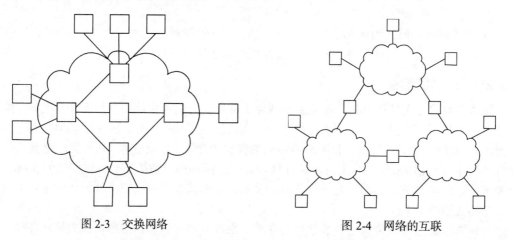

图 2-3　交换网络　　　　　图 2-4　网络的互联

仅仅将一组主机通过直接或间接的方式连接在一起并不意味着我们能够成功地实现主机到主机的连接。最终的要求是每个节点必须能知道哪一个节点是它要通信的节点。这就要求给每一个节点分配地址。地址是一种标志节点的字节串，其作用是将某个节点与网络上其他节点区分开。当源节点要通过网络将一个消息发给目标节点时，需要指定目标节点的地址。如果发送和接收的节点并不是直接互联的，则网络中的交换机和路由器要用地址来决定如何向目标节点转发消息。系统决定如何向目标节点转发消息的过程称为路由选择（即选路）。

上述对路由和寻址的简单介绍假设源节点只对一个目标节点发出消息（单播），这是最常见的情况。源节点还可能要将一个消息广播给网络中的所有节点，或源节点可能要向网络中的一部分节点而不是所有节点发消息，这种情形称为多播。还有一种较新的网络服务叫做任播（anycast），它允许一个发送者访问一组接收者中最近的一个，而这些接收者共享一个任播地址。因此，除了指定节点的地址外，有时还要有支持多播、广播或任播的地址。

上述讨论中的一个重要思想是：网络是可递归的，可通过两条或多条物理链路连接多个节点组成网络，或由两个或两个以上的网络通过节点及物理链路连接组成更大的网络。换句话说，网络能通过网络的递归来构建。底层网络是由一些物理介质和设备实现的。提供网络连接的关键问题是为节点定义地址，使之在网络中可达（包括支持广播和多播连接），并能通过地址将消息传递到正确的目标节点。

设计提示　网络设计方案在一定场合下通常也是可递归的，一种设计方案通常可以应用于情况相似的其他场合之中。

网络互联是采用适当的技术和设备将孤立的子网或计算机连接起来，使原本隔离的各个子网上的计算机可以交换信息，实现资源共享。通过互联，还解决了局域网（LAN）的距离限制，如最大覆盖范围的限制等。

2.2　因特网的网络结构

为了设计好网络，我们有必要研究一下世界上最成功的网络——因特网的网络结构。

2.2.1　因特网的层次结构

通常认为因特网具有如图 2-5 所示的层次结构，从下向上包括端系统 / 主机、桩 / 企业、区域 / 中间层、主干 / 国家和国际 5 级。

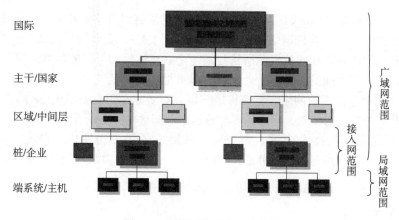

图 2-5　因特网典型的层次结构

- **主干网络**（backbone network）通常是大容量载体，用于连接其他网络。单独主机（网络管理设备和主干服务主机除外）通常不直接与主干网络相连。
- **区域网络**与主干网络紧密相关，仅在规模、经每个端口连接的网络数和地理覆盖范围方面有差异。区域网络可以有主机与之直接相连，就像混合主干 / 桩（stub）网络一样起作用。一个区域网是主干网的一个用户。
- **桩 / 企业网**连接主机和 LAN。桩 / 企业网是区域网络和主干网的用户。
- **端系统**，也就是**主机**，是上述任何网络的用户。

图 2-5 中还标注了局域网、接入网和广域网对应的范围。所谓局域网（LAN）是指覆盖地域约为 1km 的网络。广域网（WAN）则是覆盖范围可达几十至几千 km 的网络，而接入网（access　network）则是指用户终端设备（如电话、手机、计算机……）与 WAN 之间的网络系统，可看作用户终端与 WAN 间的接口。围绕接入网的标准，运营者、传统设备供应商、

新业务竞争者之间存在着错综复杂的经济利益关系。20 世纪 80 年代后期，ITU-T 开始着手制定标准化程度较高的数字接口规范 V5.X，对接入网作了较为科学的界定。图 2-6 显示了不同等级的因特网服务提供商（ISP）之间的连接情况，其中的网络接入点（NAP）是互联主要的 ISP 的场所，也是多个自治系统（AS）的边界。

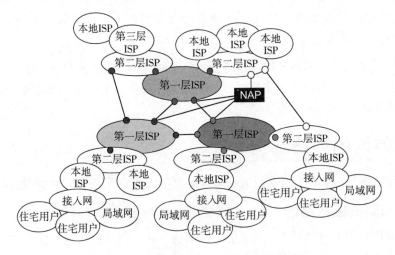

图 2-6　经因特网服务提供商的连接

　　企业网（enterprise network）是网络工程设计中经常遇到的一个名词。企业网为企业提供信息传递和资源共享的计算机网络，它通常包括若干 LAN。企业网可定义为：为互联公司、部门、本地和远程的计算和通信资源所构建的一个共享通信和资源的基础结构，以便在整个企业机构中协调人们之间的行动。企业网也可以更加明确地定义为"一个连接企业通信、处理和存储资源的企业范围的网络，它使得这些资源对于分布于企业范围内的用户可用"。注意，企业网是一个广义的概念，它通常可与校园网和园区网等名词互换使用。

　　将因特网的标准和技术应用于企业网，就形成了用于企业内部的专用网络**内联网**（Intranet）。而与内联网相对应的是**外联网**（Extranet），它是对内联网的扩展和延伸。

设计提示　我们学习的重点对应于图 2-6 中本地 ISP 以下的部分。

2.2.2　接入网技术

　　所谓接入网是指在业务节点接口（SNI）和与其关联的每一个用户网络接口（UNI）之间，由提供网络业务的传送实体组成的系统。发展接入网技术有两条技术途径：一条是通过对现有网络技术（如电话网、有线电视网、以太网、光纤网）进行改造，另一条是研制新技术，目前主要包括 xDSL 和无线接入技术。在特定的场合，采用某种技术体制进行接入可能更好些。这在网络工程上需要分析实际情况，选用适当的用户接入网技术方案。

　　接入网的重要性体现在如下方面：主干网投资十分巨大，但数量有限，而从用户家庭到 ISP 网络的接入部分的接入网因涉及的用户数量巨大，投资高昂，由此产生了所谓的"最后一英里"问题。对于这个问题有如下几种解决方案。

　　电话网是目前世界上覆盖面最广的网络，有明确的服务质量，实现窄带接入因特网最为经济和便利，但其数据率仅为 64 kbps，以电话网为基础直接实现宽带接入是不可行的。但是由于电话网的用户环路线是一种投资巨大的资源，考虑到从电话交换机到用户线路的带宽较宽，由此研究出 xDSL 技术。有线电视网的实时性和宽带能力都很好，考虑到有线电视在我国城市的覆盖面极大，仅利用现有线缆资源的前景就非常诱人。但要将现有的单向传输电缆改造成具有双向通信功能、交换功能和网络管理功能的宽带网络，则仍需要投入巨大的资金进行技术改造。用海量带宽的光纤向用户端延伸甚至入户，就产生了宽带接入技术。而为了方便移动用户，无线接入也是一种前途无量的新兴接入手段。

1. 拨号接入

通过调制解调器经电话网接入因特网，是家庭用户早期和目前接入的主要方式。这种方式具有简单易行、经济实用的特点，其缺点是不能实现宽带接入。由于用户主机采用的操作系统（如 Windows XP 等）都附带了非常容易使用的拨号网络程序，并且便携机通常也内置了调制解调器硬件，这使得经电话网接入因特网变得非常方便。

2. xDSL 接入

DSL 是数字用户线（Digital Subscriber Line）的缩写，而字母 x 表示 DSL 的前缀可以是多种不同字母，用不同的前缀表示在数字用户线上实现的不同宽带方案。xDSL 技术就是用数字技术对现有的模拟电话用户线进行改造，使它能够承载宽带业务。目前，ADSL 技术正以较高的性价比成为家庭用户以较高速率接入因特网的首选技术。

表 2-1 列出了 xDSL 的几种类型。

表 2-1　xDSL 的几种类型

名称	对称性	下行带宽	上行带宽	极限传输距离
ADSL（非对称数字用户线）	非对称	1.5 Mbps	64 kbps	3.6~5.5 km
ADSL	非对称	6~8 Mbps	640 kbps ~ 1 Mbps	2.7~3.6 km
HDSL（2 对线）（高速数字用户线）	对称	1.5 Mbps	1.5 Mbps	2.7~3.6 km
HDSL（1 对线）（高速数字用户线）	对称	768 kbps	768 kbps	2.7~3.6 km
SDSL（1 对线的数字用户线）	对称	384 kbps	384 kbps	5.5 km
SDSL	对称	1.5 Mbps	1.5 Mbps	3 km
VDSL（甚高速数字用户线）	非对称	12.96 Mbps	1.6~2.3 Mbps	1.4 km
VDSL	非对称	25 Mbps	1.6~2.3 Mbps	0.9 km
VDSL	非对称	52 Mbps	1.6~2.3 Mbps	0.3 km
DSL（ISDN 用户线）	对称	160 kbps	160 kbps	3.6~5.5 km

基于 ADSL 的接入网由以下三部分组成：数字用户线接入复用器（DSLAM）、用户线和用户家中的一些设施（见图 2-7）。数字用户线接入复用器包括许多 ADSL 调制解调器。ADSL 调制解调器又称为接入端接单元（ATU）。由于 ADSL 调制解调器必须成对使用，因此在电话端局（或远端站）和用户家中所用的 ADSL 调制解调器分别记为 ATU-C（C 为 Central Office 之意）和 ATU-R（R 为 Remote 之意）。用户电话通过电话分路器（PS）和 ATU-R 连接在一起，经用户线到端局，并再次经过一个电话分路器将电话连到本地电话交换机。电话分路器是无源的，它利用低通滤波器将电话信号与数字信号分开，这样便可以不影响传统电话的使用。一个 DSLAM 可支持多达 5000 ~ 1000 个用户。若按每端口有 6 Mbps 的传输能力计算，则具有 1000 个端口的 DSLAM（这就需要用 1000 个 ATU-C）应有高达 6 Gbps 的转发能力。

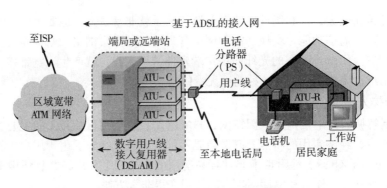

图 2-7　基于 ADSL 的接入网的组成

3. 混合光纤同轴电缆接入

　　混合光纤同轴电缆（HFC）是由有线电视公司开发的一种基于 CATV 的混合光纤 / 同轴电缆的宽带综合业务接入网络，可提供电视、电话和数据等服务。HFC 使有线电视用户通过线缆调制解调器入网，并提供多媒体业务。HFC 网具有较宽的频带，并且覆盖面较大，但 HFC 网是一种模拟技术。此外，将现有的 450 MHz 单向传输的有线电视网络改造为 750 MHz 双向传输的 HFC 网，也需要相当的资金和时间。

　　目前 HFC 系列产品主要包括：前端设备（如调制器、解调器、混合器等），下行光链路设备（如光发射机、接收机），上行链路设备（如上行光接收机、上行光发射机），分配系统设备（如分配放大器、桥接放大器、延长放大器等）。

　　CATV 网提供用户通过同轴电缆入网，现有的同轴电缆在下行方向提供的速率一般为 3 ~ 10 Mbps，最高可达 30 Mbps，而上行速率一般为 0.2 ~ 2 Mbps，最高可达 10 Mbps。但这种网络在带宽、可靠性和信号质量方面具有缺点，因此，HFC 网将原 CATV 网中的同轴电缆的主干部分改换为光纤，并使用模拟光纤技术（见图 2-8）。在模拟光纤中采用光的振幅调制（AM），这比使用数字光纤更为经济。模拟光纤从头端（headend）连接到光纤节点，它又称为光分配节点（ODN）。在光纤节点，光信号被转换为电信号。在光纤节点以下就是同轴电缆。一个光纤节点可连接 1 ~ 6 根同轴电缆。采用这种网络结构后，从头端到用户家庭只需 4 ~ 5 个放大器。这就大大提高了网络的可靠性和电视信号的质量。HFC 头端是一种有智能的设备，以便实现计费管理和安全管理，以及用选择性的寻址方法进行点对点的路由选择。

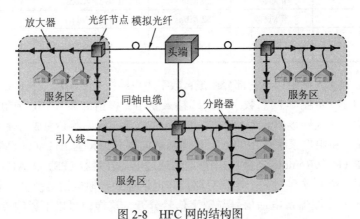

图 2-8　HFC 网的结构图

　　HFC 体系结构的特点是，从头端到各个光纤节点用模拟光纤连接，构成一个星形网。光纤节点以下是同轴电缆组成的树形网。连接到一个光纤节点的用户数通常在 500 左右，不超过 2000。这样，一个光纤节点下的所有用户组成了一个用户群，也称为邻区。光纤节点与头端的距离一般为 25 km，而从光纤节点到其用户群中的用户的距离则不超过 2 ~ 3 km。采用这种节点体系结构能够提高网络的可靠性，并简化了上行信道的设计。HFC 体系结构要求每个家庭安装一个用户接口盒。用户接口盒要提供三种连接，即使用同轴电缆连接到机顶盒（set-top box），然后再连接到用户的电视机；使用双绞线连接到用户的电话机；使用线缆调制解调器连接到用户的计算机。线缆调制解调器（cable modem）是为在有线电视网上实现数据通信业务而设计的用户接入设备，也是用户接入 HFC 网而使用的设备。

4. 光纤接入

目前光纤广泛用于主干网。光纤具有频带宽、重量轻和防干扰等优点，随着多媒体业务的广泛应用，以及光纤和光设备的价格逐步下降，最终可能实现光纤向用户端的延伸，即用户直接通过光纤接入网络中。

光纤接入网也是一种实现宽带接入网的方案，如图 2-9 所示。

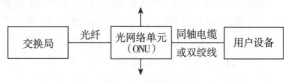

图 2-9　光纤接入网基本结构

光线路终端（OLT）为光纤接入网提供网络与本地交换机之间的接口，并经过一个或多个光配线网（ODN）与用户侧的光网络单元（ONU）进行通信。ODN 为 OLT 与 ONU 之间提供光传输手段，主要完成光信号功率的分配。ODN 是由无源光器件（如光缆、光连接器、光分路器等）组成的纯无源光配线网。ONU 提供用户的接口，具有光 / 电和电 / 光转换功能，同时要完成光信号、电信号的各种处理和维护。ONU 的位置具有很大的灵活性。根据 ONU 在光纤接入网中所处的不同位置，可将光纤接入网分为不同的类型，如表 2-2 所示。

表 2-2　光纤接入网的分类

名称	功能
FTTH 光纤到户	ONU 设置在用户家中，为家庭用户服务。提供各种宽带业务，如视频点播、居家购物
FTTC 光纤到路边	ONU 设置在路边，为住宅用户服务。通过用同轴电缆和双绞线与 ONU 连接，可为几十栋楼用户提供电视和电话服务
FTTB 光纤到大楼	ONU 设置在大楼内，为公寓用户服务。可为大中型企事业单位及商业用户提供高速数据通信、远程教育、电子商务等宽带业务
FTTO 光纤到办公室	ONU 位于办公室或楼层，主要为企事业单位用户提供服务
FTTF 光纤到楼层	
FTTZ 光纤到小区	ONU 位于居民小区，主要用于 HFC

当我们考虑光纤接入方案的时候，一定要注意这样一个事实：尽管光纤的价格已经与铜缆价格相当，甚至更低，但是光电转换的设备的价格仍然比电设备的价格要高。因此，在需要高带宽而光口数量较少的场合，使用光纤接入较为合算。目前被我国许多大城市广泛采用的一种经济有效的宽带接入方案是：ISP 千兆光缆到小区（光口到光口），小区百兆光缆到楼宇（光口到光口），楼宇 10Mbps 双绞线到用户（电口到电口）。

5. 无线接入

无线接入的优点是安装速度快，适应动态环境，有时费用较低。尽管目前计算机与网络连接的介质主要还是基于铜线和光缆，但正在兴起的无线 LAN 技术的潜力不可低估。蜂窝电话市场的普及和快速增长，更是印证了这一事实。

IEEE 802.11 是主要的无线 LAN 标准，于 1997 年确定，其中包括物理层和 MAC 层的协议。有几套有关无线 LAN 的 802.11 标准，包括 802.11b、802.11a 和 802.11g。表 2-3 总结了这些标准的主要特征。目前 802.11g 和 802.11b 无线 LAN 最为流行。

802.11b、802.11a 和 802.11g 这三个标准有许多共同特征。它们使用相同的媒体访问协议 CSMA/CA（带冲突避免的载波侦听多址访问）；使用相同的链路层帧格式，都具有降低传输速率以到达更远距离的能力；这三个标准都允许"基础设施模式"和"自组织模式"两种模式。

表 2-3　IEEE 802.11 主要标准

标准	频率范围	数据率
802.11b	2.4 ～ 5 GHz	最高为 11Mbps
802.11a	5.1 ～ 5.8 GHz	最高为 54Mbps
802.11g	2.4 ～ 5 GHz	最高为 54Mbps
802.11n	2.4 ～ 5 GHz	最高为 200Mbps

然而，这三个标准在物理层有一些重要的区别。

802.11b 无线 LAN 的数据率为 11 Mbps，这对大多数使用宽带线路或者 DSL 因特网接入的家庭网络而言已足够了。802.11b 无线 LAN 工作在不需要许可证的 2.4 ～ 5 GHz 的无线频谱上，与 2.4 GHz 的电话和微波炉争用频谱。802.11a 无线 LAN 的比特率更高，同时它工作的频谱也更高。然而，由于运行的频率更高，802.11a 无线 LAN 在保证一定的功率水平的情况下传输距离较短，并且它受多路径传播的影响更大。802.11g 无线 LAN 与 802.11b 无线 LAN 工作在同样的较低频段上，并且与 802.11a 有相同的高传输速率，使得用户能够更好地享受网络服务。

此外，WiMAX（微波接入的世界互操作）是属于 IEEE 802.16 标准的协议簇，该标准的目标是在广阔的距离内以与电缆调制解调器和 ADSL 网络相当的速率，向大量的用户交付无线数据。802.16d 更新了早期 802.16a 标准。802.16e 标准的目标是支持以每小时 70 ～ 80 英里速度的移动（这是在欧洲以外的大部分国家的高速公路所使用的速度），该标准具有用于小型、资源受限设备（如 PDA、电话和膝上计算机）的不同的链路结构。

设计提示　选择接入网技术的主要原则是性能和经济性，同时也要考虑可维护性和安全性等问题。

2.2.3　以太网上的 TCP/IP 协议

因特网上的功能是通过位于硬件接口层、网络层、传输层和应用层的不同协议共同协作来实现的，这些协议统称为 TCP/IP 协议簇。支持 TCP/IP 协议的设备之所以容易实现互联互通，是因为在网络层（IP 层）及以上层次的实现中已屏蔽了硬件设备的细节，不同厂商的设备主要实现硬件接口层的功能并提供访问接口即可，网络层及以上层的功能一般由操作系统的协议栈完成。目前，在构建企业办公局域网时，基本上都是采用以太网技术（参见 2.8 节），如计算机上的网卡都可称为以太网网卡，交换机端口、路由器的 LAN 端口也可称为以太网端口，以太网可以采用双绞线、光纤等传输媒体来连接，在以太网上 TCP/IP 的实现如图 2-10 所示。

在以太网中，网卡等设施实现以太网帧的传送，IP 报文被封装成以太网帧来传送，为实现 IP 地址 – MAC 地址转换而配置的 ARP/RARP 报文也是封装成以太网帧来传送的。ICMP 和 IGMP 可看成是 IP 层的特殊 IP 报文，TCP 和 UDP 是建立在 IP 层的基础之上实现端到端传输的协议，即 TCP 报文和 UDP 报文被封装到 IP 报文中，交给 IP 层，再由 IP 层交给硬件接口层，最终变成以太网帧进行传送。应用层的各类协议或系统都是通过 TCP 或 UDP 协议来实现通信的。

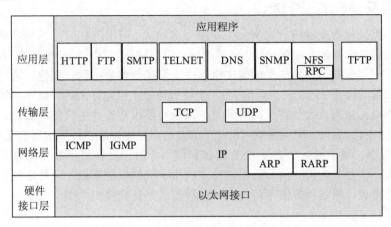

图 2-10 以太网上的 TCP/IP 协议

2.3 二层交换机

在 LAN 的设计中，为了满足网络覆盖范围、性能和性价比方面的不同要求，研制了中继器、集线器和交换机等网络互联设备，它们使得网络设计的内容更为丰富。近年来，中继器已经退出历史舞台，集线器也正在淡出网络设计的视野，取而代之的是交换机的兴起。

2.3.1 早期的网络设备

中继器（relay）工作在物理层，主要用于扩展 LAN 的长度。例如，对 10Base2 以太网，一个网段的长度仅为 185 m，最多能用 4 个中继器连接 5 个电缆段，使网络总长度达到 9843 m。

集线器（hub）可视为一种多端口的中继器，它的出现大大提高了 LAN 的可靠性。因为在此之前，LAN 采用的是电缆和转发器相互连接的串行结构，一处连接不好就会使整个 LAN 瘫痪。从物理角度看，基于集线器可以形成星型拓扑网络，但从逻辑的角度看，它仍是总线拓扑网络（参见图 2-11）。集线器只是接收数据信号

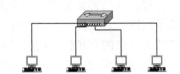

图 2-11 用集线器构建星型拓扑网络

并将其发送到其他端口，即在一个时刻每个集线器只允许一台主机发送数据，否则将会产生数据冲突。集线器只适合用于连接少数几台主机。

网桥（bridge）工作在数据链路层，通过过滤处理标识帧的 MAC 地址，将两个或多个地址兼容的网段连接起来，形成一个逻辑上单一的 LAN。其特点是：

❑ 减少网络流量，网桥具有过滤功能，仅有部分数据量被向前传递，减少了不必要的数据流量。

❑ 扩展了 LAN 的有效长度，使远程站点间可以相互通信。

❑ 端口数量较少，只适合连接网段。

❑ 能隔断某些网络故障，也能提高网络安全性，如将具有保密数据的主机放在相同网段上。

设计提示　目前在网络设计中，已经不使用中继器和网桥来扩大联网规模和连接设备了，广泛采用的是二层交换机设备（有时也会采用集线器）。

2.3.2　二层交换机的工作原理

二层交换机又称为**交换机**，它实际上是一个多输入/输出的智能化网桥。交换机的工作原理是：从源端口读取帧，根据目的 MAC 地址，以极快的速度将帧交换到适当的目的端口。交换机往往具有"自学习"功能，即当主机第一次发送数据分组时，交换机通过检查其源地址记住具体设备的位置（建立主机地址表）。交换机建立主机地址表后，就不再需要将数据分组发往所有端口，从而大大节省了网络带宽。如果交换机在查找主机地址表后，没有找到与某个帧相对应的目的端口，它将采取"洪泛"的方法向除到来端口以外的所有端口转发该帧。

在图 2-12 中，当主机 A 发往主机 B 的帧到端口 1 时，交换机不需要将其从端口 2 转发出去。问题是，一台交换机如何知道不同的主机位于交换机的哪侧？一种选择是人工为交换机维护一张路由表，但这种方法不可行。另一种方法是让交换机采用"自学习"的方法来获取相关信息。

交换机检查它收到的所有帧中的源主机的地址。当主机 A 向交换机任何一侧的主机发送帧时，交换机将记录下来从主机 A 发出的帧是在端口 1 上收到的，即学习到了主机 A 与端口之间的关系；如果交换机不知道接收方位于交换机哪一侧，它将向所有端口发送该帧。当交换机启动时，端口表是空的，经过一段时间就能建立起所有主机与端口之间的关系。为了保持端口表信息的正确性，将为端口表的每个项分配一个计时器。一旦超时，交换机就丢弃这个表项。

交换机通过处理帧的 MAC 地址，从一个输入端向一个或多个输出端转发分组，这为网络提供了一种增加总带宽的方法。例如，单个以太网段只能提供 100 Mbps 的带宽，若输入与输出主机两两不同，则以太网交换机可提供 $100 \times n/2$ Mbps 的带宽，n 为交换机上的端口总数目（输入和输出端口）。因为此时这些主机之间能够同时进行双工通信，而不会相互干扰。

在一个较复杂的 LAN 中，一个网络跨越了一个机构的许多部门，网络可能由多个管理员来管理。在这种情况下，一个人要知道整个网络的配置情况是不可能的，交换机可能连接了多个网段，这将会在网络中形成回路。另外，为了提高网络的可靠性，人们可能需要在网络中放入冗余的交换机。这有可能会引起数据帧循环转发，从而导致广播风暴。为此，在交换机实现中均采用了 IEEE 802.1D 规范定义的"生成树算法"，即使网络设计中出现了物理回路，该算法也会防止形成逻辑上的回路。交换机通过采用分布生成树算法对环进行正确处理。如果用一个图来表示扩展 LAN，图中可能含有环，那么生成树就是这个图中包含所有顶点的一个子图，但它不包含环。也就是说，生成树包含了原始图中的所有顶点，但删去了一些边。例如，在图 2-13 中，左边是一个带有环的图，而右边是其许多可能的生成树中的一种。这意味着我们在网络工程中使用交换机时，即使因某种原因（为增加网络可靠性而设置冗余链路，或因情况不明而形成循环回路）在设计中出现环路，只要进行了相应的配置，就能够自动地防止逻辑回路的产生。

设计提示　利用二层交换机进行网络设计时，如果要自动防止逻辑回路的产生，就需要配置交换机的生成树功能。

交换机技术还催生了以太网技术中的另一种技术的问世——**全双工**。标准以太网采用的是 CSMA/CD 机制，任何时候网上只能有一台设备成功发送。共享介质上连接的站点越多，冲突越频繁，总吞吐量越低。如果某交换机的某个端口只与一台主机相连，而且其收发线路分开，就不会出现冲突现象。例如，我们通常使用一对千兆以太网线路连接两台百兆交换机，由于这两台交换机之间只有这一对线路，因此不会发生冲突，即使线路较长，它们之间可采用双工方式进行无冲突的通信。注意，只有全双工网卡和交换机才支持这种功能，即专用服务器的全双工网卡与支持全双工的交换机的端口连接，才具有增加服务器到用户的能力。

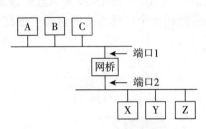

图 2-12 自学习交换机

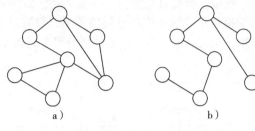

图 2-13 图与生成树

然而，简单地采用交换机替代集线器不一定能提高网络性能。如图 2-14a 所示，因为交换机一次只允许一台主机访问服务器，这样并不能使网络吞吐量更高。在图 2-14b 中，如果采用链路聚合技术增加与服务器相连的交换机的端口数，网络性能将会得到改善。

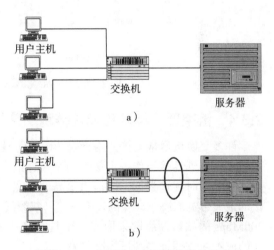

图 2-14 交换机提高网络性能的场合

设计提示 设计中采用交换机不一定能增加网络可用带宽，有时需要采用链路聚合技术来提高网络性能。

2.3.3 交换机的广播域和碰撞域

使用交换机的目的是透明地扩展网络，鉴于广播和多播方式在网络通信中极为重要，因此，交换机必须支持这两种通信方式。广播方式实现起来非常简单，即每台交换机都从各个活动端口（不包括接收到该帧的端口）转发带有广播目的地址的帧。多播也用类似方式实现，只是由每台主机自己决定是否接收这个消息。

通常认为，基于交换机的网络设计方案仅适用于规模不大的网络环境。这就是说，无法通过交换机互联大量的 PC 构成一个有效的网络。其中一个原因是生成树算法是线性的，在大量交换机互联的情况下，仅构成生成树就需要较长时间。另一个原因是：交换机要转发本LAN 中大量的设备产生的所有广播帧。在一个有限的网络环境中（例如有几十台甚至 200 台PC 的部门），所有交换机都转发、所有主机都收听彼此的广播分组尚且可行，但在一个更大的环境下（例如一个具有上千台 PC 的大学或一个公司内），交换机和主机处理过多的广播分组会使效率大大降低，造成网络变得很慢。也就是说，设计 LAN 时应当保证广播分组直接到达的范围不能太大。

设计提示 完全基于交换机的网络设计方案仅适用于规模不大的网络环境。

这里需要区分两个关键概念：碰撞域和广播域。**碰撞域**描述了一组共享网络访问媒体的网络设备覆盖的区域。在图 2-15a 中，一个以太网集线器形成了一个网络碰撞域；而对图 2-15b 中的以太网交换机而言，每个端口构成一个独立的碰撞域，这就极大地减少了访问网络的冲突机会。只要 PC 两两之间访问交换机的不同端口，并且这些端口配置为全双工的，它们就在一个碰撞域中而不会与其他 PC 产生通信碰撞。

广播域是对广播分组直接到达的区域而言的，对图 2-15 中的两个网络而言，都只包括了一个广播域。所有直接连接的二层交换机都位于一个广播域中，这与子网的概念对应。这意味着交换机不能隔离广播分组的传播，只有路由器才能起到在多个广播域之间进行"选路"的作用，从而有效地阻拦本地广播分组蔓延到 WAN 上。

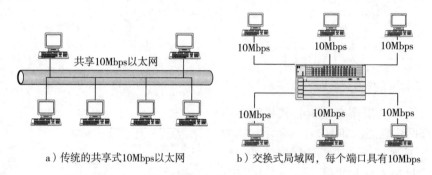

图 2-15 共享带宽的以太网和交换机之间的比较

2.3.4 链路聚合技术和弹性链路

许多交换机通常支持链路聚合（trunk）技术和弹性链路（resilient link）技术。链路聚合可将多个物理连接当作一个单一的逻辑连接来处理，它允许两台交换机之间通过多个端口并行连接并同时传输数据，以提供更高的带宽、更大的吞吐量。一般来说，两个普通交换机连接的最大带宽取决于介质的连接速度（双绞线为 200Mbps），而使用链路聚合技术可以将 4 个 200Mbps 的端口捆绑起来形成一个具有高达 800Mbps 带宽的连接。该技术的特点是能以较低的成本通过捆绑多端口提高带宽，而其增加的开销只是使用了多条网线和多个端口，它可以有效地提高子网的上行速度，从而消除网络访问中的瓶颈。另外，链路聚合技术还支持自动带宽平衡，即具有容错功能，即使链路聚合只有一个连接存在时仍然会工作，这无形中增加了系统的可靠性。

举例来说，在没有使用链路聚合的情况下，百兆以太网的双绞线这种传输介质的特性决定了两个互联的普通交换机的带宽仅为 100Mbps，如果采用全双工模式，则传输的最大带宽可以到达 200Mbps，这样就形成了网络主干和服务器瓶颈。要达到更高的数据传输率，则需要更换传输媒介，可使用千兆光纤将以太网升级成为千兆以太网，这样虽能使带宽达到千兆，但成本却较高。如果使用链路聚合技术，通过将四个接口捆绑在一起获得 800 Mbps 带宽，便可较好地解决成本和性能的矛盾。

在高可用性环境中可采用弹性链路技术。其原理是将一组链路定义为主链路，另一组链路定义为备份链路，当主链路不能正常工作时，能迅速切换至备份链路，最终保证交换机间的链路有较高的可靠性和冗余性。

2.3.5 交换机使用的技术

根据物理结构，交换机可分为：

- 独立式：这是廉价的工作组级的设备，通常有 8 ～ 24 个端口。
- 堆叠式：堆叠式交换机能为扩充网络规模提供便利。由于此时交换机之间的连接是通过交换机背板进行的，因此采用这种方法不仅能方便地增加端口数量，而且对整体通信速度影响不大。
- 模块化：对支持多种技术（如令牌环和以太技术）的网络而言，模块化交换机能够发挥其特长。该交换机具有较复杂的背板，能够根据需要选配各种不同功能的模块插入背板，提供不同的功能。这些模块包括以太网模块、令牌环模块和管理模块等。模块化交换机具有先进的功能，但如果所有模块共享一个电源，就会在电源发生故障时，导致所有模块均无法工作，因此应当选用双电源、双背板的结构。而堆叠式交换机不会出现所有交换机同时发生故障的情况，能够保证重要用户的使用，同时它的价格较低。

根据交换机从选择的端口转发数据的方式，能够将其分为"直通"（cut-through）模式和"存储转发"模式两种。

- 直通模式：交换机在收到报文首部后，就开始向输出端口转发进入的帧。该操作模式的工作速度较快，只要帧不出现差错，帧按其路径能很快到达目的地。但当帧组出错时，就可能引起不必要的流量和拥塞。
- 存储转发模式：交换机将接收正确的帧存储后，才将其转发到适当的端口。这种方式能匹配两种不同速率的网络，也能检查帧的完整性，但它的时延特性稍差。

根据交换机是否支持 SNMP 网络管理功能，有时还将交换机称为智能交换机。

交换机有许多不同类型的端口。典型的交换机有大量的非屏蔽双绞线（UTP）端口，即 RJ-45 电缆连接器插座。RJ-45 是目前常用的电缆连接器，用于将主机和网络设备连接到交换机。当连接交换机建立较大网络时，该交换机就需要具有光缆接口；而工作组级交换机却通常不需要这种接口。早期的交换机可能还具有连接单元接口（AUI）端口，该端口能连接以太网收发器与 10Base5 以太网粗缆；同轴电缆卡环形接头（BNC）端口用于与 10Base2 细缆相连。为了管理方便，用户可以使用 DB9 连接器用于连接交换机和管理终端。此外，还有一种称为上连（UPLINK）端口，用于将一台交换机与另一台交换机相连接，该端口的收发线的排列方式与其他端口不同。不过，近年来许多交换机提供了端口智能识别功能，这样每个端口都能够自动地适配接收和发送端口了。

2.3.6 虚拟 LAN

1. 虚拟 LAN 的特点

虚拟 LAN（VLAN）是利用交换机的相应功能实现的。VLAN 是指在交换机的基础上，采用网络管理软件构建的可以跨越不同网段、不同网络（如 FDDI、ATM、10Base-T 等）的端到端的逻辑网络。只有构成 VLAN 的站点直接与支持 VLAN 的交换机端口相连并接受相应的管理软件的管理，才能实现 VLAN 功能。

VLAN 具有以下几方面优点：

1）有效地共享网络资源。较大的平面拓扑结构网络经常会受到大量广播和偶然发生的广播风暴的困扰，造成网络性能下降。过去只能依靠将网络划分为更小的子网，子网之间用路由器互联来解决这个问题，而 VLAN 提供了另一种解决方案。VLAN 可以传输广播数据，即一个 VLAN 定义了一个广播域。

2）简化网络管理。用户物理位置发生变化时，如跨越多个 LAN，通过逻辑上配置 VLAN 即可形成网络设备的逻辑组，无需重新布线和改变 IP 地址等。这些逻辑组可能要跨越一个或多个二层交换机，或者是建立在多交换机基础之上。

3）简化网络结构，保护网络投资。

4）提高网络的数据安全性，一个 VLAN 的站点接收不到另一个 VLAN 中的数据。

乍看起来，VLAN 与 IP 子网类似，但两者有很大的区别。它们之间的最大差异在于：IP 子网仅仅是以 IP 地址为基础；VLAN 是基于多种属性的逻辑组。另外，IP "子网" 中的所有主机都必须位于同一广播域，否则 ARP 协议无法正常工作。而 VLAN 主要工作于第 2 层，不受上述限制。

图 2-16 给出了使用了三个交换式集线器的网络拓扑的例子。设有 10 台主机分配在三个楼层中，构成了三个 LAN，即 LAN_1（A_1，A_2，B_1，C_1）、LAN_2（A_3，B_2，C_2）、LAN_3（A_4，B_3，C_3）。 这 10 个用户划分为 3 个工作组，即 $A_1 \sim A_4$、$B_1 \sim B_3$、$C_1 \sim C_3$。从图 2-16 可看出，每一个工作组的主机都处在不同的 LAN 中，也不在同一层楼中。

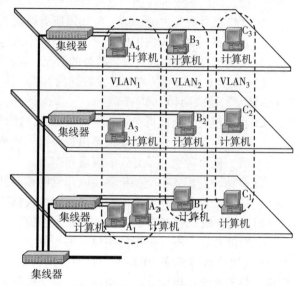

图 2-16　三个 VLAN 的构成

但是，可以利用交换式集线器将这 10 台主机划分为三个 VLAN：$VLAN_1$、$VLAN_2$ 和 $VLAN_3$。在 VLAN 上的每一个站都可以听到同一个 VLAN 上的其他成员所发出的广播。这样，VLAN 限制了接收广播信息的主机数，使得网络不会因传播过多的广播信息（即所谓的 "广播风暴"）而引起性能恶化。在共享传输媒体的 LAN 中，网络总带宽的绝大部分是由广播帧消耗的。由于 VLAN 是用户和网络资源的逻辑组合，因此可根据需要将有关设备和资源非常方便地重新组合，使用户从不同的服务器或数据库中存取所需的资源。

设计提示　VLAN 是在网络设计方案中经常使用的一种技术，它能有效地隔离广播分组，提高安全性，并有利于网络管理。

2. 实现 VLAN 的方式

可以通过以下几种技术将通过桥接的网络拓扑变成一组 VLAN。

1）基于端口的 VLAN 技术：该技术将一台或多台交换机上的若干端口划分为一组。网络设备根据所连接的端口确定成员关系。

2）基于 MAC 地址的 VLAN 技术：该技术根据网络设备的 MAC 地址确定 VLAN 的成员关系。实现时，根据不同 VLAN 中的 MAC 地址对应的交换机端口，实现 VLAN 广播域的划分。

3）基于协议的 VLAN 技术：这种技术是把具有相同的 OSI 第 3 层协议（如 IP、IPX 或 AppleTalk 等）站点归并为一个 VLAN。有下面一些定义 VLAN 协议的策略：

❏ 所有的第 2 层协议（如 IP、IPX 或 AppleTalk）流量。

❏ 所有指定以太网类型的流量。

❏ 所有携带源点和目的服务访问点（SAP）首部的流量。

❑ 所有携带指定子网访问协议（SNAP）类型的流量。

4）基于网络地址的 VLAN 技术：按照交换机连接的网络站点的网络层地址（例如 IP 地址或 IPX 地址）划分 VLAN，确定交换机端口所属的广播域。定义的网络地址的策略包括：

❑ IP 网络地址和 IP 网络掩码。

❑ IPX 网络编号和封装类型。

5）基于定义规则的 VLAN 技术：用户方的网络管理员可以根据帧的指定域中的特定模式或者特定取值，定义满足特殊应用需求的 VLAN。所有在指定域中具有特定模式或者特定取值的帧的网络站点可构成基于用户定义规则的 VLAN。

3. 用于 VLAN 的标记首部

为了了解 VLAN 的工作原理，我们需要了解第 2 层标记方法和过滤机制。这些机制也提供了交换时按优先级对帧分类的方法。

众所周知，802.1d 网桥规范奠定了交换机工作的基础，定义了简单的转发过程。交换机（网桥）通过将帧首部中的源 MAC 地址与收到的帧的端口相关联来"学习"MAC 地址的位置。如果交换机在一段时间内未收到来自源地址的帧，这些表项将因自动超时从表中被删除。而当交换机收到新的数据帧时，这些表项将被刷新，使超时定时器重置。另外，交换机中还可以设置静态表项，它不遵循超时机制。建立在 801.d 网桥基础上的 802.1q 和 802.1p 是两个 IEEE 的标准，它为 801.d 增加了更多的智能。由于这些标准是基于 MAC 帧中的标记（tag）中的信息工作的，所以我们先讨论标记首部的格式。

标记首部位于目的 MAC 地址和源 MAC 地址之后（若采用路由机制，则其位于路由地址之后），它是实现数据流过滤的基础。以太网编码的标记首部格式如图 2-17 所示。

其中 ETP ID（Ethernet-coded Tag protocol Identifier）为以太网编码的协议标志符，其值为 0x8000。标记控制信息（Tag control Information，TCI）的域结构如图 2-18 所示。

图 2-17　以太网编码的标记首部

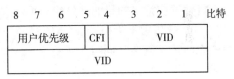

图 2-18　TCI 结构

图 2-18 中的"用户优先级"部分用 3 比特编码表示，能表示 8 个优先级等级（0~7）。规范的格式指示符（Canonical Format Indicator，CFI）被置位时，E-RIF 域存在，CFI 位的值决定由该帧携带的 MAC 地址信息是否是规范格式。当 CFI 被重置，E-RIF 域不存在，由该帧携带的所有 MAC 信息为规范格式。

VID 为 VLAN 标识符，它唯一地标识了该帧所属的 VLAN。该域为 0，表明该标记首部仅包含用户优先级信息，无 VLAN 标志。该域为 1，表明用于对通过一个网桥端口进入的帧进行分类的默认 PVID 值；该域为 FFF，保留用于实现。所有其他值均可用于 VLAN 标识符。

E-RIF 为嵌入 RIF 格式之意。仅当在 TCI 中 CFI 被置时存在。如果 E-RIF 存在，则后面紧跟长度 / 类型域。E-RIF 由 2 字节的路由控制（RC）域和 0 或更多字节（最大为 28 字节）的路由描述符组成。E-RIF 的长度可能为 2 ～ 30 字节。RC 的格式如图 2-19 所示。

其中，RT 为路由类型，LTH 为长度域，D 为

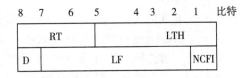

图 2-19　RC 结构

方向位，LF 为最大帧，而 NCFI 为非规范格式指示符。当 NCFI 重置时，在该帧中的所有 MAC 地址信息为非规范格式；当置位时，这些 MAC 地址信息为规范格式。

交换机可以根据以上信息将帧仅转发到与特定 VLAN ID 相关的端口，并依据优先级决定转发帧的顺序。更重要的是，交换机能保留该标记，即使桥接是点对点的，该标记中的信息仍然能够帮助在非路由网络中"路由"。图 2-20 显示了 802.1Q 和 802.1p VLAN 的概念性视图以及优先级标记。

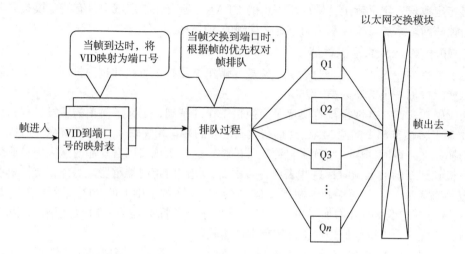

图 2-20　采用 802.1Q 和 802.1d 标准的 VLAN 原理图

4. 802.1Q

802.1Q 的核心是对 VLAN 规范化。从原理上讲，它根据 VLAN 标识符对数据帧进行过滤，仅将帧发往特定的目的地址组，而不是向所有节点洪泛。

802.1Q 最初用于为每个 VLAN 定义一棵独立的生成树。这种为每个 VLAN 定义一棵生成树的方法过于复杂，同时为了更新该生成树就会产生过多的流量开销，因此目前仅使用一棵生成树。

支持 802.1Q 的网桥被设计为理解 VLAN 的。这些网桥能够与不支持 VLAN 的网桥共存，以实现向后兼容性。规范规定，对于向网桥高层实体提供的控制帧，如生成树网桥协议数据单元（BPDU）、GARP（802.1p）和其他管理 PDU，不执行过滤处理。这使得使用 802.1Q 标准的 VLAN，对这些帧的现有假设保持不变。

每个网桥端口都有一套入口规则（用于定义当帧进入端口时，哪些帧被过滤）和出口规则（用于定义当帧离开时，哪些帧被过滤）。这些规则体现了 VLAN 成员的关系。可以利用 VLAN 成员关系分解协议（VMRP）自动配置这些规则。VMRP 是以 802.1p 中定义的 GARP 协议为模型的。端节点和网桥都利用 VMRP 通过相邻的网桥与 VLAN 成员通信。12 位的 VID 用于表示每个 VLAN。

5. 802.1p

802.1p 规范的核心是将 LAN 中流量的优先级问题标准化，以满足时延敏感数据对网络的需求。802.1p 通过帧过滤机制获得一定级别的 QoS，它的 QoS 涉及时延、帧的优先级以及吞吐量。过滤机制给目前的网桥转发过程增加了功能，它仅仅将帧分发到网络中极有可能找到目的节点的区域，而不是将帧洪泛到所有端口。

802.1p 利用 GARP 实现与特定通信优先级相关的 MAC 组的通信。GARP PDU 有唯一的

MAC 地址；当网桥收到源地址为该 MAC 地址的帧时，它知道这是提供组成员信息的 GARP 分组。802.1p 还为每个网桥端口定义了端口模式。GARP 常用的端口模式主要有以下三种：

❑ 模式 1：转发所有地址。

❑ 模式 2：转发所有未注册的地址，但使用组注册项过滤，保留属于本组的帧。

❑ 模式 3：过滤所有未注册的帧。这时端口需要显式的过滤器。

与网桥的表项类似，可以动态配置或静态配置转发表过滤器。GARP 通过交换协议数据，能够自动学习动态过滤信息。通过同样的方法，它也能够删除动态过滤信息。

每组都有一定的优先级，帧根据该优先级在输出端口排队。交换机可以有 8 个队列，分别与 8 个流量等级对应。优先级可以以端口为单位进行设置，每个端口有 x 个流量等级，从 0 到 $n-1$。交换机中的所有端口并不一定拥有相等数量的流量等级和队列。例如，假定每个交换端口有 8 个独立队列。高优先级的帧在队列 7 和 8 中等待，中优先级的帧在队列 5 和 6 中等待，低优先级的帧在其他队列中等待。队列以循环方式接收服务，它可能较多地处理位于高优先级队列中的帧。平均而言，无论采用何种算法，队列的优先级越高，其中的帧等待的时间就越短。根据优先级排队，交换机能够更好地处理对时间敏感的流量。

有时，可以利用流量优先级机制调整特定帧的优先级。例如，可设置 IP 的广播帧和多播帧优先级比 IP 单播帧优先级低，也在工作时间限制使用某些外部 Web 的流量。

2.4　路由器

从因特网技术的角度出发，真正的网络互联设备仅有一种——路由器。路由器通过处理 IP 地址来转发 IP 分组，形成一个虚拟通信网络。正是这种虚拟的 IP 通信网络，将异构的多种通信网络互联起来，并使网络具有可扩展性。

2.4.1　路由器的结构

路由器工作在网络层，主要通过处理分组首部网络地址，实现将分组从源送到目的地。它负责接收来自各个网络入口的分组，并把分组从其相应的出口转发出去。路由器使用各种路由协议，提供网间数据的路由选择，并对网络的资源进行动态控制，因此具有更强的网络互联能力。

图 2-21 显示了一个通用路由器体系结构的总体视图，其中标识了一台路由器的 4 个组成部分。

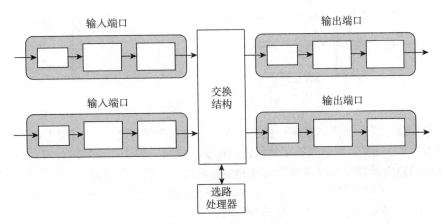

图 2-21　路由器体系结构

1）输入端口。输入端口执行以下几项功能：

□ 它要执行将输入的物理链路端接到路由器的物理层的功能。

□ 它要执行与输入的链路端的数据链路层交互的数据链路层功能。

□ 它要完成查找与转发功能，以便转发到路由器交换结构部分的分组能出现在适当的输出端口。控制分组（如携带选路协议信息的分组）从输入端口转发到选路处理器。实际上，在路由器中，多个端口经常被集中到路由器中的一块线路卡上。

2）交换结构。交换结构将路由器的输入端口连接到它的输出端口。交换结构完全包容在路由器中，即它是一个网络路由器中的网络。

3）输出端口。输出端口存储经过交换结构转发给它的分组，并将这些分组发送到输出链路。因此，输出端口完成与输入端口顺序相反的数据链路层和物理层功能。当一条链路是双向链路（承载两个方向的流量）时，与链路相连的输出端口通常与输入端口在同一线路卡上成对出现。

4）选路处理器。选路处理器执行选路协议，维护选路信息与转发表，以及执行路由器中的网络管理功能。

交换结构是一台路由器的核心部位。正是通过交换结构，分组才能从一个输入端口交换（即转发）到一个输出端口。交换可以用许多方式完成，如图2-22所示。

（1）经内存交换

早期的路由器通常是传统的计算机，在输入端口与输出端口之间的交换是在CPU（相当于选路处理器）的直接控制下完成的。输入与输出端口的作用与操作系统中的I/O设备类似。一个分组到达一个输入端口时，该端口会先通过中断方式向选路处理器发出信号。然后，该分组从输入端口处被复制到处理器内存中。选路处理器从分组首部取出目的地址，在转发表中找出适当的输出端口，并将该分组拷贝到输出端口的缓存中。注意，若内存带宽为每秒可写进或读出 B 个分组，则总的转发吞吐量必然小于 $B/2$。

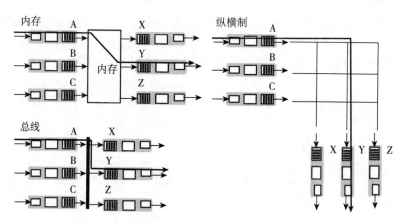

图2-22　三种交换技术

许多现代路由器也采用通过内存交换技术。然而，与早期路由器不同的是，查找目的地址和将分组存储（交换）到适当的存储位置是由输入线路上的处理器来执行的。在某些方面，经内存交换的路由器看起来很像共享内存的多处理机，它用一个线路卡上的处理器将分组交换进适当输出端口的内存中。Cisco的Catalyst 8500系列的交换机和Bay Networks Accelar 1200系列的路由器都是经共享的内存转发分组的。

（2）经一根总线交换

在这种方法中，输入端口经一根共享总线将分组直接传送到输出端口，不需要选路处理器的干预（注意，经内存交换时，分组进出内存也必须经过系统总线）。虽然选路处理器没有涉及总线传送，但由于总线是共享的，故一次只能有一个分组通过总线传送。某个分组到达一个输入端口时，发现总线正忙于传送另一个分组，则它会被阻塞而不能通过交换结构，并在输入端口排队。因为每个分组必须跨过单一总线，所以路由器的交换带宽受总线速率限制。

在当今的技术下，若总线带宽每秒一吉（千兆）比特是可能的，则对于运行在接入网或企业网（如 LAN 与公司网）中的路由器来说，通过总线交换通常是足够的。基于总线的交换已被相当多的路由器产品采用，这些产品包括 Cisco 1900，它通过一个 1Gbps 的分组交换总线来交换分组。3Com 的 CoreBuilder 5000 系统将位于不同交换模块中的端口通过其 PacketChannel 数据总线互联起来，带宽为 2Gbps。

（3）经一个互联网络交换

克服单一、共享式总线带宽限制的一种方法是，使用一个更复杂的互联网络，如过去在多处理机体系结构中用来互联多个处理器的网络。纵横式交换机就是一个由 $2n$ 条总线组成的互联网络，它将 n 个输入端口与 n 个输出端口连接，如图 2-22 所示。一个到达某个输入端口的分组沿着连到输入端口的水平总线穿行，直至该水平总线与连到所希望的输出端口的垂直总线的交叉点。如果该条连到输出端口的垂直总线是空闲的，则该分组传送到输出端口。如果该垂直总线正用于传送另一个输入端口的分组到同一个输出端口中，则该到达的分组被阻塞，且必须在输入端口排队。

设计提示　可以根据性能要求分别选用具有内存式、总线式和交换式结构的路由器。对于有特殊要求（高吞吐量、高背板速率等）的路由器，路由器交换结构应采用交换网络技术。

2.4.2　路由器的功能与性能

路由器用于实现在不同子网间进行 IP 分组的选路和转发。路由器一般具有两类接口：LAN 接口（局域网接口）和 WAN 接口（广域网接口）。LAN 接口又称为以太网口，它与局域网中的主机同属一个子网；WAN 接口可能连接不同速率的信道。有时在一个局部区域内，需要将不同的 LAN 互连起来，这种情况下，路由器接口皆采用 LAN 接口。路由器的主要功能包括：

- 转发：当一个分组到达某路由器的一条输入链路时，该路由器必须将分组移动到适当的输出链路。
- 选路：当分组从发送方流向接收方时，路由器必须决定这些分组所采用的路由或路径。
- 与网络接口：提供各种 LAN 和 WAN 的标准接口，方便地互联 LAN 和 WAN。
- 网络管理：路由器支持多种网络管理功能，以实现对它的配置、性能监视等。

路由器有多种分类方法：

- 按通信容量可分为高档路由器、中档路由器和低档路由器。高档路由器主要用于大型网络主干，中档路由器用于中型网络主干，低档路由器主要用于连接 LAN 到主干的接入。

❑ 按其功用可分为接入路由器、边界路由器或主干路由器等。

路由器的性能指标包括：吞吐量、转发速度、时延、所支持的通信协议、所支持的选路协议、网络接口类型、选路表容量、最长匹配、选路协议收敛时间、对多播的支持、对 QoS 的支持和网管功能等。

目前路由器厂商很多，如 Cisco 公司、华为公司等。表 2-4 给出了 Cisco 公司的路由器系列产品的概况。

表 2-4　Cisco 公司的路由器系列产品

主要性能指标	Cisco 7000	Cisco 4000	Cisco 2500
应用	大型网络	中型网络	中小型网络
LAN 接口	以太网 FDDI 令牌环	以太网 FDDI 令牌环	以太网 FDDI 令牌环
WAN 接口	帧中继、T1、ISDN、DDN	帧中继、T1、ISDN、DDN、X.25	帧中继、ISDN、DDN、X.25
路由协议	IS-IS、OSPF、RIP	IS-IS、OSPF、RIP	IS-IS、OSPF、RIP
主要传输协议	IP、IPX、PPP	IP、IPX、PPP	IP、IPX、PPP
网络管理	SNMP	SNMP	SNMP

2.4.3　路由器在局域网中的角色

在局域网中，同一物理子网（在同一广播域）内的主机之间实际通信使用物理地址（又叫 MAC 地址或网卡地址）。也就是说，主机间的通信需要通过 ARP 由其 IP 地址获得对方的 MAC 地址后才能进行。主机会将其获知的其他主机 MAC 地址保存在缓存中，以备下次通信时使用。若目标主机不在同一子网，则无法通过 ARP 协议获得其 MAC 地址。在这种情况下，源主机会将报文发给网关 IP 地址所对应的设备，即发给与本局域网直接相连的路由器 LAN 接口。因此在局域网内主机配置 IP 信息时，需要配置默认网关的 IP 地址，如图 2-23 所示。

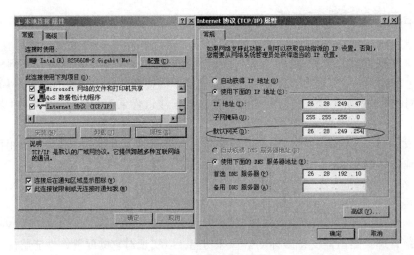

图 2-23　主机的 IP 属性

若没有配置默认网关 IP，即使路由器工作正常，该主机也无法与子网外的其他主机通信。路由器在局域网内的角色就是充当网关，同时也负责将外部的 IP 报文转发到局域网内部的相应主机，如图 2-24 所示。

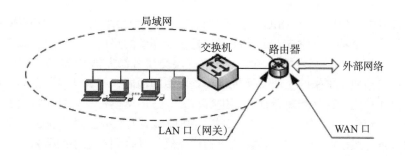

图 2-24　路由器在局域网中的角色

2.5　高层交换机

2.5.1　三层交换机的工作原理

前面讲过，二层交换机不能用于较大规模的网络，为了提高网络工作效率，隔离广播分组，需要采用路由器来划分子网。同时考虑到有时在网络中可能有大量主机是位于相同场点的，为此，人们发明了结合二层交换机和路由器部分特点的三层交换机，也称为选路交换机。它工作于数据链路层和网络层。作为交换机，它除具有与二层交换机相同的属性外，还具有一定的选路功能，只是其选路功能与路由器相比较为有限。例如，可将某些端口设置为特定的 IP 子网，将某个端口设定为"默认路径"，当数据分组需要选路至其他子网时就通过该端口传递。在这种情况下，必须明确交换机如何处理不能选路的分组，明确是采用桥接方式，还是丢弃分组。为了提高处理速度，三层交换机尽可能采用交换，仅在必要时选路。因为选路的逻辑显然比交换的逻辑复杂得多，从而影响数据分组的传递速度。

三层交换是在网络模型中的第三层实现数据分组的高速转发。三层交换技术的出现，解决了 LAN 划分子网之后，子网之间必须依赖路由器进行通信的局面，解决了传统路由器因低速、复杂造成的网络瓶颈问题。一个具有三层交换功能的设备实际上是一个带有第三层路由功能的第二层交换机，是二者的有机结合。

三层交换机工作的基本过程如下：假设两个使用 IP 协议的站点 A、B 通过三层交换机进行通信，发送方 A 开始发送时，把自己的 IP 地址与站点 B 的 IP 地址比较，判断站点 B 是否与自己在同一子网内。若目的站点 B 与发送站点 A 在同一子网内，则进行二层的转发。若两个站点不在同一子网内，如发送方 A 要与目的地 B 通信，发送站点 A 要向"默认网关"发出 ARP（地址解析）分组，而"默认网关"的 IP 地址其实是三层交换机的第三层交换模块。当发送方 A 对"默认网关"的 IP 地址广播一个 ARP 请求时，如果三层交换模块在以前的通信过程中已经知道站点 B 的 MAC 地址，则向发送站 A 回复 B 的 MAC 地址；否则三层交换模块根据路由信息向站点 B 广播一个 ARP 请求，站点 B 得到此 ARP 请求后向三层交换模块回复其 MAC 地址，三层交换模块保存此地址并回复给发送方 A，同时将站点 B 的 MAC 地址发送到二层交换引擎的 MAC 地址表中。此后，A 向 B 发送的数据分组便全部交给二层交换处理，信息得以高速交换。由于仅仅在路由过程中才需要三层处理，绝大部分数据都通过二层交换转发，因此三层交换机的速度很快，接近二层交换机的速度，同时三层交换机的价格比路由器之类的设备的价格要低。

三层交换机的目标是在实现高速的交换网络的同时控制选路网络。它常采用专用集成电路（Application Specific Integrated Circuit，ASIC）技术将以前用软件实现的功能固化在硬中。许多交换机中都使用多个 ASIC 以实现并行性，力求使得多端口之间具有线速传输速率。三层交换机的另一个特征是它支持的功能仅仅是功能完备的路由器的子集。减少功能通常需要压缩代码，因而能够提高性能。例如，许多三层交换机都提供 IP 选路解决方案，但不支持多协议。可以预期，未来的三层交换机将具备更多的功能，朝着功能完备的路由器方向发展，但必然要在功能、速度和简单性方面进行折衷。三层交换机具有自动将数据划分为数据流等级的特点。流等级或服务等级（CoS）提供某种形式的服务质量（QoS），交换机包含几条具有不同服务等级的队列，它能根据分组的优先级将其排列在适当的队列中。在以太网这种无连接网络中，CoS 概念为传递高优先级的数据提供了一种有效机制。

设计提示　三层交换机兼有路由器和交换机的功能，经常用于站点密集且地域分布范围不大的园区网设计中。

2.5.2　四层交换设备

四层交换扩展了三层交换和二层交换，它支持细粒度的网络调整，以及划分通信流的优先级。例如，对于采用 TCP/IP 协议的分组，二层交换根据 MAC 地址进行交换，三层交换根据分组 IP 地址进行交换，四层交换则根据 TCP/UDP 端口号进一步确定流量转发的目的地。

四层交换允许根据应用程序划分分组的优先级，这使得网络管理员能够在白天限制某些特定应用程序的流量，将一定量的带宽用于重要的应用程序。从本质上讲，四层交换提供了在网络中实现 CoS 的方法。例如，企业可以选择减少 Web 或 FTP 的流量，而为电子邮件的简单消息传输协议（SMTP）或远程通信网（Telnet）设置更高的优先级。

多层交换涉及许多技术，下面通过表 2-5 对这些技术进行简单比较，以便加深对这些技术的理解。

表 2-5　多种交换技术的比较

技术	标准化程度	定位	功能概述
二层交换	标准	LAN	这是真正的交换，它采用基于硬件的转发机制，能够转发各种数据链路层协议
三层交换	标准	最初定位于 LAN，也可用于企业网	它根据第 3 层数据首部的路由信息执行基于硬件的转发。IP 是三层交换机普遍支持的协议，通常也是厂商支持的唯一协议
四层交换	众多厂商支持	最初定位于 LAN，也可用于企业网	它根据数据首部的传输层信息执行基于硬件的转发。由于许多已知的端口号可能会影响转发策略。因此，根据端口号进行转发的方式相当流行
多协议标记交换（MPLS）	IETF 标准	WAN	MPLS 是 IETF 的标准。它根据固定的标签来转发数据分组。它能够支持多种协议，并且能够实现以下功能：显式路由、流量规划、不同级别的服务、网络可扩展性

为了改善 IP 路由器的转发速度并对这几个不同层次的交换方式进行标准化，多协议标记交换（Multiprotocol Label Switching, MPLS）从 20 世纪 90 年代中后期在产业界努力下开始演化。其目标是不放弃基于目的地 IP 数据报转发的基础设施，以用于基于固定长度标签和虚电路，而当可能的时候通过选择性地标识数据报并允许路由器基于固定长度的标签转发数据报（而不是目的地 IP 地址），从而增强其功能。重要的是，这些技术能与 IP 相关联地工作，使用 IP 地址和选路。IETF 在 MPLS 协议中联合这些努力 [RFC 3031, RFC 3032], 有效地将虚电路技术综合进选路的数据报网络。

2.6 访问服务器

访问服务器实际上是一种特殊的路由器，它能够为远程 PC 用户接入企业网提供服务。用户通过调制解调器经电话线或 ISDN 等线路与访问服务器连接，再经该访问服务器接入企业网，如图 2-25 所示。

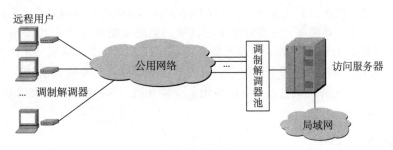

图 2-25 访问服务器的应用场合

访问服务器可以是专用的硬件设备，也可以通过在 PC 机上插入多串行口卡后运行专用软件而得到。为了提供一定的安全特性，接入这种服务器时往往需要鉴别用户身份，即需要输入用户名和口令。有时还提供了回叫安全特性，即当远程用户拨号进入访问服务器时，程序将立即将其挂断；在检查该用户刚刚拨入的电话号码后，如果认为它是合法号码，则由该访问服务器发起向该远程用户拨号，连通线路。

由于访问服务器往往通过电话网进行通信，必须在收发计算机之间使用称为调制解调器的专用设备。在发送端，调制解调器将计算机传输的数字信号转换为能够在电话网的电话线上传输的模拟信号；在接收端，将相应的模拟信号转换成计算机能够识别的数字信号。

调制解调器的工作过程如下：由 PC 上的通信软件向调制解调器发出拨号命令（AT 命令），调制解调器开始拨号；远程调制解调器接收到电话拨入时，回送一个应答信号给拨号端，此后双方进行握手，协商通信参数；握手结束后，双方调制解调器接通；调制解调器回送一个载波检测信号给计算机，这对双方计算机而言是透明的。简单而言，调制解调器有两个主要功能：一是调制和解调。调制是指将计算机输出的"0"或"1"脉冲信号调制为相应的模拟信号，以便在电话线上传输。解调是指将电话线传输的模拟信号转换为计算机能识别的"0"、"1"脉冲信号。目前，调制和解调功能通常是由一块 DSP（数字信号处理）芯片完成。另一个功能是实现硬件纠错、硬件压缩和通信协议等，这些功能通常是由一块控制芯片来完成。当这两部分功能都是由硬件芯片完成时，即调制解调器的所有功能都是由硬件完成的，该调制解调器称为"硬调制解调器"；如果控制协议部分用软件实现，而调制和解调功能是用硬件来实现时，则这种调制解调器称为"半软调制解调器"；相应地，当两部分功能均用软件实现，则这种调制解调器称为"全软调制解调器"。

设计提示 随着采用电话线联网的方式的用户越来越少，在网络工程设计中采用访问服务器的情况也越来越少。安全性较差是这种方案的一个主要缺点。

2.7 联网物理介质

当一个比特从一个端系统出发，通过一系列链路和路由器，到达另一个端系统时，该比特被传输了许许多多次。也就是说，这个比特通过了一系列传输接收对。对于每个传输接收对，通过跨越一种物理介质来传播电磁波或光脉冲达到发送该比特的目的。该物理介质可以具有多种形状和形式，并且对每个传输接收对而言，沿途的传输介质不必具有相同的类型。物理介质的例子包括双绞铜线、同轴电缆、多模光纤缆、地面无线电频谱和卫星无线电频谱。物理介质可分为两类：**导引型介质**（guided media）和**非导引型介质**（unguided media）。对于导引型介质，电波沿着固体介质被导引，这些固体介质包括光缆、双绞铜线或同轴电缆等。对于非导引型介质，电波在空气或外层空间中传播，例如在无线局域网或数字卫星频道。

物理链路（铜线、光缆等）的实际成本与其他网络成本相比通常是相当小的。特别是安装物理链路相关的管道成本和劳动力成本能够比材料成本高几个数量级。正因为这个原因，许多建筑者在一个建筑物中的每个房间中同时安装了双绞线、光缆和同轴电缆。即使最初仅使用一种介质，在不远的将来也很有可能使用另一种介质，这样就不必在将来铺设另外的线缆，从而节省了经费。

2.7.1 双绞线

双绞线是目前结构化布线中最常用的传输介质之一，不论是传输模拟数据还是数字数据，双绞线都是很好的传输介质。所谓双绞线就是两根相互绝缘的导体按一定规律相互缠绕形成螺旋结构排列的两根铜线，外部包裹屏蔽层或塑橡外皮而构成的。缠绕的目的是让两根导线互相绞扭，以便传输数据时减少线对之间的电磁干扰。在实际使用中，通常将这样的两对或四对放在一起，而且每对线使用不同颜色加以区分，每对中的两根线也用不同颜色进行区别。

双绞线是一种价格便宜、安装方便、可靠性高的传输介质，它适用于短距离传输。双绞线通常又分为屏蔽双绞线与非屏蔽双绞线两种。

非屏蔽双绞线是将多对双绞线集中起来，在外面包上一层塑料增强保护层而形成的。非屏蔽双绞线抗干扰能力较差、误码率高，但价格便宜、安装方便，既适用于点对点连接，也适用于多点连接。其特性阻抗为100Ω。目前非屏蔽双绞线作为计算机网络系统的传输介质得到广泛使用。

国际电力工业协会EIA为非屏蔽双绞线定义了6种质量级别，其他类型的双绞线（如超6类线）正在标准化中。

- ❑ 第1、2类：主要用于电话通信中的语音和低速数据线，其最高传输速率为4Mbps。
- ❑ 第3类：主要用于计算机网络中的数据线，其最高传输速率为10Mbps。
- ❑ 第4类：主要用于计算机网络中的数据线，其最高传输速率为16Mbps。
- ❑ 第5类：这是目前使用最多的一类，其最高传输速率为100Mbps。
- ❑ 第6类：具有200 MHz以下的传输特性，其最高传输速率为1000Mbps。

在采用双绞线组建局域网时，线缆的铺设长度不能超过100米。

非屏蔽双绞线的连接配件是RJ-45的插头，也叫**水晶头**。RJ-45接头有8个线槽分别与4对双绞线相对应，连接方法应按标准规定，随意连接会给以后的维护工作带来困难。RJ-45连接实际就是与双绞线的连接。非屏蔽双绞线的塑料保护层内有4对线，其中白-橙色和橙色为一交扭对；白-绿色和绿色为一交扭对；白-蓝色和蓝色为一交扭对；白-棕色和棕色为一交扭对。一般按由浅到深的顺序取白-橙色、橙色和白-绿色、绿色两个交扭对为一个收发对。RJ-45插头通常有8根针，每根针对应一根线，8根针的排列顺序是1、2、3、4、5、6、7和8。双绞线与RJ-45插头的连接方法通常有直通连接和交叉连接两种。

RJ-45双绞线连接主要采用两种标准，一种是EIA/TIA 568A标准，另一种是EIA/TIA

568B 标准。实践中，多采用 EIA/TIA 568B 标准。这两种连接标准定义的 RJ-45 针序号与双
绞线色标的对应关系如图 2-26 所示。

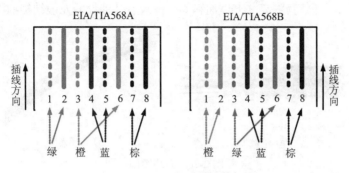

图 2-26　RJ-45 的两种连接标准

　　RJ-45 有两种连接方式分别适用于不同的应用场合。直通连接方式要求连线的两边都采
用 EIA/TIA 568A 标准，或者都采用 EIA/TIA 568B 标准，主要适用于主机与交换机相连的场
合。交叉连接方式要求连线的一边采用 EIA/TIA 568A 标准，另一边采用 EIA/TIA 568B 标
准，主要适用于主机与主机直接相连的场合。图 2-27 给出了这两种连接方式的示意图。

　　双绞线与 RJ-45 连接的具体方法是，自双
绞线电缆外保护套管端头处剥去约 2cm 长，使
其露出 4 对缆线。将 4 对线进行解扭整理，按
照直通或交叉连接的顺序将 4 对线排列平直整
齐，不齐时用剪刀剪齐。然后平直整齐地插入
RJ-45 插头内，若在 RJ-45 头部能够清楚看到
一排整齐的铜芯，表示已经插到位。用压线钳
压实 RJ-45，双绞线的外保护层在 RJ-45 插头
内的凹陷处被压实。插头中位于每根插入导线
上方的细铜片应均匀地被压入所在细槽内，以
使其能划开导线，并与导线内的铜芯保持良好
接触。这样一个 RJ-45 与双绞线的连接就做好了。

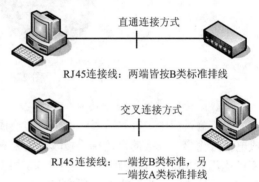

图 2-27　RJ-45 的两种连接方式

　　屏蔽双绞线的价格高于非屏蔽双绞线，而且所使用的插头与 RJ-45 不同，需要提供屏蔽
接地，所以插头比较特殊，安装困难而且也复杂。屏蔽双绞线主要用于保密要求较高的场
合，如机要系统的网络。

设计提示　要严格按照工程标准来制作 RJ-45 双绞线，制作完毕后应首先通过肉眼观察
的方法来查看接头是否可用，再用测试仪进行测试，测试通过后方可使用。劣质的制作
工具或错误的方法会导致制作失败，使用不合格的连接线甚至会导致网络设备端口损
坏，为网络的后继维护和管理带来问题，同时也可能使网线覆盖的距离达不到标准的要
求。因为现在工程标准所规定的网线缠绕方法是经过严格测试的，在特定速率下能够达
到额定距离要求。

2.7.2　光纤电缆

1. 光纤电缆概述

　　光纤电缆是一种传输光束的细而柔韧的介质。光纤电缆由一捆光导纤维组成，简称光

缆，如图 2-28 所示。光缆的芯由导光性极好的玻璃纤维或塑料制成，芯的外层是涂覆层，最外层是塑料的保护层。通常，最外层的保护皮和涂覆层之间还留有空隙，其中可以填充细线或泡沫，也可以用环状物隔离并充以油料等。一般室外铺设的光缆结构如图 2-29 所示。

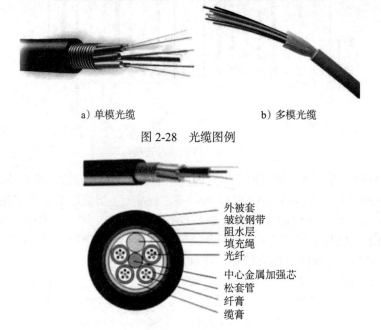

a）单模光缆   b）多模光缆

图 2-28   光缆图例

外被套
皱纹钢带
阻水层
填充绳
光纤
中心金属加强芯
松套管
纤膏
缆膏

图 2-29   光缆结构

在数据传输时，光缆中传输的是光波，外界的电磁干扰与噪声都不能对光信号造成影响。在传输过程中，首先需要将电信号转换成光信号，再通过光缆传输，然后把光信号转换成电信号输出。数据的发送端或接收端需要有光电转换装置以进行处理。光缆的数据传输速率可达几千 Mbps，传输距离可达几十 km 并具有低误码率（$10^{-9} \sim 10^{-10}$）。因此，光纤电缆具有传输速率高、误码率低、线路损耗低、抗干扰能力强和保密性好的特点，而且价格极具竞争力，是目前信息传输技术中发展潜力最大的传输介质。在结构化布线系统中，主干线都由光缆组成。

光缆有多种分类方法，通常是根据光线在光纤的芯与涂覆层之间的传输方式进行划分，可分为单模光纤和多模光纤两类（参见图 2-30）：

❑ 单模光纤。单模光纤的光线是以直线方式传输，频率单一，没有折射现象。也就是说，单模光纤中传输的是一种颜色的光。通常单模光纤的芯径小于 10μm，适合于远距离传输（2km 以上），一般用于室外。

❑ 多模光纤。多模光纤的光线是以波浪式传输，多种频率共存。多模光纤中同时传输的是几种颜色的光。通常多模光纤的芯径在 50μm 以上，涂覆层直径在 100 ～ 600μm 之间。多模光纤适合于短距离传输（2km 以下），通常用于建筑物内部。

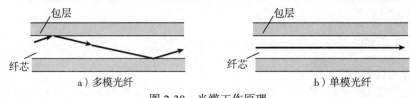

a）多模光纤   b）单模光纤

图 2-30   光缆工作原理

目前光缆的规格有以下几种：

- 单模：芯径 8.3μm，涂覆层直径 125μm。
- 多模：芯径 50μm，涂覆层直径 125μm。
  芯径 62.5μm，涂覆层直径 125μm。
  芯径 85μm，涂覆层直径 125μm。
  芯径 100μm，涂覆层直径 140μm。

2. 光纤的熔接

用户对光纤电缆长度要求不同，往往需要根据需求对其进行增长或裁剪。若需要增长，则要将两根相同规格的光纤电缆连接起来；若是将光纤电缆末端接到局端设备，则需要将其与尾纤进行连接。这两种情况下都需要对光纤进行熔接。光纤熔接（fusion splicing）是通过一种叫做光纤熔接机的专用设备来完成的。光纤熔接机通过高压放电使待接续光纤端头熔融，从而使两段分离光纤熔合成一段完整的光纤。光纤熔接机一般包括键盘操作、显示、熔接、切割、剥纤、加热封装和清洁等功能模块，其组成如图 2-31 所示。

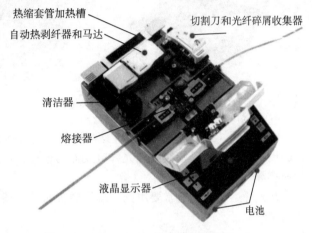

图 2-31　光纤熔接机组成

光纤熔接包括如下几个步骤：

1）准备工具和材料。进行光纤熔接需要准备光纤熔接机、剪刀、美工刀、剪线钳、尖嘴钳、酒精和棉球等工具，还要准备光纤接续盒、尾纤、光纤耦合器、光纤热缩套管等材料。其中，光纤接续盒又称为光纤收容盒，主要用于固定或保护光纤连接部分。有用于光缆对接的接续盒，如图 2-32 所示；也有用于局端的接续盒，如图 2-33 所示。在局端，有的光纤接续盒安装在标准机柜中，因此也被称为光配线架，如图 2-34 所示。

图 2-32　用于局端的光纤接续盒

图 2-33　用于光缆对接的光纤接续盒

光纤耦合器是固定在光纤接续盒上的连接部件，用于光纤跳线到光纤接续盒的连接，如图 2-35 所示。

2）穿缆与固定光缆：将光缆穿入光纤接续盒，并盘绕一定长度（根据光纤接续盒空间确定），做好固定工作。

3）去保护层与清洁：去除 1m 左右的光纤保护层，用酒精棉球对每根纤芯进行清洁。

4）套接与熔接：清洁完毕后，将待熔接的两根光纤都套上光纤热缩套管，光纤热缩套管主要用于在纤芯对接好后套在连接处，经过加热形成新的保护层。将待熔接的两根光纤放置在光纤熔接器中，将纤芯固定，按相应操作键开始熔接。可以从光纤熔接器的显示屏中可以看到两端纤芯的对接情况，仪器会自动调节对正，也可以通过键盘按钮手动调节位置，等待几秒钟后就完成了光纤的熔接工作。

5）封装工作：熔接完的光纤没有保护层，很容易折断，因此需要使用先前套上的光纤热缩套管进行固定。将套好光纤热缩套管的光纤放到加热器中，按"加热"键开始加热，加热 10s 左右即可取出。最后，将熔接好的光纤固定在光纤接续盒中。

图 2-34　光纤配线架

图 2-35　光纤耦合器

3. 光纤跳线

光纤跳线（又称光纤连接器）是两端都有连接插头的单芯光纤线缆，用于连接使用光接口的设施，如从光纤配线架到光纤收发器的连接，或从光纤接续盒到带光接口的网络交换机的连接等。

在光纤熔接时，通常要用到一端有插头而另一端为裸纤的单芯光纤线缆，这种线缆又被称为尾纤。

光纤跳线有多模和单模之分，单模光纤跳线一般采用黄色标识，多模光纤跳线则采用橙色标识。常用的接口规格有：ST 接口（与 BNC 相似，如图 2-36a 所示）、SC 接口（方形光纤接头，如图 2-36b 所示）、FC 接口（圆形带螺纹，如图 2-36c 所示）。

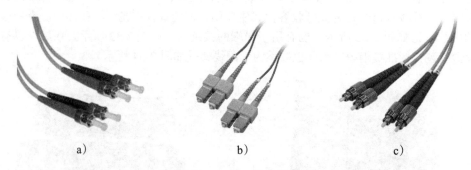

a)　　　　　　　　　　b)　　　　　　　　　　c)

图 2-36　ST 接口光纤跳线、SC 接口光纤跳线与 FC 接口光纤跳线

2.7.3　联网介质的选择

选择传输介质时首先要考虑是否能够满足网络所要覆盖的距离。此外，还要考虑其他一些因素，例如用户容量、网络的可靠性、网络所支持的数据类型和网络的环境范围等。

双绞线以其价格便宜、安装方便和性能可靠等优势而得到广泛应用。在结构化布线系统中，无论是用于数据传输，还是用于电话系统，或综合应用，双绞线都表现尚佳。与配线架或接续设备的连接也非常方便，所以对于建筑群或建筑物、办公室等系统都能满足技术上的要求。

同轴电缆与双绞线相比价格较高，虽有容量大、数据速率高和传输距离较远等特点，但由于连接器件的可靠性不高，在目前计算机网络的布线中较少被采用。

光缆具有低噪声、低损耗、抗干扰强等优点，加之其重量轻、体积小，因此在远距离传输中，特别是在建筑群主干线或建筑物的主干线布线中应用前景广阔。

设计提示　随着光纤技术的成熟和价格的下降，在网络工程设计中越来越多地使用各种规格的光缆。特别是在多雷电的露天环境、联网的距离过长的环境下，都可以考虑使用光缆。

传输介质的传输距离（或称信道长度）在结构化布线系统中是一个非常重要的指标，在工程设计时必须要考虑这一因素。各类传输介质的传输距离有国际标准，如 ISO/IEC 11801：1995（E）的《信息技术——用户房屋综合布线》，该标准主要着眼于各种计算机网络的需要。该标准规定的一些常用参数如表 2-6 所示。

表 2-6　结构化布线系统传输介质的常用参数

介质名称	最高传输速率（MHz）	传输距离（m）	说明
三类双绞线	1	200	
	16	100	
五类双绞线	1	260	
	16	160	
	100	100	
超五类双绞线	1	400	
	16	250	
	100	150	
	1	200	
细同轴电缆	10	185	网络跨度 925m
粗同轴电缆	10	500	网络跨度 2500m
多模光缆	100	2000	适合于建筑物内部
单模光缆	100	3000	适合于室外远距离

设计提示　表 2-6 中列出的各种缆线的距离是标准规定的距离。所有厂商提供的产品规格都应当高于其中的参数值。

2.8　以太网技术

自 20 世纪 90 年代中期起，以太网在与其他 LAN 技术（如令牌环、FDDI 和 ATM）的竞争中不断发展壮大，几乎占领了所有有线 LAN 市场，并成功地保持了它的主导地位。以太网是到目前为止最流行的有线的局域网技术，而且在未来一段时间内仍将保持这种地位。

以太网的成功由很多因素促成。首先，以太网是第一个广泛使用的高速 LAN。因为它很早就被采用了，网络管理员非常熟悉以太网，当其他 LAN 技术出现时，他们不愿意转而用之。其次，令牌环、FDDI 和 ATM 等比以太网更复杂、更昂贵，这就进一步阻碍了网络管理员改用其他技术。第三，改用其他 LAN 技术（例如 FDDI 和 ATM）的最重要的原因通常是新技术具有更高数据速率，但以太网总是及时推出同样或更高的数据速率下版本的技术。在 20 世纪 90 年代初期提出了交换式因特网，进一步增加了它的有效数据速率。最后，由于以太网的广泛流行，因此以太网硬件（尤其是适配器、集线器和交换机）成为常用商品而且价格非常便宜。

2.8.1　以太网的原理

最初的以太网（Ethernet）由 Xerox PARC 提出，并由 Digital 设备公司、Intel 以及 Xerox 发展成为以太网 II 标准（亦称 DIX 标准），它的工作原理称为载波侦听多路访问 / 碰撞冲突（CSMA/CD）。目前使用的以太网标准采用了 IEEE 802.3 标准。

CSMA/CD 的工作原理可归纳为：**发前先听**（监听到信道空闲就发送数据帧）；**边发边听**（并继续监听下去）；**发现碰撞**（如监听到发生了碰撞），**立即停发**（则立即放弃此数据帧的发送），**发送强化**（同时发送强化冲突信号）。

以太网将最长的端到端往返时延 2τ 称为争用期。以太网标准规定，争用期的长度为 51.2μs。对于 10 Mbps 以太网，在争用期内可发送 64 字节。也就是说，如果发生冲突，就一定是在发送的前 64 字节之内。因此，以太网规定最短有效帧长为 64 字节，凡长度小于 64 字节的帧都是由于碰撞而异常中止的无效帧。

近年来，以太网速率不断提高，从 10Mbps 到 100 Mbps，再到 1000Mbps，直至 10000Mbps。然而，以太网的许多基本规则没有改变，否则就无法保持它的向后兼容性了。我们知道，衡量以太网的一个重要参数是总线的单程传播时延 τ 与帧的发送时延 T_0 之比 α：

$$a = \frac{\tau}{T_0} = \frac{\tau}{L/C} = \frac{\tau C}{L}$$

可以看出，当数据率 C 提高 10 倍时，为了保持参数 a 不变，可以将帧长 L 增大 10 倍，或者将网络电缆长度减小到原有数值的 1/10。由于帧长的增大往往要受到以太网规范的制约，因此要提高网络速率，只能减小网络电缆长度。例如，对于 5 类双绞线来说，当网络速率为 100Mbps 时，双绞线长度为 100m；当网络速率为 1000Mbps 时，双绞线长度则为 10 m；而当网络速率为 10 000Mbps 时，双绞线长度只能为 1m 了。这样的网络距离已经没有太大实用价值了。

设计提示　如果严格按照以太网规范设计网络设备，高速网络设备就没有实用价值了。高速网络设备之间往往都只使用以太网格式而并未采用以太网协议。

2.8.2　半双工和全双工以太网

以太网是为共享媒体的主机而定义的，使用 CSMA/CD 算法来控制帧的发送并处理两台或多台主机同时发送的冲突。共享式以太网是半双工的，这意味着主机可传送或接收数据，但不能同时接收和发送。

如果一个全双工以太网的发送端口与另一个全双工以太网的接收端口直接相连，这两条连接就能够同时接收和发送数据而不出现碰撞。这实际上要求不能采用多点接入方式，只能采用在一条链路上只有一个节点接入的方式。目前采用这种接入方式尚未普及。例如，交换机的一个端口只与一台 PC 相连；两台交换机之间通过 1000Mbps 速率的端口连接，它们都允许发送和接收同时高速进行。

2.8.3　快速以太网

符合 100Base-T 规格的以太网称为快速以太网。快速以太网有两种不兼容的标准：一是 100Base-T 的 802.3u 标准，二是 100VG-AnyLAN 的 802.12 标准。前者主要由 3Com、Intel

和 Sun 等许多公司支持，采用的是 CSMA/CD 访问控制协议，传输速率为 100Mbps。后者主要由 HP、IBM 等公司支持，采用的是需求优先访问控制协议，支持 802.3 帧格式，传输速率为 100 Mbps。由于 100VG-AnyLAN 标准与主流 10Base-T 标准兼容性差，没有得到广泛应用。

IEEE 802.3u 标准包括：

- 100Base-T4：采用 4 对非屏蔽双绞线，支持 3、4 和 5 类电缆。采用 8B6T 编码技术，每对线的传输速率为 33.3Mbps，三对线总传输速率为 100Mbps，另一对线用于冲突监测。该标准应用较少，主要用于保护用户对现有 3 类线的投资。
- 100Base-TX：采用 2 对 5 类线 UTP 或 STP 电缆，物理层采用 ANSI X3T9.5 FDDI，采用 4B/5B 编码器和收发器，连接器为 RJ-45，网络节点之间距离为 100 m。这是目前应用最广泛的一种标准。
- 100Base-FX：采用 2 芯 62.5/125μm 多模光纤为传输介质，使用 FDDI 物理层标准和 4B/5B 编码器 / 收发器，连接器采用 MIC、ST 或 SC。这种标准规定网络节点之间的最大距离为 400 m。

为了使网卡和集线器同时适应 10Base-T 和 100Base-T 的传输速率，IEEE 802.3 定义了自动协商协议。该协议适用于 10/100Mbps 双速以太网卡，速率升级无需人工干预，可自动检测，并自行配置完成，其应用场合包括：

- 10/100Mbps 网卡和 10Base-T 集线器，以 10Base-T 模式工作。
- 10/100Mbps 网卡和 100Base-T 集线器，以 100Base-T 模式工作。

快速以太网典型应用包括支持与用户 PC 机上的 100Mbps 网卡相连，以及与多个 10Mbps 集线器和服务器相连。

2.8.4 千兆以太网

千兆以太网由 IEEE 802.3z 和 IEEE 802.3ab 工作组制定。其中，IEEE 802.3z 工作组负责制定光纤和同轴电缆的千兆以太网全双工链路标准，IEEE 802.3ab 工作组负责制定 UTP 电缆的千兆以太网半双工链路标准。为了能够进行冲突检测，千兆以太网需要将最大电缆长度减小到 10 米，这意味着该技术实际的应用空间非常有限。因此千兆以太网采用"载波延伸"的办法。1988 年为千兆以太网制定的 IEEE 802.3z 标准是对基本 802.3 帧进行的修订，最短帧长 64 字节保持不变（这样可以保持兼容性），但将竞争期时间变为 512 字节。凡发送的帧长不足 512 字节时，就用一些特殊字符填充在帧的后面，使其长度达到 512 字节，但这对净负荷并无影响。增加的长度仅在以半双工模式运行千兆以太网时需要，因为此时仍需要冲突检测。在全双工方式中，则不需要此字段。为提高信道利用率，在 802.3z 标准中还使用了一种称为突发模式的操作模式。站点获得访问网络媒体后，突发模式允许连续发送多帧，直到达到 1500 字节为止，以加快传输速度，同时减少网络中 CSMA/CD 所产生的额外开销。通过在普通帧的空隙中插入特殊的扩展比特设置该操作模式，此扩展比特可用于保持线路忙，以使其他站点不会觉察到线路空闲。

IEEE 802.3z 标准包括：

- 1000Base-SX：短距离使用的多模光纤。当使用 50μm 多模光纤时；距离可达 300m，使用 62.5μm 多模光纤时，达到 550m。
- 1000Base-LX：使用单模光纤时，距离达到 3000m；使用多模光纤时，距离可达 550m。
- 1000Base-CX：使用双绞线铜缆实现高性能的传输，距离为 25m。一般用于配线柜中。

❏ 1000Base-T：最大距离达到 100m，用超 5 类双绞线缆。

千兆以太网能与 10/100Mbps 网络很好地融合。千兆以太网使用的是与 10/100Mbps 网络相同的 CSMA/CD 媒体接入协议及相同的帧格式和帧长。因为与现有技术和传输速度兼容，所以千兆以太网非常适合用作主干来连接路由器和集线器或其他类型的中继器。

千兆以太网能够直接应用到桌面，从速率上考虑目前似乎没有这种需求。因为现在的大部分操作系统和设备都不能处理 1000Mbps 的速率。

设计提示 提高千兆以太网使用价值的一种设计是在非共享连接上以全双工模式运行，这将加快高端服务器与交换机之间或交换机与交换机之间的数据传输速度。

2.8.5　10 千兆以太网

10 千兆以太网的标准由 IEEE 802.3ae 委员会制定，10 千兆以太网并非是简单地将以太网的速率提高到每秒万兆比特，事实上，它在技术方面有许多问题需要研究解决。

❏ 向后兼容性：10 千兆以太网的帧格式与 10Mbps、100Mbps 和 1Gbps 以太网完全相同。它符合 802.3 标准的最小帧长和最大帧长规定。这意味着该技术能很好地与较低速率的以太网兼容。

❏ 工作在全双工方式下：10 兆以太网不使用 CSMA/CD 协议，无信道冲突问题，使得 10 千兆以太网可以不受冲突检测的限制使速度大大提高。

❏ 传输介质采用光纤：10 兆以太网采用单模光纤接口和长距离的光收发器，覆盖距离超过 40km，因此能够用于 WAN 或城域网。若采用价格便宜的多模光纤，传输距离约为 2000 m（参见表 2-7）。

❏ 定义了两种不同的物理层：①局域网物理层（LAN PHY）。它的传输速率是 10Gbps。② WAN 物理层（WAN PHY，选项）。这是为与所谓"Gbps"的 SONET/SDH 相连接而定义的。由于"Gbps"的 SONET/SDH（即 OC-192/STM-64）的有效载荷仅为 9.58464 Gbps，因此，它无法支持 10 千兆以太网端口的接入。此外，出于经济因素以及同步方式的 SONET/SDH 和异步方式的以太网之间差异的考虑，WAN PHY 标准与 SONET/SDH 标准并不完全兼容。

当以太网在 LAN 领域一统天下时，10 千兆以太网技术使得以太网技术向城域网和 WAN 扩展，从而实现端到端以太网络的传输。这种技术变革由于以太网的成熟性、易操作管理性和普及性，会带来经济方面和操作管理等方面的巨大好处。

表 2-7　IEEE 10G 以太网的光收发信机技术性能

光收发信机（PMD）	光纤类型	直径（mm）	带宽（MHz）	最小传输距离
850nm 串行	多模	50.0	400	65m
1310nm WWDM	多模	62.5	160	300m
1310nm WWDM	单模	9.0	×	10km
1310nm 串行	单模	9.0	×	10km
1550nm 串行	单模	9.0	×	40km

2.8.6　城域以太网

以太技术已成功地应用于城域网的设计实现中。以太城域网因具有成本低廉、带宽分配灵活、应用广泛等优势越来越受到业界的重视。当前在城域以太网领域还有大量的工作要做。例如，开发先进的城域网技术，生成、传送新业务和传统业务，并对它们进行计费、管理，进而进行标准化工作。国际上从事城域以太网标准研究的组织主要有 ITU-T、IEEE、IETF 和 MEF（城域以太网论坛），有兴趣的读者可根据下述信息，跟踪相关研究进展。

ITU-T 的工作重点是规范如何在不同的传送网上承载以太网帧，由 SG13 和 SG15 研究组负责制订与以太网相关的标准。ITU-TSG13 主要研究以太网的性能和流量管理，目前主要关注的是以太网运营管理维护（OAM），目前已经制定完成的标准主要包括：Y.1730（以太网和以太网业务的 OAM 需求）、Y.1731（以太网 OAM 机制等）。ITU-TSG15 负责制订传送网承载以太网的标准，目前已经和正在制定的标准主要包括：G.8010（以太网层网络体系结构）、G.8011（以太网业务框架）、G.8012（UNI/NNI）、G.8110（T-MPLS 体系结构）、G.8112（T-MPLSUNI 及 NNI 规范）、G.8031（以太网线性保护倒换等）。SG15 目前的工作重点是制定、完善 T-MPLS 系列标准，并开始 PBB-TE 以及以太网环网保护倒换的标准技术研究。

MEF 是专注于解决城域以太网技术问题的行业论坛，其目的是将以太网技术作为交换技术和传输技术广泛应用于城域网建设。MEF 主要从业务需求的角度出发，提出了运营级以太网的概念。MEF 目前下设四个技术委员会，分别从体系结构、以太网服务、协议与传输、管理以及测试等方面对城域以太网业务进行规范。

IEEE 主要关注以太网技术标准的制订。IEEE 的工作重点是以传统以太网为基础，研究制定应用于城域网的新型以太网技术标准。IEEE 与以太网相关的工作组主要是 802.1 和 802.3。目前已经或正在制订的以太网标准主要包括：802.1D/Q（桥接/VLAN）、802.3ah（EFMOAM）、802.1ad（运营商桥接（PB，Q-in-Q））、802.1ag（连接性故障管理，CFM）、802.1ah（运营商骨干网桥接（PBB，MAC-in-MAC））、802.3ar（拥塞管理）、802.3as（以太网帧扩展）、802.17（弹性分组环（RPR）等）。其中，802.1D/Q 已经广泛应用于传统以太网，而 802.1ad、802.1ah、802.1ag 等标准将在下一代的运营级以太网中发挥重要作用。此外，IEEE 已经开始对 PBB-TE 技术进行标准研究以进一步推动运营级以太网的发展，其标准号为 802.1Qay。

设计提示　以太网技术可以用于各种规模的网络设计之中，目前在广域网设计中也能够采用 10 千兆以太网或城域以太网技术。

2.9　服务器

服务器是指在网络环境下运行相应的应用软件，为网上用户提供共享信息资源和服务的设备。服务器承担着存储、处理和传输大量数据的任务，是网络的中枢和信息化的核心，具有高性能、高可靠性、高可用性、I/O 吞吐能力强、存储容量大和连网及网络管理能力强等特点。因此，它使用了一系列独特的硬件技术。

2.9.1　服务器技术

为了保证服务器在网络中具备强大的计算能力、高扩展性、高可靠性、高可用性和高可管理性，服务器需要采用一系列特殊软硬件技术，例如 RISC 与 CISC 技术、服务器处理器技术、多处理器技术、SCSI 接口技术、智能 I/O 技术、容错技术、磁盘阵列技术和热插拔技术等。

1. CISC 到 RISC

在计算机系统中，指令系统的优化设计有两个截然相反的方向。一个方向是增强指令的功能，设置一些功能复杂的指令，把一些原来由软件实现的、常用的功能改用硬件的指令系统来实现，这种计算机系统称为复杂指令集计算机（Complex Instruction Set Computer，CISC）。CISC 的特点是指令系统齐全，但许多指令利用率很低，硬件浪费严重；另一个方向是尽量简化指令功能，只保留那些功能简单，能在一个节拍内执行完成的指令，较复杂的功能用一段程序来实现，这种计算机系统称为精简指令集计算机（Reduced Instruction Set Computer，RISC）。其特点为指令系统较为简单，指令执行周期短，能够以较少的硬件实现指令系统，指令系统的利用率较高，硬件成本较低，是一种比较先进的指令系统。

2. 服务器处理器技术

服务器在网络上要接受成千上万用户同时访问的考验，因此在服务器对大数据量的快速吞吐能力、超强的稳定性以及长时间运行等方面严格要求。影响服务器中央处理器（CPU）性能的因素有很多，主要有指令系统、处理器主频和二级缓存等。

现在的服务器的 CPU 或者采用以 Intel x86 为代表的 CISC，或者采用以 PowerPC 为代表的 RISC。这两类处理器不论是硬件还是软件，相互之间都是不兼容的。通过对 CISC 型处理器进行测试显示，各种指令的使用频率相当悬殊，最常使用的是一些比较简单的指令，它们仅占指令总数的 20%，但在程序中出现的频率却占 80%。复杂的指令系统肯定会增加处理器的内部复杂性，并且提高处理器的研制周期和成本，同时降低系统的整体速度。因此，研制了基于 RISC 的 CPU。这种 CPU 不仅精简了指令系统，还采用了"超标量和超流水线结构"，大大增加了并行处理能力。也就是说，在同等频率下，采用 RISC 架构的 CPU 比采用 CISC 架构的 CPU 性能高得多。目前在中高端服务器中普遍采用这种指令系统的 CPU。

主频是指 CPU 运算时的工作频率（1 秒内发生的同步脉冲数），单位是 Hz。它决定计算机的运行速度，随着计算机的发展，主频由过去数百 MHz 发展到现在的数 GHz。在同系列的处理器中，主频越高就意味着处理器的运算速度越快。另外，CPU 的运算速度还取决于 CPU 的流水线和构架等方面的性能指标，因此主频仅仅是 CPU 性能表现的一个方面，并不代表 CPU 的整体性能。

二级缓存（L2 Cache）的大小是 CPU 的重要指标之一，其性能与容量大小对 CPU 速度的影响非常大。例如，Intel 用二级缓存作为区别"奔腾"和"赛扬"的主要依据。简单而言，缓存用来存储一些常用或即将用到的数据或指令，当需要这些数据或指令时就直接从缓存中读取，这比到内存甚至硬盘中读取指令或数据要快得多，从而大幅度提升 CPU 的处理速度。

由于现在处理器的时钟频率已经很高，因此一旦出现一级缓存未命中的情况，性能将明显恶化。解决的办法是在处理器芯片之外再加一级缓存，称为二级缓存。二级缓存实际上是 CPU 和主存之间的真正缓冲，它的容量通常应比一级缓存大一个数量级以上。目前的处理器普遍采用 4MB 或更高的同步 Cache。所谓同步是指 Cache 和 CPU 采用相同的时钟周期，以相同的速度同步工作。

在一个物理单芯片内集成两个以上的 CPU，使这些 CPU 能够同时并发地工作，这种技术就是多核技术。随着操作系统及应用软件对多核处理器的进一步支持及优化、32 纳米芯片制造工艺的成熟、Intel EIST 及 AMD PowerNow! 为代表的低功耗技术的发展以及芯片级虚拟化技术的成熟等诸多因素，服务器处理器多核化的趋势进一步彰显。多核技术将成为服务器技术的重要技术支点。

3. 多处理器技术

多处理器系统是一个含有多个处理器的计算机。许多超级服务器就是为支持多处理器而特别设计的。超级服务器包括高性能总线、几十兆字节的可纠错存储器、廉价磁盘冗余阵列（RAID）和多电源支持的冗余特征。

多处理器系统有两种类型：对称式多处理器（SMP）和非对称式多处理器（ASMP）。这两种多处理器具有不同的特点。在 SMP 结构中，每个处理器的地位相同，彼此相连共享一个存储器。每个处理器共享运行一个操作系统，都能响应外部设备的请求。但是，具有 SMP 结构的机器的扩展性较差，难以实现在一台机器中使用几十个 CPU，并且可用性较差。但由于它于微机结构的差异较小，因而软件移植较为容易。

在 ASMP 结构的系统中，不同 CPU 管理不同的任务和系统资源。例如，一个 CPU 处理 I/O，而另一个 CPU 处理网络操作系统任务等。由于处理器可以完成不同的功能，并充分发挥各种处理器的性能，但是 ASMP 负载可能不平衡。

4. SAS 接口（串行连接 SCSI 接口）

I/O 性能是评价服务器总体性能的重要指标。目前服务器普遍采用 SAS 接口的存储设备，SAS 接口是服务器 I/O 系统最主要的存储接口标准。目前，SAS 接口的传输速率为 6Gbps，很快将会达到 12Gbps 的速率。

SAS 是新一代的 SCSI 技术，它与现在流行的串行 ATA 硬盘，都是采用串行技术来获得更高的传输速度，并通过缩短连接线来改善内部空间。SAS 接口的设计是为了改善存储系统的效能、可用性和扩充性，提供与串行 ATA 硬盘的兼容性。

作为一种新的存储接口技术，SAS 不仅在功能上可与光纤通道（Fibre Channel）媲美，还具有兼容 SATA 的能力，因而被业界认为是取代并行 SCSI 的不二之选。SAS 的优势主要体现在：极具灵活性，可以兼容 SATA，为用户节省投资；有扩展性，一个 SAS 域最多可以直连 16384 个设备；性能卓越，点对点的架构使性能随端口数量增加而提高；更合理的电缆设计，在高密度环境中能提供更有效的散热。

5. 智能 I/O 技术

一旦服务器作为网络中心设备后，其数据传输量会大大增加，因而服务器的输入 / 输出（I/O）经常会成为整个系统的瓶颈。智能输入输出技术把这项任务分配给智能 I/O（I2O）系统。在这些子系统中，专用的 I/O 处理器将负责中断处理、缓存存取以及数据传输等繁琐的任务，从而使系统的吞吐能力得到提高，服务器的主处理器也能被解放出来去处理更为重要的任务。因此，根据 I2O 技术规范实现的 PC 机或服务器在硬件规模不变的情况下能处理更多的任务，它能够在不同的操作系统和软件版本下工作，以满足更高的 I/O 吞吐量需求。I2O 允许服务请求从 PC 上的一个设备进入而无需通过主处理器。I2O 主机处理器将识别该服务请求并在本地进行处理。当主处理器正在执行其他任务时，它还允许服务请求在 I2O 处理器处进行排队。

6. 热插拔技术

热插拔技术是指在不关闭系统和不停止服务的前提下更换系统中出现故障的部件，达到提高服务器系统可用性的目的。目前的热插拔技术已经可以支持硬盘、电源和扩展板卡的热插拔，而系统中常更为关键的 CPU 和内存的热插拔技术也已日渐成熟。未来热插拔技术的发展将会促使服务器系统的结构朝着模块化的方向发展，大量的部件都是可以通过热插拔的方式进行在线更换。

热插拔技术涉及 3 个方面的专业术语，即热替换、热添加和热升级。热替换允许在主适配器出现故障的情况下用另一个备用适配器接替原来适配器的工作；热添加允许在服务器运行的状态下添加新的适配器；而热升级提供了一种方便的升级方式，允许在服务器运行的状态下更新适配器等的驱动程序。

要实现热插拔功能，首先需要软硬件的共同支持，包括有热插拔功能的硬件设备、支持热插拔的操作系统和用户界面、主板 BIOS 以及支持热插拔功能的 PCI 总线等。其中，PCI 热插拔技术对于网卡、电源、风扇和 SCSI 设备等热插拔硬件的应用来说意义重大，因为它是这些设备实现热插拔功能的基础。

此外，由于任务的性质，服务器必须具有高可用性和可持续工作的能力，当诸如磁盘、风扇和电源等出现故障时应能继续运行。因此，服务器除了选用高质量、低故障的电源和磁盘阵列等设备外，还应采用多种部件备份容错技术，如双电源、双风扇、双主机备份通道及双设备通道等。同时多服务器还可以配置专用适配卡对系统进行实时监控，这些设备随时与控制台保持通信联系，及时报告服务器的内部工作温度等参数，提供系统各个组件的状态信息。

2.9.2 服务器分类

服务器平台指驱动服务器的引擎，它主要按操作系统和 CPU 进行分类，可分为如下 3 种类型：

- ❏ PC 服务器：它们具有标准 Intel x86 架构和 32 位或 64 位 CPU，主要运行 Windows 2000 Server 和 Windows Server 2003 操作系统，也可经常安装 Linux 操作系统。
- ❏ UNIX 服务器：它们通常使用 64 位 RISC CPU，运行商业 UNIX 操作系统，如 SunOS、HP-UX、IBM AIX、Compaq Tru64、Solaris 等。
- ❏ Linux 服务器：它们运行开放源代码的 Linux 操作系统，可在 PC 机和 RISC CPU 硬件平台上运行。

在服务器市场上，100 万元以上的服务器可称为高档服务器或超级服务器，它们具有性能强大的特点，特别适合于大型关键应用领域；10 万元以下的服务器为入门级服务器，这类服务器的市场占有率大，应用面广，普及程度高；而价位和性能介于两者之间的为中档服务器。中高档服务器市场基本是 UNIX 服务器的天下，而入门级服务器市场基本使用的是 PC 服务器，中档服务器市场是三种服务器平台争夺最激烈的战场。

入门级服务器通常只采用一个四核 CPU，并配有较大的（如 4GB 或以上）内存和大容量 SATA 硬盘组成 RAID，2 块 1000Mbps 以太网卡，以满足中小网络用户的文件共享、打印服务、数据处理、网络接入及小型数据库应用的需求。中档服务器具有 2 ～ 4 颗多核 Xeon（至强）CPU，更大容量内存和 RAID 硬盘，采用 SAS 接口的 I/O 系统，对称式多处理器结构，热插拔硬盘和电源，具有较高的可靠性、可用性、可扩展性和可管理性，适合中型企业作为数据中心、Web 服务器、DNS 服务器或电子邮件服务器等。高档服务器可支持更多路的四核以上 CPU，具有独立的双 PCI 通道和内存扩展板，高内存带宽，大容量热插拔硬盘和热插拔电源，具有超强的数据处理能力。这种服务器具有很高的容错能力、优异的扩展能力和系统性能以及支持长期连续运行的能力。

在因特网应用中，服务器无处不在，它们完成不同的任务，提供不同的功能服务。典型的服务器有：Web 服务器、数据库服务器、FTP/Gopher 服务器、Telnet/WAIS 服务器、群件服务器（groupware）、代理服务器（proxy）、IRC 服务器、传真服务器、聊天服务器、新闻服务器、邮件列表服务器、邮件服务器、音频 / 视频服务器和应用服务器等。按服务器的用途分为通用型服务器和专用型服务器两类。通用型服务器不是为某种特殊服务专门设计，可以提供各种服务功能。当前服务器大多均为通用型服务器。由于通用型服务器不是为某种功能而设计，要兼顾多方面应用需求，服务器的结构相对复杂，性能要求较高，因此其性能价格比较差。专用型服务器是为某种或某些功能而专门设计的服务器，在某些方面与通用型服务器不同。这些服务器的整体性能要求较低，只需要满足某些需要的性能即可，结构较为简单，有些专用服务器的价格较为便宜。例如，FTP 服务器主要用于提供网络文件下载服务器，它要求服务器配置高速带宽、硬盘容量大且访问速度较快，而对其他方面的要求较低。

按服务器的机箱结构来分，可将服务器分为台式服务器、机架式服务器和刀片式服务器。台式服务器也称塔式服务器，它的机箱大小与普通立式计算机大致相当，有时机箱的体积可能较大。机架式服务器通常安装在标准的 19 英寸机柜中，有 1U、2U 和 4U（1U=1.75 英寸）等规格。由于机房通常具有严密的保安措施、良好的冷却系统和多路供电系统，机架服务器放在可以解决热耗大和风扇噪声大的问题。刀片式服务器是一种高可用高密度的低成本服务器平台，专用于特殊行业和高密度计算环境，最适合群集计算和网络服务。其中的每个刀片就是一块系统主板。这些主板可以通过本地硬盘启动自己的操作系统，类似于一台台独立的服务器。此时，每块主板运行自己的系统，服务于制定的用户群，相互之间没有关联。必要时，可以使用系统软件将这些主板集合成一个服务器集群。刀片式服务器产品在多核、低功耗技术的推动下将从最初追求高密度的第一代刀片，发展到强调整体综合性能、高生产力的第二代刀片产品。未来几年，刀片式服务器将以更高密度、敏捷式部署和维护、全方位监控管理、高可扩展性、高可用性为发展重点，成为与机架式服务器并驾齐驱的成熟的主流产品。

2.9.3　服务器的性能指标

可扩展性一直是服务器的主要优势，只要增加节点即可提高系统性能，从而保护现有硬件和软件的投资。例如，基于 MPP 的 IBM RS/6000 SP 系列服务器，最多可支持 512 个节点，IBM 声称其 NUMA-Q 服务器设计可超过 250 个 CPU。然而，实际应用中，横跨多个节点的在线交易处理（OLTP）应用是不太容易处理的。

许多全球性机构，尤其是电子商业公司，要求系统能够 7*24 小时、一年 365 天连续运转。持续的停机时间对这些业务具有灾难性的影响，即使几分钟的系统不可用（计划的或意外）也会造成极大破坏并付出昂贵代价。

某些业务类型需要容错系统，采用冗余硬件和软件技术，可以提供 100% 的可用性。然而，容错系统价格昂贵，通常仅用于金融、电信和政府部门等少数高度敏感的应用场合。

实际工作中，必须考虑升级或维护所需的计划停机时间。当然，也可以采用服务器群集或系统分区等技术减少计划停机时间。

可使用多种技术提高系统正常工作时间，高可靠性服务器通常采用冗余部件和热交换部件，如 RAID 磁盘、风扇和电源等。

某些服务器支持去除、替换和动态重配置 CPU 主板的能力，无须关掉整个服务器。虽然许多部件都是热插入式的，但大多数操作系统还不具备像支持磁盘和电源那样的全部热交换能力。

服务器群集提供系统失效保护功能，允许滚动升级（有助于消除计划停机时间）。系统必须监控可预计的失效，建立冗余通信网络，为避免站点灾难性事件，利用扩充的群集互联建立远程灾难数据恢复中心或许是必要的。

2.9.4　RAID 技术

1. RAID 的概念

独立磁盘冗余阵列（Redundant Array of Independent Disks, RAID）也称为磁盘阵列（disk array）。对于服务器，其 RAID 配置是一项重要指标，因为服务器除了具有较强的网络服务能力外，还具有资源共享能力，而其服务能力和资源共享能力又与其磁盘存储性能紧密相关。RAID 是在服务器中普遍采用的技术。

RAID 的基本原理是：把多块独立的硬盘（物理硬盘）按不同的方式组合起来形成一个硬盘组（逻辑硬盘），以提供比单个硬盘更高的存储能力和更为可靠的数据备份技术。一旦硬件损坏，利用备份信息，可以恢复其上的数据，从而保障用户数据的可靠性。组成的磁盘组就像是一个大硬盘，用户可以对它进行分区、格式化等。磁盘阵列的存储速度要比单个硬盘高很多，而且提供自动备份。RAID 功能通常是由计算机中的 RAID 卡（如图 2-37 所示）或硬盘阵列塔（如图 2-38 所示）中的 RAID 控制器来实现的。

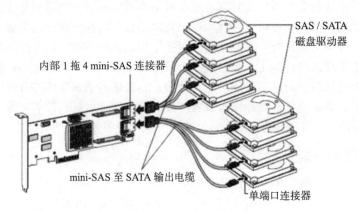

图 2-37   RAID 卡

图 2-38   RAID 阵列塔

2. RAID 级别

组成磁盘阵列的方式称为 RAID 级别（RAID level）。RAID 技术经过不断的发展，目前已有从 RAID0~ RAID7 八种基本的 RAID 级别（可组合）。不同 RAID 级别代表着不同的存储性能、数据可靠性和存储成本。

（1）RAID0

RAID0 对应的技术为"Striped Disk Array without Fault Tolerance"，简称"条带"。RAID0 的基本原理是：将写入数据分成大小相同的块（block），将各块按顺序在各磁盘依次循环写入，其工作过程如图 2-39 所示。RAID0 需要至少 2 个独立磁盘，实现的总磁盘容量是各独立磁盘容量之和，RAID0 的性能改善在于增加了磁盘数据存储的并发能力。

（2）RAID1

RAID1 对应的技术叫"Mirroring and Duplexing"，简称"镜像"。RAID1 的基本原理是：

在写入每个数据块时，同时写在两组不同的磁盘上，其中一组作为镜像盘。一旦主盘上数据出错，可通过镜像盘进行恢复。RAID1 需要 $2N$ 个独立磁盘，实现的总磁盘容量是各独立磁盘总容量的一半，其工作过程如图 2-40 所示。

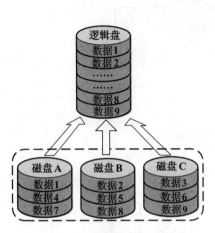

图 2-39　RAID0 工作示意

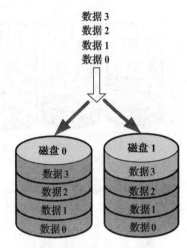

图 2-40　RAID1 工作示意

（3）RAID2

RAID2 对应的技术叫做"Hamming Code ECC"，简称"海明码校验"。RAID2 的基本原理是：数据字按比特写入到多个磁盘，另用三个磁盘存储写入字的海明码校验信息。当某个盘读出的比特有错时，就可进行纠错。RAID2 需要至少 4 个独立磁盘，实现的磁盘容量为总磁盘容量的 $(N-3)/N$（N 为磁盘个数）。其工作过程如图 2-41 所示。虽然 RAID 2 具有较高的可靠性，但需要校验盘的数量多，算法复杂，并行 I/O 能力差，在实际应用中较少采用。

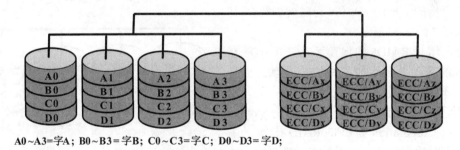

A0～A3=字A；B0～B3=字B；C0～C3=字C；D0～D3=字D；

图 2-41　RAID2 工作示意

（4）RAID3

RAID3 对应的技术叫"Parallel transfer with parity"，简称"带奇偶校验的并行传送"。RAID3 主要为克服 RAID2 的缺点而推出，其基本原理是：数据按条带的方式写入多个磁盘，用 1 个磁盘存储条带数据的奇偶校验信息。在进行磁盘数据存取时，可判断数据是否出错。RAID3 需要至少 3 个独立磁盘，实现的磁盘容量为总磁盘容量的 $(N-1)/N$（N 为磁盘个数），其工作过程如图 2-42 所示。

（5）RAID4

RAID4 对应的技术叫"Independent Data disks with shared Parity disk"，简称"带共享校

验的独立磁盘"。RAID4 由 RAID3 发展而来，其基本原理是：数据按块写入多个磁盘，用 1 个磁盘存储多个磁盘数据块的奇偶校验信息。RAID4 需要至少 3 个独立磁盘，实现的磁盘容量为总磁盘容量的（N-1）/ N（N 为磁盘个数），其工作过程如图 2-43 所示。

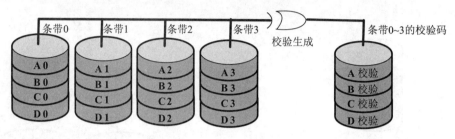

图 2-42   RAID3 工作原理示意

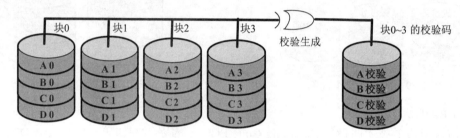

图 2-43   RAID4 工作原理示意

（6）RAID5、RAID6、RAID7

RAID5 对应的技术为"Independent Data disks with distributed parity blocks"，简称"带分布校验块的独立磁盘"。RAID5 将校验盘分布在 RAID 组中的不同磁盘上，解决了 RAID 4 中因校验盘争用而导致的并发困难问题。RAID5 需要至少 3 个独立磁盘，实现的磁盘容量为总磁盘容量的（N-1）/ N（N 为磁盘个数），其工作原理如图 2-44 所示。

为了增加 RAID5 的保险系数，RAID6 在 RAID5 的基础上多增加了一块校验盘，也是分布在不同的盘上，只不过是用另一个方程式来计算新的校验数据。RAID7 是 Storage Computer Corporation 提出的 RAID 技术，主要用于实时操作系统，采用异步、带缓存、独立控制的 I/O 传输，并支持 SNMP。

（7）常用 RAID 级别的性能对比

目前，服务器中常采用的 RAID 级主要有 RAID0、RAID1、RAID3、RAID5、RAID1+0 等，其性能对比如表 2-8 所示。

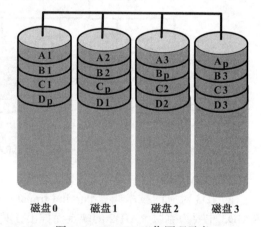

图 2-44   RAID5 工作原理示意

表 2-8   常用 RAID 级别的性能对比

RAID 级别	RAID0	RAID1	RAID3	RAID5	RAID1+0
别名	条带	镜像	并行传送奇偶校验	分布奇偶校验	镜像陈列条带

（续）

RAID 级别	RAID0	RAID1	RAID3	RAID5	RAID1+0
容错性	没有	有	有	有	有
冗余类型	没有	复制	奇偶校验	奇偶校验	复制
热备盘选项	没有	有	有	有	有
读性能	高	低	高	高	中间
随机写性能	高	低	最低	低	中间
连续写性能	高	低	低	低	中间
磁盘数	1 个或多个	$2N$ 个	3 个或更多	3 个或更多	$4N$ 个
可用容量	总磁盘容量	总磁盘容量的 1/2	总磁盘容量的 $(N-1)/N$	总磁盘容量的 $(N-1)/N$	总磁盘容量的 1/2
典型应用	无故障的迅速读写，要求安全性不高，如图形工作站等	随机数据写入，要求安全性高，如服务器、数据库存储领域	连续数据传输，要求安全性高，如视频编辑、大型数据库等	随机数据传输，要求安全性高，如金融、数据库、存储等	要求数据量大，安全性高，如银行、金融等领域

2.10 网络工程案例教学

在学习了这么多网络知识之后，我们来动手来设计并实现一个简单的办公室局域网吧。

【网络工程案例教学指导】

案例教学要求：掌握制作 RJ-45 网线的方法；掌握将几台 PC 连接成 LAN 的技能与方法。

案例教学环境：配备 PC 两台，端口速率为 100 Mbps（的）集线器或交换机 1 台，网线钳 1 把，RJ-45 水晶头若干个，测线仪 1 个和网线若干米。

设计要点：

1）制作具有 RJ-45 接头的 5 类双绞线。2）选用百兆集线器或交换机 1 台。3）多台 PC 配置 TCP/IP 协议或其他协议。4）由于办公室 LAN 的需求简单，而现有的网络商品设备都容易满足，一般不专门进行需求分析了。

2.10.1 制作 RJ-45 双绞线

要制作符合 EIA/TIA 568B 标准的具有 RJ-45 接头双绞线，可采用以下步骤：

1）用网线钳后部剪下所需长度的双绞线，通常长度 L 符合 $0.6m \leqslant L \leqslant 100m$。然后再用网线钳前部剥线器剥除双绞线外皮约 4cm，然后将各线对自左向右按橙、蓝、绿、棕的顺序展开，如图 2-45 所示。

2）分离每一对线，并将其捋直；将它们按白橙 / 橙 / 白绿 / 蓝 / 白蓝 / 绿 / 白棕 / 棕的顺序排列。注意，绿色线应该跨越蓝色对线（参见图 2-46）。

3）保持上述排列顺序，使其排列紧凑、整齐，剪齐线头，保留剥开的导线约 1.5cm，确保导线插入水晶头后，网线的最外层外壳能被水晶头卡住。插入插头，第一只引脚内应该置放白橙色线（参见图 2-47）。

4）从水晶头正面目视每根双绞线已经放置正确并到达底部位置之后，可以用网线钳用力压 RJ-45 接头（参见图 2-48），使水晶头内部的金属片恰好刺破双绞线的包皮，并与内部金属线良好接触。

5）重复步骤 1 到步骤 4，再制作另一端的 RJ-45 接头。完成后的连接线两端的 RJ-45 接头无论引脚和颜色都完全一样。

图 2-45 剥除双绞线外皮约 4cm 并展开

图 2-46 双绞线排列

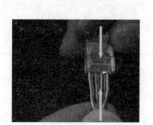

图 2-47 按序排列双绞线

图 2-48 网线钳用力压 RJ-45 接头

6）使用网线测试仪检测该具有 RJ-45 接头的双绞线是否可用。测试仪由两部分组成（参见图 2-49）。线缆两端的接头分别插入测试仪的两部分中。测试仪上的 LED 发光二极管可以显示线路连接是否正确。如果线路两端的测试仪上的 LED 依次同时发光则说明线路正常；如果有某个或某些灯不亮或次序不对，则说明线路有问题。如果发现线次序错误或接触不良，则需要进一步进行处理。可尝试用网线钳用力压两端水晶头，使它们良好接触；或者将某端水晶头剪掉，重新按步骤 1 到步骤 6 再制作一个 RJ-45 接头。

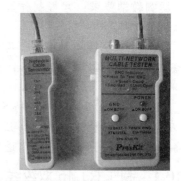

图 2-49 网线测试仪

2.10.2 小型 LAN 的设计与实现

要构建一个由几台 PC 连接起来的 LAN，其过程非常简单。通常可以制作几根 RJ-45 双绞线，将这些 PC 通过一台百兆交换机互联起来即可，如图 2-50 所示。注意：选择交换机时应注意其端口数目等于或大于现有联网 PC 的数目。

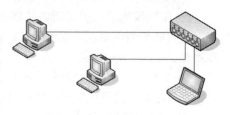

图 2-50 一个简单的 LAN

对 LAN 而言，电缆长度是一个关键问题。如果距离太长，会因信号强度过度衰减而在接收端无法识别，反映出的现象是网络不通。当然，对于办公室 LAN 而言，这种现象不太可能发生。互联设备数量是另一个重要技术参数，指能与一根电缆相连的设备的数量。表 2-9 给出了一些典型以太网电缆规范参数。

注意，上述规范的参数是产品必须要达到的参数，有时厂商提供的电缆的参数可能远高于这个指标。此外，用电缆作连接介质目前已经不多见了。

表 2-9　以太网电缆规范

电缆	分段最大值	设备最大值	长度最大值
10Base-2	185m	30	925m
10Base-5	500m	100	2.1km
10Base-T	100m	2	500m
10Base-FL	2km	2	4km
100Base-T4	100m	2	200m
100Base-TX	100m	2	200m
100Base-FX	412m	2	2km
1000Base-SX	300m/550m	2	
1000Base-LX	3000m/550m	2	
1000Base-CX	25m	2	
1000Base-T	100m	2	

如果联网的几台 PC 安装了 Windows XP 操作系统，它们之间的通信既可以采用 TCP/IP 协议，也可以采用 Microsoft 网络的文件和打印机共享协议，或采用 IPX/SPX/NetBIOS 等协议实现。如果采用 TCP/IP 协议通信，就需要为每台 PC 设置一个具有相同网络地址的 IP 地址，如 192.168.1.1、192.168.1.2 等。

2.10.3　家庭网络设计

现在，家庭或小微企业中都有几台或十几台主机（包括智能手机）需要联网并访问因特网。对这类用户而言，在出口带宽满足基本需求的情况下，网络建设和使用维护的成本越低越好。设计家庭网络的大致过程如下：

（1）选择运营商

目前，国内提供上网接入服务的运营商主要有中国电信、中国联通、中国移动等企业。其中，电信公司由于其基础设施覆盖范围广，占据的市场份额也较大，许多家庭或小微企业都是通过电信公司的宽带接入设施联入因特网的。

（2）选择接入方式

适用于家庭网络的因特网接入方式主要有以下几种：

1）ADSL。这种方式以现有的电话网为基础，采用 ADSL 技术实现宽带接入。用户通过 ADSL 调制解调器，经电话线路连接至局端 ADSL 调制解调器，再通过运营商接入设施连接到因特网。

2）光纤接入。利用运营商提供的光纤入户接入设施，用户通过光纤收发器连接到楼层的交换机实现宽带入网。

3）双绞线接入。利用运营商提供的双绞线接入设施，用户通过网线直接连接到楼层交换机实现宽带入网。

4）有线电视。利用有线电视网的接入设施，用户通过电缆调制解调器接入楼宇 HFC 设施，并连接至局端电缆调制解调器终端系统 CMTS，实现宽带入网。

（3）选择计费方式

目前各运营商提供了几种典型的计费方式：

1）按时间计费。按用户端宽带设备连入局端网络开始到断开网络连接之间的时间累计。对于每天上网时间较少的用户，可选择此计费方式。

2）按流量计费。按用户端宽带设备建立 IP 通路后产生的 IP 报文出入流量累计。经常上网的用户不适合选择此计费方式。

3）包月计费。按月或年固定费用计费，不限时间或流量，这种方式适合每日上网时间较长、流量较大的用户。

（4）设备的选择

家庭网络除内部所需 PC 和服务器外，还需配置如下几种设备：

1）ADSL 宽带设备。主要包括：ADSL 调制解调器、ADSL 信号分离器、ADSL 宽带无线路由器（具有 ADSL 调制解调器、NAT、以太网交换机和 WLAN 等功能），如图 2-51 所示。

2）有线电视宽带设备。主要指电缆调制解调器、有线电视网络机顶盒等，如图 2-52 所示。

3）常见家用 LAN 设备。主要包括家用交换机、无线路由器、光纤收发器等，如图 2-53 所示。

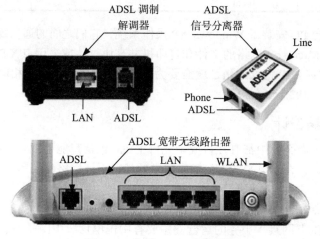

图 2-51　常用 ADSL 宽带设备

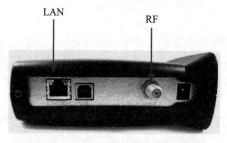

图 2-52　有线电视宽带调制解调器

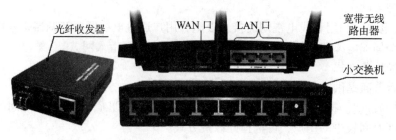

图 2-53　常见家用 LAN 设备

需要注意的是，选择宽带设备时，要根据接入方式来选择，尽量选择包括宽带调制解调器、以太网交换机、NAT、无线路由等功能的一体化设备。另外，选择的宽带设备最好具有支持加电自动登录后的功能，使用户主机无须软件登录就能访问因特网。

（5）网络拓扑结构

通过固话宽带、双绞线 LAN 宽带、光纤 LAN 宽带、有线电视宽带接入因特网的家庭网络典型结构分别如图 2-54 ～图 2-57 所示。

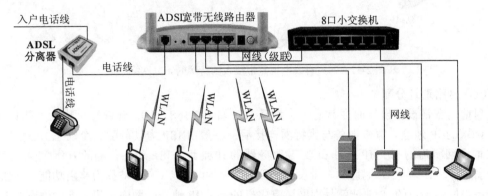

图 2-54　通过固话宽带接入因特网的家庭网络结构

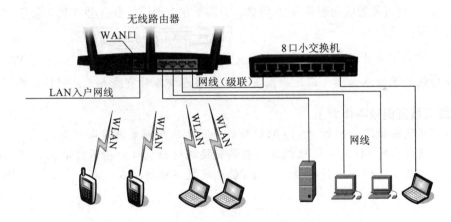

图 2-55　通过双绞线 LAN 宽带接入因特网的家庭网络结构

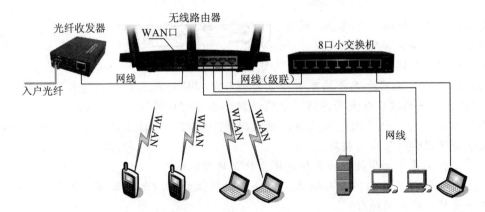

图 2-56　通过光纤 LAN 宽带接入因特网的家庭网络结构

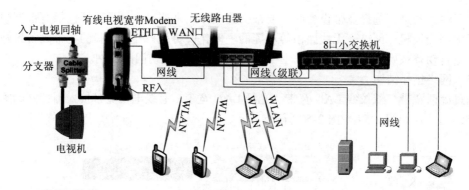

图 2-57　通过有线电视宽带接入因特网的家庭网络结构

（6）网络地址分配

目前，宽带设备出厂时通常有一个默认 IP（如 192.168.1.1），此地址可作为宽带设备的局域网端的 IP 地址。宽带设备与因特网连接后，一般由 ISP 为其分配一个动态 IP 地址，同时获取上网所需的网关 IP 地址和 DNS 服务器的 IP 地址。ISP 动态分配的 IP 地址可看做宽带设备的广域网端口 IP 地址。宽带设备需要开启 NAT 功能（有时被称为路由功能），此时宽带设备局域网端口的 IP 地址就是内网所有主机的网关 IP 地址。网内主机可配置静态的 IP 地址（192.168.1.x，掩码：255.255.255.0，网关 192.168.1.1）和 DNS 服务器 IP 地址（本地区 DNS 服务器）；也可配置成动态获取 IP 信息，但需要在宽带设备上启用 DHCP 服务，并设置 IP 分配范围等。

设计提示　家庭网络中要选用具有 NAT、ADSL 调制解调器、以太网交换机、WLAN 和 DHCP 等功能的无线路由器，经适当配置，就能够连接各种有线或无线网络设备。

【网络工程案例教学作业】

1. 利用网线钳等工具制作 RJ-45 双绞线，并用测线仪确定其是否可用。
2. 用该双绞线将 PC 与交换机相连，观察交换机对应端口的指示灯情况。
3. 与同组其他同学一起将两台或多台 PC 通过交换机连接在一起，并证实这些 PC 的确已经互连互通。

习题

1. 请给出节点、链路、子路径、网络云、交换和路径摘要等术语的定义。
2. 请列举出一些典型的链路类型，并说明它们的应用场合。
3. 网络中节点与链路有哪些连接方式？这些方式对通信方式有哪些影响？
4. 用网络云对复杂网络进行抽象有什么好处？递归地通过互联"网络云"形成更大的"网络云"来构建任意大的网络，说明该网络具有何种特性？
5. 因特网具有哪几个层次？局域网、接入网和广域网各对应于哪些层次？在哪个层次通常会使用哪种节点与链路？
6. 二层交换机具有哪些技术特点？适用于什么场合？
7. 简述交换机与网桥的区别与联系。为什么交换机具有增加总带宽的优势，这种优势是否有特定的应用场合？
8. 简述碰撞域和广播域的概念。在什么情况下，这两种域是不同的？在什么情况下，这两种域是相同的？

9. 二层交换机通常是如何分类的？

10. 虚拟局域网有何特点？何时应当选用这种技术？

11. 举例说明实现 VLAN 的方式，并说明这些 VLAN 具有的特征和可能存在的局限性。

12. IEEE 802.1Q 的主要用途和内容是什么？

13. IEEE 802.1p 的主要用途和内容是什么？

14. 简述路由器的体系结构和几个构件的主要功能。根据路由器采用的交换结构不同，说明规格不同的路由器交换能力可能存在差异。

15. 简述路由器的主要功能和主要性能指标。

16. 根据因特网著名的设计原则，路由器要做最为简单的工作，而将智能处理放在网络边缘。试根据该原则，讨论路由器在网络中应当放置的位置和它们的可能发展趋势及应用前景。

17. 简述三层交换机的工作原理。为什么说它是具有选路功能的交换机？

18. 简述多层交换概念所涉及的主要技术和概念。指出四层交换机的应用场合。

19. 多协议标记交换（MPLS）的基本原理是什么？

20. 访问服务器是一种什么样的服务器？它的应用场合是什么？

21. 常用的联网物理介质有哪几种？它们各自适用于什么场合？

22. 简述以太网遵循 CSMA/CD 协议的要点。

23. 试从以太网工作原理来分析，以太网为什么要设置帧的最短长度和帧的最大长度？

24. 以太网有哪些标准？讨论保持它们之间兼容性的好处是什么？

25. 试根据全双工以太网技术的概念，解释为什么按照 IEEE 802.3 标准，千兆以太网和 10 千兆以太网的覆盖范围分别只有 10 m 和 1 m，但它们却能够用于企业网甚至城域网环境中？

26. 制作 RJ-45 双绞线有哪些标准？不按标准使用色标制作出来的线能够联通网络吗？将会存在何种隐患？

27. 小型局域网的覆盖范围有限制吗？如何突破一定的距离限制？

28. 如果每根双绞线都制作良好，是否能够保证整个 LAN 连接良好呢？如果两台主机之间有多跳，如何检查和测试两台主机之间连通是否良好？当出现两者不连通的情况时，应如何解决？

29. 家庭网络中的无线路由器通常要求具有哪些主要功能？其中 NAT 功能为什么是必需的？

配置以太网交换机

【教学指导】

前面介绍过，目前设计、建造小型局域网（LAN）的最重要方法是使用二层以太网交换机（简称交换机）。交换机能够动态地构造较小的碰撞域，提高 LAN 的带宽利用率。此外，交换机的虚拟局域网（VLAN）、端口聚合、支持生成树和网络管理等功能在特定场合下特别有用。在本章中，我们将以思科（Cisco）的交换机设备（IOS 的版本号为12.0 或更高）为例，重点学习配置使用交换机的方法。如果采用其他网络厂商（如华为）的设备，本章内容也不失一般性，只是某些设备指令有所不同。最后将简要介绍三层交换机的配置与使用。本章内容可以用于以太网交换机的实验教学。

3.1 熟悉并初步配置交换机

3.1.1 认识交换机的外观

交换机实际上是一种专门用于通信的计算机，它由交换机硬件系统和交换机操作系统组成。虽然交换机的品牌、型号多种多样，但组成交换机的基本硬件一般包括：中央处理器、随机存储器、只读存储器、可读写存储器和外部端口等。

图 3-1 是 Cisco Catalyst 2950 交换机的照片，该交换机有 24 个以太网络 RJ-45 端口和一个控制台（console）配置端口，在这 24 个以太网端口的上方有与之对应的 24 个指示灯。这些以太网端口的指示灯只有在该端口与某在线设备连接正常的情况下才会变亮。当网络有分组通过该端口传输时，该指示灯就会闪亮，因此通过观察交换机就能够判断出网络是否正常连通。配置交换机时，首先要用计算机使用专用的配置线缆与交换机控制台端口相连，然后再通过特定程序对交换机进行配置，以后也可以利用 Telnet 程序从网络上对交换机进行配置，详情参见下面内容。

图 3-1 一台交换机的外观

Catalyst 交换机的背面是电源插口和散热风扇口，有的交换机还有若干模块的插槽，用于为交换机扩展特定网络类型的端口和功能。

3.1.2 配置交换机

交换机和路由器等网络设备通常在其专用的操作系统，如 IOS（Internetwork Operating

System）的管理下工作。通过设备中的 IOS，交换机和路由器等设备能够有效地运行，并且 IOS 能够随网络技术的不断发展而动态升级，以适应周围网络中硬件和软件技术的不断变化。用户配置交换机的过程，实际上是用户通过 IOS 中提供的专门端口发出标准命令（或命令集合）来配置和管理交换机的过程，从而适应各种网络功能。所谓与交换机的"专门端口"可以通过运行在常用操作系统上的专用程序，如 Linux 或 Windows 下的 Telnet 程序，或 Windows XP 下的"超级终端"程序来提供。所谓设备的"标准命令集合"是指各个网络设备厂商定义的一组与交换机通信的原语。显然，厂商不同，所使用的 IOS 可能不同；甚至相同的厂商的不同型号设备由于硬件结构不同，所使用的 IOS 也可能不同。尽管 IOS 存在着差异，但这些设备的工作机理、命令操作的过程，甚至命令形式都有相似之处，只要我们学会了对一种网络设备进行配置的方法，就可以触类旁通地对其他网络设备进行配置了。

交换机是一种即插即用的网络设备，它具有的 MAC 地址自学习功能使得即便不对新出厂的交换机进行任何配置，交换机也可以在默认的模式下正常工作（这与路由器不同，我们将在第 6 章讲解配置路由器的方法）。然而，为了使交换机发挥出其特定效能，我们通常要对交换机进行配置。通过计算机来配置交换机要经过以下 3 个步骤：首先，要将该计算机与交换机相连，并使两者能够交互信息；第二，由计算机向被配置的交换机发送配置命令；第三，交换机的 IOS 能够理解这些配置命令，并改变交换机运行状态，从而达到配置交换机的目的。

在第一个步骤中，可用交换机设备自带的配置线缆（即 RS-232 串口交叉连接线），将 PC 机的 COM 端口和交换机的控制台端口连接起来，并运行相应的应用程序（如 Windows XP 下的超级终端程序），从而使 PC 机成为配置交换机的终端（参见图 3-2）。

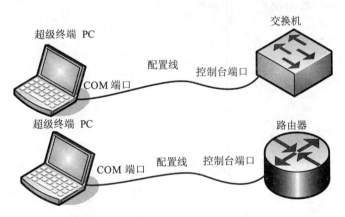

图 3-2　控制台端口仿真终端连接方式

本章在后面讨论二层交换机的配置时，是以 Cisco Catalyst 2950 交换机为例进行的，这些操作过程和操作命令具有一定的普适性，适合于目前一些主流的交换机（如华为的交换机），但操作命令及其显示结果的顺序可能有一些差别。

为了实现计算机与交换机的交互，启动 Windows XP 中的"开始 / 程序 / 附件 / 通讯 / 超级终端"，然后填写设备连接描述名称（如 lgdx），如图 3-3 所示。该名称可为任意字符集，存储该连接及其参数后，可在以后配置交换机时直接调出使用。

接下来，选择 PC 连接所使用的串口名（如 COM1），如图 3-4 所示。

此后，设置 PC 与交换机之间通信的参数。所使用的连接参数如下：波特率为 9600、8 位数据位、1 位停止位、无校验和无流控（参见图 3-5）。

图 3-3　连接描述名称

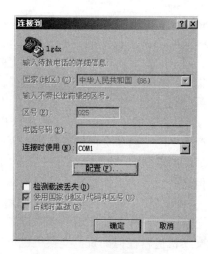

图 3-4　选择连接所使用的串口

若超级终端软件与交换机通信正常，会显示一些与交换机有关的信息，如产品型号、软件版本等。在 PC 超级终端窗口键入回车键，就会出现命令提示符"Switch>"（参见图 3-6），表明可以输入交换机识别的各种命令。若已配置过交换机名字，如"CiscoS2950-1"，则出现的提示符为：CiscoS2950-1>。

图 3-5　设置 PC 与交换机之间
　　　　的通信参数

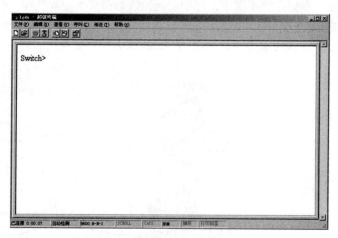

图 3-6　仿真终端连接正常

除了上述方法外，PC 机还可以通过网络来配置交换机。此时需要将 PC 机通过 RJ-45 网线与交换机连接。首先，需要配置好交换机的管理 IP 地址（例如通过第一种方法），可用 ping 程序测试该 IP 地址的可达性；接下来，通过 Telnet、Web 浏览器和 SNMP 管理等方式对交换机其他参数进行远程配置和管理。使用这些远程配置方式进行操作的过程可参阅厂商的操作手册，这里不再赘述。因此，配置交换机（配置路由器也是如此）共有 4 种方式，如图 3-7 所示。

通过超级终端配置交换机，需要 PC 机（或便携机）通过串口就近连接交换机，串口线缆一般不超过 3 米；但通过网络配置交换机则对 PC 机位置没有限制，只要 IP 地址可达即可。

设计提示　在以太网交换机调试过程中，一般先用超级终端通过其控制台端口配置基本信息，其他配置项可通过网络进行。

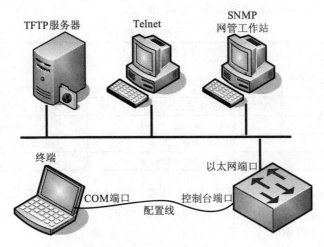

图 3-7　配置网络设备的 4 种方式

3.1.3　交换机的配置项目

在日常工作中，对交换机一般要进行哪些配置或操作呢？大体来说，这些配置工作可分为两类：基本配置和高级配置。

（1）基本配置

这里主要配置交换机的基本信息或功能，这些配置是后续高级配置所需要的。基本配置主要包括：

❏ 交换机名。

❏ IP 地址。

❏ 用 Telnet 登录用户及口令。

（2）高级配置

高级配置是指在基本配置的基础上，支持高级管理需求所要求的配置。高级配置主要包括：

❏ SNMP 网络管理。

❏ VLAN。

❏ MAC 地址绑定功能。

❏ 广播抑制功能。

❏ 生成树功能。

❏ 聚合功能。

❏ 其他功能。

3.1.4　交换机的命令行端口

我们以通过超级终端程序键入交换机能够识别的命令与交换机通信进行配置为例。在如图 3-6 所示的界面下，配置工作在命令行方式。这时，交换机处于用户模式（User EXEC 模式），用户可以使用用户模式的命令与交换机 IOS 通信。

事实上，为了使得交换机配置管理功能更为清晰，交换机可以在不同的命令模式下工作。用户当前所处的命令模式决定了可以使用的命令类型。

表 3-1 列出了交换机所有的工作模式和命令模式、访问每个模式的方法以及每个模式的提示符。这里假设交换机的名字默认为"Switch"。

表 3-1 交换机命令行模式

工作模式		提示符	启动方式
用户模式		Switch>	开机自动进入
特权模式		Switch#	Switch>enable
配置模式	全局模式	Switch（config）#	Switch#configure terminal
	VLAN 模式	Switch（config-vlan）#	Switch（config）#vlan 100
	接口模式	Switch（config-if）#	Switch（config）#interface Fa 0/1
	线路模式	Switch（config-line）#	Switch（config）#line console 0

在表 3-1 中，我们看到，交换机可以工作在"用户模式"、"特权模式"或"配置模式"状态下，而在"配置模式"下又进一步分为"全局模式"、"VLAN 模式"和"接口模式"等。下面将对这些模式加以说明。

❑ 用户模式"Switch>"

系统加电开机后，首先进入用户模式，因此从"超级终端"也会先进入这种模式；键入"exit"命令可离开该模式。使用该模式可进行交换机基本测试并显示系统的信息。

❑ 特权模式"Switch#"

在用户模式下，通过键入"enable"命令可进入特权模式。要返回用户模式，键入"exit"命令即可。

❑ 全局配置模式"Switch（config）#"

在特权模式下，使用 configure 或 configure terminal 命令可进入全局配置模式。要返回到特权模式，可键入"exit"命令或"end"命令，或者键入"Ctrl+Z"组合键。

❑ 端口配置模式"Switch（config-if）#"

在全局配置模式下，使用"interface"命令可进入端口配置模式。要返回到特权模式，可键入"end"命令，或按 Ctrl+Z 组合键。要返回全局配置模式，可键入"exit"命令。在"interface"命令中必须指明要进入哪一个端口的配置子模式。使用该模式可配置交换机的各种端口。

❑ VLAN 配置模式"Switch（config-vlan）#"

在全局配置模式下，使用"interface vlan_id"命令可进入 VLAN 配置模式。要返回特权模式，可键入 end 命令；要返回全局配置模式，键入"exit"命令。

设计提示 为配置交换机，用户首先要根据配置任务来确定所使用的配置模式，并及时切换到相应的配置模式下。

若无法记住配置命令的确切格式和参数，可以利用交换机提供的帮助功能。例如，在命令提示符（">"或"#"）下，键入问号（?），交换机就可以列出当前的模式，以及该命令模式可以使用的命令种类。若不知道某个命令的格式，可在命令名后输入空格，再输入问号，按回车后便可显示具体的命令格式。若交换机命令关键字太长，可输入前 4 位字符，如 interface 可用 inte 代替。若端口名太长也可使用短名字，如可用 Fa0/1 代替 FastEthernet0/1。所有命令均不区分大小写。

下面给出了交换机为用户提供的帮助命令的使用示例，用户可从中领会到该功能的便利性。

```
Switch> ?                           ！列出用户模式下所有命令
Switch# ?                           ！列出特权模式下所有命令
Switch>s?                           ！列出用户模式下所有以 S 开头的命令
Switch>show ?                       ！列出用户模式下 show 命令后附带的参数
Switch# show ip ?                   ！列出该命令的下一个关联的关键字
```

交换机还具有一种简化人们操作的功能，用户只需键入足以唯一识别命令关键字的一部分字符，而不必键入该命名的全称。例如，"Switch#show running-config"命令可以写成：

```
Switch# show runn                   ！ 显示当前使用的配置文件
```

简化操作的另一个捷径是使用命令的"no"选项来取消某项功能，即执行与原命令相反的操作。如使用端口配置命令"no shutdown"，即可执行关闭端口命令"shutdown"相反操作，即打开该端口。几乎所有命令都有"no"选项。

```
Switch(config-if)#shutdown！关闭端口
Switch(config-if)# no shutdown      ！开启打开端口
Switch(config-if)#speed 10！设置端口速率为10Mbps
Switch(config-if)#no speed 10       ！取消端口速率为10Mbps 的设置
```

设计提示　在配置交换机的过程中，用户可以随时在命令提示符下键入问号"?"，就可列出该命令模式下支持的全部命令列表。

3.2　配置交换机的基本功能

3.2.1　配置交换机名

配置交换机名字的目的是方便地区分不同的交换机。若一个单位有多台交换机，当通过超级终端或 Telnet 进入配置界面时，其名字会出现在命令行提示符中，从而提醒管理员当前是在哪台交换机上进行操作，以免出现误操作。

```
Switch>enable                       ！进入特权模式
Switch#

Switch#config terminal              ！进入全局模式
Switch(config)#

Switch(config)#hostname CiscoS2950-1  ！设置交换机名为 CiscoS2950-1
CiscoS2950-1(config)#
```

3.2.2　配置管理 IP 地址

交换机工作是不需要 IP 地址的，但为便于通过网络配置和管理交换机，还是需要为交换机配置一个用于管理目的的 IP 地址。设置交换机 IP 地址是通过对 VLAN 端口设置 IP 地址来实现，交换机在出厂时仅配置了一个 VLAN，即 VLAN1，所有端口都属于 VLAN1，因此设置交换机的 IP 地址实际上是设置 VLAN1 的 IP 地址。配置步骤如下。

```
Switch#config terminal                              ！进入全局模式
Switch(config)#
Switch (config)# interface vlan 1                    ！进入 VLAN 端口配置界面
Switch (config-if)# ip address 192.9.201.254 255.255.255.0  ！为交换机配置 IP 地址
```

```
Switch (config-if)# no shutdown                    ！启动 VLAN 端口
Switch (config-if)# exit                           ！返回到全局配置模式
Switch (config)#
```

为检验配置的 IP 地址是否已生效，可将 PC 机通过网线连接到交换机的任意以太网口（一般选择第 1 个端口），同时也需要为 PC 机设置一个正确的 IP 地址，即使两者的 IP 地址位于同一个子网内。在 PC 机上执行 ping 程序，若两地址之间连通，则表明交换机管理 IP 地址配置成功了。

3.2.3　配置 Telnet 登录用户及口令

3.1.2 节中讲过，除了可以通过控制台端口配置交换机外，还可以用 Telnet 通过交换机的普通以太端口对它进行远程配置（参见图 3-8）。Telnet 是主流操作系统都包括的一种远程通信程序，通过它登录到远程交换机上就可以对交换机进行配置了。使用 Telnet 连接交换机前，应当确认已经做好以下工作：①交换机应当配置有适当的管理 IP 地址；②该交换机开启了远程管理功能；③交换机和运行 Telnet 的 PC 通过以太网线相联。

为使交换机具有远程访问配置的能力，除了为该交换机配置合适的网络地址外，还需要配置交换机相关参数，并开启其远程管理的功能。具体步骤如下。

```
Switch(config)#enable secret 1234           ！设置特权模式密文密码 1234
Switch(config)#enable password 1234               ！设置特权模式明文密码 1234
！注：以上两条命令，执行一条即可

Switch(config)#line vty 0 15                  ！对虚拟终端 0~15 开启远程登录
Switch(config-line)#password lgdx            ！设置 Telnet 登录密码为 lgdx
Switch(config-line)#login                     ！启用密码检查
Switch(config-line)#end                       ！退出到根目录，特权模式
```

在上述示例中，选择虚拟终端时，可使用命令" line vty X "或" line vty X Y "的形式，其中 X、Y 表示虚拟终端号，其值为 0 ～ 15，前者表示指定虚拟终端号，后者表示终端号范围。

为检查配置是否成功，可通过 PC 机上的 Telnet 程序登录到交换机进行实际验证。具体步骤如下：

1）用网线将 PC 与交换机的某以太网口连接在一起。注意，PC 机的 IP 地址和交换机的管理 IP 地址位于同一个子网内。

2）在运行 Windows XP 的 PC 机上执行 ping 程序，测试交换机 IP 是否可通达。

3）在运行 Windows XP 的 PC 机上单击"开始"按钮，选择"运行"项，在对话框中键入如" Telnet 192.9.201.254 "这样的命令（参见图 3-8），或者通过控制台界面（命令提示行界面）输入此命令。

4）PC 机进入命令提示符窗口。输入远程登录访问权限密码（如" lgdx "）后，这台 PC 就成为该交换机的一个远程仿真终端，配置管理的 PC 就像通过控制台端口一样工作，如图 3-9 所示。当然，根据前面的设置，通过 Telnet 进入特权模式时需要输入相应口令，如"1234"。

图 3-8　执行 Telnet 程序向交换机登录

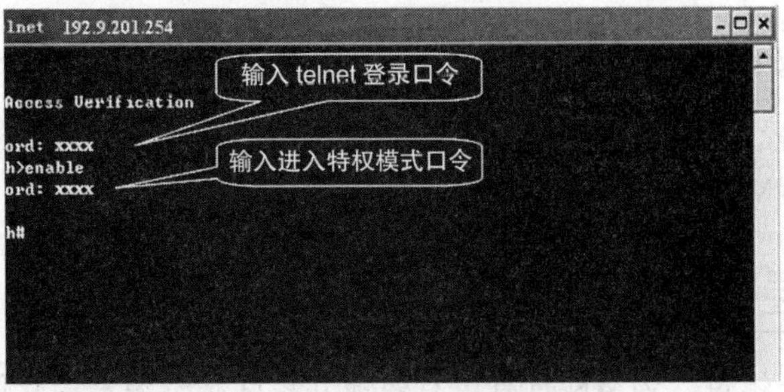

图 3-9　PC 使用 Telnet 配置交换机

3.2.4　保存和查看配置信息

按前述步骤对交换机做了基本配置后，应及时保存所做的配置，以免设备断电重启后丢失配置信息。同时应将基本信息记录下来，包括交换机名、IP 地址、Telnet 登录口令和特权模式口令等。为便于存档，可将在配置界面输入的命令及显示的主要信息复制到记事本中进行存档。这样，即使经过较长时间，管理人员也可通过查看这些文档快速了解该交换机的配置细节。

保存配置信息的命令如下：

```
! 方法 1
Switch#write                            ! 在特权模式下执行 write 命令

! 方法 2
Switch#copy running-config startup-config
```

查看当前配置信息命令如下：

```
Switch#show running-config              ! 查看当前配置
```

除了查看全局信息，还可查看某一方面的具体信息，如端口信息、IP 信息等，举例如下：

```
Switch#show interface                   ! 查看所有端口信息
Switch#show interface Fa0/1             ! 查看指定端口 Fa0/1 的信息

Switch#show ip interface                ! 查看 IP 端口状态与配置
```

3.3　配置交换机支持 SNMP 管理

SNMP 是因特网进行网络管理的标准。为使网络设备能够接受在某台主机运行的网络管理程序的管理，网络设备必须要设置成支持 SNMP 管理的状态。这样，被管设备（如交换机、路由器等）就能够通过 SNMP 协议与网络管理程序进行交互，以获取（get）或设置（set）被管设备上的被管对象的信息，达到实时展现设备运行状态（如设备故障、端口流量等）的目的。

交换机出厂时，默认状态是不支持 SNMP 管理，用户可根据需求进行配置。

主要的配置命令如下：

```
Switch(config)# snmp-server contact zhangshan 1234      ! 配置联系人信息
Switch(config)# snmp-server location Nanjing,China       ! 配置位置信息
Switch(config)# snmp-server community public RO          ! 配置共同体名及只读权限
```

```
Switch(config)#exit
Switch#show snmp                                           ! 查看 SNMP 配置信息
```

经过以上简单配置，可允许网络管理程序通过 SNMP 远程读取交换机上的相关信息。当然，还有其他更多 SNMP 管理功能。

3.4　配置二层交换机 VLAN 功能

我们在 2.3.6 节介绍过，VLAN 具有更有效地共享网络资源、简化网络管理、简化网络结构、保护网络投资和提高网络数据安全性等优点。现在我们就来讨论一下如何在交换机上配置并实现这一有用的功能。

3.4.1　基于端口方式划分 VLAN

基于端口划分 VLAN 就是根据交换机端口来划分 VLAN，这是目前定义 VLAN 最通用的方法，也是最简单有效的方法。这时，网络管理员需要把交换机端口划分成不同的集合（即为这些端口指定相同的 VLAN ID），而无论交换机端口上连接着什么设备。如图 3-10 所示，按照交换机的端口 VLAN 从逻辑上把一个 LAN 划分成 3 个 VLAN（即 VLAN 10、VLAN 20 和默认的 VLAN 1），相应的端系统则被分割成独立的逻辑子网。

图 3-10　按端口划分 VLAN 的一个例子

基于端口划分 VLAN 包括两个步骤：首先是使用"vlan"命令启用 VLAN 标识；然后使用"switchport access"命令将交换机的某些端口指定到相应 VLAN 中。

1. 使用"vlan"命令

"vlan"命令的语法格式为："vlan vlan-id"。该命令在全局配置模式下执行，是进入 VLAN 配置模式的导航命令。

使用该命令的"no"选项，即"no vlan vlan-id"可以删除配置好的某个 VLAN。注意，默认的 VLAN（VLAN 1）是不允许删除的。下面显示了启用 VLAN 10 以及删除 VLAN 10 的过程。

```
Switch#config terminal
Switch(config)#vlan 10                          ! 启用 VLAN 10

Switch(config)#name Floor1        ! 给 VLAN 10 命名为 Floor1
Switch(config-vlan)#exit

Switch(config)#no vlan 10                  ! 删除 VLAN 10
Switch(config)#
```

如果输入的是一个新的 VLAN ID，则交换机会创建一个 VLAN，并将该配置的端口设置为该 VLAN 的成员。如果输入的是已经存在的 VLAN ID，则增加 VLAN 的成员端口。

2. 使用"switchport access"命令

"switchport access"命令的语法格式为："switchport access vlan vlan-id"。该命令在全

局端口配置模式下执行，其功能是进入端口配置模式后把打开的端口分配给指定 VLAN 成员端口。

使用"no"选项可将某端口指派到默认 VLAN 中，其命令格式为"no switchport access vlan vlan-id"。需要注意的是，交换机端口的默认模式为"access"，交换机默认的 VLAN 为 VLAN 1，VLAN 1 是一台交换机默认管理的 VLAN。

例如，若将交换机 Fa0/5 端口指定到 VLAN 10，其配置过程如下。注意，"no shutdown"命令在端口工作模式下是必需的，因为交换机的端口在默认情况下是关闭的，必须使用该命令进行开启。

```
Switch#
Switch#configure terminal
Switch(config)# interface Fa0/5              ! 打开交换机的端口 5
Switch(config-if)# switchport access vlan 10  ! 把该端口分配到 VLAN 10
Switch(config-if)#no shutdown                ! 开启端口工作状态
Switch(config-if)#end
Switch# show vlan                            ! 查看 VLAN 配置信息
```

下面给出一个较为完整的例子作为本节的结束。如图 3-11 所示，我们需要用 VLAN 将与某一交换机相联的 2 个部门隔离开，以保证这两个安全性等级不同的部门的数据安全。在配置 VLAN 之前，我们可以在 PC 上执行 ping 命令，检查一下这两台 PC 是否联通。

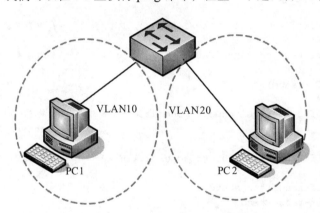

图 3-11 某单位 2 个部门之间的网络隔离

其中，Fastethernet 0/5 连接的是 PC1，Fastethernet 0/15 连接的是 PC2。在交换机上创建 VLAN 的过程如下所示：

```
Switch#
Switch#configure terminal
Switch(config)#

Switch(config)#vlan 10
Switch(config-vlan)# name department1        ! 给 VLAN 1 取名为 department1
Switch(config-vlan)#Exit
Switch(config)#

Switch(config)# vlan 20
Switch(config-vlan)# name department2        ! 给 VLAN 2 取名为 department2
Switch(config-vlan)#end
Switch#show vlan
```

```
...                                              ! 配置交换机，将端口分配到 VLAN
Switch(config-if)# interface FastEthernet 0/5    ! 进入 Fa 0/5 端口配置
Switch (config-if)# switchport mode access       ! 将 Fa0/5 设置为 access 模式
Switch(config-if)# switchport access vlan 10     ! 将 Fa 0/5 端口加入 vlan 10
Switch(config-if)#no shutdown
Switch(config-if)#Exit
Switch(config)#

Switch(config)#interface fastethernet 0/15       ! 进入 Fa 0/15 端口配置

Switch (config-if)# switchport mode access        ! 将 Fa0/15 设置为 access 模式

Switch(config-if)# switchport access vlan 20      ! 将 Fa 0/15 端口加入 vlan 20
Switch(config-if)#no shutdown
Switch(config-if)#end
Switch#show vlan
```

之后，我们可以在设备 PC1 上执行 ping 命令测试网络连通性。如果配置正确，这两台 PC 机应处于互相不连通的状态。可见 VLAN 已经发挥了作用，它使与同一交换机相联的设备之间互相隔离。

交换机一般支持对多个端口同时进行一种操作，如将多个端口加到 VLAN 中。举例如下：

```
Switch(config)#interface range Fa0/1, Fa0/3, Fa0/5    ! 对端口 1、3、5 进行配置
Switch(config-if-range)#exit
Switch(config)#interface range Fa0/10 - 20            ! 对端口 Fa0/10 ～ Fa0/20 进
                                                        行配置
Switch(config-if-range)#

Switch(config-if-range)#switchport mode access        ! 将 Fa0/10 ～ Fa0/20 设置为
                                                        access 模式

Switch(config-if-range)#switchport access vlan 20     ! 将 Fa0/10 ～ Fa0/20 端口加
                                                        入 vlan 20
Switch(config-if-range)#no shutdown
Switch(config-if-range)#end
Switch#show vlan
```

3.4.2　配置连接跨越多台交换机的 VLAN 干道

上面的例子讲解了通过一台交换机配置多个 VLAN 的方法，在实践中，有时多个 VLAN 可能要跨越多台交换机实现（如图 3-12 所示），这时可以使用交换机的干道（trunk）技术，跨交换机实现 VLAN。只是配置成 Trunk 模式的交换机端口不再隶属于某个 VLAN，而是用于承载所有 VLAN 之间的数据帧。

IEEE 802 委员会定义的 802.1Q 协议定义了同一 VLAN 跨交换机通信桥接的规则以及正确标识 VLAN 的帧格式。在如图 3-13 所示的 802.1Q 帧格式中，使用了 4 字节的标记首部来定义标记（tag）。Tag 中包括 2 字节的 VPID（VLAN Protocol Identifier VLAN 协议标识符）和 2 字节的 VCI（VLAN Control Information，VLAN 控制信息）。其中 VPID 为 0x8100，它标识了该数据帧承载 IEEE 802.1Q 的 Tag 信息；VCI 包含 3 比特用户优先级、1 比特规范格式指示（Canonical Format Indicator，CFT），默认值为 0（表示以太网）和 12 比特的 VLAN 标识符（VLAN Identifier，VID）。基于 802.1Q tag VLAN 用 VID 来划分不同 VLAN，当数

据帧通过交换机的时候，交换机会根据数据帧中 tag 的 VID 信息，来识别它们所在的 VLAN（若帧中无 Tag 头，则应用帧通过端口的默认 VID 来识别它们所在的 VLAN）。这使得所有属于该 VLAN 的数据帧，不管是单播帧、组播帧还是广播帧，都将被限制在该逻辑 VLAN 中传输。

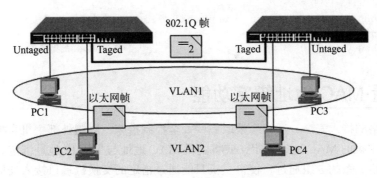

图 3-12　Tag VLAN 工作示意图

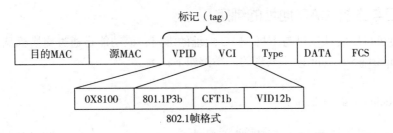

图 3-13　IEEE802.1Q 帧格式

交换机端口分为两种类型：接入端口（untaged）和干道端口（taged）。两台交换机上分别有一部分划分属于 VLAN1（如 PC1 和 PC3），另一部分属于 VLAN2（如 PC2 和 PC4），它们之间通过 Trunk 端口相联，如图 3-12 所示。现在以 PC2 和 PC4 通信为例，PC2 连接的交换机端口接收 PC2 发出的数据帧，根据接收数据帧的目的 MAC 地址，查找转发表中记录，由 Trunk 端口转发到 PC4 所连接的交换机。当然，如果转发表中没有 PC4 的 MAC 地址记录，就会向所有可能的目的端口洪泛（Trunk 口和 VLAN 2 的所有成员端口），因此一定会跨交换机转发该信息帧。由于这两台交换机配置了 Trunk 模式，左边的发送交换机会根据 PC2 端口的 VLAN 成员身份，为数据帧打上 VLAN2 的 VLAN ID 标记，以 802.1Q 帧格式发送。右边的接收交换机会根据接收的 802.1Q 帧所标记的 VLAN ID 在 VLAN2 成员端口中找到 PC4，从而实现 PC2 和 PC4 的通信。

实现跨交换机的 VLAN 使得网络管理的逻辑结构可以不受实际物理连接的限制，提高了组网的灵活性。在 VLAN 配置中，使用 "switchport mode" 命令来指定一个端口为接入端口（access port）或者为干道端口（trunk port）。使用该命令的 "no" 选项将该端口的模式恢复为默认值（access）。

在接口模式下，"switch mode" 命令的语法格式为 "switchport mode {access | trunk}" 和 "no switchport mode"。

如果一个接口模式是 "access"，则该端口只能为一个 VLAN 的成员。可以使用 "switchport" 命令指定该端口的模式是 "trunk"，使该端口属于多个 VLAN 成员，这种配置称为 tag VLAN。Trunk 端口默认可以传输本交换机支持的所有 VLAN（1 ～ 4094）。下面显示了配置连接跨越多台交换机的 VLAN 干道的一个例子。

```
Switch #
Switch #configure terminal
Switch (config)# interface FastEthernet 0/1        ！进入 Fa0/1 端口配置模式

Switch (config-if)# switchport mode trunk！将 Fa0/1 设置为 Trunk 模式
Switch(config-if)#end
Switch# show vlan                                  ！查看 VLAN 配置信息
```

3.5 配置 MAC 地址绑定功能

为保障网络的接入安全，通常会采取一些安全控制措施，限制外部主机直接接入。如将交换机端口与主机的 MAC 地址绑定，或将主机 MAC 地址与主机 IP 地址绑定。交换机仅允许那些符合绑定关系的分组通过，使得主机只能通过指定的交换机端口接入局域网，从而大大提高了网络的安全性。下面我们通过示例来学习这两种方法。

3.5.1 端口与主机 MAC 地址的绑定

二层交换机可以实现端口与主机 MAC 地址的绑定，该功能是通过交换机端口安全性操作命令 switchport port-security 来实现的。举例如下：

```
Switch#
Switch #configure terminal

Switch (config)# interface FastEthernet 0/5              ！进入 Fa0/5 端口配置模式

Switch(config-if)#switchport mode access                 ！设置端口工作模式为 access
Switch(config-if)#switchport port-security max 1！限制 mac 地址数为 1
Switch(config-if)#switchport port-security violation shutdown！违例即关闭端口
Switch(config-if)#switchport port-security mac-address 00a0.b0c0.d0e0！绑定 mac 地址
Switch(config-if)#end
Switch#
```

若要取消相应的绑定操作，只需执行相应的 no 命令即可。

为获得各主机的 MAC 地址，可以在主机命令提示符窗口中执行 ipconfig /all 命令得到，也可在交换机上执行 show 命令得到。前提是所有主机都与交换机相连，并处于开机状态。在交换机上查看 MAC 地址的命令如下：

```
Switch#
Switch#show mac-address-table
```

3.5.2 主机 IP 地址与 MAC 地址的绑定

为避免 MAC 地址合法的主机使用自行定义的 IP 地址，可以将 MAC 地址与 IP 地址绑定，或将端口与 IP 地址绑定。注意，此功能仅能在三层交换机上实现。操作过程举例如下：

```
！方法 1：配置静态 ARP 表，将网段内所有 IP 地址都与 MAC 地址进行映射，未使用的 IP 地址可以与
0000.0000.0000 建立映射。
Switch#
Switch #configure terminal
Switch (config)#
```

```
Switch (config)#arp 192.9.201.2   00a0.b0c0.d0e0   arpa
Switch (config)#arp 192.9.201.3   00a0.b0c0.d0e1   arpa
...
Switch (config)#arp  x.x.x.x        0000.0000.0000   arpa

! 方法 2：将 IP 地址与端口绑定，但有些交换机软件版本不支持
Switch#
Switch #configure terminal
Switch (config)#
Switch (config)# interface  FastEthernet0/5        ! 进入端口 Fa0/5
Switch(config-if)# ip access-group 6 in            ! 将访问列表 6 应用于该端口（输入）
Switch(config-if)#exit
Switch (config)#access-list 6 permit 192.9.201.2 ! 设置 ACL 6 允许的 IP 地址
```

3.6　配置广播抑制功能

在小型局域网中，约有几十台 PC，一般不使用路由器或三层交换机进行子网划分。由于局域网不抑制广播分组，一旦出现不当软件或网络病毒爆发，将在局域网中出现广播分组急剧增加的现象（即广播风暴），使得局域网不可用。为了避免广播风暴，交换机提供了抑制广播功能。抑制单个端口或多个端口的广播功能的配置举例如下：

```
Switch#
Switch #configure terminal
Switch (config)#
Switch (config)# interface  FastEthernet0/5        ! 进入端口 Fa0/5
Switch(config-if)#storm-control broadcast level 35.5  ! 将该端口广播流量限制为 35.5%
Switch(config-if)#end
Switch #show show storm-control Fa0/5               ! 察看端口 Fa0/5 广播抑制信息
```

通过配置生成树功能，也可从网络结构上降低广播风暴发生的风险。

3.7　配置交换机的生成树功能

在局域网中，有时为了提高网络连接可靠性，或因为网络铺设的无序，可能会出现链路环路。网络中的这种链路环路会引发广播风暴、多重帧复制以及 MAC 地址表不稳定等严重后果。

交换机在接收广播帧时将进行洪泛转发，如果网络中存在桥接环路，就会导致广播帧不断增长，从而形成广播风暴，进而导致网络拥塞，使正常通信无法进行（参见图 3-14）。

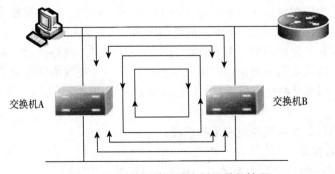

图 3-14　桥接环路导致广播风暴的情况

当交换机接收到不确定单播帧（即 MAC 地址表中没有该帧的目的地址）时，将执行洪泛操作，这使得该帧经过环路传输时，一个单播帧被复制为多个相同的帧。在图 3-15 中，主机 X 发出目的地址为 Y 的单播帧，如果交换机 A 的 MAC 地址表中没有 Y 的地址记录，该帧会被交换机 A 下侧端口转发至交换机 B，再转发给 Y。这样，Y 将会接收到多个来自 X 的复制帧。多重帧的复制会浪费有限的网络带宽。

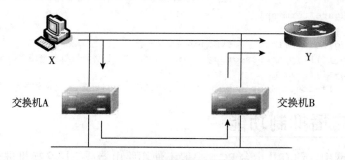

图 3-15 多重帧的复制的情况

如果交换机从不同的端口收到同一个帧，它的 MAC 表将会不断更新，使得该表变得不稳定。在图 3-16 所示网络中，主机 X 向路由器 Y 发出一个帧。两台交换机都在端口 0 收到该帧，并建立起端口 0 与主机 X 的 MAC 表对应记录。如果路由器地址未知，两台交换机就会以洪泛的方式从端口 1 发出该帧，这样它们就会在端口 1 再次接收到该帧，并且将主机 X 的 MAC 地址再次与端口 1 关联，并刷新 MAC 地址记录。这种循环往复的过程将使交换机的 MAC 地址表将变得不稳定，从而严重影响网络的性能。

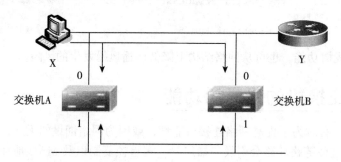

图 3-16 MAC 表不稳定的情况

既然 LAN 中通过交换机的链路冗余在物理上不可避免，我们能否考虑让交换机运行一种协议，使得物理上存在冗余链路的 LAN 在逻辑上变得没有冗余链路呢？答案是肯定的。这种解决方案就是生成树协议（Spanning Tree Protocol，STP）。STP 最初是由美国数字设备公司（DEC）开发的，后经 IEEE 修改并最终制定为 IEEE 802.1D 标准。STP 协议的主要思想是，当网络中存在备份链路时，只允许激活主链路，如果主链路失效，备份链路才会被打开。STP 协议的本质就是利用图论中的生成树算法，在不改变网络的物理结构的情况下，从逻辑上切断环路，阻塞某些交换机端口，以解决环路所造成的严重后果（2.3.2 节讨论过这个问题）。

运行了 STP 以后，交换机将具有下列功能：

1）发现环路的存在。

2）将冗余链路中的一个设为主链路，其他链路设为备用链路。

3）只通过主链路交换流量。

4）定期检查链路的状况。

5）如果主链路发生故障，将流量切换到备用链路。

交换机默认在 VLAN 1 中打开了生成树协议，默认的生成树模式为 pvst（PVST+），可选的模式包括：pvst（PVST+）、mst（MSTP 和 RSTP）、rapid-pvst（rapid PVST+）。可通过模式命令修改生成树模式，示例如下：

```
SwitchA# configure terminal
SwitchA(config)# spanning-tree mode  mst          ! 设置生成树模式为 mst
SwitchA(config)#inteface Fa0/15
SwitchA(config-if)# spanning-tree link-type point-to-point
! 设置口链路类型为 point-to-point
SwitchA(config)# end

! 若要关闭生成树功能，可执行如下命令
SwitchA# configure terminal
SwitchA(config)# no spanning-tree vlan 1          ! 关闭 VLAN1 的生成树
SwitchA(config)#spanning-tree vlan 1              ! 重新允许 VLAN1 的生成树
SwitchA(config)# end

! 若要查看生成树状态，可执行如下命令
SwitchA#show spanning-tree summary               ! 显示生成树摘要
SwitchA#show spanning-tree detail                ! 显示生成树详细信息
SwitchA#show spanning-tree active                ! 显示活动端口上的信息
SwitchA#show spanning-tree interface Fa0/15      ! 显示 Fa0/15 上的生成树配置
SwitchA#show spanning-tree vlan 1                ! 显示 VLAN 1 的生成树配置
```

接下来要设置交换机优先级。每个活动 VLAN 都有一棵独立的生成树，因此需要为 VLAN 配置根交换机。命令如下：

```
! 下列命令将交换机设置为主根交换机
Switch# configure terminal
Switch(config)#spanning-tree vlan vlan-id root primary[diameter net-diameter
[hello-time seconds]]                    ! net-diameter=2~7
                                         ! seconds=1~10
! 下列命令将交换机设置为第二根交换机
Switch# configure terminal
Switch(config)#spanning-tree vlan vlan-id root secondary [diameter net-diameter
[hello-time seconds]]                    ! net-diameter=2~7
                                         ! seconds=1~10

"Switch# configure terminal"
```

交换机端口优先级值也具有优先级，值为 0~240，以 16 为增量，默认为 128，值越小则优先级越高。有效值分别是：0, 16, 32, 48, 64, 80, 96,112, 128, 144, 160, 176, 192, 208, 224, 240。

配置交换机端口优先级可以使用如下命令：

```
Switch# configure terminal
Switch(config)#interface interface-id            ! interface-id 为端口标识
Switch(config-if)#spanning-tree port-priority priority   ! priority 为优先级值
Switch(config-if)#spanning-tree vlan vlan-id port-priority priority ! vlan-id 为
VLAN 标识
    ...
```

除了配置端口优先级，还可以配置端口的路径损耗，命令如下：

```
Switch# configure terminal
Switch(config)#interface interface-id              ! interface-id 为端口标识
Switch(config-if)#spanning-tree cost cost          ! cost 为 1~200000000
Switch(config-if)#spanning-tree vlan vlan-id cost cost  ! vlan-id 为 VLAN 标识
...
```

也可以配置某个 VLAN 的交换机优先级，命令如下：

```
Switch# configure terminal
Switch(config)#spanning-tree vlan vlan-id priority priority  ! vlan-id 为 VLAN 标识
! 这里的 priority：0~61440, 以 4096 为增量，缺省值 32768, 有效值分别是：0,4096, 8192,
12288, 16384,20480, 24576, 28672, 32768, 36864, 40960, 45056,49152, 53248, 57344,
61440。
...
```

STP 协议解决了在出现 LAN 链路冗余时如何自动消除链路环路的问题，而当网络拓扑发生改变时，新的桥接协议数据单元数据帧（Bridge Protocol Data Unit，BPDU）要经过一定的时延才能传播到整个网络，这个时延称为转发时延，协议默认值为 15 秒。在所有交换机收到这个变化的消息之前，若在旧的拓扑结构中处于转发状态的端口还没有发现自己在新的拓扑中就停止转发，则这时可能存在临时环路。

如图 3-17 所示，在默认状态下，BPDU 的报文周期为 2 秒，最大保留时间为 20 秒，端口状态改变（由侦听到学习，由学习到转发）的时间为 15 秒。当网络拓扑改变后，STP 要经过一定的时间（默认为 50 秒）才能够稳定（网络稳定是指所有端口或者进入转发状态或者进入阻塞状态）。IEEE 802.1w 在 IEEE 802.1d 的基础上做了重要改进，使得收敛速度大幅提高（最快 1 秒以内），因此 IEEE 802.1w 又称为快速生成树协议（Rapid Spanning Tree Protocol，RSTP）。

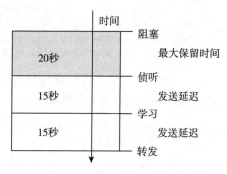

图 3-17　生成树性能的 3 个计时器

也可以配置生成树的计时器。计时器类型包括：Hello 计时器、Forward-delay 计时器、Maximum-age 计时器。命令格式如下：

```
Switch# configure terminal
Switch(config)#spanning-tree vlan vlan-id hello-time seconds  ! seconds=1~10,
Hello 计时器
Switch(config)#spanning-tree vlan vlan-id forward-time seconds  ! seconds=4~30, 转
发时延计时器
Switch(config)#spanning-tree vlan vlan-id max-age seconds  ! seconds=6~40, 最大年龄
计时器
```

RSTP 向下兼容 STP 协议，网络收敛速度更快。RSTP 的重要技术改进包括：

1）为根端口和指定端口设置快速切换替换端口（alternate port）和备份端口（backup port），在根端口/指定端口失效的情况下，替换端口/备份端口可以无时延地进入转发状态，而无须等待两倍延迟时间。

2）在两个交换端口的点对点链路中，指定端口与下游交换机进行一次握手，就可以无时延地进入转发状态。

3）直接与终端计算机相联的端口被配置为边缘端口（edge port），边缘端口可以直接进

入转发状态而不需要任何时延。

3.8 配置交换机端口聚合功能

对于客户 / 服务器模式的应用，如果大量用户通过局域网交换机访问同一台服务器，而这台服务器仅使用了一条普通的链路与交换机相联，那就会使交换机毫无优势可言。这时可以通过链路聚合技术（也称端口聚合）将多条链路的能力捆绑到一起，从而大大提高用户访问服务器的速度。

IEEE 802.3ad 链路聚合控制协议（Link Aggregation Control Protocol，LACP）定义了将两条以上以太网链路组合起来为高带宽网络连接提供负载共享、负载平衡以及更好的弹性。这种方法的思想是在交换机上把多个物理端口的链路捆绑在一起，形成单一的逻辑连接，这个逻辑连接称为聚合端口（aggregate port）。聚合端口可以把多个端口的带宽叠加起来使用，

比如全双工快速以太网端口形成的聚合端口的带宽最多可以达到 800 Mbps，或者千兆以太网端口形成的聚合端口的带宽最多可以达到 8 Gbps。如图 3-18 所示，端口聚合可以帮助用户减少来自主干网络带宽的压力，同时链路聚合标准在点到点链路上提供了固有的、自动的冗余性，保证了网络的可靠性。聚合端口能够根据报文的 MAC 地址或 IP 地址进行流量平衡，即把流量平均地分配到聚合端口的成员链路中去。流量平衡可以根据源 MAC 地址、目的 MAC 地址或源 IP 地址 / 目的 IP 地址对实现。

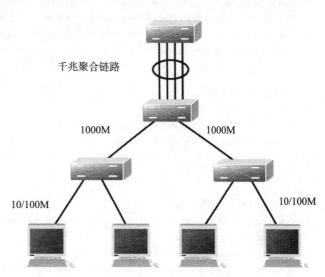

千兆聚合链路

1000M   1000M

10/100M   10/100M

图 3-18 交换机端口的聚合

注意，在进行配置聚合端口实验时，交换机的最大聚合端口数是有限制的（例如，思科交换机最大聚合端口数是 8）。同时还要注意，聚合的端口的速度必须一致；聚合的端口必须属于同一个 VLAN（如果有的话）；聚合的端口使用的传输介质相同；聚合的端口必须属于网络的同一层次，并与聚合端口也要在同一层次。虽然配置聚合端口有诸多约束，但配置后的聚合端口可以像普通的端口一样接受管理和使用。

1. 配置聚合端口

配置聚合端口基本命令的过程如下所示。对于二层交换机，使用 channel-group 端口配置命令来聚合逻辑端口；对于三层交换机，使用 interface port-channel 命令来创建聚合逻辑端口。

```
! 配置二层聚合端口
Switch#configure terminal
Switch(config)# interface interface-id              ! 设置端口，可同时 8 个端口
Switch(config-if)#switchport mode {access | trunk}  ! 设置接口模式为 access 或 trunk
Switch(config-if)#switchport access vlan vlan-id    ! 加到同一 VLAN
Switch(config-if)#channel-group channel-group-number mode {auto [non-silent] |
```

```
desirable [non-silent] | on} | {active | passive}          ! 将端口加到 channel-group
                                                           ! channel-group-number=1~12
    Switch(config-if)#end
```

! 以下示例将 VLAN10 中的 2 个千兆口作为静态口加入到逻辑端口 5 中，汇聚口采用 PAgP 模式为 desirable

```
    Switch# configure terminal
    Switch(config)# interface range gigabitethernet0/1 -2
    Switch(config-if-range)# switchport mode access
    Switch(config-if-range)# switchport access vlan 10
    Switch(config-if-range)# channel-group 5 mode desirable non-silent
    Switch(config-if-range)# end
```

! 以下示例将 VLAN10 中的 2 个千兆口作为静态口加入到逻辑端口 5 中，汇聚口采用 LACP 模式为 active

```
    Switch# configure terminal
    Switch(config)# interface range gigabitethernet0/1 -2
    Switch(config-if-range)# switchport mode access
    Switch(config-if-range)# switchport access vlan 10
    Switch(config-if-range)# channel-group 5 mode active
    Switch(config-if-range)# end
```

! 配置三层聚合端口

```
    Switch# configure terminal
    Switch(config)# interface port-channel 5                    ! 创建逻辑端口 5
    Switch(config-if)# no switchport
    Switch(config-if)# ip address 172.10.20.10 255.255.255.0 ! 设置逻辑端口 5 的 IP
    Switch(config-if)# end

    Switch# configure terminal
    Switch(config)# interface range gigabitethernet0/1 -2       ! 准备将 Fa0/1,Fa0/2 加入
    Switch(config-if-range)# no ip address
    Switch(config-if-range)# no switchport
    Switch(config-if-range)# channel-group 5 mode active        ! 汇聚口采用 LACP 模式为
                                                                  active
    Switch(config-if-range)# end
```

2. 配置聚合端口的负载平衡

聚合端口默认的流量平衡方式是根据输入报文的源或目的地址进行流量分配的。命令格式如下：

```
    Switch# configure terminal
    Switch(config)#port-channel load-balance {dst-ip | dst-mac | src-dst-ip | src-
dst-mac | src-ip | src-mac}
    Switch(config)#end

    Switch#show etherchannel load-balance              ! 查看聚合端口的负载平衡
```

3.9 配置三层交换机

在 2.5.1 节中已经介绍过，三层交换机能够实现同一场点的信息在不同子网之间的高速传输，它同时具有二层交换机和三层路由器的优点。在本节中，我们将通过一个实例简要介

绍配置三层交换机的方法。

在二层交换机组成的网络中，用 VLAN 技术能够隔离网络流量，但不同的 VLAN 间是不能相互通信的。如果要实现 VLAN 间的通信，则必须借助三层交换机的路由功能（当然也能够使用路由器来实现该功能）。要用三层交换机实现 VLAN 间的路由，可以通过开启三层交换机交换机虚拟端口（Switch Virtual Interface，SVI）的方法实现。在如图 3-19 所示的拓扑结构中，在每台二层交换机上都分别划分 VLAN 10 和 VLAN 20，VLAN 10 中 PC1 的 IP 地址为 192.168.1.1；VLAN20 中 PC2 的 IP 地址为 192.168.2.1。那么怎样使用三层交换机实现不同 VLAN 之间的互访呢？具体实现方法是：首先在三层交换机上创建各个 VLAN 的 SVI，并设置 IP 地址；然后将所有 VLAN 连接主机的网关指向该 SVI 的 IP 地址即可。

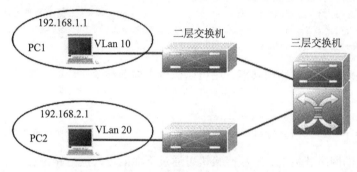

图 3-19　基于三层交换机的 VLAN 间通信

具体操作过程是，使用前面介绍的配置二层交换机的相关命令，在三层交换机上划分 VLAN 10 和 VLAN 20，并设置其 IP 地址分别为 192.168.1.10 和 192.168.2.10；然后将二层交换机的 VLAN 10 里的 PC1 网关设为 192.168.1.10，VLAN 20 里的 PC2 网关设为 192.168.2.10。这样就可利用三层交换机的 SVI 来实现不同虚拟网络间的通信了，如图 3-20 所示。

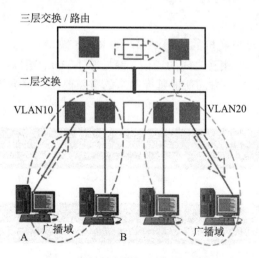

图 3-20　三层交换 VLAN 间路由

在三层交换机中配置 SVI 的方法是，通过全局配置命令 "interface vlan *vlan-id*" 来创建一个关联 VLAN 的虚拟网络端口，并可以为该 SVI 虚拟端口配置 IP 地址。例如：

```
Switch#configure terminal
Switch(config)# interface vlan 10
Switch(config-if)# ip address 192.168.1.1.255 255.255.0
Switch(config-if)# no shutdown
Switch(config-if)#exit
Switch(config)#
```

此外，三层交换机还具有选路功能，每一个物理端口还可以是一个选路端口，用于连接一个子网络。三层交换机物理端口默认是交换端口，如果需要则开启选路端口。在三层交换机中开启路由功能的配置命令为：

```
Switch#configure terminal
Switch(config)# interface FastEthernet 0/5
Switch(config-if)# no switchport                          ! 开启物理端口 Fa0/5 的路由功能
Switch(config-if)# ip address 192.168.1.1 255.255.255.0 ! 配置端口 F a0/5 的 IP 地址
Switch(config-if)# no shutdown
```

如果需要关闭物理端口路由功能，则可以执行下面的命令：

```
Switch#configure terminal
Switch(config)# interface FastEthernet 0/5
Switch(config-if)# switchport                             ! 把该端口还原为交换端口
```

在较大规模的网络环境中，三层交换机可通过下面的方式进行路由：
- ❏ 使用默认路由或预先设置的静态路由。
- ❏ 使用动态路由协议生成的路由。

在三层交换机中配置路由和在路由器中配置路由没有区别，在配置时只需启用该设备的路由功能即可。我们将在第 6 章中详细介绍路由器的配置方法。

3.10 交换机间的连接

3.10.1 交换机级联

所谓级联是指在两台交换机的普通端口（如 RJ-45 端口）之间连接网线（RJ-45 网线），将交换机连接在一起，实现相互之间的通信（参见图 3-21）。级联一方面可以解决一台交换机端口数量不足的问题，另一方面能够延伸网络的覆盖范围，解决单段网线传输距离有限的问题。

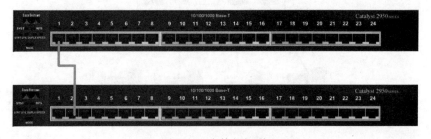

图 3-21　交换机级联

在实践中，交换机级联的层次不宜过多。但对最多级联几个层次并没有明确限制，一般认为不要超过 5 层。这可以根据实际需要和可用的原则来确定。图 3-22 给出了一个具有 3

个层次的用交换机互联的网络拓扑，有时这种结构可以级联几十台交换机，连接上百台 PC
机入网。

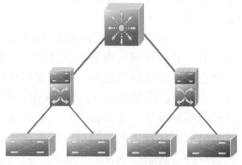

交换机的级联又分为以下两种：通过普通端
口级联和级联端口的级联。有些交换机配有专门
的级联（UpLink）端口（参见图 3-23），可采用直
连 RJ-45 双绞线从该端口连接至其他交换机上除
"Uplink 端口"外任意端口。这种连接方式跟计
算机与交换机之间的连接方式完全相同。

如果某交换机没有专门的级联端口，则可通
过交叉线（而不是直通线）将交换机以太端口直
接相连来实现级联（参见图 3-24）。但如果有专
门的级联端口，则最好利用它，因为级联端口的带宽通常比普通 RJ-45 以太端口要宽，这样
级联后会有更好的性能。不过，随着硬件技术的进步，级联端口与普通端口的区别正在消
失。以目前普遍采用的自适应端口识别技术为例，无论用户采用交叉线或是直连线，两台交
换机之间都能自动适应并实现通信。

图 3-22　交换机的多层次级联

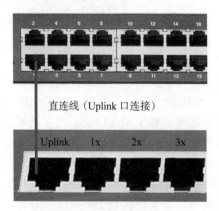

直连线（Uplink 口连接）

图 3-23　Uplink 端口级联

交叉线（普通以太口）

图 3-24　普通端口级联

3.10.2　交换机堆叠

小型 LAN 可使用具有 24 端口或 48 端口的 100Mbps 速率的以太网交换机互联几十台
PC 机。图 3-25 显示了一台具有 24 端口的二层交换机。当网络规模扩大时，如要在一个实
验室连接 100 台 PC 机时，交换机就需要具有高密度的端口数量，这时再采用上述端口固定
的交换机进行级联，性能就不够理想。于是，交换机堆叠技术应运而生，它通过专用的堆
叠模块，使用专用的堆叠线缆连接几台交换机，不仅成倍地提高了网络接入端口密度，而
且保证了该交换机集合具有较高的性能。被堆叠的多个交换机称为一个交换机集群（switch
cluster），逻辑上相当于一台交换机。

图 3-25　二层交换机 Catalyst 2950

由于堆叠是把交换机的背板带宽通过专用模块聚集在一起，使堆叠交换机的总背板带宽

是几台堆叠交换机的背板带宽之和，因此能够将堆叠交换机集合作为一个整体进行管理。注意，不是所有的交换机都可以堆叠，只有可管理的、模块化的特定交换机才具有堆叠管理功能（参见图3-26）。

此外，还必须对堆叠模块（参见图3-27）进行配置，并使用专用的堆叠电缆（参见图3-28）进行连接。堆叠的交换机通常放在同一地点，连接电缆也较短，所以交换机堆叠的目的主要是扩充交换端口，而不是扩展距离的。一般能够堆叠4～8台交换机，在大型网络中对端口需求比较大的情况下，堆叠是扩展交换机端口的一种快捷和便利的方式。同时，堆叠后的带宽是单一交换机端口速率的几十倍。

图3-26　具有堆叠模块的交换机

图3-27　交换机的堆叠模块

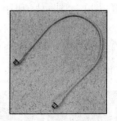

图3-28　堆叠线缆

目前流行的堆叠模式主要有两种：菊花链模式和星型模式。菊花链堆叠是一种基于级联结构的堆叠技术，通过堆叠端口或模块首尾相联，如图3-29所示，这种模式对交换机硬件没有特殊的要求，但就交换效率来说，它同交换机级联模式处于同一层次。菊花链堆叠形成的环路可以在一定程度上实现冗余。采用菊花链堆叠的交换机要求是同品牌产品，堆叠层数不应超过四层。若堆叠层数较多，堆叠端口会产生严重的性能瓶颈，因为任何两台成员交换机之间的数据交换都需绕环一周，经过所有交换机的交换端口，所以这时它的效率很低。

星型堆叠技术是一种高级堆叠技术。对交换机而言，需要提供一个独立的或者集成的高速交换中心（堆叠中心），所有的堆叠主机都通过专用的高速堆叠端口，也可以是通用的高速端口，上行到统一的堆叠中心。堆叠中心通常是一个基于专用ASIC的硬件交换单元，根据其交换容量，带宽一般在10～32Gbps之间，其ASIC交换容量限制了堆叠的层数。星型堆叠需要一个主交换机，其他是从交换机。每台从交换机都通过堆叠端口或模块与主交换机相联，如图3-30所示，这种方式要求主交换机的交换容量（背板带宽）比从交换机的交换容量大。星型堆叠模式克服了菊花链堆叠中多层次转发的高时延影响，但需要提供高带宽堆叠中心，成本较高。而且，堆叠中心端口一般不具有通用性，无论是堆叠中心还是成员交换机的堆叠端口，都不能用来连接其他网络设备。使用高可靠、高性能的堆叠中心芯片是星型堆叠的关键。一般的堆叠电缆带宽都在2～2.5Gbps之间（双向），堆叠电缆长度一般不超过2m，所以在星型堆叠模式下，所有的交换机需要放在一个机架之内。

采用思科交换机进行堆叠时，其中一台作为主交换机（command switch），其他的交换机作为从交换机（member switch）。参与堆叠的交换机需要的软件版本相同，主交换机与从交换机的型号可以不同，但从交换机最好采用相同型号。一般来说，可以采用Catalyst 3560或Catalyst 3750作为主交换机。作为主交换机的条件是：软件版本为Cisco IOS Release 12.1（19）EA1或以上，具有IP地址，运行思科的设备发现协议CDP V2。需要注意的是，

Catalyst 3750 系列使用 StackWise 技术，与采用其他型号交换机做堆叠有所不同，需要专用堆叠线缆（产品自带），且 Catalyst 3750 不能与 Catalyst 3550 进行堆叠。

图 3-29　菊花链堆叠的情况

图 3-30　星型堆叠的情况

一般的交换机堆叠连接方式如图 3-31 所示。

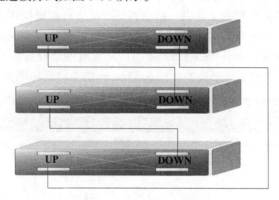
图 3-31　三台交换机的堆叠连接

用思科交换机进行堆叠时将硬件连接好即可，一般无须在软件上进行特殊配置。当然，也可以先进行一些简单配置，如 IP 地址、优先级等。

例如，进行 3 个 Catalyst 3750 的堆叠时，需执行如下命令：

```
! 查看交换机堆叠信息
Switch#show cluster members                    ! 显示从交换机编号
Switch# rcommand 3                             ! 登录到 3 号从交换机

Switch#show platform stack-manager all         ! 显示所有交换机堆叠的信息
Switch#show switch                             ! 显示堆叠交换机的汇总信息
Switch#show switch 1                           ! 显示 1 号交换机的信息
Switch#show switch detail                      ! 显示堆叠成员明细信息
Switch#show switch neighbors                   ! 显示堆叠邻居的完整信息
Switch#show switch stack-ports                 ! 显示堆叠交换机的完整端口信息
```

综上所述，在多交换机的局域网环境中，交换机的级联、堆叠是两种重要的技术。级联技术可以实现多台交换机之间的互连；堆叠技术可以将多台交换机组成一个单元，提高端口密度并实现更高的性能。而集群技术可以将相互连接的多台交换机作为一个逻辑设备进行管理，从而大大降低网络管理成本，简化管理操作。

3.11 网络工程案例教学

3.11.1 使用思科网络模拟器 PacketTracer

【网络工程案例教学指导】

案例教学要求：

掌握思科网络模拟器 PacketTracer 的使用方法。

案例教学环境：

PC 机 1 台，Packet.Tracer5.3d 软件 1 套

设计要点：

设计一个简单网络，其中包含 1 台交换机、2 台 PC 机，PC 机与交换机相连，为每个设备配置 IP 地址，为交换机进行基本配置，从 PC 机上相互执行 ping 命令进行测试。

（1）需求分析和设计考虑

PacketTracer 是思科公司开发的一款用于学习思科网络产品的模拟器。基于该模拟器，学习者可以对思科的多种类型的交换机、路由器等产品进行配置操作，理解网络协议工作过程，并可以根据设计的网络方案构建成一个大型网络。此外，成功的配置命令可以直接用于实际设备，大大节省配置时间。PacketTracer 为许多没有网络设备可用的人提供了动手配置网络设备的机会，大大节约了培训成本。PacketTracer 的主界面如图 3-32 所示。

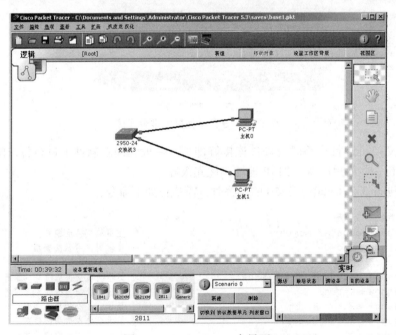

图 3-32 PacketTracer 主界面

设计提示 没有配置过网络设备硬件的人，有时难以理解像 PacketTracer 这样的工具的用途，也难以发挥其优势。为此，建议采用一种称为"**硬软结合实验法**"的实验模式。也就是说，先让学习者直接配置网络设备硬件，观察其端口、配置界面和指令；然后，再让其使用该模拟器软件，使学习者确信这两者的配置界面和指令是一致的。从而能以经济的手段取得较好的教学效果。无论如何，实验中必须配置适量的（而不是大量的）

网络设备硬件。

本案例构建一个具有两台主机的简单网络，它们通过一台交换机互联，并对交换机进行基本配置。交换机采用 Catalyst 2950，配置参数如下：

❑ 交换机名字：Cisco2950
❑ 交换机 IP：192.9.201.254
❑ Telnet 口令：student
❑ Enable 口令：123456
❑ 主机 0：192.9.201.1
❑ 主机 1：192.9.201.2

在配置前后，需做检查：①在主机 0 上用 ping 命令分别测试其与交换机和主机 1 是否连通；②在主机 1 上用 ping 命令测试其与交换机和主机 0 是否连通；③在 2 台主机上分别测试通过 Telnet 能否登录到交换机。

（2）配置步骤

1）选择交换机。运行 PacketTracer 软件，进入主界面，在界面左下方点击"交换机"图标，在待选产品区域选择 2950 交换机，将其拖入到设备安放工作区（参见图 3-33）。

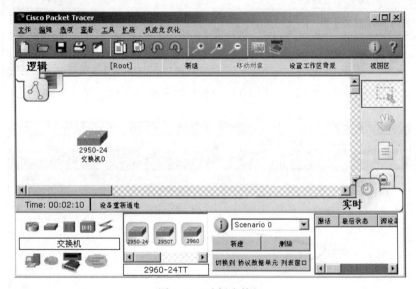

图 3-33　选择交换机

2）选择终端设备。在界面左下方点击"终端设备"图标，在待选产品区域选择 PC 机，拖放 2 台 PC 到设备安放工作区（参见图 3-34）。

3）连接 PC 到交换机。在界面左下方点击"线缆"图标，在待选产品区域选择直通线，使其一端连接交换机的 FastEthernet0/1 端口，另一端连接主机 0 的 Ethernet 口；再选一根直通线，使其一端连接交换机的 FastEthernet0/21 端口，另一端连接主机 1 的 Ethernet 口（参见图 3-35）。

4）配置交换机参数。双击设备安放区域中的交换机图标，可进入交换机管理界面，选择"命令行"操作页面，按回车键，出现"Switch>"提示符，这表明进入了交换机的命令行配置界面，如同 3.1 节中介绍的通过 PC 机超级终端进入的配置界面，如图 3-35 所示。按 3.2 节中所介绍的方法完成基本配置。

5）配置 PC 机 IP。双击设备安放区域中的主机 0 图标，可进入 PC 机管理界面，选择"配置"操作页面，可配置 PC 机的 IP 地址、MAC 地址等信息，如图 3-37 所示。对主机 1 也执行同样的操作。

图 3-34　选择终端设备

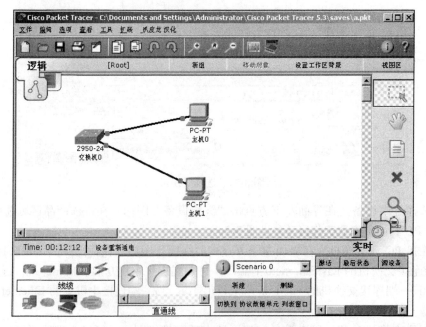

图 3-35　选择线缆连接 PC 机与交换机

6）测试网络。在 2 台主机上，分别选择"桌面"操作页面，如图 3-38 所示，再进入"命令提示符"操作界面，如图 3-39 所示，输入 ping 命令测试主机到主机、主机到交换机的

IP 连通性；再在主机 0 上输入 Telnet 命令，登录交换机，查看或更改交换机配置。

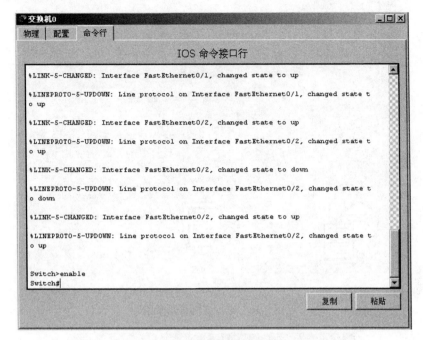

图 3-36 配置交换机参数

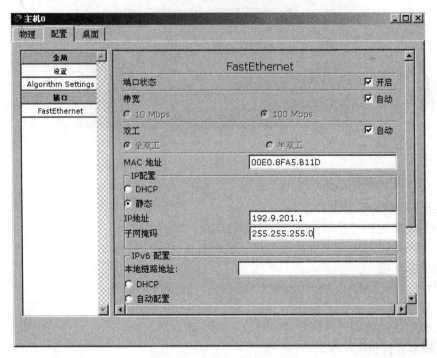

图 3-37 配置 PC 机 IP 地址

7）保存网络配置。若网络测试通过，可将构建的网络作为一个文档进行保存，以备以后再次使用该网络。在 PacketTracer 主菜单中，点击"文件"，再点击"另存为"，则输入一个文件名字，即保存了当前网络及其状态。

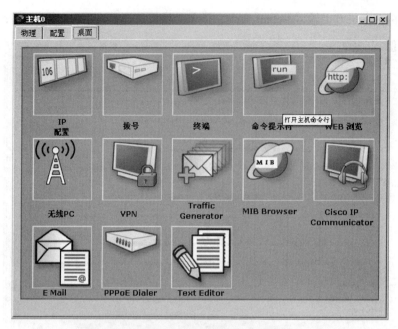

图 3-38　进行主机桌面操作

图 3-39　进入命令提示符界面

3.11.2　配置交换机生成树

【网络工程案例教学指导】

案例教学要求：

掌握生成树在局域网中所起的作用，掌握交换机生成树的配置方法。

案例教学环境：

PC 机 1 台，支持 VLAN 的二层交换机两台，RJ-45 双绞线若干。

设计要点：

将 2 台交换机通过两个通道进行连接，实现无回路通信。

（1）需求分析和设计考虑

在实际应用中，通过多个通道将交换机连接在一起可确保网络的健壮性。在本例中，需要将 2 台 Catalyst 2950 交换机同时经由两对端口连接起来，如图 3-40 所示。

由于物理上存在回路，必须通过交换机上的生成树协议，因此网络中并不存在实际回路，即 2 个连接通道同时只有 1 个能起作用。当其中一个通道失效，另一个通道能够自动检测到失效并接替它进行连接，确保了网络的健壮性。

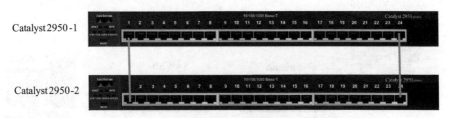

图 3-40　两台交换机同时通过 2 对端口连接

（2）配置步骤

按照 3.7 节中讲述的方法进行配置：

1）配置交换机基本信息。配置 2 台交换机的名字、IP 地址等基本信息。

2）配置生成树模式。可选的模式有三种：pvst（PVST+）、mst（MSTP 和 RSTP）、rapid-pvst（rapid PVST+），默认为 pvst。

3）配置根交换机。选择 Catalyst2950-1 作为根交换机。

4）配置端口优先级、端口的路径损耗。选定用作互联通道的端口，并配置不同的优先级。

5）配置交换机优先级（可选）。若没有配置根交换机，可通过配置交换机的优先级来确定根交换机。

6）测试所做的配置。

3.11.3　跨交换机划分虚拟局域网

【网络工程案例教学指导】

案例教学要求：

掌握跨交换机配置虚拟局域网的方法。

案例教学环境：

PC 机 3 台，支持 VLAN 的二层交换机两台，RJ-45 双绞线若干。

设计要点：

使位于同一个 VLAN 中的两台计算机能够跨交换机通信，不同 VLAN 的计算机之间不能通信。

（1）需求分析和设计考虑

图 3-41 中显示的是某大学教学楼和行政楼之间的网络安装情况。由于教师办公室分布在两座不同的大楼上，因此需要采用虚拟局域网技术，以使二座大楼中不同部门之间的网络互相隔离，同时保证处于不同大楼的教师用户能够互相通信。这种情况下，设计时需要设置 20 个不同的 VLAN，其中教师所在的虚拟局域网是 VLAN10，跨越在位于两座不同大楼的交换机上。

（2）配置步骤

1）按图 3-41 所示的工作场景连接交换机和 PC 机，连接时注意按图示端口的名称进行，否则会产生与下述过程不符的情况。注意，交换机在进行配置前，必须先进行初始化，清除原有的配置参数。

2）配置交换机 VLAN A。在交换机 Switch A 上创建 VLAN 10，并将 Fa0/5 端口划分到 VLAN 10 中。具体配置过程如下：

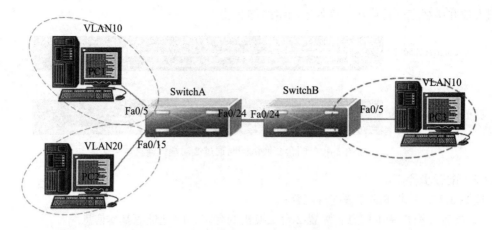

图 3-41 跨交换机 VLAN 通信的场景

```
SwitchA # configure terminal                    ！进入全局配置模式
SwitchA(config)# vlan 10                         ！创建 Vlan 10
SwitchA(config-vlan)# name sales                 ！将 Vlan 10 命名为 sales
SwitchA(config-vlan)#exit
SwitchA(config)#interface FastEthernet 0/5       ！进入端口配置模式
SwitchA(config-if)#switchport access vlan 10     ！将端口划分到 Vlan 10

SwitchA(config-if)# exit
SwitchA#show vlan id 10                           ！查看 VLAN10 信息

VLAN Name                      Status    Ports
---- ---------------------- --------- ----------------------------------
10   sales                     active    Fa0/5
...                           ！验证已创建 Vlan 10, 并将 Fa0/5 端口划分 Vlan 10
```

在交换机 Switch A 上创建 VLAN 20，并将 Fa0/15 端口划分到 VLAN 20 中。具体操作如下：

```
SwitchA # configure terminal
SwitchA(config)# vlan 20
SwitchA(config-vlan)# name technical
SwitchA(config-vlan)#exit
SwitchA(config)#interface FastEthernet 0/15
SwitchA(config-if)#switchport access vlan 20

SwitchA(config-if)# exit
SwitchA#show vlan id 20
VLAN Name                      Status    Ports
---- ---------------------- --------- ----------------------------------
20   technical                 active    Fa0/15
...                           ！验证已创建 Vlan 20, 并将 Fa0/15 端口划分到 Vlan 20
```

3）配置交换机 VLAN B。在交换机 Switch B 上创建 VLAN 10，并将 Fa0/5 端口划分到 VLAN 10 中。具体操作如下：

```
SwitchB # configure terminal
SwitchB(config)# vlan 10
SwitchB(config-vlan)# name sales
SwitchB(config-vlan)#exit
SwitchB(config)#interface FastEthernet 0/5
```

```
SwitchB(config-if)#switchport access vlan 10

SwitchB(config-if)# exit
SwitchB#show vlan id 10
VLAN  Name                    Status   Ports
----  --------------------    -------  ----------------------------------
10    sales                   active   Fa0/5
...                 ！验证在 SwitchB 创建 Vlan 10，将 0/5 端口划分到 Vlan 10
```

4）测试连通性。配置完成交换机设备的 VLAN 技术之后，从 PC1 计算机上使用 ping 测试命令，测试网络中的任意一台 PC。由于 VLAN 技术隔离，网络中的设备都处于不连通状态。

5）将 Switch A 与 Switch B 相联的端口（假设为 Fa0/24）定义为 tag vlan 模式。具体操作如下：

```
SwitchA # configure terminal
SwitchA(config)#interface FastEthernet 0/24
SwitchA(config-if)#switchport mode trunk
                                    ！将 Fa 0/24 端口设为 tag vlan 模式
SwitchA(config-if)# exit
SwitchA#show interfaces FastEthernet 0/24 switchport
Interface  Switchport    Mode     Access   Native    Protected VLAN   lists
---------- ------------  -------  -------- ------------------------------------
Fa0/24     Enabled       Trunk    1        1         Disabled     All
    ...                 ！验证 FastEthernet 0/24 端口已被设置为 tag vlan 模式
```

6）将 Switch B 与 Switch A 相联的端口（假设为 Fa0/24）定义为 tag vlan 模式。具体操作如下：

```
SwitchB # configure terminal
SwitchB(config)#interface FastEthernet 0/24
SwitchB(config-if)#switchport mode trunk

SwitchB(config-if)# exit
SwitchB#show interfaces FastEthernet 0/24 switchport

Interface  Switchport   Mode       Access   Native    Protected VLAN   lists
---------- ----------   ----------  -------- ------------------------------------
Fa0/24     Enabled      Trunk       1        1         Disabled     All
    ...                 ！验证 FastEthernet 0/24 端口已被设置为 tag vlan 模式
```

7）测试连通性。用 ping 程序验证 PC1 与 PC3 能互相通信，但 PC2 与 PC3 不能互相通信。

```
C:>ping 192.168.10.30              ！在 PC1 的命令行方式下验证能 ping 通 PC3
...
C:>ping 192.168.10.30              ！在 PC2 的命令行方式下验证不能 ping 通 PC3
...
```

3.11.4　配置三层交换机实现不同区域的网络连通

【网络工程案例教学指导】

案例教学要求：

掌握配置三层交换机的方法，以实现互相隔离某大学计算机科学技术学院不同部门网络之间连通。

案例教学环境：

PC 机 2 台；支持 VLAN 的二层交换机 2 台；三层交换机 1 台；RJ-45 双绞线若干。

设计要点：

图 3-42 显示的是某大学进行网络升级后的网络拓扑。将一台二层交换机作为部门的接入设备，为保证和核心交换机的接入速度，使用双链路方式接入到核心三层交换机上。不同部门之间的网络需要进行隔离，最后通过三层交换设备，都能访问到大学的服务器 PC3。此外，还需要启用 STP，避免由此可能形成的流量环路。

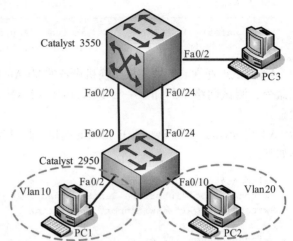

图 3-42　某大学计算机科学技术学院网络扩建项目的拓扑图

配置步骤

1）安装网络工作环境。按图 3-42 所示的网络拓扑连接设备。注意：①尽量按照拓扑图形进行设备连接，否则可能会出现与下述过程不符的情况。②不要带电连接设备。连接完成后再为设备加电，当网络设备处于稳定状态时，检查线缆指示灯状态，确保物理网络连通。③清除设备原有的配置，否则原有配置信息可能会影响本项目。

2）测试交换网络的连通性。安装好网络环境后，配置测试 PC 的网络地址（参见表 3-2）。

表 3-2　测试 PC 设备的 IP 地址

设备名称	PC1	PC2	PC3
IP 地址	172.16.1.239	172.16.1.23	172.16.1.3
子网掩码	255.255.255.0	255.255.255.0	255.255.255.0
网关	无	无	无

测试网络中任意一台设备与网络中其他设备的连通性，设备都应处于连通的状态。

3）配置二层交换机设备。在二层交换机的配置模式下，修改交换机名称为 CS2950，分别创建 VLAN10 和 VLAN20。命令如下：

```
Switch # configure terminal
Switch(config)#hostname  CS2950
CS2950(config)#vlan 10
CS2950(config-vlan)#exit
CS2950(config)#vlan 20
CS2950(config-vlan)#exit
CS2950(config)#
```

在二层交换机配置模式下，分别打开 Fa0/2 和 Fa0/10 端口，将其分别分配到新创建的 VLAN10 和 VLAN20 中。命令如下：

```
CS2950(config)#interface Fa0/2
CS2950(config-if)#switchport access vlan 10
```

```
CS2950(config-if)#no shutdown
CS2950(config-if)#exit

CS2950(config)#interface Fa0/10
CS2950(config-if)#switchport access vlan 20
CS2950(config-if)#no shutdown
CS2950(config-if)#exit
CS2950(config)#
```

在二层交换机配置模式下，使用命令查看配置的 VLAN 信息。命令如下：

```
CS2950#show vlan
VLAN    Name                        Status   Ports
------  --------------------------  -------  ------------------------
1       default                     active   Fa0/1, Fa0/3, Fa0/4, Fa0/5
                                             Fa0/6, Fa0/7, Fa0/8, Fa0/9
                                             Fa0/11, Fa0/12, Fa0/13, Fa0/14
                                             Fa0/15, Fa0/16, Fa0/17, Fa0/18
                                             Fa0/19, Fa0/20, Fa0/21, Fa0/22
                                             Fa0/23, Fa0/24, Gig1/1, Gig1/2
10      VLAN0010                    active   Fa0/2
20      VLAN0020                    active   Fa0/10
CS2950#
```

这时若测试 PC2 到 PC1 的连通性，网络将不能连通。这是因为配置的不同 VLAN，隔离了 PC 之间的通信。

4）配置三层交换机设备。如图 3-42 所示，在三层交换机配置模式下，修改交换机名称为 CS3550，分别创建虚拟的 VLAN 10 和 VLAN 20，以此作为 CS2950 交换机上 VLAN 对应的虚拟端口（SVI）。命令如下：

```
Switch#
Switch#configure terminal
Switch (config)#hostname CS3550
CS3550(config)#vlan 10
CS3550(config-vlan)#exit
CS3550(config)#vlan 20
CS3550(config-vlan)#exit
```

在三层交换机配置模式下，分别为创建的虚拟 VLAN 10 和 VLAN 20 配置不同子网络的地址，以作为 CS2950 上连接设备转发信息的网关的端口。命令如下：

```
CS3550#
CS3550#config terminal
CS3550(config)#interface vlan 10
CS3550(config-if)#ip address 172.16.10.1  255.255.255.0
CS3550(config-if)#no shutdown
CS3550(config-if)#exit
CS3550(config)#
CS3550(config)#interface vlan 20
CS3550(config-if)#ip address 172.16.20.1  255.255.255.0
CS3550(config-if)#no shutdown
CS3550(config-if)#exit
CS3550(config)#
```

在三层交换机配置模式下，通过配置命令，将与二层交换机 CS2950 连接双链路 Fa0/20

和 Fa0/24 端口配置为干道连接端口，从而实现不同 VLAN 跨交换机通信。命令如下：

```
CS3550#
CS3550#config terminal
CS3550(config)#interface Fa0/20
CS3550(config-if)#switchport mode trunk
CS3550(config-if)#no shutdown
CS3550(config-if)#exit
CS3550(config)#interface Fa0/24
CS3550(config-if)#switchport mode trunk
CS3550(config-if)#no shutdown
CS3550(config-if)#exit
CS3550(config)#
```

在二层交换机配置模式下，通过配置命令，将与三层连接双链路 Fa0/20 和 Fa0/24 端口配置为干道连接端口，从而实现不同 VLAN 跨交换机通信。命令如下：

```
CS2950#
CS2950#config terminal
CS2950(config)#interface Fa0/20
CS2950(config-if)#switchport mode trunk
CS2950(config-if)#no shutdown
CS2950(config-if)#exit
CS2950(config)#interface Fa0/24
CS2950(config-if)#switchport mode trunk
CS2950(config-if)#no shutdown
CS2950(config-if)#exit
CS2950(config)#
```

这样，我们就在不同 VLAN 之间利用三层交换机实现了 VLAN 间互访，一般在三层交换机上创建各个 VLAN 的虚拟端口（SVI），并设置 IP 地址。然后将所有 VLAN 连接的工作站主机的网关指向该 SVI 的 IP 地址即可，这样就利用三层交换机的虚拟端口（SVI）实现了不同虚网间的通信。

5）测试验证。由于不同的 VLAN 属于不同的子网络，且需要通过三层交换机进行联通，因此需要重新为不同的 VLAN 之间设备配置不同网络段的地址，配置测试 PC 的网络地址的信息如表 3-3 所示。

表 3-3　测试 PC 的 IP 地址

设备名称	PC1	PC2
IP 地址	172.16.10.239	172.16.20.23
子网掩码	255.255.255.0	255.255.255.0
网关	172.16.10.1	172.16.20.1

这时，可以从 PC2 用 ping 测试是否与 PC1 联通。测试结果表明，通过三层交换机，这时不同 VLAN 之间能够互相通信了。

【网络工程案例教学作业】

1. 配置一台 Catalyst 2950 交换机，使它具有 4 个 VLAN。配置完成后，试提出一种检测配置是否正确的方法，并加以检验。

2. 某公司网络上具有两个相互隔离的 VLAN，但有一台供所有人共享的打印机。试提出一个设计方案解决这个问题，并实际配置出这个网络环境。

习题

1. 配置交换机通常可以采用的方法有（　　　　）。

A. Console 线命令行方式 　　　　　　　　　　B. Console 线菜单方式

C. Telnet 　　　　　D. Aux 方式远程拨入 　　　　E. Web 方式

2. 交换机采用（　　　）方式来保存当前运行的配置参数。

A. write 　　　　　　　　　　　　　B. copy run star

C. write memory 　　　　　　　　　　D. copy vlan flash

3. 二层交换机不具备的提示符有（　　　）。

A. switch（config-if）# 　　　　　　　B. switch（config-vlan）#

C. switch（config-router）# 　　　　　D. switch >

4. 查看交换机保存在 Flash 内的配置信息，应使用命令（　　　）。

A. show running-config 　　　　　　　B. show startup-config

C. show configure 　　　　　　　　　D. show config.text

5. Catalyst 2950 交换机的默认 VLAN 号是（　　　）。

A. 0 　　　　　B. 1 　　　　　C. 256 　　　　　D. 1024

6. 如果设备物理没有问题，但通过控制台端口不能正常登录交换机，可能的原因是（　　　）。

A. 超级终端端口速率设置为 9600 　　　B. 超级终端端口速率为 57600

C. 配置线缆的线序为 568B — 568B 　　　D. 没有正确连接到 COM 端口上

7. IEEE 制定实现 Tag VLAN 使用的是（　　　）。

A. IEEE 802.1W 　　　　　　　　　　B. IEEE 802.3AD

C. IEEE 802.1Q 　　　　　　　　　　D. IEEE 802.1X

8. IEEE 802.1Q 的 Tag 是加在数据帧首部的（　　　）。

A. 头部 　　　　　B. 中部 　　　　　C. 尾部 　　　　　D. 头部和尾部

9. Catalyst 2950 交换机使用（　　　）将端口设置为 Trunk VLAN 模式。

A. switchport mode tag 　　　　　　　B. switchport mode trunk

C. trunk on 　　　　　　　　　　　　D. set port trunk on

10. 在 LAN 中定义 VLAN 的好处有（　　　）。

A. 广播控制 　　　B. 网络监控 　　　C. 安全性 　　　　D. 流量管理

11. IEEE 802.1Q 数据帧主要的控制信息有（　　　）。

A. VID 　　　　　B. 协议标识 　　　C. BPDU 　　　　D. 类型标识

12. 关于 VLAN，下面的说法正确的是（　　　）。

A. 隔离广播域

B. 相互间通信要通过三层设备

C. 可以限制网上的计算机互相访问的权限

D. 只能对同一交换机上的主机进行逻辑分组

13. 假如在查看设备以前的配置时发现，Catalyst 2950 交换机上配置了 VLAN 10 的 IP 地址，那么该地址的作用是（　　　）。

A. 使 VLAN 10 能够和其他内的主机互相通信

B. 作为管理 IP 地址

C. 交换机上创建的每个 VLAN 必须配置 IP 地址

D. 实际上此地址没有用，可以将其删掉

14. IEEE 的（　　　）标准定义了 RSTP。

      A. IEEE802.3   B. IEEE802.1   C. IEEE802.1d   D. IEEE802.1w

15. 常见的生成树协议有（　　　）。

      A. STP   B. RSTP   C. MSTP   D. PVST

16. 生成树协议是由（　　　）标准规定的。

      A. 802.3   B. 802.1Q   C. 802.1d   D. 802.3u

17. IEEE 802.1d 定义了生成树协议，它将整个网络路由定义为（　　　）。

      A. 二叉树结构   B. 无回路的树型结构

      C. 有回路的树型结构   D. 环形结构

18. STP 的最根本目的是（　　　）。

      A. 防止"广播风暴"

      B. 防止信息丢失

      C. 防止网络中出现信息回路造成网络瘫痪

      D. 使网桥具备网络层功能

19. 用 PacketTracer 做以太网交换机实验之前，为什么需要有一定的配置实际以太网交换机设备的经验？

20. 基于 PacketTracer 模拟环境与基于交换机设备进行交换机配置实验有何异同点？

21. 试提出一种验证所配置的交换机生成树的正确性的方法。

网络需求分析

【教学指导】

网络需求分析是获取和确定支持用户有效工作所需的网络服务和性能水平参数的过程。在构建大中型网络系统时，进行需求分析是必不可少的环节。搞清网络应用目标，理解网络应用约束，掌握网络分析的技术指标，采用适当的分析网络流量的方法，对于分析网络需求十分重要。本章将以设计网络实验室局域网和办公环境局域网的案例为背景，讲解需求分析和设计网络的过程。

网络需求分析是在网络设计过程中获取和确定系统需求的过程。网络需求描述了网络系统的行为、特性或属性，这是在设计实现网络系统过程中对系统的约束条件。在需求分析阶段，应确定用户有效完成工作所需的网络服务和性能水平。

4.1　分析网络应用目标

了解用户的网络应用目标及其约束是网络设计中一个非常重要的方面，对于大中型网络更是如此。在复杂的网络环境下，只有对用户的业务目标进行全面分析，才能提出得到用户认可的网络工程方案。

4.1.1　确定网络工程需求的步骤

从事网络系统集成的专门人才，如技术总监、项目经理、系统架构师、销售经理等，仅当他们对客户所在行业的业务、组织结构、现状、发展趋势等方面有较深入的理解时，才能精准地把握一项网络工程的具体需求。任何一个网络系统建设工程都不是一项一劳永逸的工作，也没有最好的建设方案，只能给出相对合理的建设方案。网络技术在不断进步，客户需求在不断变化，因此对网络工程的需求也一定会受时间、经费、业务类型的制约。设计好网络的前提是确定网络工程需求。

确定网络工程需求的主要步骤包括：1）收集企业高层管理者的业务需求；2）收集用户群体需求；3）收集为支持用户应用所需要的网络的需求。

在与用户探讨网络设计项目的商业目标之前，可以先研究一下该用户的商业状况。例如，搞清用户方所从事的行业，研究该用户的市场、供应商、产品、服务和竞争优势。了解清楚该用户的业务及外部关系以后，就可以对技术和产品进行定位，帮助用户巩固其在行业内的地位。

首先了解用户方的组织结构。最终的网络设计很可能与公司的结构有关，因此最好对公司的部门、业务流程、供应商、业务伙伴、业务领域以及本地区或远程办公室等方面的组织有所了解。了解公司结构有助于确定主要的用户群及其通信流量特征。公司中的信息技术（IT）方面的主管或雇员，可能对公司在这方面的目的和任务较为了解，同时也能够提供更多与业务一致的网络需求。

其次，要向用户询问该网络设计项目的整体目标，需要简要说明新网络的业务目的。此外，还要请用户帮助制定衡量网络成功的标准。访问企业主管或关键人物有助于完成该项任务。

对于整个网络的设计和实施工作来说，费用是需要考虑的一个重要因素。至少有一个 IT 主管或公司董事长能够决定用于项目的资金。这个要求虽不是技术问题，但它影响网络的设计和投资规模，从而影响到网络提供的服务水平。

4.1.2　明确网络设计目标

要想设计出一个好的网络，首先要明确网络设计目标。典型的网络设计目标包括：

- ❑ 增加收入和利润。
- ❑ 加强合作交流，共享宝贵的数据资源。
- ❑ 加强对分支机构或部属的调控能力。
- ❑ 缩短产品开发周期，提高雇员生产力。
- ❑ 与其他公司建立伙伴关系。
- ❑ 扩展进入世界市场。
- ❑ 转变为国际网络产业模式。
- ❑ 使落后的技术现代化。
- ❑ 降低电信及网络成本，包括与语音、数据、视频等独立网络有关的开销。
- ❑ 将数据提供给所有雇员及所属公司，以使其做出更好的业务决策。
- ❑ 提高关键任务应用程序和数据的安全性与可靠性。
- ❑ 提供更好的用户支持。
- ❑ 提供新型的用户服务。
- ❑ 在一定时间内满足客户需求的高性价比。
- ❑ 具有良好的扩展性。

4.1.3　明确网络设计项目的范围

决定网络设计项目的范围是网络设计的一个重要步骤。在这个阶段，要明确是设计一个新网络还是修改现有的网络；是针对一个网段、一个局域网，还是一个完整的企业网。对于大型企业网，其网络建设很可能采取分期分部门建设的方案，一定要防止各自为政的情况出现。因此，企业总部的网络建设、骨干网的建设、下属单位的网络建设都要统一规划、统一设计，这样才能保证顺利地实现整个企业网的互联互通，并具有良好的性能。

通常，设计一个全新、独立的网络的可能性较小。即使是为一座新建筑物或一个新的园区设计网络，或者用全新的网络技术来代替旧的网络，也必须考虑现有网络的部署情况以及与因特网相连的问题。在更多的情况下，需要考虑现有网络的升级问题，以及升级后与现有网络系统兼容的问题。

4.1.4　明确用户的网络应用

在企业内部，可能部署了大量网络应用系统，这些系统都可能依赖企业网络作为传输平台，因此企业网成为企业各类应用系统的支撑系统。作为支撑系统，必须要满足各类应用系统的传输性能需求，并提供统一的技术标准和规范。因此，网络建设要有一定的前瞻性，要考虑未来一段时间内潜在的应用需求。

网络应用是网络存在的真正理由。要使网络能发挥好作用，需要明确用户的现有应用及其新增加的应用。要在用户的帮助下，填写表 4-1。

表 4-1 网络应用统计

应用名称	应用类型	是否为新应用	重要性	备注

表中的"应用名称"处可填入用户提供的名称。它可能是规范的应用名称，如"视频会议"，也可能是只有用户自己能明白的应用名称，尤其对那些自行开发的应用更是如此。

在"应用类型"栏目中可填入能描述应用类型的内容，或按下面的标准网络应用对应用进行归类：

- ❑ 电子邮件
- ❑ 文件共享 / 访问
- ❑ 群件
- ❑ 网络浏览
- ❑ 网络游戏
- ❑ 远程终端
- ❑ 日历
- ❑ 医疗成像
- ❑ 视频会议
- ❑ 因特网或内联网语音
- ❑ 销售点（零售商店）
- ❑ 电子商务
- ❑ 管理报告
- ❑ 销售追踪
- ❑ 计算机辅助设计
- ❑ 库存控制及发货过程控制与工厂管理

- ❑ 文件传输
- ❑ 数据库访问 / 更新
- ❑ 桌面印刷
- ❑ 基于"推"的信息传播
- ❑ 电子白板
- ❑ 终端仿真
- ❑ 在线目录（电话簿）
- ❑ 远程教学
- ❑ 视频监控
- ❑ 因特网或内联网传真
- ❑ 销售定单输入
- ❑ 电子政务
- ❑ 金融模型
- ❑ 人力资源管理
- ❑ 计算机辅助生产
- ❑ 遥控

此外，还可以将系统应用单独列表。这些系统应用包含下列网络服务类型：

- ❑ 用户鉴别和授权
- ❑ 远程引导程序
- ❑ 目录服务
- ❑ 网络管理

- ❑ 主机命名
- ❑ 远程配置下载
- ❑ 网络备份
- ❑ 软件分发

对于表中的"重要性"一栏，可以填入：

- ❑ 非常重要
- ❑ 较重要
- ❑ 不重要

对于重要的任务，需要收集更为准确的信息，包括用户可以接受的停机时间。

在"备注"栏，应填写与网络设计相关的内容，包括公司方面的相关信息（比如在将来计划停止使用某项应用）或者明确的公司发展计划安排及区域性应用计划。

设计提示　网络设计方案是为满足一定的网络应用目标而制定的，因此从明确网络设计的目标、网络设计的范围和用户的网络应用这几方面出发分析好网络应用目标是非常重要的。

4.2　分析网络设计约束

除了分析商业目标和判断用户支持新应用的需求之外，业务约束对网络设计也有较大影响，需要认真分析。

4.2.1　政策约束

与网络用户讨论他们公司的办公政策和技术发展路线是必要的，但尽量不要发表自己的意见。了解政策约束的目标是发现隐藏在项目背后的可能导致项目失败的事务安排、争论、偏见、利益关系或历史等因素的关键。特别要注意的是，对已经进行过但没有成功的类似项目，应当做出明智的判断，看类似情况是否同样会在本项目过程中重演，是什么原因导致项目失败的，如何才能保证不再出现类似现象，如何能够得到较好的结果。

要与用户就协议、标准、供应商等方面的政策进行讨论，了解用户在传输、路由选择、桌面或其他协议方面是否已经制定了标准，是否有关于开发和专有解决方案的规定，是否有认可供应商或平台方面的相关规定，是否允许不同厂商竞争。有时，公司已为新网络选择好了技术和产品，那么新的设计方案就一定要与该计划相匹配。

高新技术的引入往往会加剧部分人与机器之间的矛盾，如某些业务岗位将合并或消失，不要期待所有人都会拥护新项目。了解该项目将对哪些人产生不利影响，将对以后的工作将有一定的好处。

4.2.2　预算约束

网络设计必须符合用户的预算，网络设计的一个目标就是控制网络预算。预算应包括设备采购、购买软件、维护和测试系统、培训工作人员以及设计和安装系统的费用等。此外还应考虑信息费用及可能的外包费用。

一般来说，需要对用户单位的网络工作人员的能力进行分析，判断他们的工作能力和专业知识是否能胜任以后的工作，从而提出相应的建议。比如，新增或招聘网络经理，培训现有员工，或将网络操作和管理外包出去。这些因素都将对项目预算产生影响。

应当就网络工程的预算投资回报问题为用户进行分析。分析解释由于降低运行费用、提高劳动生产力和市场扩大等诸多方面的原因，新网络能以多快的速度回报投资。

4.2.3　时间约束

网络工程项目的日程安排是需要考虑的另一个问题。项目进度表规定了项目最终期限和重要阶段。通常由用户负责制定项目进度表并管理项目进度，但设计者必须就该日程表是否可行提出自己的意见，使项目日程安排符合实际工作要求。

可以使用开发进度表工具（如第1章中介绍的Projects）来分析重要阶段、资源分配和重要步骤等要素。在全面了解项目范围后，要对设计者自行安排的计划项目的分析阶段、逻辑设计阶段和物理设计阶段的时间与项目进度表的时间进行对照，及时与用户方沟通存在的问题。

4.2.4 应用目标检查表

在进行下一步任务之前，需要确定是否了解了用户的应用目标及所关心的事项。可通过表 4-2 中的项目来进行自我检查。

表 4-2 应用目标检查表

检查项目	结果	检查项目	结果
对用户所处的产业及竞争情况做了研究		用户已就认可的供应商、协议和平台等政策进行了解释	
了解用户的公司结构		用户已就网络设计与实现的分布授权的相关政策进行了解释	
编制了用户商业目标清单，明确了网络设计的最主要的目的		了解项目预算	
用户明确了所有关键任务操作		了解项目进度安排，包括最后期限和重要阶段。进度安排切合实际	
了解了用户对成功和失败的衡量标准		对用户和相关的内部外部工作人员的技术知识都十分了解	
了解了网络设计项目的范围		已就员工培训计划进行了探讨	
明确了用户的网络应用		注意到了可以影响网络设计的办公策略	

设计提示　网络设计方案是在有一定约束条件下制定的，因此搞清网络设计的政策约束、预算约束、时间约束是非常重要的。

4.3　网络分析的技术指标

要定量地分析网络性能，首先要确定网络性能的技术指标。有很多国际组织定义了网络性能技术指标，这些技术指标为我们设计网络提供了一条性能基线（baseline）

网络性能指标可以分为两类：表示网络设备性能的网元级指标；将网络看作一个整体，表示其端到端性能的网络级指标。我们主要关注网络级性能指标。

在分析网络设计技术要求时，应当列出用户能够接受的网络性能参数，如吞吐量、差错率、效率、时延和响应时间等。许多网络用户往往不能量化它们的性能指标，而另一些用户则可能根据与网络用户达成的服务等级协定（SLA）对某些性能提出明确的要求。

设计提示　与网络设计相对应的通常是网络级性能指标，而不是网元上的各种 SNMP 指标。理解并选择合适的网络级性能指标也是网络设计的一部分。

4.3.1 时延

时延（Delay 或 Latency）可以定义为从网络的一端发送一个比特到网络的另一端接收到这个比特所经历的时间。根据产生时延的原因，时延分为以下几类：

1）传播时延是电磁波在信道中传播所需要的时间，它取决于电磁波在信道上的传播速率以及所传播的距离。在非真空的信道中，电磁波的传播速度小于 3×10^8 m/s。例如，在电缆或光纤中，信号的传播速度约为真空中的光速的 2/3。任何信号都有传播时延，如同步卫星通信会引起 270 ms 的时延，而对于陆基链路，每 200 km 将产生 1 ms 的时延。

2）发送时延是发送数据所需要的时间，它取决于数据块的长度和数据在信道上的发送速率。数据的发送速率也称为数据在信道上的传输速率。例如，在 4.048 Mbps 的 E1 信道上传输 1024 字节的分组要花费约 4 ms。

3）重传时延是指因分组重传而导致的时间延误。实际的信道总是存在一定的误码率（误码率是传输中错码数与总码数之比），总的传输时延与误码率有很大的关系，这是因为数据中出了差错就要重新传送，因而增加了总的数据传输时间。

4）分组交换时延是指当网桥、交换机、路由器等设备转发数据时产生的等待时间。等待时间取决于内部电路的速度和 CPU，以及网络互联设备的交换结构等。这种时延通常较小，对于以太网 IP 分组来说，第 2 层和第 3 层的交换机的等待时间为 10 ~ 50 ms，路由器的分组交换时延比交换机的要长些。为了减少等待时间，可采用先进的高速缓存机制，使发往已知目的地的帧可以迅速进行封装，无须再查表或进行其他处理，从而有效地降低分组交换时延。

5）排队时延是指分组在网络节点中排队等待的时间。在存储转发的分组交换网络节点中，每当有多个分组同时到达需要同一端口需要进行转发时，除一个分组被立即转发外，其余分组需要排队等待。排队时延是网络拥塞时的主要时延。

根据以上介绍，可以得出：

$$时延 = 传播时延 + 传输时延 + 排队时延$$
$$传播时延 = 距离 / 光在介质中的速度$$
$$传输时延 = 信息量 / 带宽$$

为了更精确地分析 IP 网络时延参数，我们可以将网络时延分为往返时延（Round-trip Time，RTT）和单向时延（One-way Latency，OWL）。其中：

❑ RTT 是指从网络的一端发送一个消息到另一端，然后该消息再返回到发送端所需要的时间。形式化地讲，给定某分组 p，p 的最后一个字节离开源的时刻为 $t(D)$，p 的最后一个字节到达该分组目的地的时刻为 $t(A)$，$RTT = t(A) - t(D)$。

RTT 包括在两个端点间的传播时延之和加上沿途每跳引入的排队时延，因此它表示了端点间的路径、沿途路由器的数目和每跳引入时延的特性。RTT 的这种往返测量特性具有仅需要在源点定时的优点，从而避免了源点和终点间的时钟同步问题。这是一种易于得到的测度。

❑ OWL 是指从网络的一端发送一个消息到该消息在另一端被接收所需要的时间。单向时延测度由 IETF 的 IPPM 工作组研发，并由 RFC 2679 详细定义。

从本质上说，单向时延测量源点和终点间的路径，它是数据链路的传播时延和沿途每台路由器引入的时延之和。单向时延测量要求外部时钟源（例如 GPS 或 NTP，取决于要求的精度）进行同步，以协调源点和终点进行测量。

单向时延测量能够测量通过因特网的一条特定路径的时延参数，因为在因特网环境下，路由通常存在的不对称特性往往使得下述关系并不成立：

$$RTT = 2 \times OWL$$

注意，度量网络时延参数与度量时间是密不可分的，因此度量单向时延需要在两个度量点之间维护精确的时钟同步，这是一件代价较高的事情；而度量 RTT 只需保持度量发起端的相对时钟即可。

4.3.2　吞吐量

吞吐量（throughput）是指在单位时间内无差错地传输数据的能力。可针对某个特定连接或会话定义吞吐量，也可以定义网络的总吞吐量。

与吞吐量相关的一个参数是容量（capability）。容量是指数据通信设备发挥预定功能的能力，它经常用来描述通信信道或连接的能力。例如，E1 通道的容量是 4.048 Mbps，这并不意味着通道将总是处于 4.048 Mbps 的数据传输状态，而只是指示它具有 4.048 Mbps 的数据传输能力。理想状况下，吞吐量应当与容量相等，但实际上往往不能做到这一点。有时容量与吞吐量可以不加区分，互换使用。

与吞吐量相关的另一个参数是网络负载（offered load），记为 G。G 在数值上等于在单位时间内发送的平均帧数，其中包括发送成功的帧和因冲突未发送成功而重传的帧。显然，G ≥ 吞吐量，只有在不发生冲突时，G = 吞吐量。还应注意到，G 可以远大于 1。例如，G = 8 表示在单位时间内网络共发送了 8 个帧，这意味着会导致很多的冲突。在稳定状态下，吞吐量与 G 的关系为：

$$吞吐量 = G × P[\,发送成功\,]$$

这里，P[发送成功] 是一个帧发送成功的概率，它实际上是发送成功的帧在所发送帧的总数中所占的比例。

对吞吐量进行度量的一种有效方法是信息比特传输率（TRIB），它是与响应时间直接相关的。有效吞吐量越高，响应时间越快。

吞吐量常用来描述网络的总体性能，它可以用每秒包数（Packet Per Second，PPS）、每秒字符数（Characters Per Second，CPS）或每秒事务数（Transactions Per Second，TPS）来度量。

每秒事务数（TPS）和每小时事务数（Transaction Per Hour，TPH）是度量吞吐量的常用方法，例如 8000TPH 或者 2TPS。由于 TPS 并不能完全描述出网络的总体性能，因此必须了解事务平均大小和在不同时间段的 TPH 数值。图 4-1 给出了给定网络吞吐量的不同度量值和吞吐量与分组长度之间的关系。

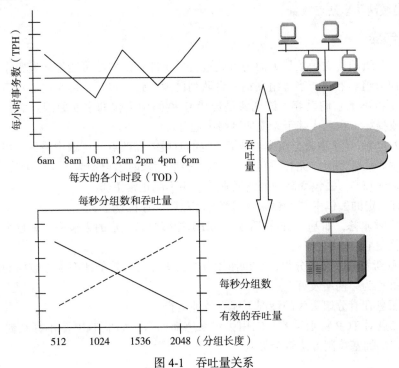

图 4-1 吞吐量关系

网络互联设备的吞吐量可以用 PPS（对于 ATM 设备则用每秒信元数，即 CPS）来度量，这是一个非常重要的指标。它是指网络互联设备在不丢失任何分组的情况下所能转发分组的最大速率。许多网络互联设备可以按理论上的最大值转发分组，该最大值称为线路速度。注意，对应于不同的帧长度，以太网理论上的最大 PPS 值是不同的。

还有一个参数称为有效吞吐量，该参数实际上度量应用层的吞吐量，其单位是 kbps 或 Mbps。它表示单位时间内正确传输的与应用层相关的数据量。有时吞吐量提高了，有效吞吐量却没有增加，甚至会降低，这是因为多传输的额外数据可能是一些额外开销或重传的数据。

影响应用层吞吐量的因素可能有：

1）协议机制，如握手、窗口、确认等。

2）协议参数，如帧长度、重传定时器等。

3）网络互联设备的 PPS 或 CPS。

4）网络互联设备的分组丢失率。

5）端到端的差错率。

6）服务器 / 主机性能，这可能与以下因素有关：

  ❏ CPU 类型。

  ❏ 磁盘访问速度。

  ❏ 高速缓存大小。

  ❏ 计算机总线性能（容量和仲裁方法）。

  ❏ 存储器性能（实存和虚存的访问时间）。

  ❏ 操作系统的效率。

  ❏ 应用程序的效率和正确性。

  ❏ 网络接口卡类型。

  ❏ 局域网共享站点数量。

4.3.3　丢包率

因特网对分组的传送是按尽力而为方式进行的，即路由器尽可能地转发每个分组，不会主动丢弃任何分组。然而，当分组到达一台队列已满的路由器时，因路由器没有空间存储这些分组，将不得不把它们丢弃。该现象是现代 IP 网络中丢包的主要原因。而其他情况引起的分组丢失或损坏，在现代基于光缆的网络中通常可以忽略。

网络"丢包率"（又称丢分组率）是指一定的时段内在两点间传输中丢失分组与总的分组发送量的比率。无拥塞时，路径丢包率为 0%，轻度拥塞时丢包率为 1%～4%，严重拥塞时丢包率为 5%～15%。丢包率高的网络通常使应用不能正常工作。

注意，有一定的丢包率并不意味着网络存在故障，原因如下：

❏ 某些实时业务，如基于 IP 的话音（VoIP）能够容忍一定的丢包率，一旦丢失分组并不试图恢复它。

❏ TCP 重新发送丢失的分组，它也使用分组丢失作为以较低速率发送数据的信号。这种特性被称为"网络友好"。

❏ 许多服务在有分组丢失的情况下能有效地运行。

上述第二点对 TCP 特别重要，它用丢包来感知拥塞，如果 TCP 流不存在偶尔的分组丢失，TCP 协议的拥塞控制方法将会失效。

与丢包率相关的一个指标称为"差错率"。产生数据差错的原因包括传输媒体的高斯噪声、阻抗不匹配、物理连接不完善、设备故障或电源干扰等。有时，软件中的错误也会引起数据差错。如果检测到任何比特差错，就必须有协议决定是否重传相应的帧，因此差错率对吞吐量有负面影响。

对于广域网链路，差错率可用误码率（BER）来描述。模拟链路的典型 BER 约为 10^{-5}，基于光缆的数字链路的 BER 约为 10^{-11}。

对于局域网而言，差错率通常用误帧率来描述。每 10^6 字节的数据中差错帧的数量不超过一个，是一个比较合适的阈值。

4.3.4　时延抖动

时延抖动是指从源到目的地的连续分组到达时间的波动。它被 IETF 形式化地定义为"瞬间分组时延波动"（Instantaneous Packet Delay Variation，IPDV），它是从源到目的地单向传输连续的分组 I 和 I+1 所经受的时延差值（参见图 4-2）。

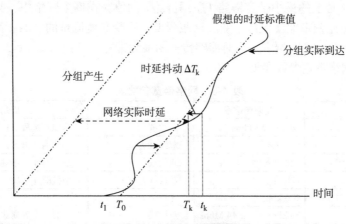

图 4-2　时延抖动的定义

利用单向时延和相应的 IPDV 参数，能够得到其他更为严格的因特网特征参数。

有一些网络应用不仅与网络时延有关，而且与时延抖动有关。例如，如果因网络突发引起时延抖动，就可能使得视频和音频的通信中断。

减少时延抖动的方法是为桌面视频 / 音频提供一个缓存。由于缓存输入端的变化量小于整个缓存的长度，因此在输出端表现并不明显，从而降低了抖动的影响。

在网络工程中，如果用户对时延抖动有特殊要求，应当记录下来。如果用户提不出具体要求，则应使变化量小于时延的 1% ～ 2%。这意味着，对于平均时延为 200 ms 的分组，时延抖动不应高于 2 ～ 4 ms。

对于采用短分组长度的技术，如 ATM 的 53 字节的信元，有助于减小时延抖动。

4.3.5　路由

所谓路由（route）就是一个特定的"节点 – 链路"集合。在因特网中，这种集合是由路由器中的选路算法决定的。当分组从发送方流向接收方时，网络层必须首先决定这些分组所采用的路径（路由）。计算这些路径的算法称为选路算法。

决定路由是一个非常复杂的问题。首先，路由是网络中所有相关节点共同协调工作的结果；其次，路由选择的环境往往会变化，例如网络中发生了某些故障或严重拥塞，而 IP 数据报系统具有自动绕行的功能被认为是具有抗毁性。不过，这种特性只是当资源用完（即发生拥塞）或底层网络出现故障时才会出现。在因特网中实际测量的结果表明，因特网中的绝大多数路由都是不变的，对主干网络来说更是如此。

因此，我们可以得出以下结论：IP网络的通信质量取决于由"节点–链路"集合所构成路径的质量，而该集合是由路由确定的；一旦路由有所变动，将使响应路径的时延、丢包率等指标产生较大变化；尽管IP网络路由是动态的，但是它们通常是相对稳定的。因此，一旦发现两点之间某条路由与我们默认的路由不同时，就能立即判断出该网络的默认路径或者出现了严重的拥塞，或者该网络默认路径上的链路或节点出现了故障。

4.3.6 带宽

对于网络链路，带宽（bandwidth）用来衡量单位时间传输比特的能力，通常用比特/秒表示。

路径的瓶颈带宽和可用带宽是两个主要概念，有必要区分一下。一条路径的瓶颈带宽是两台主机之间的路径上的最小带宽链路（瓶颈链路）的值。在许多网络中，只要两台主机间的路径保持不变，瓶颈带宽就保持不变。该瓶颈带宽不受其他流量的影响。而路径的可用带宽是一台主机沿着该路径在给定点当时能够传输的最大带宽。

一些常见的网络带宽参数参见表4-3。

表 4-3   网络带宽参数表

技术类型	数据传输率	物理媒体	应用环境
拨号线路	14.4 ～ 56 kbps	双绞线	本地和远程低速访问
租用线路	56 kbps	双绞线	小型商业低速访问
综合业务数字网（ISDN）	128 kbps	双绞线	小型商业、本地应用、中等速度
IDSL	128 kbps	双绞线	小型商业应用、中等速度
卫星（直接用PC）	400 kbps	无线电波	小型商业应用、中等速度
帧中继	56 kbps ～ 1.544 Mbps	双绞线	小型～中等商业应用
T1	1.544 Mbps	双绞线、光纤	中等商业应用、因特网访问、端到端网络连通
E1	4.048 Mbps	双绞线、光纤	中等商业应用、因特网访问、端到端网络连通
ADSL	1.544 Mbps ～ 8 Mbps	双绞线	中等商业应用、高速本地应用
电缆调制解调器	512 kbps ～ 52 Mbps	同轴电缆	本地应用、商业应用、中等到高速的访问
以太网	10 Mbps	同轴电缆或双绞线	局域网
令牌环网	4 Mbps 或 16 Mbps	双绞线	局域网
E3	34.368 Mbps	双绞线或光纤	16 个 E1 信号
T3	45 Mbps	同轴电缆	连接 ISP 到因特网基础结构、大型商业应用
OC-1	51.84 Mbps	同轴电缆	主干网、校园网连接因特网 ISP 到主干网
快速以太网	100 Mbps	双绞线、光纤、同轴电缆	高速局域网
光纤分布式数据接口（FDDI）	100 Mbps	光纤	局域网主干
铜线分布式数据接口（CDDI）	100 Mbps	双绞线	主机连通
OC-3	155.52 Mbps	光纤	大型公司主干网
千兆位以太网	1 Gbps	光纤或铜线（受限）	高速局域网的连通

（续）

技术类型	数据传输率	物理媒体	应用环境
OC-24	1.244 Gbps	光纤	因特网主干网、高速的公司主干网
OC-48	4.488 Gbps	光纤	因特网主干网

为能够正常工作，不同类型的应用需要不同的带宽。一些典型应用的带宽如下：

❑ PC 通信：14.4 ～ 50kbps

❑ 数字音频：1 ～ 2Mbps

❑ 压缩视频：2 ～ 10Mbps

❑ 文档备份：10 ～ 100Mbps

❑ 非压缩视频：1 ～ 2Gbps

4.3.7　响应时间

响应时间（respond time）是指从发出服务请求到接收到响应所花费的时间，它经常特指源主机向目的主机交互地发出请求并得到响应信息所需要的时间。用户往往比较关心这个网络性能指标。当响应时间超过 100ms 的时候，就会给用户带来不好的印象，他们会认为自己在等待网络的传输。

影响响应时间的因素有连接速度、协议优先机制、主机繁忙程度、网络设备等待时间和网络配置，甚至链路差错率等。一般而言，响应时间与网络和处理器的工作情况有关。

在不同的系统构成中，响应时间是不同的。一些常见的响应时延包括：

❑ 轮询时延：轮询是在不平衡数据通信配置中在主从节点间进行通信的一种控制方式。如果网络设备需要传送数据，它必须等待上级控制中心或主机的轮询，然后才能发送数据。而轮询时延则是轮询某个节点所需的平均时间。

❑ 连接时延：连接时延与在指定链路上传输数据的速度相关。连接速度越高，在两点间传输数据的速度越快。

❑ CPU 时延：CPU 时延是指服务器 CPU 处理来自网络的请求所需的时间。一般而言，CPU 越繁忙，处理请求的时间越长。

❑ 网卡时延：在网络通道中不同类型的网络接口卡将产生不同的时延。一旦应用程序产生一个请求，网络接口卡为处理请求并访问物理介质就会产生时延。

❑ 物理介质时延：响应时间也取决于某分组通过特定网络结构的传输速度，该时间被称为物理介质时延。在 10 Mbps 以太网上传输肯定要比在 100 Mbps 的 FDDI 网络上传输会花费更多的时间。使用短帧传输文件一般要比长帧花费更长的时间，因为每帧或每个信元都有相应的报文首部、尾部的开销。

对于一个典型的应用，可以根据网络配置和应用的具体情况，如数据文件大小及所使用的技术（如调制解调器、卫星信道等），估算出用户所需等待的大概时间范围。在图 4-3 中，如果某远

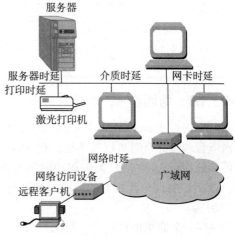

图 4-3　时延的估算

程主机要访问一台服务器并得到响应，其响应时延则包括网卡时延、网络时延、介质时延和服务器时延等。

4.3.8 利用率

利用率（utilization）反映出指定设备在使用时所能发挥的最大能力。例如，网络检测工具表明某网段的利用率是 30%，这意味着有 30% 的网络容量正在使用中。在网络分析与设计中，通常考虑两种类型的利用率：CPU 利用率和链路利用率。

CPU 利用率表示在处理网络的请求与响应时处理器的繁忙程度。网络设备互联要处理的数据包越多，则花费的 CPU 时间越长。

链路利用率是指能够被有效使用的连接带宽的百分比。例如，如果租用 E1，它的最大带宽为 64kbps×32=4.048Mbps，如果只是仅有 8 个通道有效，则当前利用率仅能达到 512 kbps，为最大带宽的 25%。

4.3.9 效率

网络效率（efficiency）表明为产生所需的输出而要求的系统开销。例如，对于共享式以太网，当冲突较高时，其效率将较低（也就是说，为成功发送帧所付出的代价很大，因为许多帧历经冲突而需要重传）。网络效率明确了发送通信需要的系统开销，不论这些系统开销是由何种原因所致，如冲突、差错、重定向或确认等。

一种提高网络性能的方法是，尽可能提高 MAC 层允许的帧的最大长度。使用长帧可以使有用的应用数据量（与帧首部相比）最大化，提高应用层的吞吐量。使用较长的帧也意味着链路要具有较低的差错率，这样才能提高信道效率。帧越长，比特越多，帧出错机会也会增加。一旦有比特出错，该帧将被丢弃，反而导致带宽的浪费，从而降低效率。尽管提高帧长可能提高效率，但考虑到网络差错率（以及公平性），必须限制帧长，以取得较高的效率。表 4-4 给出了一些常用网络类型的最大帧长度的值。

表 4-4　最大帧长度

技术	最大帧长
10Mbps 和 100Mbps 以太网	1518 字节（包括帧首部和 CRC）
4Mbps 令牌环	4500 字节
16Mbps 令牌环	18000 字节
FDDI	4500 字节
带 ATM 适配层 5（AAL5）的 ATM	65535 字节
使用 PPP 的 ISDN 基本速率接口和集群速率接口	1500 字节
T1	未定义，常用 4500 字节

4.3.10　可用性

可用性（availability）是指网络或网络设备可用于执行预期任务的时间总量（百分比）。网络管理目标有时可以简单地归纳为提高网络的可用性。换句话说，就是使网络的可用性尽可能地接近 100%。任何关键的网络设备的停机都将影响到可用性。例如，一个可提供每天 24 小时、每周 7 天服务的网络，如果网络在一周 168 小时之内运行了 166 小时，其可用性是 98.81%。

在一个简单的机构中，可用性会发生变化。例如，关键性的网络应用需要的可用性将比其他的网络应用更高。在某些特殊的机构中，可用性也会随着工作时间的变化而变化。例如，一个每周工作 5 天，每天工作时间为上午 7 点到晚上 7 点的公司与一个每周工作 7 天，每天工作 24 小时的跨国公司相比，可用性的标准肯定是不同的。

可用性通常表示平均可运行时间。例如，可用性为 95% 意味着 1.2 小时 / 天的停机时间，而可用性为 99.99% 则表示 8.7 秒 / 天的停机时间。可用性通常还要求把停机的时间事先通知用户，并且是在用户不忙的非工作时间，而不应当是随机的时间。

一般而言，可用性与网络运行时间的长短有关，它通常与冗余有关，尽管冗余并不是网络的目标，而是提高网络可用性的一种手段。冗余是指为避免停机而为网络增加的双重通道和设备。一种类型的冗余度是指在局域网或广域网中提供备用的路径来传送信息。当原来的链路中断后，备用的路径将会发挥作用。备用路径、基本路径都需要考虑性能需求。冗余度在关键的网络设备设计与实施中是要考虑的因素。大型交换机可以支持大量的用户主机连接，同时还保留一定冗余的能源供给、处理器或电路卡等，并提供自动处理和切换装置以应付意外情况的发生。

可用性还与可靠性有关，但比可靠性更具体。可恢复性（recoverability）是指网络从故障中恢复的难易程度和时间。显然，可恢复性是可用性的一部分。具有良好弹性（resiliency）的网络其可用性也较好。弹性是指网络能承受压力的程度以及网络从困境中恢复的难易程度和时间。

可用性的另一个重要方面是灾难恢复。这里所说的灾难包括自然灾难（如洪水、火灾、飓风、地震等）以及人为灾难（如炸弹、人质等）。灾难恢复计划包括将数据备份到一个不太可能被灾害袭击到的地方，以及如果此灾难影响了主要设备，如何切换到备份设备。

描述可用性的另一种方法是停机成本。对于每个关键应用，记录每次停机在单位时间内将会给公司带来多大损失。停机成本有助于外包网络管理的第三方公司理解应用程序的重要性。停机成本也要说明是否需要支持使用在线服务升级的方法。在线服务升级是指在不中断网络设备及服务的情况下升级的方法，许多高端网络互联设备都具有这种能力。

应当详细地讨论可用性的指标。其中要说明运行时间百分比、运行时间的期间和时间的单位。平均故障间隔时间（Mean Time Between Failure，MTBF）和平均修复时间（Mean Time To Repair，MTTR）是另外两个表示可用性的参数。MTBF 表示在出现故障期间能运行的时间长度。MTTR 用来估算当故障发生时，修复网络设备或系统所需要的时间。典型的网络 MTBF 参数是 4000 小时。换言之，每 4000 小时网络出现的故障不超过 1 次，或者每 166.67 天故障不超过 1 次。典型的 MTTR 值是 1 小时，即网络故障应在 1 小时内修复。此时，平均可用性参数是：

$$4000/4001 = 99.98\%$$

平均可用性指标达到 99.8% 是关键任务操作非常典型的运营参数。

使用 MTBF 和 MTTR 计算可用性的公式为：

$$利用率 = MTBF/(MTBF + MTTR)$$

有许多因素会影响到 MTTR：

❏ 维护人员的专业知识。

❏ 设备的可用率。

❏ 维护合同协议。

❏ 发生时间。

❏ 设备的使用年限。

❑ 故障设备的复杂程度。

随着网络领域的拓宽，提高可恢复性的级别将导致网络费用的提高。对于设备或系统而言，不同的设备需要不同级别的可恢复性。例如，为了应付意外情况的发生，需要为中心交换机备份另一台交换机。这样做的费用可能很昂贵，但对一个企业而言，因故障停工一天所造成的损失可能会更高。

注意，由于所计算的是平均值，而故障时间及维修时间根据应用场合的不同可能变化很大。例如，用于企业网核心设备的参数要比只影响几个用户的交换机的参数要严格得多。

对于停机成本较高的应用，应记录下可接受的 MTBF 和 MTTR。对于特定网络设备的 MTBF，应从设备或服务供应商那里得到有关 MTBF、MTTR 和可变性数值的书面承诺。有时可使用厂商提供的数据或从相关文献中得到权威机构提供的数据。

近年来，还可以用一种称作"IP 可用率"的指标来衡量 IP 网络的性能。因为许多 IP 应用程序运行的好坏直接依赖于 IP 层的丢包率，当丢包率指标超过设定的阈值时，许多应用变得不可用。可见，该指标反映了 IP 层丢包率对应用性能的影响。从图 4-4 可见，有时尽管网络没有中断，但由于丢包率过大，也会使网络应用不可用。

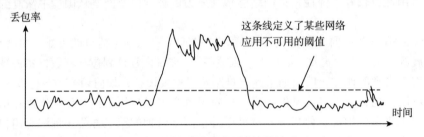

图 4-4 丢包率与 IP 可用性的关系

4.3.11 可扩展性

可扩展性（scalablity）是指网络技术或设备随着用户需求的增长而扩充的能力。对于许多企业网的设计而言，可扩展性是最基本的目标。有些企业的用户数量、应用种类以及与外部的连接增长速度很快，网络设计应当能够适应这种增长需求。

考虑可扩展性问题时主要考虑近 5 年的情况，特别要关注近两年的发展情况。可通过填写表 4-5 来分析用户的短期扩展情况。

表 4-5　用户短期扩展分析表

明年连入企业网的新场点数是_____，后年则为_____。
每个新场点的网络的规模是_____。
明年接入企业网的用户数量是_____，后年则为_____。
明年连入企业网的服务器数量是_____，后年则为_____。

可扩展性还表现在企业网流量分布的变化。以前网络设计的一个重要规则是 80/20 规则，即 80% 的通信流量发生在部门局域网内部，20% 的通信量流至其他部门局域网或外部网络。但现在则演变为 20/80 规则，即 20% 的通信发生在部门局域网内部，而 80% 的通信传递到其他部门局域网或外部网络。这就产生了扩大和升级公司企业网的需求。这种流量的变化主要由以下几个原因所致：

❑ 以往的各部门的数据均放在局域网的服务器上，而现在这些数据集中存放在公司的服务器上。

- 大量的信息来自因特网或公司的 Web 服务器。
- 公司企业网与其他公司的网络连接在一起，以便与合作伙伴、分销商、供应商以及战略性合作伙伴进行合作。
- 解决由于网间流量大量增加而引起的局域网 / 广域网间的瓶颈问题。
- 增加新场点，以支持区域办公室和远程办公。

在分析用户可扩展性目标时，一定要记住，现有网络技术具有某些阻碍网络可扩展性的特点。例如，网络用户数增加将导致二层交换机发送的广播帧数量大量增加，因此不能过多地用二层交换机来扩展一个网络的规模。

4.3.12　安全性

安全性（security）设计是企业网设计的最重要方面之一。大多数公司的总体目标是安全性问题不应干扰公司开展业务。网络设计用户希望得到这样的保证，即安全性设计能避免商业数据和其他资源的丢失或破坏。每个公司都有商业秘密、业务操作和设备需要保护。

用户最基本的安全性要求是保护重要的资源，以防止它们被非法使用、盗用、修改或被破坏。这些资源包括主机、服务器、用户系统、互联网络设备、系统和应用数据等。其他更为特殊的需求包括以下一个或多个目标：

- 允许外部用户（用户、制造商、供应商）访问 Web 或 FTP 服务器上的数据，但不允许访问内部数据。
- 授权并鉴别部门用户、移动用户或远程用户。
- 检测入侵者并隔离其破坏。
- 鉴别从内部或外部路由器接收的选路表的更新。
- 保护通过 VPN 传送到远程站点的数据。
- 从物理上保护主机和网络互联设备。
- 利用用户账号核对目录及文件的访问权限，从逻辑上保护主机和互联网络设备。
- 防止应用程序和数据感染软件病毒。
- 就安全性威胁及如何避免安全性问题培训网络用户和网络管理员。
- 通过版权或其他合法的方法保护产品和知识产权。

有关网络安全性的设计问题将在第 8 章中详细讨论。

4.3.13　可管理性

每个用户都可能有其不同的网络可管理性（manageability）目标。例如，有的用户明确希望使用简单网络管理协议（SNMP）来管理网络互联设备，记录每台路由器接收和发送字节的数量；而另一些用户则没有明确的管理目标。如果用户有这方面的计划，一定要记录下来，因为在选择设备时需要参考这些计划。在某些情况下，为了支持管理功能，可能要排除部分设备而选用另一些设备。

对于管理目标不明确的用户，可以使用国际标准化组织（ISO）定义的网络管理五个管理功能域（FCAPS）来说明功能：

- 故障管理（fault management）：对网络中被管对象故障的检测、隔离和排除；网络中的每一个设备都必须有一个预先设定好的故障门限（但此门限必须能够调整），以便确定是否出了故障；向最终用户和管理员报告问题；跟踪与网络故障相关的趋势。
- 配置管理（configuration management）：用来定义、识别、初始化、监控网络中的被管对象，改变被管对象的操作特性，报告被管对象状态的变化。

❑ 账户管理（accounting management）：记录用户使用网络资源的情况并核收费用，同时统计网络的利用率。

❑ 性能管理（performance management）：分析通信和应用的行为，优化网络，满足服务等级协定和确定扩展规划。

❑ 安全管理（security management）：监控和测试安全性和保护策略，维护并分发口令和其他鉴别和授权信息，管理加密密钥，审计与安全性策略相关的事项，保证网络不被非法使用。

4.3.14　适应性

适应性（adaptability）是指当用户改变应用要求时网络具有的应变能力。一个好的网络设计应当能适应新技术和新变化。例如，移动用户使用便携机通过局域网收发电子邮件和进行文件传输，正是对网络适应性的检验。另一个例子是在短期工程项目设计时，能提供用户逻辑分组的网络服务。对一些企业来说，能适应类似的网络需求是很重要的；但对另一些机构来说，则可能完全没有考虑的必要。

网络商业性的适用性会影响其可用性。例如，网络要适应环境的变化，因为有些网络要在环境变化极大的情况下工作。温度的急剧变化可能会影响网络设备电子元件的正常工作。适应性不强的网络不能提供良好的可用性。

灵活的网络设计还应能适应不断变化的通信模式和服务质量（QoS）的要求。例如，某些用户要求选用的网络技术能够提供恒定速率的服务，这就要求网络能应对不断变化的情况。

此外，以多快的速度适应出现的问题和进行升级也是适应性的一个方面。例如，交换机能以多快的速度适应另一台交换机的故障，并使生成树拓扑结构发生变化；路由器能以多快的速度适应加入拓扑结构的新网络；选路协议应以多快的速度适应链路的故障等。

4.3.15　可购买性

可购买性（purchasability）又称成本效用，它是业务目标的一部分。可购买性的一个基本目标是在给定财务成本的情况下，获得最大的流量。财务成本包括一次性购买设备成本和网络运行成本。

例如，在校园网建设中，低成本通常是一个基本目标。用户期望能购买到具有许多端口的交换机，而且每个端口成本都要很低；用户还希望减少布线成本，降低支付给 ISP 的费用，购买便宜的端系统和网卡等。总之，有时低成本可能比可用性和性能更为重要。

对金融等机构的企业网来说，可用性比低成本通常要重要得多。不过用户仍在寻找控制成本的办法。由于广域网往往是企业网的大开支，用户希望：

❑ 使用选路协议以使广域网通信最小化。

❑ 使用能选择最低价格路由的选路协议。

❑ 将传送语音和数据的并行租用线路合并到更少的广域网主干线。

❑ 选择动态分配广域网带宽的技术，例如，使用 ATM 技术而不是时分复用技术。

❑ 通过使用压缩、语音活动检测（VAD）和重复模式压缩（RPS）等功能提高广域网电路利用率。

除了广域网电路成本外，运行网络的第二大开支是操作和管理网络人员的培训和维持费用。为了降低运行成本，用户有以下目标：

❑ 选择容易配置、操作、维护和管理的网络互联设备。

❑ 选择易于理解和进行故障排除的网络设计。

❑ 维护好网络文档以减少故障排除的时间。

❑ 选择易于使用的网络应用与协议，以便用户在一定范围内可以自己解决问题。

由于在设计网络时很难完全满足所有的目标，因此往往需要对这些目标进行折衷。例如，为满足对可用性的较高期望，需要使用冗余设备，这会提高网络实现的成本。为满足严格的性能要求，需要高成本的电路和设备。为加强安全性策略，需要昂贵的监控设施，而且用户必须放弃一些易于使用的功能。为实现可伸缩的网络规模，可用性可能会受到损害，因为可伸缩的网络随着新用户和新节点的增加，总是处于不断变化之中。为实现一个应用的良好吞吐量，可能会引起另一个应用的时延问题。在设计网络时，要综合考虑各项因素，得到一个相对合理的方案。

4.3.16　技术目标检查表

为了核查是否将用户全部技术目标和所关心的问题记录下来，可利用技术目标检查表来进行检查。表 4-6 给出了一个技术目标检查表的例子。

表 4-6　技术目标检查表

项目	结果
• 记录了用户方今年、明年两年内关于扩展地点、用户、服务器 / 主机数量的计划。 • 得知了部门服务器迁移到服务器场点或内部网络的计划。 • 得知了有关实现与合作伙伴和其他公司通信的外部网络的计划。 • 记录下网络可用性的运行时间百分比和 / 或 MTBF 以及 MTTR 目标。 • 记录下共享网段上的最大平均网络利用率目标。 • 记录下网络吞吐量目标。 • 记录下网络互联设备的 PPS 吞吐量目标。 • 记录下精确度目标及可接受的 BER。 • 同用户讨论了使用长帧使效率最大化的重要性。 • 找出了比工业标准更严格的要求响应时间少于 100 ms 的应用。 • 同用户讨论了网络安全威胁和需求。 • 收集了可管理性需求，包括性能、故障、配置、安全性和计费管理。 • 与用户一起制定了网络设计目标图表，包括业务目标和技术目标。该表从一个总体目标开始，并包括了按有序排列的其他目标。重要目标都做了标记。	

此外，还要根据更新的网络应用，填写如表 4-7 所示的网络应用技术需求表。

表 4-7　网络应用技术需求表

应用名称	应用类型	是否为新应用	重要性	停机成本	可接受的 MTBF	可接受的 MTTR	吞吐量目标	时延必须小于	时延变化量必须小于	备注

4.4　因特网流量的特点

在过去 15 年内，许多研究人员通过对因特网流量进行了较为细致的分析和研究，揭示了因特网基本行为和特性的一些规律。了解这些规律对于我们把握设计计算机网络的一般规律是有帮助的。

设计提示　因特网上的流量特点或多或少地会在我们设计的网络上体现，我们的网络设计方案应当考虑适应这些流量特点。

1. 因特网流量一直在变化

长期的研究表明，因特网流量一直在增长，并且会出现在相对短的时间内发生变化的情况。这种变化不仅仅表现在流量值增加，而且表现在流量的成分、协议、应用和用户的变化上。我们通过测量的方法来认识因特网流量，但任何收集在一个运营网络的数据集合中的数据仅显示了在因特网演化过程中某个点的一个快照，因此处理测量数据，从而理解并认识因特网流量规律是一个长期任务。到目前为止，人们还没有完全掌握因特网流量变化的规律，研究因特网流量结构及其规律将是一个长期任务。

2. 聚合的网络流量是多分型

如果能为因特网流量建立起完善模型，我们就能够在理论上和实验室中对因特网进行更为透彻的研究。然而，表征因特网中聚合网络流量是非常困难的，其主要原因如下：因特网的异构特性；网络应用多且不断发展；可变的链路速度和多种网络接入技术；用户行为在变化。

无论如何，网络研究者已经认定网络流量在很大程度上具有长程相关性（LRD），这也被称为"自相似"、"分形"或"多分形"特性。这种 LRD 性质是无所不在的，它存在于 LAN、WAN、图像、数据、Web、ATM、帧中继和 7 号信令流量中。研究者将这种 LRD 特性部分地归因于用户的重尾开关特性，这种特性有可能会因为 TCP/IP 协议而加重。近期研究表明，因特网流量是"非稳态的"，并认为多分形流量结构在大型网络的边缘明显，而在其核心消失。

尽管多分形结构极为复杂，研究人员已经用非常精确的数学模型来表征和分析因特网流量，以期达到改进因特网基础设施的目的。

3. 网络流量表现出局部性质

网络流量结构并不是完全随机的。用户的应用任务（如文件下载或 Web 页传输）间接地影响流量结构，并且由于采用 TCP/IP 而被强化。分组不是独立和单独的实体，恰恰相反，它们是较高协议层上某个逻辑信息流的一部分。该流在网络层以分组、以源与目的地址为标志，清楚地显示了可识别的模式。这种结构常称为时间局部性（基于时间的信息相关性）或空间局部性（基于地理的相关性）。

4. 分组流量是非均匀分布的

对 TCP/IP 分组的源点和目的地址的分析表明主机间分组流量的分布是高度不均匀的。通过观察可以发现，10% 的主机占有 90% 的流量。在某种意义上，对于采用客户机/服务器模式的许多应用而言，这种观察的结果与我们的直觉是一致的。然而，在许多网络流量中出现的这种性质，表明了在网络流量的许多方面，甚至在因特网拓扑的某些方面具有一种基本的幂定律结构。

5. 分组长度是双峰分布的

经因特网传输的网络分组的长度具有一种"长而尖的"（spiky）分布特性。大约有半数的分组携带有最大的传输单元，即分组长度是某网络接口所允许定义的最大传输单元长度（MTU）。约有 40% 分组是短的（40 字节），这主要是用于数据接收的 TCP 确认分组。余下的 10% 分组随机地分布于这两个极值之间，这与多分组传输中最后一个分组的用户数据多少有关。在该分布中，有时会因网络之间有不同 MTU 长度而导致 IP 分组进行分段，偶尔也会造成"长而尖"分布的出现。

6. 分组到达过程是突发性的

在排队论和通信网络设计中，许多经典研究工作是基于分组到达过程遵循泊松分布这样的假设完成的。简言之，这种泊松到达过程意味着分组的到达是以特定的平均速率随机独立出现的。更形式化地说，一个泊松过程中的事件间的到达时间间隔是指数分布的和独立的，不会同时发生两个事件。

泊松模型因其指数分布具有的"无记忆"性质，所以在数学上极有吸引力。也就是说，即使我们知道上次事件依赖过去的时间，也不知道下次事件将何时出现。泊松模型经常能够得到精确的数学分析，得到在排队网络模型中的平均等待时间和方差的闭式表达形式这样的结论。

因特网流量的详细分析显示，分组到达是突发性的，而不遵循泊松分布。也就是说，因特网分组到达时间不是独立和指数分布的，而是一群一群地到达的。这种突发结构与使用的数据传输协议有关。其结果是排队的特性比泊松模型预测的结果变动要大得多。

基于上述发现，在网络性能研究中用简单泊松分布取得的数据是非常值得怀疑的。这种认识已经促使研究人员在网络流量建模方面开展了一系列新的研究。

7. 会话到达过程遵循泊松分布

尽管分组到达过程不遵循泊松分布，但证据表明，会话到达过程仍服从泊松分布，即因特网用户发起访问某种因特网资源看起来还是独立和随机的。对于几种网络应用已经观察到这种事实，例如，在关于 Telnet 流量的研究中发现，当使用随时间变化的速率（每小时）时，泊松分布能够有效地用于对该会话到达过程的建模。类似地，我们发现，一个泊松到达过程能够有效地对用户对于 Web 服务器上的各 Web 页面的访问的建模。

8. 多数 TCP 会话是简短的

1991 年的一项研究表明，90% 以上的 TCP 会话交换的数据少于 10KB，至多仅持续 2～3 秒。在当时，这种短暂连接的普遍性让人感到意外，特别是对文件传输和远程注册应用更是如此。然而，Web 的出现极大地加强了这种会话的模式。文献指出，大约 80% 的 Web 文档传输少于 10KB，尽管该分布具有严重的重尾。

9. 通信流是双向的但通常是不对称的

许多因特网应用产生双向的数据交换，然而在每个方向发送的数据量通常差异很大。在 20 世纪 90 年代早期，研究者就发现了这种现象，对于今天在 Web 支持的下载功能，这种现象就更为明显，但我们还不知道大规模对等连网模式是怎样影响因特网流量不对称性的。

10. 因特网流量的主体是 TCP

20 世纪 90 年代以来，TCP 已经主宰了因特网分组流量，并且这种趋势将继续下去。之所以得到这一结论，是因为 Web、P2P 应用的出现。因为 Web 和 P2P 应用依赖于 TCP 的可靠数据传输，因特网用户数量的增加、易于使用的 Web 浏览器的广泛使用、具有丰富多媒体内容的 Web 站点的激增等因素的综合，以及 P2P 文件下载导致了 TCP 流量以指数增加的趋势。

虽然 Web 高速缓存和内容分布网络在某种程度上减轻了 TCP 的影响，但是它总的增长还是惊人的。最近几种影响较大的因特网应用，如图像流、IP 电话和多播等主要依赖于用户数据报协议（UDP），会使 UDP 流量趋于增多。

4.5　分析网络流量

　　网络设计或是设计全新的网络，或是对现有网络进行延伸，无论是哪种情况，都需要对用户的现有网络流量特征或用户应用需求有深入的了解，从而判断用户的设计目标是否符合实际，现有网络是否存在瓶颈或性能问题，端口数量或容量是否够用，交换设备能力和链路容量是否需要升级等，进而选择出解决问题的方案。

　　本节将讲解分析和确定当前网络流量和未来网络容量需求的方法。在实际工作中，首先需要通过基线（baseline）网络来确定通信数量和容量。然后估算网络流量及预测通信增长量。尽管数据的估算本身并不是很准确，但是这些参数可以为我们提供网络设计的科学依据。

　　分析网络通信特征的步骤主要包括以下几个部分：

　　1）绘制网络结构图，确定企业网子网边界，把网络分成几个易管理的域。

　　2）确定域内设备，包括现有的和未来的。

　　3）分析网络通信流量特征，确定流量基线。

4.5.1　确定流量边界

　　为了分析通信特征，首先要分析产生流量的应用特点和分布情况，因而需要搞清现有应用和新应用的用户组及数据存储方式。换言之，先要将企业网分成易于管理的若干区域。这种划分往往与企业网的管理等级结构是一致的。例如，可采用与行政管理一致的分层等级结构，各层之内"分而治之"，分层设计，以简化复杂的问题。工作组可以是公司的一个部门或一系列部门。因为在不同工作组或部门中的个人用户极有可能使用相同的应用，并且具有相同的基本需要，使之在这个级别上工作较为合适。

　　但在许多情况下，应用程序是跨部门使用的。目前越来越多的公司使用模块管理，组建虚拟组来完成某个项目，按应用和协议的使用来描述工作组特征比按部门边界描述更有用处。

　　为了描述工作组，需要填写工作组表格（参见表 4-8）。其中的"位置"栏，用于说明工作组在网络结构图上的位置。在"应用程序"栏应填入表 4-7 中记录的应用程序的名称。

表 4-8　工作组

名称	用户数量	位置	所使用的应用程序

　　为了描述数据存储方式，需要填写数据存储方式表（参见表 4-9）。数据存储方式标志了应用层数据在网络中驻留的区域，其类型可以是服务器、服务器群、主机、磁带备份单元、数字视频库或任何能存储大量数据的互联网络设备或组件。

表 4-9　数据存储方式

存储类型	位置	应用程序	使用的工作组

有了上面工作的基础，我们就能够在网络结构图上标注出工作组和数据存储方式的情况，从而能够定性地分析出网络流量的分布情况。根据这种分布情况，辨别出逻辑网络边界和物理网络边界，进而找出易于进行管理的域。

网络逻辑边界可以根据使用一个或一组特定的应用程序的用户群来区分，也可以根据虚拟局域网确定的工作组来区分。图 4-5 是一个确定逻辑网络边界的例子。

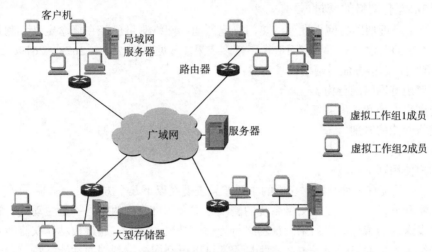

图 4-5　逻辑网络边界

网络的物理边界更为直观，可通过逐个连接来确定一个物理工作组。通过网络边界可以很容易地分割网络。图 4-6 表明了一个由若干局域网和一个广域网构成的企业网是如何通过确定物理边界来分析流量的。

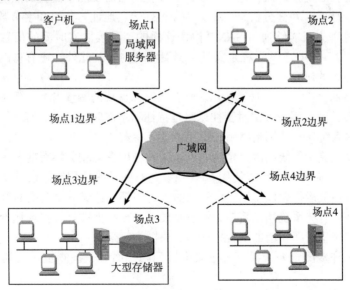

图 4-6　物理网络边界

4.5.2　分析网络通信流量的特征

经过前面的工作，我们已经能够定性地得到网络流量的分布。下面我们就来解决网络流量定量测算或估算的问题。我们的目标不仅是使上述估算的结果更精确，而且要确定网络可能存在的流量瓶颈。

刻画流量特征包括辨别网络通信的源点和目的地，分析源点和目的地之间数据传输的方向和对称性。在某些应用中，流量是双向的且对称的。在另一些应用中，流量是双向的、非对称的，如客户发送少量的查询数据，而服务器则发送大量的数据。在广播式应用中，流量是单向非对称的。

1. 测量现有网络的流量

网络测量是近期因特网界发展的热门研究课题。网络测量已经在概念定义、测量体系结构、测量参数的获取和应用等方面取得了很多成果（参见 RFC 2350，2678，2679，2722）。

网络测量在以下方面对网络设计有益：

❑ 了解现有网络的行为。
❑ 为网络发展和扩展的规划。
❑ 网络性能的鉴别。
❑ 证实网络服务的质量。
❑ 用户使用网络的属性。

网络测量系统有多种类型，它们的主要差异表现在以下几个方面：

❑ 测量和分析方法：网络测量系统的测量方式大体可分为两类，一是主动式，它通过主动发送的测试分组序列来测量网络行为；二是被动式，它通过被动俘获流经测试点的分组来测量网络行为。主动式测量通常可以得到网络端到端的性能参数，而这些参数通常是从 SNMP 等网管系统无法得到的。被动测量，如 RTFM（实时流测量），通过被动俘获和分析相关测量数据，用户能够实时测量流细节信息，对网络发展的规划、鉴别网络性能、证实网络服务质量、了解用户使用网络的属性和网络安全非常有用。该模型的核心是计量器，这些计量器分布在网络需要测量流量的点上。当分组流经计量器时，被俘获并被分析，根据某种属性（端点地址、分组和字节数等）将分组聚集为流。管理人员能够通过 SNMP 协议这样的工具读取实时流的信息，并能利用简单规则集语言（SRL）从远程定义计量器测量的内容。此外，还有将网络测量用于适应型应用程序的研究。

❑ 测量的指标：丢包率、时延是几乎所有系统都支持的测量参数，但由于因特网路径的不对称性，因此测量方法对于往返时延特性和单向时延特性又有不同的测量方法。此外，有些系统还支持测量路由和可用带宽等参数。

❑ 测量精度：测量系统的测量精度与同步时钟精度密切相关，有些系统依赖 NTP（网络时间协议），而另一些系统使用 GPS 系统；有些系统使用专用硬件系统，而某些系统在通用机器上运行软件模块提供的功能。这些都会造成测量精度的差异。

❑ 可扩展性：有些系统功能简单，测量精度差，但扩展性好，实现代价小；而另一些系统为提高测量精度和增加测量指标而变得极为复杂。

❑ 安全性：许多测量系统没有考虑安全性问题，而另一些测量系统则正在积极探讨该问题。

网络测量中的一个核心概念是通信流（flow）。流是对一个呼叫或连接的人为的逻辑对应。一个流是流量的一部分，由起始时间和停止时间定界。与一个流相关的属性值（源／目的地址、分组计数、字节计数等）具有聚合性质，反映了在起始和停止范围内发生的事件。对一个给定的流而言，起始时间是固定的，停止时间可能随该流的持续时间增加而增加。一个通信流可以具有不同的属性，如流向、不同层次的源地址和目的地址（如 MAC 层、IP 层或运输层地址及其组合)、分组数量、字节数量、起止时间等。用户可通过写"规则集"定义他们的通信流测量要求,使系统收集所需的数据并忽略其他通信流。有关通信流的更多知识可阅读 RFC 2722"通信流测量:体系结构"及其他相关文档。

根据网络设计的需要,我们可选择通信实体之间每秒字节数来刻画流量大小。获取这些参数的方法有:

❑ 在因特网上寻找根据 RFC 2722 体系结构实现的免费软件并下载,下载后的软件可在安装配置后运行,并能获取相关参数。

❑ 使用协议分析仪或网络管理系统获取相关参数。

可将这些测量系统安放在流量经过的关键部位,并填写表 4-10。

表 4-10 现有网络的通信流量

	流源 1		流源 2		……	流源 n	
信源 1	Mbps	路径	Mbps	路径		Mbps	路径
信源 2							
……							
信源 n							

2. 通信流量分类

在某些情况下,获得如表 4-10 所示的参数并不是一件容易的事,特别是对新建网络更是如此。因此,我们需要另辟蹊径,可根据网络应用程序的不同特点、通信方式划分出不同的类型,以及这些类型呈现出的相对固定的特点,总结出一些典型的参数。为完成这项工作,我们有必要研究一下通信流量的类型,以便为网络设计提供基线。

这些通信流量包括如下几种方式:

❑ 客户 / 服务器方式

这是目前因特网应用最为广泛的流量类型。在 TCP/IP 环境下,许多应用程序均是以客户 / 服务器方式实现的。例如,FTP、SNMP 和 SMTP 等就有客户和服务器之分。再例如,目前使用最为广泛的超文本传送协议(HTTP)也采用客户 / 服务器方式,用户使用浏览器与 Web 服务器进行通信。这种流量是双向非对称的。用户的请求通常不超过 64 字节,服务器的响应则能从 64 字节到 1500 字节或更多,这取决于所用数据链路层所允许的最大帧长度。采用某种新技术也将影响通信流量的分布。例如,Web 高速缓存技术使得通信流量并不总是需要在浏览器和 Web 服务器之间流动。

❑ 对等方式

在对等通信中,流量通常是双向对称的。通信实体之间传输的协议和应用信息的数量几乎相等。在这种通信方式中,所有通信实体处于平等地位。目前的 P2P 应用(包括文件分发、分布式搜索和 IP 电话)都可能产生巨大的流量。在文件分发应用中,从单个源向大量的对等方分发一个文件。分布式搜索是在对等方社区中组织并搜索信息,许多不同的方案都已经在大规模 P2P 文件共享系统中得到了部署。Skype 则是一个极为成功的 P2P 因特网电话应用。

❑ 服务器 / 服务器方式

服务器 / 服务器方式下的网络通信流量通常是双向的。流量对称与否取决于应用,通常其流量是对称的。但在某些情况下,例如将服务器分层,一些服务器发送和存储的数据比其他服务器要多。

服务器 / 服务器通信包括服务器之间的传输和服务器与管理程序之间的传输。服务器通过与其他服务器通信完成目录服务、高速缓存、镜像负载平衡和冗余数据、备份数据，以及广播可用的服务。

❏ 分布式计算方式

分布式计算是指多个计算节点一起协同工作，以完成一项共同任务。这种计算方式在解决现有的分布式应用需求、提高性能价格比、共享资源、提供实用性和容错性及可扩展性方面具有发展潜力。

这种通信方式的流量特征较为复杂。有些系统的任务管理器很少告诉计算节点应当做什么，因此通信流量很少；有些系统的任务管理器及计算节点则通信频繁。由于任务管理器根据资源的可用性分配任务，使得流量难易预测。

❏ 终端 / 主机方式

终端 / 主机通信流量通常是不对称的。终端发送少量字符，而主机则会发送许多字符。Telnet 是采用终端 / 主机通信方式的一个应用程序。

3. 估计应用的通信负载

在表 4-8 中已经统计过工作组中的用户数量，以及用户使用的应用程序，因此可以容易地得到每种应用程序的总用户数量。此外，还必须记录和预测以下信息：

❏ 应用会话的频率（每天、每周、每月或其他适当时间区间的会话数量）。
❏ 应用会话的平均长度。
❏ 一个应用的并发用户数量。

如果不能得到准确的测量值，可以进行如下的假定：

❏ 某项应用程序的用户数量等于并发用户数量。
❏ 所有应用程序均在同一时间内使用，这样计算出来的带宽就是最差情况下峰值的估计值。
❏ 每个用户可打开一个流量最大的会话，而且该会话直到一天工作结束关闭应用时才结束。

要较为精确地估计应用带宽的需求，需要研究应用程序发送的数据对象长度、通信协议开销和应用程序初始化引起的附加负载。表 4-11 提供了一些应用程序的数据对象的长度估计。表 4-12 给出了常用协议的额外开销。

表 4-11　应用程序对象的近似长度

对象类型	长度（KB）	对象类型	长度（KB）
终端屏幕	4	图形计算机屏幕	500
电子邮件信息	10	演示文档	2000
Web 网页（包括 GIF 和 JPEG 图像）	50	高分辩率图像（打印质量）	50 000
电子表格	100	多媒体对象	100 000
文字处理文档	200	数据库备份	1 000 000

表 4-12　常用协议开销

协议	开销数量（字节）	协议	开销数量（字节）
Ethernet II	38	HDLC	10
IEEE 804.3/804.2	46	IP	20
IEEE 804.5/804.2	29	TCP	20
FDDI 和 804.2	36	IPX	30

事实上，尽管我们考虑了那么多实际因素，要想精确估计应用的通信负载仍是十分困难

的，甚至是不可能的。但是，估计值与实际值相差越小，我们设计失误的可能性就越小。

4. 估计主干或广域网上的通信负载

一旦估算出各子网上的负载流量，就能够着手计算主干或广域网上的通信流量了。

在图 4-7 中，通过标注企业网中的通信流，我们发现有大量的流经过主干网。在表 4-13 中标出了计算出来的流量的具体数值。

表 4-13　流量分布表

应用	每个子网分布比率	模拟会话	平均事务大小	总访问容量
电子邮件	33/33/33	150/ 秒	3KB	4.6 Mbps
文件传输	25/25/50	100 文件 / 小时	4.5MB	560 kbps
Web 浏览	50/25/25	200 网页 / 秒	50KB	10 Mbps
CAD 服务器	0/50/50	65/ 小时	40MB	5.78 Mbps

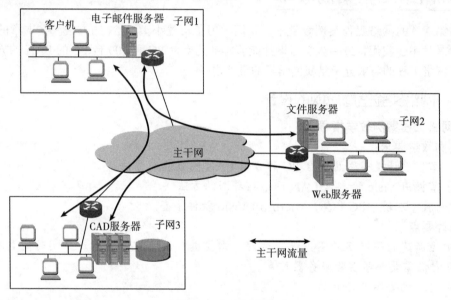

图 4-7　主干网流量

如果已知各种应用的总访问量及流量在各个子网中的分布率，就能计算出这些数据并得知经过主干网部分的流量。电子邮件的流量平均分布在三个子网上；文件传输主要分布在三个子网上，而以子网 3 上的流量最大；Web 浏览流量也主要分布在三个子网上，而在子网 1 上的流量最大；CAD 服务器产生的流量仅分布在子网 2 和子网 3 上。

  ❏ 电子邮件流量

子网 1、子网 2 和子网 3 的流量分别为：4.6Mbps × 0.33=1.2Mbps

主干网流量：4.6 Mbps × 0.66=4.4 Mbps

  ❏ 文件传输流量

子网 1、子网 2 的流量分别为：560 kbps × 0.25=140 kbps

子网 3 的流量为：560 kbps × 0.5=280 kbps

主干网流量：140 kbps+280 kbps=420 kbps

  ❏ Web 浏览流量

子网 1 的流量为：10 Mbps × 0.5=5 Mbps

子网 2、子网 3 的流量分别为：10 Mbps × 0.25=4.5 Mbps

主干网流量：4.5 Mbps + 4.5 Mbps=9 Mbps

❑ CAD 服务器流量

子网 2、子网 3 的流量分别为：5.78 Mbps × 0.5=4.89 Mbps

❑ 主干网流量为：4.89 Mbps

因此，主干网的流量 =4.4 Mbps + 0.42 Mbps + 5 Mbps + 4.89 Mbps=10.71 Mbps。

设计提示 分析网络流量一是靠精确测量，二是靠粗略估算，最终得出的结论是对网络流量现状的估计，只能是为未来的网络流量提供一个参考基线。本节讲解的相关方法尽管有时不够准确，但对于进行网络流量分析来说已经够用了。

4.6 网络工程案例教学

在第 2 章的网络工程案例教学中，我们学习了搭建小型 LAN 的方法。在本章的网络工程案例教学中，我们将进一步学习设计能够容纳几十台 PC 和 300 台 PC 的 LAN 的方法。其中对于网络工程的需求分析是我们学习的重点之一。

4.6.1 网络实验室局域网的设计

【网络工程案例教学指导】

案例教学要求：

1）掌握设计规模达几十台 PC 的专用 LAN 的技能与方法。

2）掌握用 Visio 绘制该 LAN 网络拓扑图的方法。

案例教学环境：PC 1 台，Microsoft Visio 软件 1 套。

设计要点：

1）为新建的网络实验室设计局域网，需要进行网络需求分析。该实验室具有 80 台 PC，且它们需要共享实验服务器信息。

2）用百兆交换机若干。

3）配置交换机的链路聚合功能。

（1）需求分析和设计考虑

一个具有 80 台 PC 的网络实验室仍然属于一个小型 LAN，但由于该网络要满足几十名学生在较短时间内（如 10 秒）打开共享实验服务器上的信息的要求，因此需要对网络应用需求进行分析，并进行相应的设计：

1）进行网络实验时，通常以 4～6 台 PC 为一组连接在同一台交换机上。这里我们取 4 台 PC 为一组。实验时组内的流量可能很大，突发流量峰值可达到几十 Mbps，而不同组间的流量通常较小。因此，可以考虑组内使用一个 8 端口的百兆交换机。

2）这 80 台 PC 需要共享实验服务器的信息，并且所有 PC 都可能同时访问实验服务器中的信息，打开实验支持系统网站页面（约 30KB）、下载软件实验工具（约 3MB）和文档（约 80KB）。为了使时延感觉不致太大，要求访问文件的时延不大于 10 秒。

（2）设计方案

根据上述分析，如果这 80 台 PC 同时访问一台服务器，例如同时访问某台服务器上的演示页面、下载软件实验工具或打开 Word 文档，将要求在 10 秒内从一台服务器向外输出量约达 250MB，即约 199Mbps。考虑到服务器输入服务请求后，除了应付直接打开页面和某种软件的能力外，还需要处理动态网页和访问数据库的能力，很难保证在 10 秒内完成这样的任务。因此，可以考虑采用双服务器设计方案。具体设计考虑如下：

1）每 40 台 PC 共享一台服务器，共需两台服务器。

2）由于目前的专用 PC 服务器通常都标准配置两块千兆网卡，服务器与交换机连接可采用两个百兆链路聚合的措施，增强访问服务器的能力。

3）每 4 台 PC 组成一组，共需 20 组；每组用一个 8 端口百兆交换机相连，共需 20 台这样的交换机。

4）每 10 组用一个 16 端口的百兆交换机互联，形成多星结构。

5）为了增加容错能力，将这两台 16 端口的百兆交换机用百兆双绞线连接起来。

图 4-8 显示了我们提出的该网络实验室的设计方案。

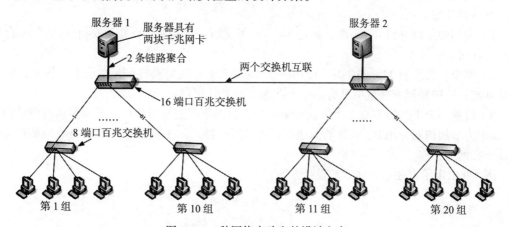

图 4-8 一种网络实验室的设计方案

设计提示 选用交换机时应注意交换机的规格系列，如交换机的接口数量规格通常只有 8 口、16 口、24 口、48 口等；接口速率通常有 10/100 Mbps、1000 Mbps 和 10 Gbps；接口类型通常有双绞线和光纤，而且 1000 Mbps 及以上速率的接口通常为光纤介质。

4.6.2 办公环境局域网的设计

【网络工程案例教学指导】

案例教学要求：

1）掌握设计规模达 200 台 PC 的办公 LAN 的技能与方法。

2）掌握用 Visio 绘制该网络拓扑图的方法。

案例教学环境： PC1 台，Microsoft Visio 软件 1 套。

设计要点：

1）在为办公环境设计局域网前需要进行网络需求分析。该办公环境大约有 200 台 PC，它们需要共享各种办公服务器信息。

2）由于该网覆盖区域较大，包括的机器较多，但流量并不十分大，广播报文数量虽多但仍可容忍，可以采用千兆交换机作为该网的主干，即采用"千兆到交换机，百兆到桌面"的网络拓扑。

3）办公环境的网络允许短期（如几个小时）中断，但需要尽快恢复。

（1）需求分析和设计考虑

一个具有 200 台 PC 的办公网络的需求如下：

1）办公网络环境包括了较多的网络信息服务器，如 DNS 服务器、Web 服务器、电子邮件服务器，支持多种信息查询，网络流量高度不均匀。

2）办公环境覆盖范围可达 400 ～ 500 米，并可能覆盖几个楼层。因此，在同一楼层可考虑采用 6 类双绞线，不同楼层之间采用光缆连接。

3）设置中心交换机和各楼层主交换机，它们之间采用千兆速率的光缆；各楼层主交换机到各办公室交换机以及各办公室交换机到桌面 PC 之间采用 6 类百兆双绞线。

4）网络短时间的中断影响不大，因此不必考虑冗余备份措施，以降低系统的造价。

5）各网络信息服务器与中心交换机相连，服务器与交换机连接可采用两个千兆链路聚合的措施，增强访问服务器的能力。

（2）设计方案

具体设计如下：

1）我们假定以 6 台 PC 一组，共需 34 组；每组用一个 8 端口百兆交换机，共需 34 台这样的交换机。

2）每个楼层安置 11 ～ 12 组，可用一个 16 端口的百兆交换机作为楼层主交换机，以互联这些组；这些楼层交换机应具有一个千兆速率的光纤端口。

3）设置一个千兆的中心交换机，与中心交换机的千兆交换机相连，形成多星网络结构。

4）为增加访问专用 PC 服务器的速度，每台服务器用两条千兆链路聚合起来与服务器的两块千兆网卡相连。

图 4-9 给出了上述办公网络的设计方案。

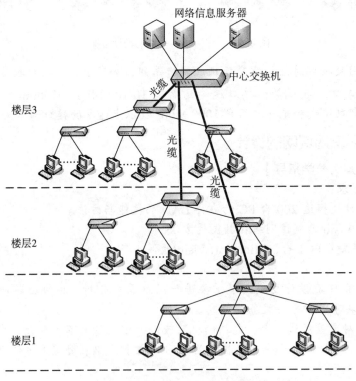

图 4-9　一种办公网络的设计方案

设计提示　当 LAN 中的用户机器较多时，需要用多级交换机形成星型网络结构。其中的设计要点是：①传输速率方面的考虑：从桌面到层交换机的百兆速率，从层交换机到中心交换机的千兆速率；②传输介质方面的考虑：距离不超过 100 米采用双绞线，距离超过 100 米采用光缆；③服务器效率方面的考虑：采用交换机链路聚合技术增强共享服务器能力。

4.6.3　用 Visio 绘制网络拓扑图

为了确定网络的基础结构特征，首先需要画出网络结构图，并标识出主要网络互联设备和网段位置。其中包括记录主要设备和网段的名字与地址，以及确定寻址和命名的标准方法。同时要记录物理电缆的类型和长度及环境方面的约束条件。网络结构图可以反映现有网络结构，也可以反映之前对网络分析的结果，它是网络设计的出发点。

一张较为完整的网络结构图应包括以下内容：
- 网络设施在网络中的角色、地位、相互关系。
- 路由器、交换机及集线器等的位置。
- 主服务器和服务器场点的位置。
- 用户主机所处的位置。
- 楼宇和楼层及可能的弱电间或机房。
- 楼宇或园区之间的广域网和局域网连接。
- 主干链路传输介质类型、接口类型。
- 与各种广域网的连接关系，以及所使用的物理网络技术（如以太网或 ATM 等）。
- 虚拟局域网（VLAN）的位置和范围。
- 所有防火墙安全系统的拓扑结构。
- 逻辑拓扑结构或网络的描述。

在绘制网络拓扑结构图的过程中，勾画或归纳出网络的逻辑结构和物理设备的特征是十分重要的工作。有一些优秀的网络绘图工具可供使用，如 Microsoft 公司和 Visio，Pinpoint Software 公司的 ClickNet Professional 和 NetSuit Development 公司的 NetSuit Professional Audit。

1. 用 Microsoft Visio 绘制网络图

网络图包括目录服务图表、逻辑网络图和网络图表三部分功能。

1）目录服务图表利用 Microsoft Visio 的三种目录服务模板，可以设计新目录、创建现有目录的备用设计或创建对当前网络目录服务的更新或迁移的规划。可以规划和分配当前及以后的网络资源，并在实际网络形成前确定网络规则和准则。这三种目录服务模板为：LDAP 目录（轻型目录访问协议）、Active Directory 和 Novell Directory Services (NDS)。图 4-10 显示了用 Visio 绘制的网络目录服务图的一个实例。

2）逻辑网络图解决方案包括创建和管理逻辑及物理网络图所需的模板。可以使用逻辑网络图解决方案创建以下内容：
- 逻辑网络图：用以表示网络中的设备以及它们如何相互连接。
- 物理网络图：用以表示网络设备的物理连接方式，或其在特定地点（如服务器机房）的布置方式。

也可以在与之关联的下层图表中包括逻辑网络图和物理网络图。下层网络图由若干级别的详细信息组成，并在单独的绘图页上显示每个级别。可以在页面之间创建跳转，以使用户能够"下钻"到各个级别。图 4-11 和图 4-12 分别显示了用 Visio 绘制的逻辑网络图和物理网络图的一个实例。

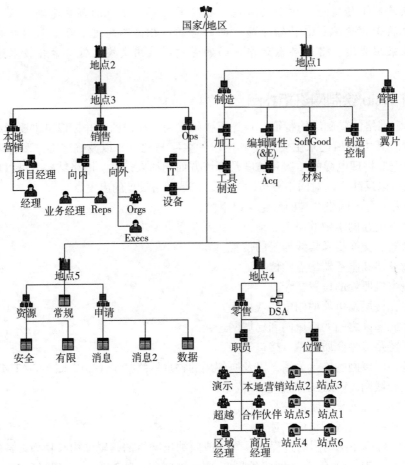

图 4-10　网络目录服务图的一个实例

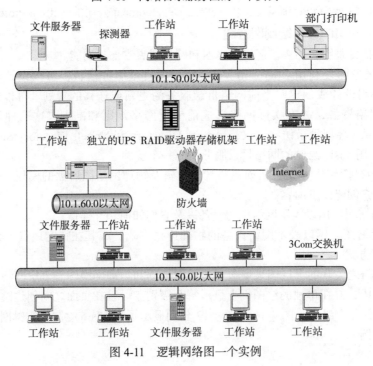

图 4-11　逻辑网络图一个实例

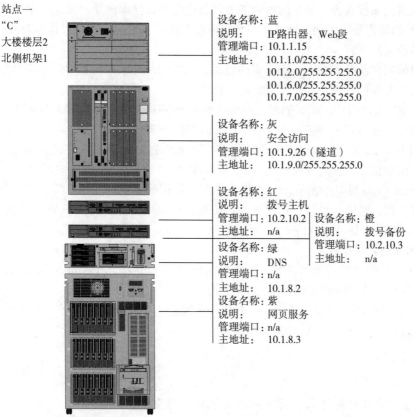

站点一
"C"
大楼楼层2
北侧机架1

设备名称：蓝
说明：　　IP路由器，Web段
管理端口：10.1.1.15
主地址：　10.1.1.0/255.255.255.0
　　　　　10.1.2.0/255.255.255.0
　　　　　10.1.6.0/255.255.255.0
　　　　　10.1.7.0/255.255.255.0

设备名称：灰
说明：　　安全访问
管理端口：10.1.9.26（隧道）
主地址：　10.1.9.0/255.255.255.0

设备名称：红
说明：　　拨号主机
管理端口：10.2.10.2
主地址：　n/a

设备名称：橙
说明：　　拨号备份
管理端口：10.2.10.3
主地址：　n/a

设备名称：绿
说明：　　DNS
管理端口：n/a
主地址：　10.1.8.2

设备名称：紫
说明：　　网页服务
管理端口：n/a
主地址：　10.1.8.3

（此处所述的公司、组织、产品、域名、电子邮件地址、徽标、人员、地点和事件纯属虚构。如与现实中的任何公司、组织、产品、域名、电子邮件地址、徽标、人员、地点或事件雷同，实属巧合。）

图 4-12　物理网络图一个实例

3）使用基本网络模板，可以通过将类似于普通网络拓扑和设备的形状拖到绘图页来规划和展示简单的网络。

2. Microsoft Visio 的特点

Microsoft Visio 是一款用于创建具有专业外观的图表的应用软件，有助于用户理解、记录和分析信息、数据、系统和过程。大多数图形软件程序依赖艺术技能，而使用 Visio 时，以可视方式传递重要信息就像打开模板、将形状拖放到绘图中一样轻松。Microsoft Visio 具有如下特点：

❑ 包含了 Microsoft Office 的功能，便于 Visio 与 Office 产品系列中的其他程序一同使用。

❑ 改进的建筑设计图解决方案提供了一些自定义功能，可以将数据和 CAD 绘图加入到图表中。

❑ 简化了处理工艺工程组件信息的方法，并提供了一些选项，使标记组件更加灵活。

❑ 网站映射和报告功能具有更多的形状并已得到改进，使 IT 图表的绘制更简单、更完整。

❑ 对 Microsoft 开发工具的互用性和支持将更完善。Visio 还提供了用于创建数据库图表和软件图的生产率增强工具。

❑ 项目日程安排解决方案的增强实现了与 Microsoft Project 集成，从而提高了生产率。

❑ 可以更自由地控制组织结构图的外观，并可更加灵活地处理自定义属性。

❑ 具有改进的属性报告、增强的搜索能力以及优化的数据库向导，使生产率得以提高。

❑ 与 Web 的紧密集成，通过网站扩展形状库和其他更多信息，还可以将 Microsoft Visio 绘图转换为网页。

❑ 具有更流畅的线条和文本、更丰富的色彩，新的图形导入工具和增强的工具能够创建外观更为专业的图表。

❑ 新的 XML 文件格式、扩展的对象模型、增强的 VBA 和对 COM 加载项的支持都是新增的功能，能自定义并扩展 Microsoft Visio 解决方案。

❑ 新的用于 Visio 的 XML 文件格式提供了与其他支持 XML 应用程序的互用性。它促进了基于图表信息（包括与页面或形状无关的数据）的存储和交换。

用 Microsoft Visio 可以绘制框图、建筑设计图、数据库、建筑工程、流程图、表格和图表、图、机械工程、网络、组织结构图、工艺流程、项目计划图、软件和 Web 图表等图形。有关详情请参阅相关书籍或该软件的在线帮助。

【网络工程案例教学作业】

1. 参照 4.6.1 节中所给的设计条件，在实验室的 PC 为 60 台，并且每 6 台为一组的情况下，进行相关设计并用 Visio 画出设计方案示意图。

2. 参照 4.6.2 节中所给的设计条件，在办公环境覆盖 4 层楼，联网 PC 约为 300 台的情况下进行相关设计并用 Visio 画出设计方案示意图。

习题

1. 网络需求分析的目标是什么？简述网络需求分析的重要性。
2. 分析网络应用目标的主要步骤是什么？
3. 调查本单位或某个单位中一个部门的网络应用的情况，填写表 4-1 的项目。
4. 根据网络应用约束的几方面内容，分析本单位或其他单位的网络应用约束情况。
5. 阅读 RFC 2330 文档，讨论所涉及 IP 网络的性能参数的意义和作用。
6. 试给出主要的网络性能参数，它们的定义和度量的方法。其中哪些网络性能指标更为基本、更易于获取？
7. 时延有哪些类型？试分析在分组交换网络中，从发送一个分组到接收到其响应分组，要经历哪些时延类型？
8. 在网络性能参数中，差错率与吞吐量是否有关？试讨论其他网络性能参数之间是否有关系。
9. 描述可用性的参数有哪些？这些参数的含义是什么？如果某网络的 MTBF 参数是 6 000 小时，则其平均可用性指标达到百分之多少？
10. 简述网络可扩展性的含义，它包括哪几方面的内容？为何需要网络具有可扩展性？
11. 何谓 80/20 规则？为什么该规则会演变为 20/80 规则？这些规则对网络设计有什么影响？
12. 调查本单位或某个单位的情况，填写技术目标检查表。
13. 简述因特网流量特点所反映出的基本规律。
14. 试讨论用数学模型来表征和分析因特网流量的意义和作用。
15. 什么是网络流量的时间局部性和空间局部性？
16. 从因特网应用大多采用客户 / 服务器模式，解释分组流量为何具有非均匀特性。

17. 解释分组长度是双峰分布的含义。

18. 试解释尽管分组到达过程是突发性的，但往往分析时却采用泊松分布模型的原因。

19. 网络测量表明会话到达过程服从何种分布？会话到达过程与分组到达过程有何区别与联系？

20. "多数 TCP 会话是简短的"这一事实对于应用服务的设计有何影响？

21. 我们通常用往返时延 RTT 来表示网络端到端的基本参数，而"通信流是双向的但通常是不对称的"这一结论对于 RTT 的适用性是否有影响？

22. 目前"因特网流量的主体是 TCP"，如果 UDP 成为因特网流量主体，是否对因特网发展有利？

23. "分析网络通信特征"作为网络设计的重要一步，具有哪些重要意义？在无法测试网络通信特征的情况下，一般采用估算网络通信特征的方法，可能准确性也不够高。这与不进行估算的结果是否相同？

24. 在分析网络通信特征时，如何确定流量边界？逻辑网络边界和物理网络边界的概念对于分析网络主干网流量有何意义？

25. 分析网络通信流量特征的基本思想是什么？

26. 网络测量的方法有哪些类型？网络测量对网络设计有何好处？

27. 为什么要对通信流量分类？通信流量能够分为哪些类型？

28. 估计应用的通信负载的具体方法是什么？

29. 如果流量分布表 4-13 中的各种应用在各个子网中的分布率均为 33/33/33，试计算主干网的流量。

30. 绘制网络结构图有何意义？一张较为完整的网络结构图应包括哪些内容？

31. Microsoft Visio 软件可以绘制哪些图？试用该工具绘制你所在单位的逻辑网络图和物理网络图。

32. 在 4.6.1 节的案例教学中，如果没有"访问文件的时延不大于 10 秒"的要求，网络的造价是否可以减少？如果访问文件的时延变为不大于 5 秒，网络又该如何设计？

33. 在 4.6.2 节中，为何假设办公网络可以中断一段时间？如果办公网络只允许中断小于 5 分钟，试考虑其设计方案。

第 5 章

网络系统的环境平台设计

【教学指导】

建立网络系统的环境平台是实施网络工程的物理基础。环境平台的设计包括设计结构化布线系统、网络机房系统和供电系统等方面，还包括设计数据中心网络。本章将从系统集成方法的角度来阐述设计网络系统的知识。

5.1 结构化布线系统的基本概念

随着社会经济的发展，建筑的智能化已经成为衡量建筑等级的尺度之一。新兴建筑必须满足建筑自动化、通信自动化和办公自动化以及防火自动化和信息管理自动化等方面的要求。作为计算机网络系统和电话系统的基础设施，布线系统已成为系统建设中的一个重要部分。计算机网络的布线系统有两种，一种是非结构化布线，另一种则是结构化布线。结构化布线系统是一种跨学科、跨行业的系统工程，能够满足支持综合性的应用。我们通常采用的就是结构化布线系统，而它的结构通常要根据技术要求、地理环境和用户的分布等需求而定，其目标是在满足技术指标的情况下，使系统布线合理、造价经济、施工及维护方便。

5.1.1 结构化布线系统的特点

传统的布线系统，例如电话、计算机、电传机、安全保密设备、火灾报警、空调、生产设备和集中控制系统等，都是各自独立的。不同系统的设计、安装都由不同的厂商实施，各成体系。不同设备使用的线缆、连接材料不同，连接这些不同布线的插头、插座及配线设备也不能互相兼容。结构化布线系统则克服了传统布线系统的不足，能够适应信息化的需要。

所谓结构化布线系统，实质上就是指建筑物或建筑群内安装的传输线路。这些传输线路将所有语音设备、数据通信设备、图像处理与安全监视设备、交换设备和其他信息管理系统彼此连接起来，并按照一定秩序和内部关系组合为整体。从用户的角度来说，结构化布线系统是使用一套标准的组网部件，按照标准的连接方法来实现的网络布线系统。结构化布线系统由一系列不同的部件组成，包括布置在建筑物或建筑群内的所有传输线缆和各种配件，例如线缆与光缆、线路管理硬件、连接器、插头、插座、适配器、电气保护设备及硬件，以及各类用户终端设备接口和外部网络接口等。目前所说的结构化综合布线系统还是以通信自动化为主的综合布线系统，是智能化建筑的基础。

结构化布线系统所使用的传输介质、布线设备和接插组件都是标准化的，这也是目前所推行的比较先进的布线方式。它有许多特点：

 ❑ 结构化布线系统具有良好的综合性和兼容性。该系统集语音、数据、图像与监控等设备于一体，并将多种终端设备的插头、插座标准化，能够满足不同厂商生产的终端设备的需要，即任一插座都能够连接不同类型的设备，能综合和兼容不同系统。

❑ 结构化布线系统适应性强，使用灵活。由于传输介质、连线、配线组件都是标准化的，因此在任何网络系统的环境之下，不会因为使用了不同的设备而需要与厂商协调，也不会因为增加设备、改变设备的位置或类型等而重新布线，而只需要在配线架上对相关部位改变一下跳线就可以了。也就是说，改变跳线关系就能改变系统组成和服务功能，以满足建筑物多种弱电系统对传输平台的要求，从而大大减少了在线路的布放及管理上耗费的时间和经济上的开销。同时，结构在布线系统实用、方便，一次投资长期受益。

❑ 结构化布线系统易于扩容，便于维护。该系统采用模块化设计，并采用积木式标准组件，易于扩充与重新配置。当需要扩容时，只需增加配线设备和扩容部分的新增布线，实施起来非常方便，而且不影响整个系统的正常运行，能做到既不影响原有系统的工作又能保护原有系统的投资。由于结构化布线系统具有积木式的特点，其系统性能稳定、维护非常方便，某一模块出现故障时不影响其他模块工作，而且很容易通过监测系统迅速发现故障。

❑ 结构化布系统具有科学性和经济实用性。该系统的设计标准、所使用的标准化组网部件，以及检测功能和施工工具都符合国际标准，是目前先进可靠的技术。由于它的开放性，能够满足不同用户的需求。结构化布线系统构成了智能化建筑的基础，是智能化建筑的神经系统。

可见，结构化布线系统的特点和效益是多方面的，利用它可以合理、有序地进行弱电系统布线的总体设计，避免各个子系统重复施工所造成的种种浪费和相互间的不利影响；同时更合理地利用建筑空间，变无序为有序，方便管理和使用。

5.1.2　结构化布线系统的应用场合

结构化布线系统的应用场合非常广泛，主要适应以下环境：

❑ 智能化建筑。在智能化建筑和高级住宅小区中，通常拥有相当数量的先进设备，其通信容量大，自动化程度高。非结构化布线难以满足其技术指标和发展的需要。利用结构化布线系统可以很好地满足用户需求。

❑ 商业、贸易公司或单位。它覆盖的领域包括：商务贸易中心、商业大厦等；银行、保险公司、证券公司等金融机构；宾馆、饭店等服务行业。

❑ 机关、办公类的单位。它覆盖的领域包括：政府机关、企事业单位、群众团体、公司机关等办公大楼或综合型大厦等。

设计提示　作为国家建筑物的强制标准，办公楼、商务楼等都要支持结构化布线系统。因此在这些场合进行网络工程设计时，必须考虑结构化布线系统。

5.2　结构化布线系统的组成

国家标准及国际标准化组织／国际电工委员会的标准都对结构化布线系统的组成进行了规定。有些标准以一个建筑群为设计单元，有的标准则以一幢建筑物为设计单元。本节以一个建筑群为单元进行讨论，它由工作区（终端）子系统、水平布线子系统、垂直干线子系统、管理子系统、设备间子系统和建筑群子系统组成。

结构化布线系统的示意图如图 5-1 所示。

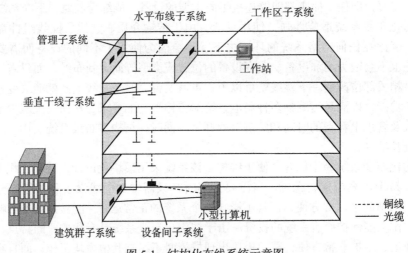

图 5-1　结构化布线系统示意图

5.2.1　工作区（终端）子系统

工作区（终端）子系统，也称为工作站区子系统或用户端子。工作区布线由终端设备到信息插座的连线组成，即从通信的引出端到工作站之间的连接线组成。它主要包括与用户设备连接的各种信息插座和相关配件，终端设备包括计算机、电话机、传真机等。目前工作区子系统最常见设置是非屏蔽双绞线的 RJ-45 插座、RJ-11 电话连接插座、图像信息连接插座以及连接这些插座与终端设备之间的连接软线和扩展连接线等。工作区子系统所用的设备、器材均为统一标准规定的型号和规格，以满足话音、数据和图像等信息传输的要求。工作区子系统的布线通常是非永久性的，可以根据用户的需要随时可以移动、增加或改变，既便于连接也易于管理。工作区子系统中的信息插座视网络系统的规模和终端设备的种类、数量而定。

工作区（终端）子系统中的布线、信息插座通常安装在工作间四周的墙壁下方，也可以安装在用户的办公桌上。不论安装在何处，应以方便、安全、不易损坏为目标。

所谓工作区子系统的布线，实质上相当于传统专业布线系统屋内通信线路的布线，终端设备包括计算机、电话机、传真机和有线电视机等，这些终端设备与信息插座或叫通信引出端（有时称适配器）之间的连接线。

5.2.2　水平布线子系统

水平布线子系统也称为分支干线子系统或叫水平干线子系统。与垂直干线相比，水平布线子系统是建筑物平面楼层的分支系统，它的一端来自垂直干线的楼层配线间（即管理子系统）的配线架，另一端与工作区的用户信息插座相连接。

根据工作区子系统设备的数量和种类，水平布线子系统所采用的传输介质有光缆、同轴电缆和双绞线等，目前光缆和双绞线使用得最多。若网络系统的规模较大，在同一楼层可以设置楼层配线架，水平布线子系统是由楼层配线架至各个通信引出端为止的通信线路；规模不大时，水平布线子系统也可以由设备子系统的配线架直接连到本楼层的各个通信引出端。为了网络系统的安全、可靠和施工方便，水平布线系统中的传输介质中间不宜有转接点，传输介质的两端宜直接从配线架到达工作区连接插座。当水平布线子系统覆盖的范围很大，一个楼层的工作区很多，以后又可能需要有一定的扩充量的话，为适应实际需要，设计水平布线子系统时可以在有些工作区或适当部位设置转接点。但转接点不宜过多，因为转接过多容易产生线缆附加串音，影响传输质量。

水平布线子系统的布线通常有暗管预埋、墙面引线和地下管槽、地面出线两种。前者适用于多数建筑系统，但一旦铺设完成，不宜更改和维护。后者最适合少墙、多柱的环境，而且更改和维护方便。常用的水平布线大多都是采用地下管槽、地面引线或墙面引线。环境复杂时，也可以根据实际情况灵活处理。

事实上，水平布线子系统与传统的专业布线系统的配线通信线路相似，由各个楼层的配线架起，分别引到各个楼层的通信引出端为止。

5.2.3　垂直干线子系统

垂直干线子系统也称为干线子系统，是高层建筑垂直连接的各种传输介质的组合。通过垂直连接系统将各个楼层的水平布线子系统连接起来，满足各个部分之间的通信要求。所以说，它是结构化布线的骨干部分。在结构化布线的设计中，可根据各楼层的不同技术要求，分别选择相应的缆线规格或数量。例如，干线可以是光缆、电缆或双绞线，以满足数据与话音的需要。

垂直干线子系统的布线一般采用垂直安装。典型的安装方法是将传输介质安装在贯穿建筑物各个楼层的竖井之内，并固定在竖井的钢铁支架上，以确保其牢固程度。竖井在每个楼层有连接水平子系统的分支房间，这个房间通常称为管理子系统。在多层高建筑或二层以上的低建筑中，这种管理子系统的集合构成垂直子系统的关系；在单层建筑中，该管理子系统虽不能构成垂直关系，但它仍然起着连接其他子区的中枢作用。

垂直干线子系统与高层建筑传统的专业布线系统相似，都是将所有的通信传输线置于一个垂直管道或竖井之内，在每个楼层设置一个分支（即管理子系统），再由管理子系统中的配线架到每一用户。

5.2.4　管理子系统

管理子系统由各个楼层的配线架构成，用于实现垂直子系统与水平布线子系统之间的连接。管理子系统也称为配线系统，它就像一个楼层调度室，由它来灵活调整某楼层中各个房间的设备移动和网络拓扑结构的变更。通过该系统可以将一个用户端子调整到另一个用户端子或设备上，也可以将某一个水平布线子系统调整到另一个水平布线子系统。当整个网络系统需要调整布线或用户有变更时，都可以通过配线架上的跳线来实现布线的连接顺序，从而有机地调整各个工作区域内的线路连接关系。这就是结构化布线系统提供灵活性的关键所在。

管理子系统常用的设备包括双绞线配线架或跳线板、光缆配线架或跳线系统，除此之外还有一些集线器、适配器和光缆的光电转换设备等。

管理子系统相当于传统专业布线系统中的屋内通信线路交换箱、配线箱或跳线等接续设备。

5.2.5　设备间子系统

设备间子系统是一幢楼中集中安装大型通信设备、主机、网络服务器、网络互联设备和配线接续设备的场所。它主要放置网络系统的公用设备，也是进出线的地方，在这里可以监视、管理建筑物内的整个网络系统。设备间子系统连接的设备主要是服务的提供者，并包含大量与用户连接的端子。该机房担负户外系统与户内系统的汇合，同时集中了所有系统的传输介质、公用设备和配线接续设备等。

在设备间子系统的位置选择方面，一方面要兼顾到与垂直子系统、水平布线子系统的连接方便，还要考虑到电磁干扰环境的要求等。因为它涉及结构化布线的投资、施工安装与维护等，所以通常设置在一幢楼的中部楼层。该机房的供电要求也格外严格，通常必须配备不间断电源（UPS），而且还要有备用电源。其他方面的环境要求也比普通机房的要求严格得多。

设备间子系统相当于传统专业布线系统中的外线引入机房，是通信线路的进线和总配线架等设备集中的枢纽。

5.2.6 建筑群子系统

建筑群子系统将一个建筑物中的线缆延伸到建筑群另一些建筑物中的通信设备和装置上。建筑群子系统也称为户外子系统。结构化布线系统不仅仅局限于一个建筑物，而是面对一个建筑楼群，需要一个系统来完成楼与楼之间的连接，或者是各楼设备间子系统与设备间子系统中的干线连接，实现这个功能的系统就是建筑群子系统（或户外子系统）。

建筑群子系统支持提供楼群之间通信所需要的硬件，例如光缆、同轴电缆或双绞线等传输介质。具体采用什么介质，要根据网络的规模、通信的传输距离和用户的容量而确定。除此之外，还需要配置保护装置以及其他一些配件。考虑到要避免雷击，通常优先考虑采用光缆。建筑群子系统的布线有通过地下管道布线和架空布线两种方式，建筑群子系统与户内系统的连接需要有专门的房间，这个机房就是设备间子系统。

上述结构化布系统的组成是国际通行的标准。国家信息产业部在国际标准的基础上结合我国国情，制定了一套既能体现通信线路的系统性和整体性，又能反映我国国情和特点的结构化布线系统组成的国家标准。该标准规定结构化布线系统由建筑群主干线布线子系统、建筑物主干线布线子系统和水平布线子系统组成。工作区布线系统视为非永久性的布线方式，所以在工程设计以及施工安装等方面都不列入结构化布线系统。

设计提示 设计结构化布线系统时，必须分别对该系统的 6 个部分进行设计。

5.3 结构化布线系统的设备和部件

5.3.1 承载、连接与配线设施

结构化布线系统中所需要的设备和部件很多，它们大体上可分为承载、连接和配线等类型。

1. 承载设施

承载设施主要是指承载和收纳各类网络线缆、网络设备等所用到的设施，主要包括底盒、穿线管、桥架和机柜等。

❑ **底盒** 底盒是用于承载用户端面板模块的设施，根据其安装位置的不同一般分为暗盒和明盒。暗盒一般嵌入安装在墙体内，明盒一般安装在支撑物的表面。底盒按材料可分为金属底盒和塑料底盒，金属底盒一般用于对承载设施的接地和屏蔽性能要求要高的场合。底盒的规格一般为 86mm × 86mm，所以常被称为"八六盒"。安装在八六盒上的面板被称为八六面板。当然有时可根据具体需要使用一些非标准的底盒。各类底盒及附件如图 5-2 所示。

图 5-2 各类底盒及附件

❏ **穿线管** 穿线管是用于承载零星线缆的设施，一般嵌入安装在墙体或地面内，作为用户端底盒到房间顶部（或防静电地板下方）桥架的穿线通道，也可作为底盒到底盒之间的穿线通道。穿线管按材料可分为金属穿线管和塑料穿线管，金属穿线管一般用于对承载设施的接地和屏蔽性能要求要高的场合。穿线管的规格通常按直径进行划分，单位为 mm，如 Φ16、Φ20、Φ25、Φ32 等。各类穿线管及其附件如图 5-3 所示。

图 5-3 各类穿线管及附件

常用的金属穿线管按材质和工艺可划分两类：KBG 管和 JDG 管。KBG 为扣压式镀锌薄壁电线管，其原理是用扣压钳子将管道和管件压出小坑，达到紧密连接的目的；JDG 为紧定式镀锌薄壁电线管，其连接靠管件顶丝顶紧管道实现。二者的区别主要体现在以下 3 方面。

1）连接方式：KBG 管为扣压式，JDG 管为紧定式。

2）管路转弯的处理方法：KBG 管利用弯管接头，JDG 管使用弯管器煨弯。

3）管壁厚度：JDG 管厚度有普通型（1.2mm）和标准型（1.6mm）两种；KBG 管厚度也有普通型（1.0mm）和标准型（1.2mm）两种。标准型适合在预埋铺设和吊顶内铺设，普通型仅适合在吊顶内铺设。

❏ **桥架** 桥架是用于承载批量线缆的设施，外形如图 5-4 所示。桥架一般安装在主干通道，如房间或过道吊顶层内、竖井、设备间。采用桥架便于批量完成线缆的铺设、收纳、维护、保护，也使线缆铺设显得美观整洁。

桥架的结构形式一般分为梯级式电缆桥架、托盘式电缆桥架、槽式电缆桥架、大跨距电缆桥架、组合式电缆桥架等类型。在网络工程中多采用槽式电缆桥架，因此有时又将此类桥架叫做走线槽。

图 5-4 金属桥架

根据容纳的线缆数量，桥架一般有多种规格，采用宽 × 高的方式描述，如 300 × 150 表示宽为 300mm、高为 150mm。

按使用的材质和工艺，可以将桥架分为热浸锌、电镀彩锌、铝合金和静电喷涂等类型。在建筑物内，用于承载强电线缆的桥架和承载弱电线缆的桥架应分开铺设。桥架的施工规范应参照中国建筑标准设计研究院所发行的 JSJT-121 全国通用建筑标准设计 – 电气装置标准图集《电缆桥架安装》04D701-3。注意，桥架必须保持良好的接地处理。

❑ **机柜** 机柜是用于放置网络设备或配线设备的设施（参见图 5-5）。一般而言，机柜应成排摆放在机房防静电地板的上方，距墙面应留出 50cm 以上的检修空间；机柜下方防静电地板应开 300 × 300mm 左右的穿线面，便于走线，穿线面四周边缘应保持打磨光滑，以避免在穿线时损伤线缆。网络机房可采用标准机柜，也可根据实际需要定制机柜。一般标准机柜为底部为 600 × 600mm，正好与防静电地板的规格相同，机柜高度一般有 1.2m、1.6m、1.8m 和 2m 等规格。机柜应接地，有网络设备的机柜应保持机柜风扇加电运行，机柜内相邻设备之间至少应保持 1 个 U 的距离。若在同一机柜内既要安装网络设备又要安放配线设备，应将配线设备安装在机柜下部，将网络设备安装到机柜上部。

2. 连接设施

❑ **双绞线连接设备** 双绞线布线系统中的连接部件主要是 RJ-45 接头，除此之外就是用户的信息接插座（也叫通信引出端子），由此与终端设备相连接。

1）信息插座。信息插座由底盒、面板和模块构成。底盒预埋在墙体中，将线缆从底盒中穿出连接到模块，再将模块卡接在面板上，面板覆盖在底盒上，通过螺丝钉固定。一般线缆出底盒后应预留 20cm 左右长度，可盘绕在底盒中。

一个八六面板可最多容纳 3 个模块，所以在布线时，一个 86 盒不应容纳超过 3 根线缆。常用的面板有单孔面板、双孔面板，也有些面板提供三个模块位供用户安装定制模块。各类面板与模块如图 5-6 所示。

网络模块的线是用专用工具卡压上去的，正规的模块有 A 和 B 两类色标，即提供 A 类和 B 类两种标准的卡线方法。如果插座中的线缆用于电话连接，可使网络面板插接 RJ-11 插头，但需要将网线中的蓝色一对线用于电话；也可直接安装提供 RJ-11 插孔的面板。

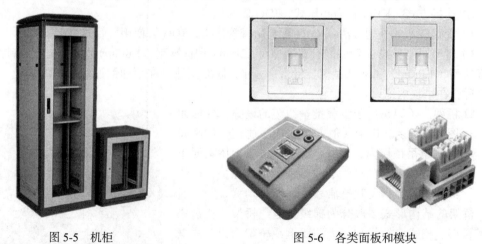

图 5-5 机柜   图 5-6 各类面板和模块

有些信息插座不是安装墙体内，而是安装在桌面或地面，这类插座叫做"桌插"或"地插"，其外形与墙插稍有不同，地插和桌插根据容纳的插孔用途和数量不同，其外形尺寸也有所不同，常见的地插和桌插如图 5-7 所示。

2）水晶头与跳线。水晶头是用于制作网络或电话连接线的插头，连接线通常也被称为跳线。在信息插座到用户电脑之间要使用跳线，在网络设备之间或网络设备与配线之间也要使用跳线。用于网络连接的水晶头通常称为 RJ-45 头，用于电话连接的水晶头通常称为 RJ-11 头。一些水晶头示例如图 5-8 所示。一些跳线示例如图 5-9 所示。

图 5-7　常见地插和桌插

图 5-8　一些水晶头示例　　　　图 5-9　一些跳线示例

❑ 同轴电缆连接设备。同轴电缆布线中需要的连接部件比较多。例如，粗同轴电缆中使用的 N 系列连接器（包括阴、阳）；N 系列桶形连接器、粗转细转换器（包括阴、阳）；N 系列端接器等，其中，端接器有 N 系列和 BNC 系列两种，其阻值大小是由所用电缆的阻抗特性决定的。目前的粗电缆和细电缆都是 50Ω。通常，工作站发送的信息从连接工作站的 BNC 头向两边的传输介质传送，一直到网络的两个端头。端接器的作用就是吸收到传输介质端头的信号，使其不被反射回传，从而保证整个网络正常工作。细同轴电缆中所用的有 BNC 连接器（Q9 接头）、BNC T 型连接器、BNC 桶形连接器和 BNC 端接器等。目前很少在联网时使用同轴电缆，但在视频监控、大屏投影等项目工程中仍大量使用同轴电缆。

❑ 光缆连接设备。光缆布线中需要的连接设备有光缆配线架、光纤连接器和光电转换器等。

光纤收发器用于网络工程中光纤信号到电信号的转换，提供一个光纤接口和一个 RJ-45 接口，如图 5-10 所示。光纤收发器根据光纤模式分为单模和多模两种类型，一般成对使用。有的网络交换机内置有光纤模块，这种情况下不需要光纤收发器。光纤跳线用于机房内不同光纤设备间的连接，如光纤配线架到光纤收发器或交换机。

3. 配线设施

在结构化布线工程中，从用户端到设备机房，有大量线缆要汇接到机柜内，在这种情况下，不是将汇接的线缆直接连接到相应网络设备（如交换机）上，而是要将所有汇接线缆固定连接到配线架上。

❑ **配线架**   配线架在结构化布线系统中起着非常重要的作用。配线架可使批量线缆末端接头被整齐地收纳在机柜内，同时也便于维护和进行跳线连接。通过配线架可将布线工程与末端的网络设备安装调试工程分开，既便于工程并行展开，也便于后期维护和使用。建筑群主干线布线系统、建筑物主干线布线系统和垂直布线系统等都需要配线架。配线架由各种跳线板与跳线组成。它能够方便地调整各个区域内的线路连接关系。当需要调整布线系统时，通过配线架系统的跳线即可重新配置布线的连接顺序。它不仅能够将一个用户端子跳接到另一个用户端子或者设备上，而且能够将整个楼层的布线线路跳接到另一个线路上。跳线的种类很多，如光纤跳线、线缆跳线等。为了操作方便，线缆配线架大多都采用无焊接的连接方法。

网络配线架用于汇接各信息点到机房的网络线缆，其正面提供多个 RJ-45 插孔，背面为紧密排列在一起的插芯，用于卡线，网线中的 8 根铜芯按色标依次卡压在插芯中，如图 5-11 所示。网络配线架主要有 24 口、48 口等规格。

图 5-10   光纤收发器

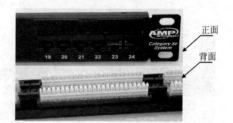

图 5-11   网络配线架

电话配线架用于语音线缆的汇接，线缆可以采用普通网线，也可采用大对数线缆。通常，机房内程控交换机输出的用户线就近连接到机柜内电话配线架上，一对线代表一个号码，依次排列，来自各房间用户线也连接在机柜其他电话配线架上。通过在配线架之间进行跳线连接，即可实现用户端不同号码的分配。由于语音通信只要两根线即可，因此其跳线相对简单，用两根芯线卡压即可将其固定（参见图 5-12）。电话配线架有用于专用电话配线柜内的配线架，也有用于网络机柜内的配线架，如 110 电话配线架，这种配线架按 1U 规格设计，正面提供插芯，供打线用。

图 5-12   电话配线架

　　光纤配线架用于汇接光纤。通常一根光缆有多根光纤，如 4 芯、8 芯、12 芯等。光纤非常脆弱，需要保护，光纤配线架既起到汇集光纤的作用，又起到保护光纤的作用。光纤配线架对外提供固定的光纤接口，光通信设备可通过光纤跳线与光纤配线架相连接，以实现从光缆到光通信设备的连接，如图 5-13 所示。

图 5-13　光纤配线架

　　❑ **理线器**　理线器是用于对机柜内网络跳线接头部分进行规整的附属设施，它一般被安装在机柜内各网络交换机的下方和各配线架的下方，跳线从理线器的出线孔穿出，插头插接到交换机或配线架端口上，使机柜内走线保持美观，如图 5-14 所示。

图 5-14　理线器

5.3.2　布线工具

　　在实施布线工程时需要用到多种工具，这些工具可分为两类：布线工具和测试工具。

1. 布线工具

　　（1）安装桥架、底盒、线管等要用到的工具

　　这类工具是在布线之前安装桥架、底盒、线管等时使用的，主要包括：冲击电钻、普通电钻、手枪钻、金属开孔器、切割机、打磨机、螺丝启子、锤子、钢千、钢锯、弯管器、液压钳、老虎钳、尖嘴钳和扳手等。

　　（2）剥线、打线、压线、捆扎、标签制作、接头制作工具

　　当线缆铺设到位后，剩下的工作包括：用户端插座的连接，机房端线缆的上架。此时需要用到剥线、剪线、打线工具；为线缆易于标识，还需要号码管打印机；为使线缆排列整齐有序、紧固，还需要使用各类捆扎带等。常见的工具分别如图 5-15、图 5-16 和图 5-17 所示。

　　（3）光纤熔接工具

　　实现光缆对接、光缆进入光纤配线架或光端盒时需要使用光纤熔接机。光纤熔接机已在第 2 章进行了介绍。

图 5-15　简易剥线工具

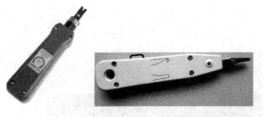

图 5-16 打线工具

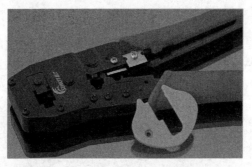

图 5-17 剥线、剪线、接头制作多用工具

2. 测试工具

（1）万用表

万用表是用于测试的基本工具，可测试电阻、电压、电流。通过测试电阻也可检查线路通断情况。目前主要有两种万用表：指针式万用表和数字万用表，如图 5-18 所示。

图 5-18 指针式万用表和数字万用表

（2）接地电阻测试仪

接地电阻测试仪通常用于测试建筑物基础接地或建筑物内某项工程包含的基础设施接地情况。

（3）网络测试仪

网络测试仪有低端和高端产品之分。普通网络测试仪主要用于测试网线中 8 根芯线的通断情况，可以通过测试仪面板的指示灯显示测量结果。这种测试仪适合用于个别线缆或跳线的通断检测，价格较为便宜。高级网络测试仪可以用于测试线缆通断、短路、衰减等情况，可设置线缆编号、生成报表数据，这类测试仪价格昂贵，常见的有 Fluke 等品牌测试仪。在重要项目的布线工程验收时必须采用高级测试仪，其测试生成的数据更为可靠。常见的网络测试仪如图 5-19 所示。

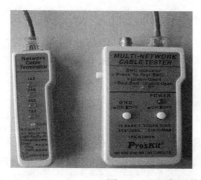

图 5-19 两类网络测试仪

（4）光纤测试仪

光缆铺设完成后并当机房具备条件时，可以开始光纤熔接工作。当所有光纤两端熔接完成后，应进行测试工作，此时需要使用光纤测试仪进行测试。

5.4 结构化布线系统工程设计

5.4.1 结构化布线系统工程设计的内容

进行结构化布线系统的工程设计时，应把握以下几方面内容。

- ❏ 对用户通信要求的评估。应评估用户的通信要求和对计算机网络的要求，包括网络服务范围、通信类型和工程投资能力。
- ❏ 实地勘察建筑群或建筑物的地理环境。应实地勘察、了解工程环境，包括了解是为建筑群布线还是为建筑物布线、用户数量、位置和用户与用户之间的最大距离。楼与楼之间的线缆走向、楼层内的线缆走向和供电系统情况等，以此来确定网络的拓扑结构。
- ❏ 根据地理环境选择传输介质、网络设备。应通过网络的通信类型、地理环境、用户容量和拓扑结构来确定选择什么样的传输介质。常用的传输介质有双绞线、电缆和光缆等，同时根据所选择的介质确定各种连接器、跳线和配线架等硬件设备。选择这些设备时，要注意所选用的线缆、连接器件、跳线等都必须与选型相配套。例如，选择 6 类线标准时，其线缆、连接器件、跳线都一定要满足 6 类要求，否则达不到所设计的技术指标。
- ❏ 绘制网络工程布局、配置蓝图。在完成以上工作之后，应依照结构化布线系统的结构组成，为整个网络系统绘出结构化布线的蓝图，标明主干线、分支线、介质、距离和走向。配线接续设备的规格与位置、连接器的类型与位置、通信引出端（用户信息插座）的品名、位置等。在用户容量的基础上还需要留有一定的余量，以便以后的扩容和用户可能的变更等。
- ❏ 进行工程造价估算。预算投资时需要一并考虑硬件设备、软件预算；网络工程材料经费投资；网络工程施工费用投资；技术培训费用投资和维护费用投资等。

5.4.2 结构化布线系统标准

结构化布线系统已经成为一种产业，目前已经出台了结构化布线系统的设计、施工和测试等标准，同时也有相应的进口产品和国产设备，例如线缆、配线接续设备等。其标准有

❑ EIA/TIA 568 商业建筑电信布线标准。

❑ ISO/IEC 11801 建筑物通用布线的国际标准。

❑ EIA/TIA TSB-67 非屏蔽双绞线系统传输性能验收规范。

❑ EIA/TIA 569 民用建筑通信通道和空间标准。

❑ EIA/TIA 民用建筑中有关通信接地标准。

❑ EIA/TIA 民用建筑通信管理标准。

上述标准支持以下计算机网络标准：IEEE802.3 总线型 LAN 网络标准；IEEE802.5 环形 LAN 网络标准；FDDI 光纤分布式数据接口高速网络标准；CDDI 铜线分布数据接口高速网络标准和 ATM 异步传输模式。

我国于 1995 年 3 月颁布并批准了《建筑与建筑群综合布线系统工程设计规范》标准，即 CECS92：97 建筑与建筑群综合布线系统工程设计规范，2007 年发布了综合布线系统工程设计规范和验收规范。

下面简要总结几种布线系统的涉及范围和要点。

1）水平干线布线系统：涉及水平跳线架、水平线缆、线缆出入口 / 连接器、转接点等。

2）垂直干线布线系统：涉及主跳线架、中间跳线架、建筑外主干线缆、建筑内主干线缆等。

3）非屏蔽双绞线布线系统：参见 2.7.1 节的有关内容。

4）光缆布线系统：对于水平干线子系统：62.5/125μm 多模光缆（入出口有 2 条光缆），多数为室内型光缆。对于垂直干线子系统：62.5/125μm 多模光缆或 10/125μm 单模光缆。

表 5-1 到表 5-6 列出了一些环境要求。其中，表 5-1 列出了结构化布线系统与其他干扰源的距离要求，离干扰源越远，则对网络通信串扰越小。

表 5-1　结构化布线系统与其他干扰源的距离

干扰源	结构化布线系统接近状态	最小间距 /cm
380V 以下电力电缆 <2KVA	与缆线平行铺设	13
	有一方在接地的线槽中	7
	双方都在接地的线槽中	4
380V 以下电力电缆 <（2～5）KVA	与缆线平行铺设	30
	有一方在接地的线槽中	15
	双方都在接地的线槽中	8
380V 以下电力电缆 <5KVA	与缆线平行铺设	60
	有一方在接地的线槽中	30
	双方都在接地的线槽中	15
荧光灯、氩灯、电子启动器或交感性设备	与线缆接近	15～30
无线电发射设备、雷达设备、其他工业设备	与线缆接近	≥150
配电箱	与线缆接近	≥100
电梯、变电室	尽量远离	≥200

在实践中，要求每层楼的配线柜都应单独接地，表 5-2 给出了接地导线的选择规定。

表 5-3 列出了管理子系统的面积要求。其中，如果管理子系统兼做设备子系统，其面积不应小于 10m²。

表 5-4 列出了双绞线缆与电力线的最小距离。若它们分别在接地的线槽或钢管中，且平行长度小于 10m 时，最小间距可为 10mm。如果双绞线缆若为屏蔽线缆的话，则距离可适当减小。

表 5-2 配线柜接地导线的选择规定

名称	接地距离≤30m	接地距离≤100m
接入交换机的工作站数据 / 个	≤ 50	>50，≤ 300
专线的数量 / 条	≤ 15	>15，≤ 80
信息插座的数量 / 个	≤ 75	>75，≤ 450
工作区的面积 /m²	≤ 750	>750，≤ 4500
配电室或电脑室的面积 /m²	10	15
选用绝缘铜导线的截面 /nm²	6 ～ 16	16 ～ 50

表 5-3 各管理子系统的面积要求

工作区子系统数量（个）	管理子系统的数量与大小	二级管理子系统数量与大小
≤ 200	1 个 ≥ 1.2 × 1.5m²	0
201 ～ 400	1 个 ≥ 1.2 × 2.1m²	1 个 ≥ 1.2 × 1.5m²
401 ～ 600	1 个 ≥ 1.2 × 2.7m²	1 个 ≥ 1.2 × 1.5m²
>600	2 个 ≥ 1.2 × 2.7m²	

表 5-4 双绞线缆与电力线的最小距离

条件 \ 单位、范围	最小距离（mm）		
	<2KVA（<380V～）	2 ～ 5KVA（<380V～）	>5KVA（<380V～）
双绞线缆与电力线平行铺设	130	300	600
有一方在接地线槽或钢管中	70	150	300
双方均在接地线槽或钢管中	10	80	150

表 5-5 给出了双绞线缆与其他管线的最小距离，而表 5-5 给出了暗管允许布线线缆的数量。

表 5-5 双绞线缆与其他管线的最小距离

管线种类	平行距离（m）	垂直交叉距离（m）
避雷引下线	1.00	0.30
保护地线	0.05	0.02
热力管（不包封）	0.50	0.50
热力管（包封）	0.30	0.30
给水管	0.15	0.02

表 5-6 暗管允许布线线缆的数量

暗管规格	线缆数量（根）									
	每根线缆外径（mm）									
内径（mm）	3.30	4.60	5.60	6.10	7.40	7.90	9.40	13.50	15.80	17.80
	1	1	-	-	-	-	-	-	-	-
15.8	6	5	4	3	2	1	-	-	-	-
20.90	8	8	7	6	3	3	2	1	-	-
26.60	16	14	12	10	6	6	3	1	1	1
35.10	20	18	16	15	7	7	4	2	1	1

5.4.3 结构化布线系统的测试

结构化布线系统的测试主要是对线缆和布线系统的网络连接硬件进行测试。从工程角度来说，测试通常分为两类，即验证测试和鉴别测试。所谓验证测试就是测试线缆的基本安装情况。例如，线缆有无开路、短路等现象，无屏蔽双绞线的连接是否符合标准，同轴电缆的端接器是否接触良好等。鉴别测试则是在满足正确连接的同时，验证其是否符合有关标准的测试，即测试其电气特性是否达到设计要求等。

结构化布线系统的测试工具分为两大类，一类是线缆检测工具，也叫验证测试工具，如 TEST ALL IV 检测仪和 Fluke 620 检测仪等。另一类是线缆测试工具，也叫鉴别测试工具，如 DSP-100 数字式测试仪、TEXT-ALL25 测试仪和 938 系列光缆测试仪等。

在对结构化布线系统进行彻底测试后，要对这些线缆进行标识。标识线缆要使用专用标签，以达到长久保存、美观和耐用的目的。此后，要将结构化布线系统测试验收报告和有关文档汇总归档，其中包括信息点配置表、配线架对照表、结构化布线系统走向图和测试报告等。

1. 双绞线的测试

双绞线的测试一般包括对以下参数指标的测试，也可以根据其他条件选择测试内容。

1）接线图测试和长度测试。前者主要测试水平线缆终接工作区信息插座以及配线设备接插件接线端子间的安装连接是否正确。双绞线两端通常满足 EIA/TIA 568B 标准（参见 2.7.1 节）。长度测试要求水平线缆长度小于 90 m，工作区线缆和跳线的长度之和不超过 10 m，线缆长度不超过 100 m。

2）近端串扰。该指标表示传送线对与接收线对之间产生干扰的信号强度，它是传输信号与串扰比值，单位是分贝，其绝对值越大，串扰越低。

3）衰减。它指信号沿着一定长度的线缆传输所产生的损耗。衰减与线缆的长度有直接关系，并随着频率的上升而增加。衰减用初始传送端信号与接收信号强度的比值表示，单位是分贝。

4）信噪比（SNR）。该指标表示近端串扰与衰减在某一频率上的差。

5）传播时延。它表示一根线缆上最快线对与最慢线对间的传播时延的差值。

6）回波损耗（RL）。该指标用于度量因阻抗不匹配而导致部分传输信号的能量反射，这个指标对全双工通信方式非常重要。

7）特性阻抗。该参数表示电路中对电流的阻碍，单位欧姆。

双绞线测试可遵循的标准有：

1）GB 50311-2007《综合布线工程设计规范》。

2）GB 50312-2007《综合布线工程验收规范》。

3）ANSI TIA/EIA 有关标准，如 TIA/EIA-568A《商务建筑电信布线标准》、TIA/EIA-569《商务建筑电信通道和空间标准》、TIA/EIA-570A《住宅建筑电信布线标准》、TIA/EIA-606《商务建筑电信设施管理标准》。

4）ISO/IEC 11801 标准，如 TSB-67《非屏蔽双绞线布线系统传输性能现场测试标准》。

2. 光纤的测试

光纤最主要的参数是光功率损耗，这种损耗是由光纤自身、接头和熔解点造成的。光纤测试的基本内容包括连续性和衰减/损耗、光纤输入功率和输出功率、分析光纤的衰减/损耗以及确定光纤连续性和衰减/损耗的部位等。光纤测试指标主要是衰减。表 5-7 给出了光纤线路衰减测试标准，光纤在规定的传输窗口测量的最大衰减不应当超过表中的值。

表 5-7　光纤线路衰减测试标准

线路长度	衰减 /dB			
	单模光纤		多模光纤	
	波长 1310nm	波长 1550nm	波长 850nm	波长 1300nm
100	2.2	2.2	2.5	2.2
500	2.7	2.7	3.9	2.6
1500	3.6	3.6	7.4	3.6

5.5　网络机房设计

建设标准的计算机网络机房是保障网络系统安全、可靠的重要环节。设计网络机房不同于设计单机计算机机房，计算机网络系统所用的设备大多是机、电、磁一体的高精密度设备，所以机房环境的要求是设计网络系统机房的重要因素，一个良好的工作环境可以使系统可靠工作、延长机器寿命。本节将重点介绍网络系统机房的环境设计。

5.5.1　计算机网络机房的总体设计

要建设计算机网络中心机房，首先要考虑机房场地的设计，设计时主要考虑面积、地面、墙壁、顶棚、门窗和照明等因素。

1. 建筑物功能区划分

（1）建筑物内部各要素房间的划分

由于一项建筑工程涉及的系统种类多，设备机房不一定集中在同一个房间内，因此在土建工程设计阶段，就应综合考虑不同系统对要素房间的需求，以达到布局合理、便于建设完成后的日常管理和维护的目的。例如，对于某地下指挥所，各要素房间分布在同一水平区域内，其中着色的房间表示具有特定功能的要素房间或设备机房，如图 5-20 所示。

（2）要素房间内部设备布局

完成各要素房间布局设计后，应考虑要素房间内部设备布局。一项大型建设工程涉及专业多、分工复杂，不同分项工程进行的时间先后顺序不同，但也有相互交叉的情况，设备机房的设备安装施工在土建或装修工程完成之后进行，但所有预埋预留工作须放在土建或装修阶段同步进行，因此各要素房间的设备布局要提前进行设计，尤其要对预埋预留进行提前设计，以减少后期工作量或难度。

网络机房内部设备布局根据设备数量、设备种类、缆线数量、缆线进出方式等因

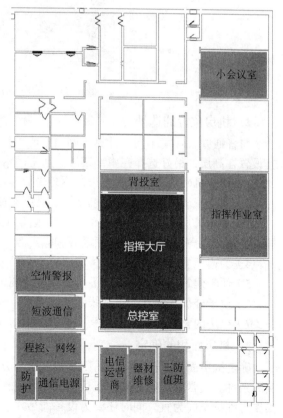

图 5-20　某地下建筑功能要素布局示例

素有所不同，但可以考虑几个共同的因素。一个小规模网络机房设备布局如图 5-21 所示。

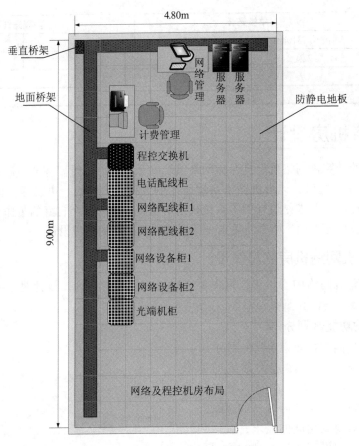

图 5-21　网络机房内部布局示例

2. 机房位置的选址

与普通办公环境不同，计算机网络中心机房位置既不宜设在一幢高层建筑的底层，也不宜设置在高层，最好选择在中部某层。通常网络系统机房选址有如下要求。

1）计算机网络系统机房应选择不易受地震等灾害而损毁的场所。

2）网络系统机房要远离易燃易爆、具有腐蚀性、有害化学气体的场所。

3）避免机房周围有强电场干扰，应远离高压输电线、雷达站、无线电发射台和微波站。同时为避免噪声干扰，应远离振动源和噪声源。

4）为避免尘埃的影响，机房应远离水泥厂、石灰厂等尘埃多发地。

5）便于建筑物内部线缆的汇接，减少线缆铺设成本。

6）便于外部互联互通主干线缆的铺设。

7）机房的整体屏蔽要求越高，进出机房的线缆应越少，尽量采用无金属光缆。

3. 机房面积的确定

确定机房面积时需要考虑的因素很多，一方面要根据机种和应用而定，另一方面要考虑实际条件。通常的原则是整体机房面积不宜过大，单机机房面积不宜过小，以保证有足够的操作与维护空间为宜。同时还要为设备前后左右留出足够的散热空间及未来扩充设备所需的空间。教学用机的机房、科研用机的机房、办公用机的机房、管理系统中心的用机机房、商场及证券公司用机的机房等要根据不同需要和工作环境因地制宜，以保证设备安放有足够的宽度、高度和空间。通常，网络系统机房面积设计应为设备占用面积的 5 ～ 7 倍。

4. 机房地面设计

机房地面最好采用铺设灵活、方便、走线合理、具有高抗静电的活动地板，与地面距离在 20 ～ 30cm，保证系统的绝缘电阻在 10MΩ 以上。而且，活动地板最好为配有走线的异形地板，以方便架设电源、信号等电缆。目前，我国生产地板品种很多，例如铝合金底面地板、钢质底面地板和木质地板等，可根据自己的情况选用。选择的基本原则是，在有防静电、防滑、防尘和防潮的前提下，采用比较简便、经济实惠的材料。同时要保证机房地面能够支撑所有设备的重量。

计算机机房内切忌铺地毯之类的物品，因为地毯容易积尘、容易产生静电。

5. 机房墙面的设计

机房的墙面应选用不易产生尘埃，也不易吸附尘埃的材料。目前大多采用塑料壁纸和乳胶漆等。

6. 机房顶棚的设计

为了调温、吸音、布置照明灯具和装饰等工作，最好在原房子顶棚下加一层吊顶。吊顶材料既要美观，又必须满足防火、消尘的要求。目前，我国通常采用铝合金或轻钢作龙骨，安装吸音铝合金板、难燃的铝塑板、纸面石英板等。

7. 机房门窗的设计

机房的门应保证具有良好的密封性，以达到隔音防尘的目的，同时保证最大的设备能方便进出机房。窗户应采用双层密闭玻璃窗，以便于调温。为防止阳光直接照射，最好安装窗帘。为保证环境安全，还需要考虑防盗问题。

8. 机房照明的设计

机房应有一定的照明度但又不宜过亮，以保证操作的准确性，提高工作效率，减少视觉疲劳。机房照明不同于工作办公室，机房照明要求照度大、光线分布均匀、光线不能直射，尤其应避免强光直接照射显示器、控制台和控制台面板。按照国家标准，机房在离地面0.8m 处的照明度应为 150 ～ 200 勒克斯。在有吊顶的房间可选用嵌入式荧光灯（两管或三管），而在无吊顶的房间可选用吸顶式或吊链式荧光灯作为照明源。

9. 机房层高的设计

不同用途要素房间对层高要求有所不同，一般网络机房的层高设计应在找平地面的基础上，再考虑如下几个因素：安装防静电地板所需的高度（20 ～ 30cm）、机柜高度（200cm）、机柜距吊顶层高度（100cm）、吊顶层距房顶高度（60cm），因此一般的网络机房应考虑具有380cm 左右的层高。

5.5.2　机房的环境设计

由于网络系统设备精密度高、系统的接插件多，因此机房环境的设计要求较高。通常需要考虑的因素有：电源、灰尘、温度与湿度、腐蚀和电磁干扰等，这些也是容易造成计算机网络系统故障的主要环境因素。

1. 机房的卫生环境

计算机网络对机房的洁净度有严格要求，灰尘对计算机和网络部件的危害极大。

对于计算机的存储系统，灰尘极易吸附在磁媒体的表面上，给存储系统带来极大危害，如软盘、硬盘绝对不能被灰尘侵蚀。如果软盘上有灰尘，就会将软盘划坏。对于硬盘，虽然硬盘体被密封，并设有空气过滤器，但仍然要求防尘，否则会损坏盘体或者磁头，造成数据的丢失。

计算机和网络器件中大量使用集成电路，芯片的集成度越来越高，引脚数也越来越多，这使得印刷电路板上的引线也越来越细，越来越密。若电路板上落满灰尘，就极易在集成芯片引脚之间、印制板引线之间产生漏电流，这在潮湿的季节会加大芯片的负载，使芯片老化或损坏。此外，灰尘还极易使芯片的引脚、电路板联线被腐蚀，造成开路故障。

2. 机房温度与湿度的环境

计算机网络系统对环境的温度、湿度有严格的要求，它直接影响网络系统的正常运行和使用寿命。若机房的温度过高，会因设备的温度上升而影响计算机的性能，严重时还会造成机器的损坏，加速元件的老化速度，降低使用寿命；温度过低则会造成设备不能正常运行。按照国家标准，开机时的机房温度通常应在 15 ～ 30℃，停机时的机房温度则应在 5 ～ 35℃。所以，计算机网络机房一般都必须安装空调，而且要通风良好，开机时间不宜太长；没有条件安装空调的机房要用电扇降温，并限制开机时间，或者打开机箱降温。

除此之外，计算机网络机房的相对湿度也有一定的要求。相对湿度过低，工作人员在地面行走、触摸设备、机械摩擦都会使机房内产生静电感应，对设备造成静电干扰以至产生故障；相对湿度过高会造成芯片引脚之间、印制板引线之间的漏电流加大，造成集成芯片的损坏或网络接插件接触不良。通常温度、湿度和清洁度都可以由空调系统来保证，依照国家标准，湿度一般应保持在 20% ～ 80%，从而维持计算机网络系统的正常运行。

3. 系统防电磁辐射的环境

电磁辐射对计算机网络系统的影响通常包括电磁干扰和射频干扰两类。

外部强电设备的启、停所产生的脉冲干扰，计算机内部以及静电放电都会产生电磁干扰。而计算机网络机房附近的通信电台、可控硅的开启与关闭和电源系统的射频传导则是射频干扰的主要来源。电磁辐射干扰将影响计算机网络的正常工作，严重的会导致系统瘫痪；会破坏存储媒体上的数据，造成信息丢失；在计算机网络控制系统中，电磁辐射干扰会使系统出错，控制失灵。

计算机网络机房严禁铺设易产生静电的材料，机房门口加装抗静电的脚垫，同时非专业维修人员切勿触摸计算机网络设备内部印刷线路板，防止静电损坏设备。

任何无线电杂波干扰应低于 0.5V，否则需要采取电磁屏蔽等措施以达到该要求。

4. 机房的其他设备

为了计算机和网络设备以及工作人员的人身安全，应保持室内空气的新鲜，通常在计算机网络机房还需要安装以下设备：

❑ 负离子发生器
❑ 紫外线杀菌灯
❑ 灭火设备
❑ 去湿设备
❑ 监控系统

机房的具体施工指标可遵循如下相关标准：

❑ GB 50174-2008《电子信息系统机房设计规范》
❑ GB 2887-89《计算站场地技术要求》
❑ GB 50312-2007《综合布线工程验收规范》

❑ ISO/IEC 11801C 标准

❑ ANSI TIA/EIA 相关标准

5.5.3　机房空调容量的设计

计算机网络系统对环境的要求很高，随地域和季节的不同，需要改善的重点也不同。炎热的南方和夏季的北方，环境温湿度的调节重点是降温去湿；而冬季的北方则需要通过加温增湿来调节环境。机房环境的温度要求通常如下：冬季为 20℃ ±2℃，夏季为 23℃ ±2℃；它的相对湿度为 50% ± 5%。

目前计算机机房和网络机房主要靠空调进行温度和湿度的调节。机房的大小不同，选择的空调也会不同，需要对空调容量进行计算。

设计空调容量时，通常需要考虑设备发热量、机房照明的发热量、机房人员的热量、机房外围结构和空气流通等因素，在这些因素的基础上合理选择空调。通常采用如下计算方法：

$$K=（100 \sim 300）\times \sum S（大卡）$$

其中 K 为空调容量，$\sum S$ 为机房面积。

设计提示　设计网络机房是网络工程设计中的重要一环，应当重点考虑布线系统、环境装修、空调、接地等问题。

5.6　网络机房电源设计

设计网络机房的电源系统时，应力求设计合理，使用安全和运行可靠。

5.6.1　配电系统设计

计算机网络系统的供电设计必须达到技术合理、经济实用的要求，也就是说，既能满足供电的可靠性、维修方便性和运行的安全性要求，又能满足供电系统投资少、效益高的要求。

一般情况下，建筑物内部会有一个总配电房，从就近的高压变电站引入 380V 电源，有特殊要求的单位可建设自发电（如油机发电）设施作为应急电源。为减少主干线路线缆铺设数量，便于按专业要素进行配电管理，往往会采用二次配电或多次配电，如设计专用通信电源系统，其主要设备安装在通信电源室，从而为建筑物内部所有通信、网络、安防、大屏等系统配电，因此从总配电室只需铺设 1~2 路主干线缆到通信电源室即可，这种情况下可按专业要素分别独立进行配电设计，如按照明、空调、通信网络等要素分开设计。如果一个要素房间内设备多，则应在该房间内安装配电箱，实现对末端设备的分路送电、断电。某地下建筑通信电源系统连接与配电设计如图 5-22 所示。在网络等系统设备机房配电设计时，应考虑如下几个方面的问题。

1. 设备机房的电力负荷等级

计算机网络系统设备间或中心机房的供电系统通常要求不间断地供电。国家电力部门对工业企业电力负荷进行了等级划分，依照用电设备的可靠程度通常分为三级，即一级负荷用电系统、二级负荷用电系统和三级负荷用电系统。所谓一级负荷，就是要建立不停电系统，采用一类供电；对于二级负荷，需要建立带有备用供电系统的二类供电；三级负荷就是普通用户的供电系统，也叫三类供电。负荷等级不同，供电的质量也有所不同，但都要保证不间断供电。

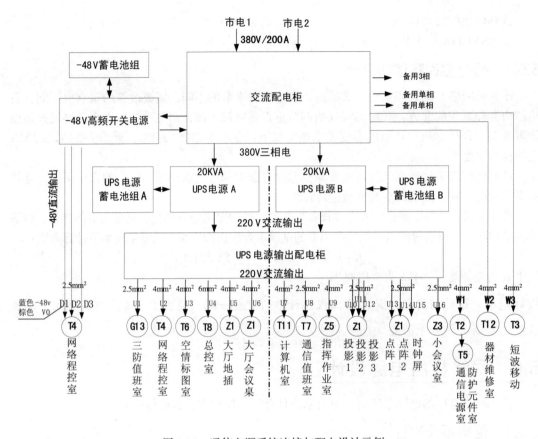

图 5-22　通信电源系统连接与配电设计示例

供电负荷等级一旦选定，供电部门就依照所选择的等级保证供电。有些对供电系统要求不是很高的单位或部门，也可以采用两路供电系统。如果一路停电，该系统能够立即自动切换到另一路供电系统，两路同时停电的机率相对较低，从而保证了用电的可靠性。

计算机网络系统的供电标准涉及网络系统的安全，应针对计算机网络系统的工作性质严格区分供电等级，这是网络系统供电设计的重要一步。

2. 供电系统的负荷计算

为保证计算机网络系统的供电安全、可靠，设计配电系统时还要考虑用电负荷的问题。一个机房或一个用电系统的用电分为照明用电、空调用电和设备用电，其中要考虑照明灯的数量、每支灯的功率；空调多大、耗电量多少；设备数量、每台设备的功率。除此之外，还要考虑增加设备时备份电源插座的用电负荷等。根据所用负载的负荷进行综合计算，从而选择进线和机房电源线线径以及配电方式。按照目前我国的供电标准，可以选择三相供电系统或单相供电系统。电源线线径通常按 $1mm^2$ 的线径不超过 6A 电流的标准进行设计。

系统负荷的计算（也叫负载功率的确定）通常有实测法和估算法两种方法。实测法即指在通电的情况下测量负载电流。如果负载为单相，则以相电流与相电压乘积的 2 倍作为负载功率；如果负载为三相，则以相电流与相电压乘积的 3 倍作为负载功率。估算法则是将各个单项负载功率加起来，所得的和再乘以一个保险系数作为总的负载功率，通常保险系数取 1.3 为宜。

采用实测法或者选用估算法计算出来的总负载功率仅仅作为总负载功率的基数，还要考虑为以后可能的设备扩容留有一定的余量，这才是最终确定的总负载功率的设计参数。配电设备、稳压设备、进线或出线的线径都是以此为依据进行选材设计的。

3. 配电系统的设计[⊖]

目前，国家低电压供电系统的标准采用的是三相四线制，即相电压与频率相同，而相位不同的供电体系。三相额定线电压为 380V，单相额定电压为 220V，频率 50Hz。有些进口设备所使用的额定电压是 110V，这种情况下需要进行转换处理，以满足我国的供电标准。

设计配电系统时，根据计算出来的总负荷量和设备的需要，可以选择三相四线制的供电方式，也可以采用单相供电方式。一般情况下，大功率空调单独使用一组三相四线制的供电系统，以保证空调用电。如果设备多、范围较大时，可以照明系统用一组三相电，动力用一组三相电。这时配电需要考虑各相的均匀分配，不要造成某一相负荷很重，而另一相负荷则很轻的现象。如果设备不多或者范围不大时，用一组三相供电即可，其中照明使用一相，其他两相用于动力，照明电和动力电不宜混合使用。分配的具体方法视规模与设备数量多少而定。

设计配电系统时，进入机房的供电系统如果是三相电，则必须是三相四线制形式，同时要考虑各相负载均衡的问题；如果使用的是单相供电，则必须是单相二线制形式。交流系统中的零线不要在机房作接地零线。所谓零线，就是由变压器和发电机中性点引出的并直接接地的中性线。机房需要安装保护地线，其作用和制作方法以后再介绍。设计配电系统时要根据设备和照明的需要合理分配，便于管理、控制和维护，保证安全性、可靠性。

4. 供电方式

计算机网络系统用电和其他设备或办公用电应一并考虑，同时还要根据当地的供电环境，在保证供电质量的前提下，尽量采用投资少、有利管理与维护的供电方式。机房通常采用如下供电方式。

（1）市电直接供电方式

市电直接供电就是将单相 220V 市电直接送至配电设备，然后再送至计算机网络系统设备的方式。这种供电方式适用于电网系统运行稳定，质量有保证，周围没有大型负载以及电磁干扰，各项技术指标都能满足设备要求的情况下。市电直接供电方式的投资少，运行费用低，配电设备简单，维护方便。但这种配电方式对电网要求高，而且容易受外部环境影响。对于电网要求不高的设备或系统可采用这种供电方式。市电直接供电系统中也可以再配备交流稳压电源，市电经稳压电源稳压以后再送给计算机网络系统设备，这也是对市电直接供电方式所存在问题的一种补救。

（2）UPS 系统供电

由于市电直接供电存在某种不确定性，因此一些要求较高的单位可采用 UPS 系统供电。UPS（不间断供电系统）是将市电送至 UPS 设备，再由 UPS 输出送至计算机网络系统设备，以实现不间断供电的目的。UPS 电源能够在市电突然停电的情况下继续为网络设备供电，短则持续供电几分钟，长则持续供电时间 8 小时以上。即使在市电停电的情况下，UPS 也能够提供一定电力，使管理员有足够时间处理计算机停机之前的信息，或者启动备用供电设备。为确保网络系统安全可靠运行，有时会采取两台或多台 UPS 设备进行冗余式并机运行的方式，一旦其中的一台 UPS 设备出现故障，便能够发出告警并自动退出并联系统，同时由另一台设备保证供电。如证券公司或导航等系统的计算机网络都应采用这类电源，否则一旦

⊖　这里仅限于低电压部分的配电设计。

市电停电就会造成严重后果。同时 UPS 系统还具有稳压、稳频、抗干扰、防止电涌等特点，不仅可供计算机网络系统使用，就是单机工作的计算机系统也可以采用 UPS 供电，以确保计算机系统中的数据安全。

目前，UPS 设备的种类很多，可分为在线型 UPS 和后备 UPS 两类。所谓在线型 UPS，是指其机内的逆变器串联在供电回路上，可以持续不间断地工作；所谓后备型 UPS 是指其机内逆变器通过转换开关并联在供电回路上，只有当市电中断以后才受控工作。UPS 的输出有正弦波，也有方波。UPS 设备有单相输入单相输出的、三相输入单相输出的、三相输入三相输出的；功率从几个 KVA 到几十个 KVA；时间容量从几分钟到几小时或几十小时。设计人员可综合考虑网络系统的规模或系统的负荷情况、设备对供电系统质量的要求等来选择不同类型的 UPS 电源。

（3）综合式供电方式

所谓综合供电方式，就是将市电直接供电方式与 UPS 供电方式相结合。在计算机网络系统中，通常让设备间或网络系统中的主机部分采用 UPS 供电，而其他辅助设备则采用市电直接供电。也就是说，主要设备必须保证不间断供电，辅助设备在短时间的停电也不至于造成后果的情况下采用普通供电方式。综合供电方式可以减少 UPS 的数量，降低工程造价，维护方便。同时在智能化建筑系统中还可以减少设备之间的相互干扰。尤其是对于程控交换设备，为保证通信质量，采用这种供电方式利大于弊。

计算机网络系统的机房内的电源插座有两种。一种由 UPS 电源供电，另一种由市电直接供电。UPS 供电的插座用于网络系统的服务器、网络设备和部分主机，用市电直接供电的插座用于辅助设备，例如吸尘器、空气过滤器、去湿机等非计算机网络系统设备和部分用户主机。

5. 供电系统的安全

供电系统的安全意味着要尽量避免电源系统的异常对计算机网络造成损坏，这涉及配电系统的设计和电源插座的安装。保证供电系统安全要注意以下几个问题。

❏ 用电设备过载

设计配电系统时，对用电的负荷量要留有充分的余地，防止因用电过负荷使电力线发热而引发电源火灾。同时，UPS 和交流稳压电源的功率与负载功率相比，要有一定的余量。否则，轻则造成过负荷掉电，重则造成过负荷事故。此外，计算机网络用户不能随意扩容，因增加设备造成负荷量超过设计要求也是不允许的。工程设计时，配电系统还需要配置空气开关，一旦过负荷时能具备有效可行的保护措施。

❏ 电气保护措施

电力线进入建筑物或进入机房时，入口处要有保护措施。设计配电系统，尤其是设计智能化建筑中的配电系统时，要注意防止雷电的影响，设计时需要增加防雷保护装置。同时要有防静电干扰措施，这些都可能造成供电系统故障或危及计算机网络系统安全。

电气保护还包括过压保护和过流保护等。例如，工作电压超过 250V 的电源碰地、地电势超过 250V、交流 50Hz 感应电压超过 250V 或雷电达到 700V 电涌电压时，如没有过压保护装置就可能造成电源过压故障。此外，由于某种原因，如果用电设备对地形成了低阻通路，这时可能并不产生过压情况，但可能产生强大的电流进入用电设备，造成设备损坏。为防止因过流造成的故障，供电设计时还需要有过流保护装置。安装过流保护装置时，本级过流保护的门限值不应高于上级配电的过流保护门限值，即本级发生过流保护时，不应影响上级配电装置的运行。

目前有许多设备采用无开关设计，如网络交换机一般无电源开关，设备插上电源即开始加电工作。当设备数量较多时，同时加电或断电会产生较大的冲击电流，容易造成设备损坏，这种情况下，可考虑采用电源时序器，通过电源时序器来实现按一定的时序依次为设备加电或断电。

❑ 电力线及电源插座的安装

在完成设计之后，供电系统的施工也是一个很重要的环节。配电柜中的电力线连接一定要牢固，地线连接要可靠，布线要规范。为防止电磁干扰，电力线与计算机网络中的电缆线要有一定的距离。电力线安装完成之后，在加电之前需要先用兆欧摇表对线路的绝缘性进行测试。当符合技术指标要求后，才能正式进行通电检查。

安装电源插座时一定要严格注意零、地、火之间的位置关系，按照国家规定，单相电源的三孔插座与相电压的对应关系必须满足正视右孔对相（火线）线，左孔对零线，上孔接地线的要求，即由电源插座的正视面左孔起按照顺时针方向分别为零、地、火。安装时，尤其要注意防止电源的零线与保护地线颠倒连接，这种连接对交流 220 V 供电没有什么影响，但对计算机网络系统设备而言会使其直流地接到交流地。交流工作地的电压波动将影响网络系统设备的直流地电位，引起设备工作不稳定，如计算机显示器出现屏幕干扰，严重时会造成集成电路芯片故障，而且故障原因难以诊断。

5.6.2　机房供电设计

电网是保证计算机网络正常工作的能源，没有它，计算机网络就不能工作。若电网不正常，则计算机就容易出故障。电网系统质量好坏将直接影响计算机网络系统的工作性能以及寿命，有时甚至会带来严重的后果。所以，在设计计算机网络系统时，对电力供应有以下要求。

1）电网电压要稳定。通常要求在任何情况下，其偏差不得超过额定值的 ±5%。交流市电电压一般应在 ±10% 的范围内波动，一旦出现过压或欠压情况，一定要有自动保护措施并能发出报警，由操作人员及时处理。电源电压不稳定的原因主要是负荷的变化对电网的影响，所以在为计算网络机房选址时要考虑这类问题。

2）要求电网电压杂波少、干扰小。电源杂波也会影响计算机网络系统的正常工作，通常谐波失真小于 ±5%。一般采用不同频率的滤波器将其滤除掉。通常计算机需配备一种称为"净化电源"的交流稳压器，它有一个大功率的滤波器和一个正弦波能量分配器，既有较好的稳压作用，又有较好的抗干扰能力，使其输出的电压波形不受外界杂波的影响。还可以使用交流稳压器解决一些电压波动比较大的杂波干扰。

3）防止工业控制系统交变电磁场的辐射干扰。因为这种交变电磁辐射对计算机网络的正常工作有很大的影响，所以通常需要采取一些屏蔽措施来解决这类问题。

4）电网必须在一定的时间内不间断地供电。无规则地突然停电或停电以后又立即上电最容易造成计算机网络系统的损坏。为解决此类问题，最好使用 UPS 电源。UPS 电源既可稳压调节，又可以进行电源逆变。当电网供电正常时，对其输出电压调节，得到较为稳定的输出电压，同时具有过压保护能力；若电压过低或停电时，它自动地切换逆变，把平常存储在电池中的直流电逆变成 220V、50Hz 的交流电输出，供计算机使用，这样就可使计算机网络不受或少受停电的影响，给操作人员充余的时间对输入程序和数据进行保护处理。

5）计算机网络系统最好不要与大容量的感性负载电网并联运行，以防止高压涌流对计算机产生干扰。

6）电网的频率漂移要小，提供计算机网络系统设备的电源的频率偏差不得大于 ±1%。

7）计算机网络系统所用的电源要有良好的接地。电源线或电源地线不能与计算机网络通信线缆相互垂直，防止电源线对计算机网络系统造成干扰。

5.6.3 电源系统接地设计

所谓接地就是设备的某一部分与土壤之间有良好的电气连接，与土壤直接接触的金属导体叫作接地体或接地极，连接接地体或设备接地部分的导线叫作地线。接地是以接地电流易于流动为目的，所以接地电阻越低，接地电流越易于流动，接地效果越好。

为保证计算机网络系统的安全，设计一个良好的接地系统是非常重要的。这样能使电源电压有稳定的零电位以供其他电压参考，同时对于其他一些强干扰又能起到保护计算机网络系统的功能。例如，计算机网络的电源电压或计算机网络的通信信号遇到干扰时，可以通过良好的接地线，由高、低频滤波电容滤除干扰。此外，良好的接地线也能有效地滤除雷电或强电磁之类的干扰，从而保护计算机网络。

1. 接地分类

计算机供电系统的接地通常包括交流接地、直流接地和保护接地。

（1）交流接地

交流接地是将交流电电源的地线与大地相接，通常是采用较粗的导线与铜排相接之后，埋设于 1.5～2m 深的地下，并撒放一些粗盐或木炭来增加其导电性能，然后填土埋好。交流地线为电源提供了良好的进入大地的通路，从而减少接地电流与地线之间形成的电位差。交流接地既可以保证设备和工作人员的安全，还可以减少静电放电现象造成的系统故障。交流地接地电阻通常小于 3Ω。

交流接地线也叫做中性线或零线。交流 220V 的零线对的电压应为 0V，由于种种原因可能会产生电位差，但不应超过 5V，若达不到该要求，就要设法改善接地电阻，以达到该指标。

（2）直流接地

直流接地就是将直流电源的输出端的一个极（负极或正极）与大地相接，使其有一个稳定的零电位，以便供其他电压参考，同时还可以减少数据传输中的差错。通常要求直流接地电阻不得大于 1Ω。

（3）保护接地

保护接地通常是指各种设备的外壳接地。保护接地的作用是屏蔽外界各种干扰对计算机或其他设备的影响，同时防止因漏电流造成的人身安全问题。连接的方法就是将计算机或其他设备的外壳与地相连，通常要求其接地电阻小于 1Ω。配线间的所有配线架都必须与该保护接地相连接。

一般要求这三种接地都必须要单独与大地相连。为防止它们之间的相互干扰，三种接地点相互的距离不得小于 15m。为有效防止电力传输线对地线产生的电磁干扰，还要求其他电力线不能与地线并行走线。

此外，还有防雷保护地和屏蔽保护地。防雷保护地的目的是将自然界的雷电电流通过接地线漏放掉，避免雷电瞬时所产生的极高电位对网络设备的影响。一般要求防雷保护地的接地电阻小于 10Ω，而且，为防止防雷接地对其他接地的影响，要求防雷接地点与其他接地点的距离大于 25m。屏蔽保护地是指传输线缆中的屏蔽层的良好接地，通常将各种线缆的屏蔽层接到一起，再连接到配线架的接地线上，每个楼层的配线架的接地端子又与配线间的接地装置相连，并且要求永久性地保持连接。注意，从楼层配线架至接地装置接地导线的直流电阻不得超过 1Ω。

2. 地线制作与标准

（1）地线的制作方法

地线的制作方法很多，最简单的方法是使用金属地板作为接地网，接地网所用的金属可以是铜板、铜排或钢板、角钢、钢筋等。

将这些金属材料埋于地下 3 ～ 4m 深的坑内，在坑中放入一些粗盐或木炭之类的降阻材料，再在金属材料上焊接一条 2cm 宽的铜排或钢带引出地面并固定在大楼的墙壁上，然后再用线径为 6 ～ 10mm 粗的铜线或用厚度为 0.5mm、宽度为 1cm 的铜带引入机房内，通常地线是围绕墙根四周安装的。选用的金属材料可以为 50cm×50cm×3mm 左右的铜板或钢板，或者 2.5m×7cm 左右的角钢，选用铜排也可以，金属材料与坑内地面的接触面积大一些为好。

一般情况下，建筑物都要做整体接地设计，每个楼层、每个设备机房都应有接地引出端，如图 5-23 所示。

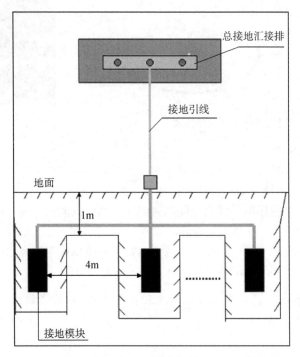

图 5-23　要素房间接地

在有些场合，桥架整体也要做接地处理，可统一从一处或多处引入保护地，每两个相邻桥架在使用连接部件进行连接时，应同时使用一段专用地线将二者有效地连接起来（与连接部件螺丝一起固定），如图 5-24 所示。

除桥架接地外，防静电地板也可做接地处理，方法是用专用地线将防静电地板支持架连接到房间内接地铜排上，如图 5-25 所示。

专用地线一般可采用接地铜软带或绿黄两色相间的双色线缆，地线可通过螺丝与接地铜排或设备接地端口相连，如图 5-26 所示。

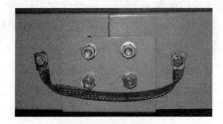

图 5-24　桥架接地处理

图 5-25　防静电地板接地处理

设备机房内所有机柜和设备必须做接地处理，因此需要将接地铜排或扁钢引接到机柜下方，并在其上钻孔，将专用地线一端通过螺丝固定在铜排上，另一端引接到机柜内，通过螺丝固定到机柜两侧的金属机架上，机柜内所有设备保护地也必须用专用地线引接到机柜接地线上，如图 5-27 所示。

图 5-26　接地铜软带和双色地线

图 5-27　机柜设备接地

（2）接地系统的标准

为保证计算机网络系统设备免受外界电力干扰，并保护工作人员的安全，接地系统必须符合 TIA/EIA-607《商务建筑电信接地和接地要求标准》中的要求。其中包括：

❑ 接地线必须与其他任何导线完全隔离并绝缘，地线只能与建筑物的真正接地线相接。
❑ 接地线的线径不得少于 5.5 ～ 8mm。
❑ 接地线与交流电源中的中性线应有区别，安装时接地线与电源中的中性线必须分开。
❑ 接地线必须连接到专用的接地端，接地电阻应小于 1Ω。

设计提示　对于网络电源，要重点考虑市电稳压与 UPS 相结合的供电方式。此外，电源系统应当具有良好的接地。

5.7　数据中心设计

信息服务的集约化、社会化和专业化发展使得因特网上的应用、计算和存储资源向数据中心迁移。商业化的发展促使承载上万甚至超过十万台服务器的大型数据中心的出现。截止到 2006 年，Google 在其 30 个数据中心拥有超过 45 万台服务器，微软和雅虎在其数据中心的服务器数量也达到数万台。随着规模的扩大，数据中心承载的应用也不再局限于传统的客

户机 / 服务器应用，也承载了包括 GFS 和 MapReduce 在内的新应用。这种趋势一方面突出了数据中心作为信息服务基础设施的中心地位，也凸显了传统分层数据中心在面临新应用和计算模式时的诸多不足。

在新计算模式面前，分层数据中心的不足包括：服务器到服务器连接和带宽受限、规模较小、资源分散、采用专用硬件纵向扩展、路由效率低、自动化程度不高、配置开销较大、不提供服务间的流量隔离和网络协议待改进等。这些问题使其难以满足日益发展应用的需求。为了适应新型应用的需求，新型数据中心网络应满足以下要求：大规模、高扩展性、高健壮性、低配置开销、服务器间的高带宽、高效的网络协议、灵活的拓扑和链路容量控制、绿色节能、服务间的流量隔离和低成本等。

数据中心网络结构可以分为两类：网络为中心的方案和服务器为中心的方案。在网络为中心的方案中，网络流量路由和转发全部由交换机或路由器完成。这些方案大多通过改变现有网络的互联方式和路由机制来满足新的设计目标。在服务器为中心的方案设计中，采用迭代方式构建网络拓扑，服务器不仅是计算单元，同时充当路由节点，会主动参与分组转发和负载均衡。

5.7.1　数据中心网络的体系结构

数据中心网络是指数据中心内部通过高速链路和交换机连接大量服务器的网络。数据中心网络通常采用层次结构实现，且承载的主要是客户 / 服务器模式应用。多种应用同时在一个数据中心内运行，每种应用一般运行在特定的服务器 / 虚拟服务器集合上。

主机是数据中心的执行计算的单元。它们负责提供内容（例如，网页和视频）、存储邮件和文档，并共同执行大规模分布式计算（例如，为搜索引擎提供分布式索引计算）。数据中心中的主机称为刀片（blade），与月饼盒类似，一般是包括 CPU、内存和磁盘存储的商用主机。主机被堆叠在机架上，每个机架一般堆放 20 ～ 40 台刀片。在每一个机架顶部有一台交换机，这台被形象地称为机架顶部（Top of Rack，TOR）交换机。TOR 连接机架上的主机并与数据中心中的其他 TOR 互联。具体来说，机架上的每台主机都有一块与 TOR 交换机连接的网卡，每台 TOR 交换机有额外的端口能够与其他 TOR 交换机连接。尽管目前主机通常有 1Gbps 的以太网与其 TOR 交换机连接，但未来 10Gbps 的连接也许会成为标准。每台主机也会有一个数据中心内部的 IP 地址。

数据中心网络支持两种类型流量：在外部客户与内部主机之间流动的流量和内部主机之间流动的流量。为了处理外部客户与内部主机之间流动的流量，数据中心网络包括了一台或者多台边界路由器（border router），它们将数据中心网络与公共因特网相连。数据中心网络因此需要将所有机架彼此互联，并将机架与边界路由器连接。图 5-28 显示了一个数据中心网络的例子。数据中心网络设计专注于机架的彼此连接和与边界路由器相连。近年来，数据中心网络的设计已经成为计算机网络研究的重要分支。

对于仅有数千台主机的小型数据中心，一个简单的网络就足够了。该网络由一台边界路由器、一台负载均衡器和几十个机架组成，这些机架仅需通过以太网交换机进行互联。但是当主机规模扩展到几万至几十万台的时候，数据中心通常应用路由器和交换机等级，图 5-28 显示了这样的拓扑。在该等级的顶端，边界路由器与接入路由器相连。在每台接入路由器下面有 3 层交换机。每台接入路由器与一台顶层交换机相连，每台顶层交换机与多台二层交换机以及一台负载均衡器相连。每台二层交换机又通过机架的 TOR 交换机（三层交换机）与多个机架相连。所有链路通常使用以太网作为链路层和物理层协议，并混合使用铜缆和光缆。

通过这种等级式设计，可以将数据中心扩展为几十万台主机的规模。

因为云应用提供商持续地提供高可用的应用是至关重要的，所以数据中心在它们的设计中也包含了冗余网络设备和冗余链路（在图 5-28 中没有显示出来）。例如，每台 TOR 交换机能够与两台二层交换机相连，每台接入路由器、一层交换机和二层交换机可以冗余并集成到设计中。从图 5-28 的等级设计中可以看到，每台接入路由器下的这些主机构成了一个子网。为了使 ARP 广播流量本地化，这些子网都被进一步划分为更小的 VLAN 子网，每个由数百台主机组成。

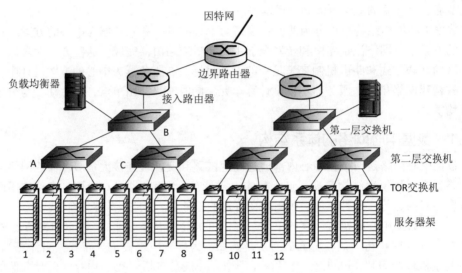

图 5-28　具有等级拓扑的数据中心网络

尽管刚才描述的传统的等级体系结构解决了扩展性问题，但是依然存在主机到主机容量受限的问题。为了理解这种限制，重新考虑图 5-28，并且假设每台主机用 1Gbps 链路连接到它的 TOR 交换机，而交换机间的以太网链路是 10Gbps 的以太网链路。在相同机架中的两台主机总是能够以 1Gbps 全速通信，而只受限于主机网络接口卡的速率。然而，如果在数据中心网络中同时存在多条并发流，则不同机架上的两台主机间的最大速率会小得多。为深入理解这个问题，考虑不同机架上的 40 对不同主机间的 40 条并发流的情况。具体来说，假设图 5-28 中，机架 1 上 10 台主机都向机架 5 上对应的主机发送一条流。类似地，在机架 2 和机架 6 的主机对上有 10 条并发的流，机架 3 和机架 7 间有 10 条并发的流，机架 4 和机架 8 间也有 10 条并发的流。如果每一条流和其他流经同一条链路的流平均地共享链路容量，则经过 10Gbps 的链路 A-to-B（以及 10Gbps 的链路 B-to-C）的 40 条流中每条流获得速率为 10Gbps/40=250Mbps，显著小于 1Gbps 的网络接口卡速率。如果主机间的流量需要穿过该等级的更高层，这个问题会变得更加严重。解决这个限制的一种可行方案是部署更高速率的交换机和路由器。但是这会大大增加数据中心的费用，因为具有高接口速率的交换机和路由器是非常昂贵的。

数据中心的一个关键需求是放置计算和服务的灵活性，所以支持主机到主机的高带宽通信十分重要。例如，一个大规模的因特网搜索引擎可能运行在跨越多个机架的上千台主机上，在所有主机对之间具有极高的带宽要求。类似地，像 EC2 这样的云计算服务可能希望将构成用户服务的多台虚拟机运行在具有最大容量的物理主机上，而无需考虑它们在数据中心的位置。如果这些物理主机跨越了多个机架，前面描述的网络瓶颈可能会导致性能不佳。

上述数据中心网络体系结构存在如下几个方面缺点：①服务器到服务器的连接和带宽受限；②规模较小；③资源分散；④采用专用硬件纵向扩展，成本高；⑤流量工程难度大；⑥自动化程度不高；⑦配置开销大；⑧不提供服务间的流量隔离；⑨网络协议待改进。为了满足新型计算模式和应用的需求，新型数据中心网络需要满足如下要求。

1）服务器和虚拟机的便捷配置和迁移。允许部署在数据中心的任何地方的任何服务器作为 VIP 服务器池的一部分，使得服务器池可以动态缩减或扩展。而且，任意虚拟机可以迁移到任何物理机。迁移虚拟机时无需更改其 IP 地址，从而不会打断已经存在的 TCP 连接或者应用层状态。

2）服务器间的高传输带宽。在很多数据中心应用中，服务器间的流量总量远大于数据中心与外部客户端的流量。这意味着体系结构应该提供任意对服务器间的尽可能大的带宽。

3）支持数十万甚至百万台的服务器。大的数据中心拥有数十万台或者更多的服务器，并允许增量的部署和扩展。另外，网络体系结构需要支持所有服务器间的密集内部通信。

4）低成本且高扩展。第一，物理结构可扩展，需要以较小的成本物理连接服务器，不依赖于高端交换机实现纵向扩展，而是采用普通商业化的组件实现横向扩展。第二，可以通过增加更多的服务器到现有结构上以实现增量扩展，且当添加新的服务器时，现有的服务器不受影响。第三，协议设计可扩展，比如路由协议可扩展。

5）健壮性。数据中心网络必须能够有效地处理多种失效，包括服务器失效、链路断线或者服务器机架的失效等。

6）低配置开销。网络构建不应该引入很多的人工配置开销。理想情况下，管理员在部署之前无需配置任何交换机。

7）高效的网络协议。根据数据中心结构和流量特点，提出高效网络协议是提升数据中心性能的关键因素。

8）灵活的拓扑和链路容量控制。数据中心网络流量是高动态和突发的，使得网络中某些链路由于过预订产生拥塞，成为瓶颈链路，而很多其他链路则负载很轻，因此网络需要能够灵活地调配负载或者灵活地调整自身拓扑和链路容量，从而适应网络流量变化的需求。

9）绿色节能。新一代数据中心在当今能源紧缺与能源成本迅猛增长的情况下需要综合考虑能源效率问题，提高利用率，降低流量传输和制冷开销。

10）服务间的流量隔离。一个服务的流量不应该被其他服务的流量影响，从而提供安全性和服务质量保证。

5.7.2 数据中心网络技术的发展

为了降低数据中心的费用，同时提高其在时延和吞吐量上的性能，因特网云服务巨头（如谷歌、脸谱、亚马逊和微软）都在不断地部署新的数据中心网络设计方案。尽管这些设计方案都是专有的，但是许多重要的趋势是共同的。

趋势之一是部署能够克服传统等级设计缺陷的新型互联体系结构和网络协议。这样的一种方法是采用全连接拓扑（fully connected topology）来替代交换机和路由器的等级，图 5-29 显示了这种拓扑。在这种设计中，每台第一层交换机都与所有第二层交换机相连，因此主机到主机的流量绝不会超过该交换机层次；而且，对于 n 台第一层交换机，在任意两台二层交换机间有 n 条不相交的路径。这种设计可以显著地改善主机到主机的容量。为了理解该问题，重新考虑上一节中 40 条流的例子。图 5-29 中的拓扑能够处理这种流模式，因为在第 1 台二层交换机和第 2 台二层交换器间存在 4 条不相交的路径，可以一起为前两台二层交换机之间提供总和为 40Gbps 的聚合容量。这种设计不仅减轻了主机到主机的容量限制，同时创建了一种更加灵活的计算和服务环境。在这种环境中，任何未连接到同一台交换机的两个机架之间的通信在逻辑上是等价的，而不管其在数据中心的位置如何。

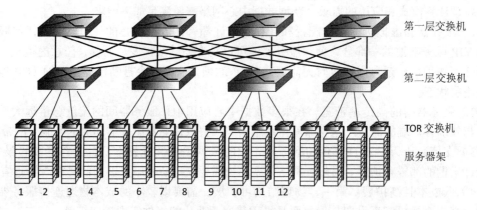

图 5-29　高度互联的数据网络拓扑

　　趋势之二就是采用基于集装箱的模块化数据中心 (MDC)。它是指在一个标准的 12 米航运集装箱内，工厂构建一个"迷你数据中心"并将该集装箱运送到数据中心的位置。每一个集装箱内都有多达数千台主机，堆放在数十台机架上，并且紧密地排列在一起。在数据中心位置，多个集装箱彼此互联同时也和因特网连接。一旦将预制的集装箱部署在数据中心，通常难以检修。因此，每一个集装箱都被设计为预定的性能下降：当组件（服务器和交换机）随着时间的推移出现故障时，集装箱继续运行但是性能下降。当许多组件出现故障并且性能已经下降到低于某个阈值，整个集装箱将会被移除，并用新的集装箱来替换。

　　创建由集装箱构成的数据中心提出了新的联网挑战。对于 MDC，有两种类型的网络：每一个集装箱中的内部网络和互联每个集装箱的核心网络。在每个集装箱内部，当有数千台主机的时候，通过廉价的商用千兆以太网交换机创建全连接的网络（如前面所描述）是可行的。然而，核心网络的设计仍然是一个具有挑战性的问题，这需要能互联成百上千个集装箱，同时能够为典型工作负载提供跨多个集装箱的主机到主机间的高带宽。此外，还有一种互联集装箱的混合电／光交换机体系结构。

　　当采用高度互联拓扑的时候，一个主要的问题是设计交换机之间的路由选择算法。一种可能是采用随机路由选择方式；另一种可能是在每台主机中部署多块网络接口卡，将每台主机连接到多台低成本的商用交换机上，并且允许主机自己在交换机间智能地为流量选路。这些方案的变种和扩展正被部署在当前的数据中心中。

5.8　网络工程案例教学

5.8.1　机房电源容量估算

【网络工程案例教学指导】
案例教学要求：
掌握估算一个计算机网络机房电源容量的基本方法。

案例教学环境：

PC 1 台，Microsoft Visio 软件 1 套。

设计要点：

1）每个计算机网络机房都需要有一个完善的供电系统。为了保障供电安全，需要估算机房中所有机器设备的总电力功率。

2）电功率的估算方法是：每台 PC 计 300W，每台交换机计 2kW，每台路由器计 3kW，每台服务器计 5kW；照明电一般与动力电分路供电，可分开按灯具功率计算。

（1）需求分析和设计考虑

1）我们按 4.6.1 节设定的条件进行设计。其中 PC 共 80 台。

2）实验室组网用交换机 22 台，另外还有实验用交换机 60 台，共计 86 台。

3）实验用路由器 20 台。

4）实验室用服务器两台。

（2）设计方案

该网络实验室的总功率为：

$$\sum =80\times0.3+86\times2+20\times3+2\times5=266kW$$

乘以保险系数 1.3 后，得 345.8kW，该网络实验室实际配置总功率约为 350kW。注意，上面提供的电功率估算数值应当根据具体设备的情况加以调整。

5.8.2　教学楼结构化布线系统

【网络工程案例教学指导】

案例教学要求：

1）理解 20 层楼宇的结构化布线系统的网络物理传输介质的选择方法和大致使用量。

2）能够用 Visio 绘制该楼宇结构化布线系统。

案例教学环境：

PC 1 台，Microsoft Visio 软件 1 套。

设计要点：

1）建造一座 20 层的教学大楼，每层楼高 3m，长度 120m，宽 40m，在大楼中部设有弱电竖井，可用于安装计算机网络线路。

2）在各个办公室需要部署信息点（即连接计算机网络和电话的地方），大约平均每 $2m^2$ 一个信息点。

3）楼宇干线传输速率要能够支持 1000Mpbs，每层的传输介质一般要能够支持 100Mpbs。

（1）需求分析和设计考虑

我们应当从结构化布线系统的 6 个组成构件和各种网络传输介质的特性（参见第 2 章）出发，进行如下考虑：

1）本系统不涉及建筑群子系统，可忽略该部分。由于楼宇设有弱电间（竖井），因此本结构化布线系统应围绕弱电间进行设计。大楼的设备间一般应当设置在大楼的中间部位，这样可以节省垂直干线子系统的造价。若我们将大楼设备间放置在 10 层，则向下、向上均约 30m。由于该楼宇的干线速率要求支持千兆速率，因此垂直干线子系统选用的介质应当是光缆。实际上，垂直干线子系统介质若采用光缆的话，从介质支持网络传输距离的角度，大楼设备间放在哪层都可以，但放置的中部会节约线缆的总长度。

2）根据用户需求，确定信息点设置并留有一定余量，否则可采用估算的方法：每层面积约 360m²，去除走廊等面积约 100m²，大约需要 130 个信息点。考虑到有些楼层可能设置实验室或计算机机房等信息点较为密集的场所，因此需要增加 50 个信息点。这样就可以估算出每层管理子系统的配线系统所需的容量为 180 个信息点。

3）由于弱电井位于大楼每层中间部位，因此从楼层管理子系统出发的水平布线子系统最长距离约为 80m。因为线缆需要从弱电桥架上走，这往往不能走直线。对于百兆速率可采用 6 类双绞线，而对于千兆速率则要采用光纤线缆了。

4）对于工作区子系统主要应考虑信息插座的位置和样式问题。

（2）设计方案

根据上述分析以及如图 5-30 所示的办公区域布局，我们提出了教学楼结构化布线系统的一种方案（参见图 5-30）。

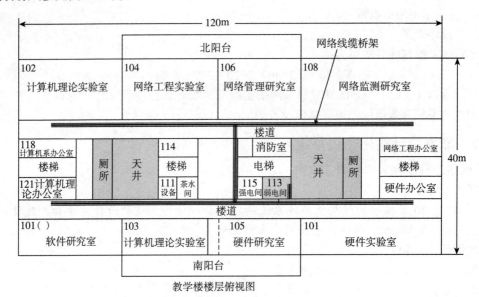

图 5-30　一种教学楼结构化布线系统的设计方案

该布线系统具有以下特点：

❑ 图中的各楼层的弱电间用作各楼层的管理子系统，同时具有贯穿 20 层的垂直干线子系统，采用光缆作为传输介质。在设备间应当设置光纤交换机，以连接各楼层弱电间中的交换机，该楼层交换机至少应具有一个光缆接口（参见图 5-31）。

❑ 从弱电间延伸出来的网络线缆桥架采用如图所示的"工"字形方式架设，通到该楼层的每个房间，从而很好地保护了连接各房间与弱电间的双绞线和光缆。

❑ 在同一楼层中，除了传输速率有特殊要求的架设光缆外，其余一律架设 6 类双绞线。

❑ 如果只是为了保障办公而无其他服务质量要求，那么为了节省布线成本，可以采用从弱电间只引 2～3 根双绞线的方案（使用 1 根，另外两根作为备份线缆，以节省布线成本），该线缆到达房间后再用配线架进行两次跳线。这种方案比起各房间中的每个信息点都直接布线到弱电间配线架的方案，线缆的成本可降低许多。

【网络工程案例教学作业】

1. 参照 5.7.1 节所给的条件进行设计，只是现在 PC 为 60 台、交换机为 80 台、路由器为 12 台、服务器为 4 台。试估算出该机房需要实际配置的总功率的千瓦数。

2. 参照 5.7.2 节所给的条件进行设计，只是现在楼为 30 层高，楼道内为单走廊。试画出网络线缆桥架的部署情况和弱电间中的交换机配置和连接情况。

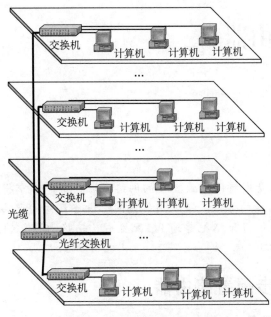

图 5-31　弱电间的光缆交换机

习题

1. 何谓结构化布线系统？简述结构化布线系统的特点和它的主要应用场合。
2. 结构化布线系统是由哪些子系统组成的？试根据结构化布线系统的示意图，说明每个子系统的功能及其相互之间关系。
3. 结构化布线系统中所需要的设备和部件大体上可分为哪几类？其中的传输介质又有哪几种主要类型？
4. 简述结构化布线的连接部件的类型，结合结构化布线系统的子系统之间的关系标明这些连接部件的应用场合。
5. 试讨论结构化布线系统的工程设计包括的主要内容。结构化布线系统应当遵循哪些标准？结构化布线系统的测试包括哪些内容？
6. 为什么说建设标准的计算机网络机房是网络系统安全、可靠的基本保证？
7. 计算机机房的总体设计应当包括哪些方面？对于这些方面，设计时又需要考虑哪些具体问题？
8. 为什么说对机房环境的设计要求较高？通常需要考虑哪些因素？机房空调容量是如何计算的？
9. 网络系统的供电设计必须达到哪些方面的要求？它们各有什么特点和不同？简述设计计算机网络系统时，对电力供应的要求。
10. 为什么接地对于计算机网络机房设施而言非常重要？有哪些地方应当接地？
11. 数据中心网络与一般网络有什么不同？它一般分为几个层次？负载均衡器有何作用？
12. 数据中心网络技术发展趋势有哪些？这些技术趋势背后的应用需求是什么？

CHAPTER

第6章

配置路由器

【教学指导】

前面讲过，路由器是因特网中最重要的网络互联设备。本章将以思科路由器设备为例，重点介绍配置路由器的方法。若采用其他网络设备厂商的产品，本章内容也不失一般性。在 6.4 节中，我们将介绍把普通 PC 配置成"软路由器"的方法。本章内容可以用于路由器的实验教学。

6.1 熟悉并初步配置路由器

6.1.1 认识路由器设备

图 6-1 显示了一台 Cisco 2600 路由器。它是一款简单的路由器，其前面板上具有两个百兆以太网端口及其对应的指示灯。与交换机相比，路由器通常具有较少的物理链路端口（但大型 ISP 所使用具有上百个端口的路由器也是常见的）。如果用两根 RJ-45 双绞线分别将该路由器的两个以太端口与两台交换机相连，就可以将位于两个不同子网的计算机互联起来。

在路由器的背面通常有一个控制台（Console）端口（注意，这与交换机类似）、电源插口和散热风扇口，有的路由器还有若干模块的插槽，用于为路由器扩展连接特定网络类型的端口和功能。

为了支持子网之间的选路，需要由人工配置路由器相关的信息，这些信息通常与该路由器工作的子网环境相关。例如，在图 6-1 所示路由器中，左侧以太端口应当配置一个在左侧网络中合法的 IP 地址，而右侧以太端口应当配置一个在右侧网络中合法的 IP 地址，因此路由器不是即插即用的网络设备（参见图 6-2）。回想第 3 章内容，交换机可以不加配置直接使用。

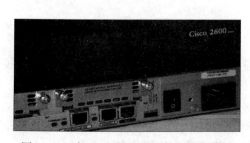

图 6-1 一台 Cisco 路由器的前面板和背板

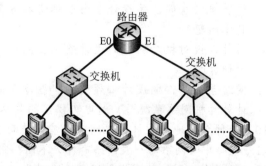

图 6-2 用一台路由器连接两个不同的子网

路由器的强大选路功能体现在，只需配置相邻子网的端口 IP 地址和选路协议，这些互联的路由器就能够自行学习到到达全网的各个子网的路由信息。这些学习到的路由信息放在路由器的选路表中，每当一个分组从路由器的一个端口进入，就要将分组首部的源地址与选路表中的相关内容进行比较，从而了解应当从哪个端口出去，进而达到选路的目的。你可以使用路由器的相关命令查看选路表的信息。

当然，有时为了支持网络流量工程或者路由器所在的网络非常简单，路由器的路由也可以由人工设定，即将选路方式设置为静态方式。当然，在特定场合，我们也可以将动态选路方式与静态选路方式结合起来，以获得更好的效果。

设计提示 路由器不同于交换机，必须要根据对网络的精心规划设计，经配置后才能工作。

6.1.2 配置路由器

与交换机一样，对路由器的配置也主要依赖路由器中的 IOS 操作系统来完成。配置路由器时，连接、配置的模式，甚至配置命令的格式都与配置交换机相似，有关内容可参见 3.1.2 节的内容。不过，由于路由器的工作原理更为复杂，因此它的配置过程也更复杂一些。

1. 配置路由器的方式

与配置交换机类似，对路由器的配置也需要通过计算机进行。路由器的配置方式有以下 5 种（参见图 6-3）：通过 PC 与路由器控制台口直接相连；通过 Telnet 对路由器进行远程管理；通过 Web 对路由器进行远程管理；通过 SNMP 管理工作站对路由器进行管理；通过路由器 Aux 端口连接调制解调器远程配置管理模式（这种配置方式是交换机所没有的）。

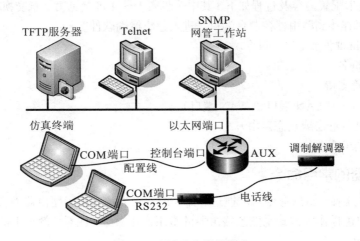

图 6-3 配置路由器的模式

新路由器必须由专业人员进行配置后，才能在网络中正常工作。一般情况下，用户购买路由器后，进行初始配置的方法是：使用一台 PC（带 COM 端口），将厂家提供的配置线一端连接 PC 机的 COM 端口，另一端连接路由器控制台端口，通过 Windows 提供的超级终端软件进入路由器配置界面，具体操作过程参见第 3 章配置交换机的方法。

设计提示 配置路由器有 5 种方式，一般的过程是：路由器初始使用前，通过 PC 上的超级终端程序经路由器的设备控制台端口对路由器进行设置；路由器使用过程中则通过 Telnet 对路由器进行远程配置。

2. 路由器命令模式

和交换机设备一样，路由器命令模式也具有 3 种配置权限不同的配置模式（这里假设该路由器的名字默认为"Router"）。下面简单介绍这几种配置模式：

❑ 用户模式"Router >"

在该模式下，用户只有最低访问权限，可以查看路由器的当前连接状态，访问其他网络和主机，但不能看到路由器的设置内容。

❑ 特权模式"Router #"

在用户模式下，输入" enable"命令即可进入特权模式。在该模式下，用户能够使用命令查看路由器配置的内容和对路由器进行测试。若输入"exit"或"end"命令即可返回用户模式。

❑ 全局配置模式"Router（config）#"

在特权模式 Router # 提示符下，输入" configure terminal"命令，便出现全局配置模式提示符。此时，用户可以配置路由器的全局参数。全局配置模式下还有其他几种子模式：

```
1) Router(config-if)#                      ! 端口配置模式
2) Router(config-line)#                    ! 线路配置模式
3) Router(config-router)#                  ! 路由配置模式
```

在任何一种模式下都可以用"exit"命令返回到上一级模式，输入"end"命令可直接返回到特权模式。理解不同的命令配置模式状态对正确配置路由器非常重要。

3. 路由器配置内容及过程

路由器的一般配置内容及过程如下（其中，步骤 1 ~ 4 可参见第 3 章交换机配置）：

1）将 PC 机连接到路由器控制台端口，进入超级终端软件。
2）设置 Telnet 登录用户、口令。
3）配置主机名。
4）设置网管支持。
5）配置端口（如 LAN 端口和 WAN 端口）。
6）配置路由（静态或动态路由）。
7）测试、保存配置。

6.1.3　路由器的常用命令

路由器通常具有丰富的命令。掌握这些命令的使用方法对配置路由器而言非常关键，下面我们以边介绍边操作的方式来熟悉路由器的常用操作命令（注意：例子中的路由器名字初始为"Red-Giant"）。

❑ 转换配置路由器命令行操作模式

```
Red-Giant>enable                               ! 进入特权模式
Red-Giant#
Red-Giant#configure terminal                   ! 进入全局配置模式
Red-Giant(config)#
Red-Giant(config)#interface fastethernet 1/0   ! 进入路由器 Fa1/0 接口模式
Red-Giant(config-if)#
Red-Giant(config-if)#exit                       ! 退回到上一级操作模式
Red-Giant(config)#
Red-Giant(config-if)#end                        ! 直接退回到特权模式
Red-Giant#
```

❏ 配置路由器的名称

```
Red-Giant> enable
Red-Giant# configure terminal
Red-Giant(config)#hostname RouterA          ! 把设备的名称修改为 RouterA
RouterA(config)#
```

❏ 显示命令

显示命令用于显示某些特定需要，以方便用户查看路由器中特定的配置信息。

```
Router # show version                  ! 查看版本及引导信息
Router # show running-config           ! 查看运行配置
Router # show startup-config           ! 查看保存的配置文件
Router # show interface type number    ! 查看接口信息
Router # show ip route                 ! 查看路由信息
Router#write memory                    ! 将当前配置保存到内存
Router#copy running-config startup-config ! 保存配置，将当前配置文件拷贝到初始配置文件中
```

由于路由器选路表中保存着到达各子网的重要信息：路由标识、获得路由方式、目标网络、转发路由器地址和经过路由器的个数等，我们可以用"show ip route"命令查看相关信息。例如：

```
Router#show ip route
Codes:C-connected,S-static,I-IGRP,R-RIP,M-mobile,B-BGP
      D-EIGRP,EX-EIGRP external,O-OSPF,IA-OSPF inter area
        N1-OSPF NSSA external type 1,N2-OSPF NSSA external type 2
        E1-OSPF external type,E2-OSPF external type 2,E-EGP
        i-IS-IS,L1-IS-IS level-1,L2-IS-IS leve-2,ia-IS-IS inter area
        *-candidate default,U-per-user static route, o-ODR
        P-periodic downloaded static route
Gateway of last resort is not set
```

注意，路由器配置的信息通常存储在配置文件中，一旦启用路由器，该配置文件中的命令解释执行，将路由器定制成满足特定业务需求的设备。配置文件通常包含一组命令，其格式是文本文件格式。路由器有两类配置文件：一类是当前正在使用的配置文件，也叫 running-config；另一类是初始配置文件，也叫 startup-config。其中，running-config 保存在 RAM 中。如果不加保存，路由器关机后，其中的信息会丢失（因此，要想保存该文件信息，一定要用命令保存）；而 startup-config 保存在 NVRAM 中，即使断电，文件内容也不会丢失。在路由器运行期间，可以随时利用命令行接口进入配置模式，对 running-config 进行修改。我们也能在 running-config 和 startup-config 这两套配置文件之间相互复制。

❏ 配置路由器端口参数

```
Red-Giant>enable
Red-Giant # configure terminal
Red-Giant(config)#hostname Ra
Ra(config)#interface serial 1/2                ! 进入 s1/2 的接口模式
Ra(config-if)#ip address 1.1.1.1 255.255.255.0 ! 配置接口的 IP 地址
Ra(config-if)#clock rate 64000                 ! 在 DCE 接口上配置时钟频率 64000
Ra(config-if)#bandwidth 512                    ! 配置接口的带宽速率为 512KB
Ra(config-if)#encapsulation PPP                ! 把端口封装为 PPP 协议（仅 Serial 口）
Ra(config-if)#no shutdown                      ! 开启该端口，使端口转发数据
```

配置路由器密码

```
Router >enable
Router #
Router # configure terminal
Router(config)# enable password  cisco            ! 设置特权密码
Router(config)#exit
Router # write                                    ! 保存当前配置
```

配置路由器每日提示信息

```
Router(config)#banner motd &                      ! 配置每日提示信息 & 为终止符
Enter TEXT message.  End with the character '&'.
```

6.2 配置路由器的选路功能

6.2.1 配置端口地址

在如图 6-4 所示的场景中，必须为路由器的每个端口配置一个合适的 IP 地址，路由器才能工作。我们以为该路由器各个端口配置如表 6-1 中所列 IP 地址信息为例进行讲解，使这些子网之间能够互联通信。读者们可以搭建相应的环境，按下面介绍的步骤自行进行实验操作。

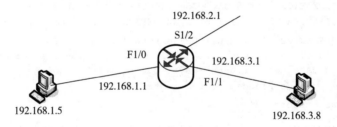

图 6-4　路由器端口连接的网络

表 6-1　路由器端口所连接网络地址

端口	IP 地址	目标网段
Fastethernet 1/0	192.168.1.1	192.168.1.0
Serial 1/2	192.168.2.1	192.168.2.0
Fastethernet 1/1	192.168.3.1	192.168.3.0

```
Red-Giant>enable                                ! 转入特权模式
Red-Giant#
Red-Giant#configure terminal                    ! 进入全局配置模式
Red-Giant(config)#
Red-Giant(config)#interface fastethernet 1/0    ! 进入路由器 Fa1/0 接口模式
Red-Giant(config-if)#ip address 192.168.1.1 255.255.255.0    ! 配置端口地址
Red-Giant(config-if)#no shutdown
Re-Giant(config-if)#exit

Red-Giant(config)#interface fastethernet 1/1    ! 进入路由器 Fa1/1 接口模式
Red-Giant(config-if)#ip address 192.168.3.1 255.255.255.0    ! 配置端口地址
Red-Giant(config-if)#no shutdown
Re-Giant(config-if)#exit
```

```
Red-Giant(config)#interface Serial 1/2              ! 进入路由器 Serial 1/2 端口模式
Red-Giant(config-if)#ip address 192.168.2.1 255.255.255.0! 配置端口地址
Red-Giant(config-if)#no shutdown
Re-Giant(config-if)#exit

Red-Giant(config-if)#end                            ! 直接退回到特权模式
Red-Giant#
```

完成以上配置端口 IP 地址操作以后，192.168.1.0 网络被映射到接口 Fa1/0 上，192.168.2.0 网络被映射到接口 S1/2 上，192.168.3.0 网络被映射到接口 Fa1/1 上。这时，我们可使用"show ip route"命令查询选路表的相关内容：

```
Re-Gaint#show ip route                              ! 查看路由器设备的选路表信息
    Codes:C-connected,S-static,I-IGRP,R-RIP,M-mobile,B-BGP
          D-EIGRP,EX-EIGRP external type 1,N2-OSPF NSSA external type 2
          N1-OSPF NSSA external type, E2-OSPF external type 2,E-EGP
          i-IS-IS,L1-IS-IS level-1,L2-IS-IS level-2,ia-IS-IS inter atea
          *-candidate default,U-per-user static route,o-ODR
          P-periodic downloaded static route

Gateway of last resort is not set
```

设计提示　路由器基本配置与交换机基本配置有许多相似之处，可通过对二者的相互对比，达到迅速掌握要点的目的。

6.2.2　配置 RIP 协议

为路由器各个端口配置了特定的 IP 地址后，路由器仍不能起到联通各个子网的作用，还需要为该路由器配置选路协议。就当前网络状况而言，为路由器配置一种动态选路协议更为合适，这样路由器之间可以通过选路协议自行调整路由，使分组到达其目的地。当前比较典型的动态选路协议有 OSPF 和 RIP 等选路协议，前者适合大型网络，后者适合小型网络。有关这些选路协议的工作原理，请参阅有关计算机网络原理方面书籍。在本节中，我们将学习 RIP 的配置方法；在 6.2.3 节中，我们再学习 OSPF 的配置方法；在 6.5 节中还将提供 3 个较为详细的教学案例，供大家进行动手实验。

为了配置 RIP 选路协议，首先需要启用 RIP 选路协议，并定义与 RIP 路由进程关联的网络。具体命令如下：

```
R1(config)# router rip                          ! 启用 RIP 选路协议
R1(config-router)# network 1.0.0.0              ! 定义具体网络
R1(config-router)# network 192.168.1.0
```

由于 RIP 选路协议有版本 1 和版本 2 之分，因此需要用命令来指定其版本：

```
Router(config)# router rip                      ! 启用 RIP 选路协议
Router(config-router)# version {1 | 2}          ! 定义 RIP 协议版本
Router(config-router)# network network-number   ! 定义关联网络
```

当出现不连续子网或者希望学到具体的子网路由，而不愿意只看到汇总后的网络路由时，就需要关闭路由的自动汇总功能。RIP v2 支持关闭边界自动汇总功能，而 RIP v1 则不支持该功能。要配置路由自动汇总，应当在 RIP 路由进程模式中执行以下命令：

```
Router(config)# router rip
Router(config-router)# no auto-summary          ! 关闭路由自动汇总
Router(config-router)# auto-summary             ! 打开路由自动汇总
```

为了使大家深入理解和掌握路由器在小型网络中的使用方法，我们通过一个工程案例来讲解 RIP 选路协议的具体配置方法。

图 6-5 显示的是将某大学的两个分校区与主校区网络互联的工作场景，左边路由器连接的是西校区，右边路由器连接的是东校区，校园网的地址规划见表 6-2。我们通过为路由器配置 RIP 版本 2 协议，实现分校区与主校区之间的校园网联通。

在配置校园网的路由器之前，需要准备好如图 6-5 所示的网络配置工作场景。接下来，我们根据下列步骤来配置路由器 RIP v2 选路协议。

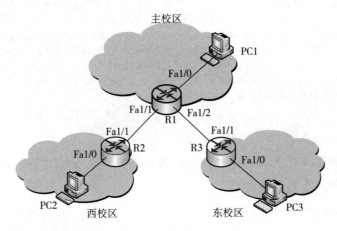

图 6-5 小型校园网连接的工作场景

表 6-2 小型校园网的地址规划

区域网络	设备名称	设备及端口的配置地址		备注
大学主干网络	主干路由器 R1	Fa1/0	172.16.1.2 / 24	局域网端口，连接 PC1
		Fa1/1	172.16.2.1 / 24	局域网端口，连接西校区
		Fa1/2	172.16.3.1 / 24	局域网端口，连接东校区
	测试 PC1	IP	172.16.1.1 / 24	测试计算机
		网关	172.16.1.2 / 24	
西校园网	接入路由器 R2	Fa1/0	172.16.4.2 / 24	局域网端口，连接 PC2
		Fa1/1	172.16.2.2 / 24	局域网端口，连接大学主干网
	测试 PC2	IP	172.16.4.1 / 24	模拟局域网中测试计算机
		网关	172.16.4.2 / 24	
东校园网	接入路由器 R3	Fa1/0	172.16.5.2 / 24	局域网端口，连接 PC3
		Fa1/1	172.16.3.2 / 24	局域网端口，连接大学主干网
	测试 PC3	IP	172.16.5.1 / 24	测试计算机
		网关	172.16.5.2 / 24	
备注	在实验室使用环境中，主干路由器 R1 如果缺乏 Fa1/2 局域网端口，可以使用 Serial1/0 等广域网接口来代替，但需要使用 V35 线缆，其相应的对端接口也要随之变化。			

1. 为路由器配置端口 IP 地址

路由器加电启动后，根据表 6-2 的地址规划为路由器的所有端口配置 IP 地址。先配置大学主干路由器 R1（名字为 Router1）的端口 IP 地址。

```
Red-Giant#
Red-Giant#configure terminal                              ! 进入全局配置模式
Red-Giant(config)#hostname Router1
Router1 (config)#interface fastethernet 1/0               ! 进入 Fa1/0 接口模式
Router1 (config-if)#ip address 172.16.1.2 255.255.255.0   ! 配置接口地址
Router1 (config-if)#no shutdown
Router1 (config)#interface fastethernet 1/1               ! 进入 Fa1/1 接口模式
Router1 (config-if)#ip address 172.16.2.1 255.255.255.0   ! 配置接口地址
Router1 (config-if)#no shutdown
Router1 (config)#interface fastethernet 1/2               ! 进入 Fa1/2 接口模式
Router1 (config-if)#ip address 172.16.3.1 255.255.255.0   ! 配置接口地址
Router1 (config-if)#no shutdown
```

再配置西校区路由器 Router2 的端口 IP 地址。

```
Red-Giant#
Red-Giant#configure terminal                              ! 进入全局配置模式
Red-Giant(config)#hostname Router2

Router2 (config)#interface fastethernet 1/0               ! 进入 Fa1/0 接口模式
Router2 (config-if)#ip address 172.16.4.2 255.255.255.0   ! 配置接口地址
Router2 (config-if)#no shutdown
Router2 (config)#interface fastethernet 1/1               ! 进入 Fa1/1 接口模式
Router2 (config-if)#ip address 172.16.2.2 255.255.255.0   ! 配置接口地址
Router2 (config-if)#no shutdown
```

接下来，配置东校区路由器 Router3 的端口 IP 地址。

```
Red-Giant#
Red-Giant#configure terminal                              ! 进入全局配置模式
Red-Giant(config)#hostname Router3

Router3 (config)#interface fastethernet 1/0               ! 进入 Fa1/0 端口模式
Router3 (config-if)#ip address 172.16.5.2 255.255.255.0   ! 配置端口地址
Router3 (config-if)#no shutdown
Router3 (config)#interface fastethernet 1/1               ! 进入 Fa1/1 端口模式
Router3 (config-if)#ip address 172.16.3.2 255.255.255.0   ! 配置端口地址
Router3 (config-if)#no shutdown
```

为了确认路由器端口 IP 地址配置正确，可分别查看所有路由器的路由信息。这时，这些路由器不能相互联通。

```
Router1 #show ip route                        ! 查看设备路由信息表
...
Router2 # show ip route
...
Router3 # show ip route
...
```

2. 为路由器配置 RIP 协议
由于该校园网只涉及 5 个子网，因此路由器选路协议选用 RIP V2 协议。

```
! 大学校园网路由器 Router1 配置 RIP V2 协议
Router1#configure terminal
```

```
Router1(config)# router rip                      ! 创建 RIP 路由进程
Router1(config-router)# version 2                ! 启动 RIP V2 进程
Router1(config-router)# network 172.16.1.0       ! 发布自己所关联的网络
Router1(config-router)# network 172.16.2.0
Router1(config-router)# network 172.16.3.0

        ! 西校区校园网路由器 Router2 配置 RIP 版本 2 协议
Router2#configure terminal
Router2(config)# router rip                       ! 创建 RIP 路由进程
Router2(config-router)# version 2                 ! 启动 RIP V2 进程
Router2(config-router)# network 172.16.2.0        ! 发布自己所关联的网络
Router2(config-router)# network 172.16.4.0

        ! 东校区校园网路由器 Router3 配置 RIP 版本 2 协议
Router3#configure terminal
Router3(config)# router rip                       ! 创建 RIP 路由进程
Router3(config-router)# version 2                 ! 启动 RIP V2 进程
Router3(config-router)# network 172.16.3.0        ! 发布自己所关联的网络
Router3(config-router)# network 172.16.5.0
```

再分别查看各路由器选路信息。可以发现，此时互联的路由器之间通过动态选路协议学习到网络的其他部分的路由。

```
Router1 (config)# show ip route        ! 查看设备路由信息表
...
Router2 (config)# show ip route
...
Router3 (config)# show ip route
...
```

3. 测试网络连通性

根据表 6-2 所示的 IP 地址信息，可以从网络中的测试计算机配置用 Ping 命令测试与网络中的其他测试计算机是否联通，以验证该网络的可达性。

6.2.3 配置 OSPF 协议

OSPF 适用于规模较大的网络，一般采用分层结构，即将 OSPF 覆盖的区域分割成几个区域（area），而区域之间通过一个主干区域 area0（主干区域定义为区域 0）互联，如图 6-6 所示。当一个区域对外广播选路信息时，该信息先传递至主干区域，再由主干区域将该信息以多播方式向其余区域传送。OSPF 通过向全网扩散自治系统内部的设备的链路状态信息，使网络中每台设备最终同步到保存有全网链路状态的数据库上，因此网络路由信息可信度高，网络的收敛速度快。

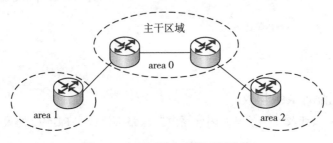

图 6-6　主干区域和边缘区域连接

配置 OSPF 时，必须先在路由器上启动 OSPF 协议，并配置路由器的网络地址和区域信息。创建 OSPF 路由进程如下：

```
Router#configure terminal
Router(config)# router ospf                                    ! 启动 OSPF 路由进程
```

定义接口所属区域的命令如下：

```
Router(config-router)#network wildcard area area-id            ! 斜体字处应为具体值
```

然后，定义与该 OSPF 路由进程关联的 IP 地址，以及该范围 IP 地址所属的 OSPF 区域。OSPF 路由进程只在属于该 IP 地址范围的端口发送、接收 OSPF 报文，并且对外通告该端口的链路状态。当路由器的端口地址与配置命令定义的 IP 地址范围相匹配时，该端口就属于指定的区域。

在配置时，配置命令中采用通配符掩码检查格式，其格式与子网掩码的格式相反，通配符掩码中二进制 0 表示一位"检测"条件，二进制 1 表示一位"忽略"条件。

由于 OSPF 协议的配置比较复杂，我们下面用一个具体案例说明其配置过程。如图 6-7 给出了某大学大型校园网的一部分，左边路由器连接的是西校区，右边路由器连接的是东校区，要求路由器配置 OSPF 协议，实现校园网各部分的连通。其中相关的校园网 IP 地址规划参见表 6-3。

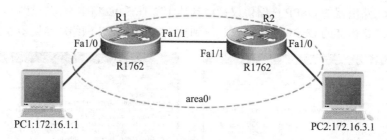

图 6-7　大型校园网的工作场景（部分）

表 6-3　大型校园网 IP 地址规划（部分）

设备名称	设备及端口的配置地址		备注
R1	Fa1/0	172.16.1.2 / 24	局域网端口，连接 PC1
	Fa1/1	172.16.2.1 / 24	局域网端口，连接 R2 路由器 Fa1/1
R2	Fa1/1	172.16.2.2 / 24	局域网端口，连接 R1 路由器 Fa1/0
	Fa1/0	172.16.3.2 / 24	局域网端口，连接 PC2
PC1	172.16.1.1 / 24		网关：172.16.1.2
PC2	172.16.3.1 / 24		网关：172.16.3.2

在配置校园网的路由器之前，需要准备好如图 6-7 所示的网络配置工作场景。接下来，我们根据下列步骤配置路由器的 OSPF 选路协议。

1. 为路由器配置端口 IP 地址

先为路由器 R1 配置端口的 IP 地址（参见图 6-8）。

再配置 R2 路由器的端口 IP 地址（参见图 6-9）。

显然，此时两台路由器之间是不通的。我们可以查看 R1 的选路信息，发现还缺少到 172.16.3.0/24 网络的路由。

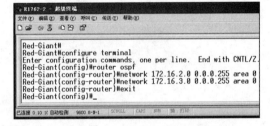

图 6-8　配置路由器 R1 的端口 IP 地址 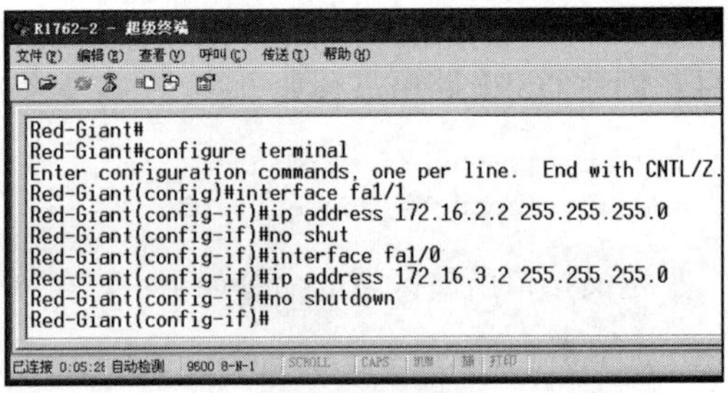　　　　　图 6-9　配置路由器 R2 的端口 IP 地址

```
R1762#show ip route
Codes:  C - connected, S - static,  R - RIP
        O - OSPF, IA - OSPF inter area
        N1 - OSPF NSSA external type 1, N2 - OSPF NSSA external type 2
        E1 - OSPF external type 1, E2 - OSPF external type 2
        * - candidate default
Gateway of last resort is no set
C    172.16.2.0/24 is directly connected, FastEthernet 1/1
C    172.16.2.1/32 is local host
```

2. 配置路由器的 OSPF 选路协议

先配置 R1 路由器的 OSPF 选路协议，以到达 172.16.3.0/24 网络（参见图 6-10）。

再配置 R2 路由器的 OSPF 选路协议，以到达 172.16.1.0/24 网络（参见图 6-11）。

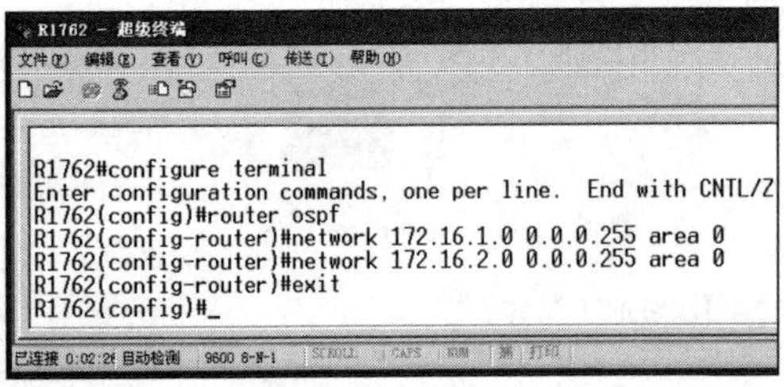

图 6-10　配置 R1 路由器的 OSPF 选路协议　　　图 6-11　配置 R2 路由器的 OSPF 选路协议

再查看路由器 R1 的路由信息，这时发现通过动态 OSPF 选路协议，该路由器已经学习到了到达 172.16.3.0/24 网络的路由。这时可用测试 PC 上的 Ping 命令测试两个子网之间的连通性了。

上述示例是以两台路由器为例来讲解 OSPF 协议的配置的，而在实践中，一个大型校园网肯定要使用更多的路由器。由于这时要划分为不同的区域，其配置过程更加复杂。不过它们的配置过程还是有许多相似之处的，我们可以通过阅读产品手册或在有经验的工程师的指导下完成配置。

设计提示　理解路由器的工作原理是正确配置路由器选路协议和分析路由问题的基础。对于复杂的路由器配置问题，建议先在 PacketTracer 上进行模拟配置，在确认配置正确后，再根据配置命令文件对真实路由器设备进行配置。此外，在 PacketTracer 上可以观察到路由选择协议的运行过程，有助于理解路由器的实际工作过程。

6.2.4　配置静态路由

为了使网络按预定的设计工作，在网络工程中，通常要为重要干线的路由器配置静态路由。由于在路由器中规定静态路由优先于动态路由，因此一台配置了静态路由的路由器，无论是否配置了动态选路协议，该路由器都会按静态路由来转发分组。只有当路由器配置静态路由的端口出现了故障，才会按动态选路协议给出的路由进行转发（如果该路由器的其他端口配置了动态选路协议的话）。可见，静态路由和动态路由结合能够提高网络的可靠性。

静态路由是网管人员人工配置的，一旦静态路由生效，它不会自行发生变化。在所有的路由中，静态路由优先级最高（网络管理距离（即链路费用）为0或1）。为路由器配置静态路由可使用命令"ip route"，其格式如下：

```
Router(config)# ip route [网络编号] [子网掩码] [转发路由器的 IP 地址 / 本地接口]
```

为了对图 6-12 所示的场景中的路由器 R1762-1 和 R1762-2 配置静态路由，我们可以进行如下操作。

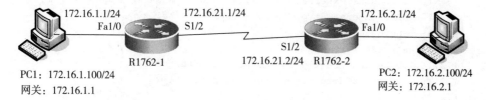

图 6-12　配置静态路由的网络场景

R1762-1 设备的配置过程为：

```
Red-Giant#
Red-Giant#configure terminal
Red-Giant(config)#hostname R1762-1

R1762-1 (config)# interface fastethernet 1/0       ! 进入路由器 Fa1/0 接口模式
R1762-1 (config-if)#ip address 172.16.1.1 255.255.255.0 ! 配置接口地址
R1762-1 (config-if)#no shutdown

R1762-1 (config)#interface serial 1/2              ! 进入路由器 Serial 1/2 接口模式
R1762-1 (config-if)#ip address 172.16.21.1 255.255.255.0      ! 配置接口地址
R1762-1 (config-if)#clock rate 64000            ! 在 DCE 接口上配置时钟频率 64000
R1762-1 (config-if)#encapsulation PPP           ! 把端口封装为 PPP 协议 ( 仅 Serial 口 )
R1762-1 (config-if)#no shutdown
R1762-1 (config-if)#exit

R1762-1 (config)# ip route 172.16.2.0 255.255.255.0 172.16.21.2
                                    ! 配置到达下一个网络的数据转发路径为下一跳地址
```

设备 R1762-2 的配置过程为：

```
Red-Giant#
Red-Giant#configure terminal
Red-Giant(config)#hostname R1762-2

R1762-2 (config)# interface fastethernet 1/0     ! 进入路由器 Fa1/0 接口模式
R1762-2 (config-if)#ip address 172.16.2.1 255.255.255.0! 配置接口地址
R1762-2 (config-if)#no shutdown

R1762-2 (config)#interface serial 1/2              ! 进入路由器 Serial 1/2 接口模式
R1762-2 (config-if)#ip address 172.16.21.1 255.255.255.0         ! 配置接口地址
```

```
! 在 DTE 接口上不需要配置时钟频率，注意线缆端口标识
R1762-2 (config-if)#encapsulation PPP        ! 把端口封装为 PPP 协议（仅 Serial 口）
R1762-2 (config-if)#no shutdown
R1762-2 (config-if)#exit

R1762-2(config)# ip route 172.16.1.0 255.255.255.0 172.16.21.1
                                        ! 配置到达下一个网络的数据转发路径为下一跳地址
```

在配置完路由器的所有端口后，可以分别在两台路由器上使用"show ip route"命令，以检查路由器配置的结果。以查看 R1762-1 路由器路由信息为例，方式如下：

```
R1# show ip route                          ! 查看 R1762-1 路由器设备生成的选路表信息
Codes: C - connected, S - static,  R - RIP
       O - OSPF, IA - OSPF inter area
       N1 - OSPF NSSA external type 1, N2 - OSPF NSSA external type 2
       E1 - OSPF external type 1, E2 - OSPF external type 2
       * - candidate default
Gateway of last resort is no set
C    172.16.1.0/24 is directly connected, FastEthernet1/0
C    172.16.21.0/24 is directly connected, serial 1/2
S    172.16.2.0/24 [1/0] via 172.16.21.2                    ! 静态路由记录
```

利用默认路由的概念也能够配置路由器的静态路由，因为有时默认路由与静态路由是一致的。当路由器在其选路表中查不到转发分组的目的地址时，就会按默认路由的信息进行转发。因此，我们若为路由器配置了默认路由，则所有未知目的地址的分组都按默认路由进行转发。

如果目的网络使用了 0.0.0.0/0，则被认为是默认路由，可用来匹配所有的 IP 地址。配置默认路由的命令如下：

```
Router #configure terminal
Router(config)# ip route  0.0.0.0  0.0.0.0          ! 转发路由器的 IP 地址／本地接口
```

据统计，ISP 在大部分路由器上都配置了一条默认路由。在图 6-13 所示的例子中，路由器 R 只有一条路径连接外部网络，这种网络被称为桩网络。为了实现网络 172.16.1.0 对外部网络的访问，可以在路由器 R 上配置一条指向 A 的默认路由，即在路由器 R 上配置一条默认路由：

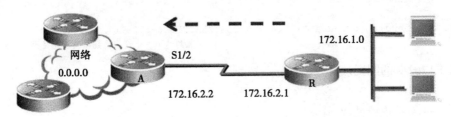

图 6-13　默认路由出现的网络场景

```
router #configure terminal
router(config)# ip route 0.0.0.0 0.0.0.0 172.16.2.2
                    ! 配置匹配不成功的数据都经过下一跳地址 172.16.2.2 接口转发
```

设计提示　路由器中的静态路由有比动态路由更高的优先级。这种特性有助于我们在网

络流量工程设计中用静态路由来规划网络日常流量，同时用动态路由来应对流量异常和网络故障现象。

6.3 配置广域网接口

6.3.1 配置 HDLC 协议

高级数据链路控制（HDLC）是面向比特、同步数据传输链路层协议，是广域网数据链路层使用最广泛的协议，用于在网络节点间以全双工、点对点方式传送数据。通常在路由器中，连接广域网接口的数据链路层协议都默认使用 HDLC，可以通过如下命令查询路由器状态：

```
RouterA # configure terminal
RouterA(config)#interface serial 1/2
RouterA #show interface serial 1/2                !查看 RA serial 1/2 接口的状态

-------------------------------------------------------------
serial 1/2 is UP  , line protocol is UP            !接口的状态，是否为 UP
Hardware is PQ2 SCC HDLC CONTROLLER serial
Interface address is: 1.1.1.1/24                   !接口 IP 地址的配置
  MTU 1500 bytes, BW 512 Kbit                       !查看接口的带宽为 512KB
  Encapsulation protocol is HDLC, loopback not set !接口封装的是 HDLC 协议
  Keepalive interval is 10 sec , set
  Carrier delay is 2 sec
  RXload is 1 ,Txload is 1
  Queueing strategy: WFQ
  5 minutes input rate 17 bits/sec, 0 packets/sec
  5 minutes output rate 17 bits/sec, 0 packets/sec
  511 packets input, 11242 bytes, 0 no buffer
  Received 511 broadcasts, 0 runts, 0 giants
  0 input errors, 0 CRC, 0 frame, 0 overrun, 0 abort
  511 packets output, 11242 bytes, 0 underruns
  0 output errors, 0 collisions, 1 interface resets
  1 carrier transitions
  V35 DCE cable                                     !该接口为 DCE 端
DCD=up  DSR=up  DTR=up  RTS=up  CTS=up
```

如果该接口封装的是 PPP 协议而不是 HDLC 协议，则需要将协议修改为 HDLC 协议。在接口配置状态下，使用命令"encapsulation"来完成修改。

```
RouterA # configure terminal
RouterA (config)# interface serial 1/2
RouterA (config-if)# encapsulation HDLC            !把该接口封装为 HDLC 协议
RouterA (config-if)#no shutdown
```

6.3.2 配置 PPP 协议

PPP 协议也是一种应用广泛的广域网协议。与 DLC 协议相比，PPP 协议简单、具备用户验证能力、可以解决 IP 分配等。此外，PPP 协议还具有很多丰富的可选特性，如支持多协议、提供可选的身份认证服务、能够以各种方式压缩数据、支持动态地址协商、支持多链路捆绑等。不论是异步拨号线路还是路由器之间的同步链路均可使用。因此，在需要提供安全检查的网络中，PPP 协议应用十分广泛。

PPP 提供两种可选的身份认证方法：口令验证协议（Password Authentication Protocol,

PAP）和质询握手协议（Challenge Handshake Authentication Protocol，CHAP）。如果通信双方协商达成一致，也可以不使用任何身份认证方法。PAP 是一种简单实用的身份验证协议，PAP 认证进程只在双方的通信链路建立初期进行。如果认证成功，在通信过程中不再进行认证；如果认证失败，则直接释放链路（参见图 6-14）。

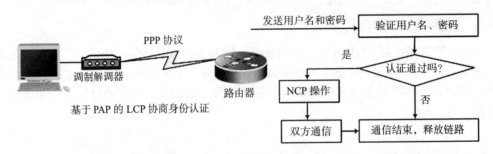

图 6-14　PAP 认证过程

在图 6-15 所示的场景中，通信双方都封装了 PPP 协议，链路连接激活后，开始进行 PAP 身份认证。认证服务器会不停地发送身份认证邀请，直到身份认证成功为止。也就是说，当认证客户端（被认证一端）路由器 B 发送了用户名或口令后，认证服务器端路由器 A 将收到用户名、口令，并与本地口令数据库中的口令字匹配。如果匹配正确，则身份认证成功，通信双方建立起 PPP 链路。

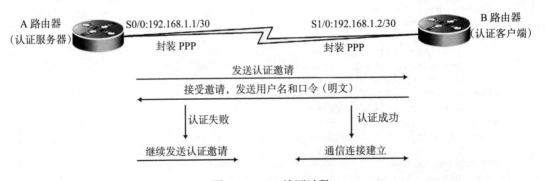

图 6-15　PAP 认证过程

为使通信双方具有安全认证，可以将路由器 B 的广域网接口修改为封装 PPP 协议。在接口配置状态下，使用命令 "encapsulation" 来完成这项工作。

```
RouterA # configure terminal
RouterA (config)# interface serial 1/0
RouterA (config-if)# encapsulation PPP                          ! 把该接口封装为 PPP 协议
```

如果需要建立本地认证用户名和口令，在全局模式下使用命令 "username *username* password *password*" 设置认证用户名和口令。

```
RouterA # configure terminal
RouterA(config)#username routeRa password Rapass
```

如果要进行 PAP 认证，在接口配置状态下，使用命令 "ppp authentication pap" 来完成这项工作。

```
RouterA # configure terminal
RouterA(config)#interface serial 0/0
RouterA(config-if)#ppp authentication pap
```

如果需要配置 PAP 认证客户端，使用如下命令即将用户名和口令发送到对端。

```
RouterB #
RouterB # configure terminal
RouterB(config)#interface serial 0/0
RouterB(config-if)#ppp pap sent-username routeRa password Rapass
```

设计提示 要配置位于网络边缘的接入路由器以支持大量用户的接入，可以采用一些低速、传统的协议。

6.4 配置软路由器的方法

如果我们手头没有上述路由器，或者没有这么多台路由器，如何完成工作呢？或者在实践中，我们需要使用路由器但又限于经费买不起，怎么办呢？这时，你可以采用"软路由器"的方法来解决。所谓"软路由器"是指在使用 Intel 架构的 PC 上运行 Windows Server 或 Linux 操作系统而形成的一台"路由器"。尽管这种软路由器从外部特性上与上述路由器没有太大差别，但是它的转发速度和可靠性通常与路由器无法相比，因此将其认为是路由器的临时代用品。

下面我们学习配置软路由器方法。在一台 PC 上插上双网卡（通常一块为主机主板上的网卡，另一块为外置的网卡），然后安装并运行 Windows Server 2003/2008 操作系统（使用 Linux 操作系统的配置方法可查阅资料自行完成）。

1）按图 6-16 所示，启动"路由和远程访问"功能。

在主窗口的左侧"WYQ"（服务器名）处单击右键，选择"配置并启用路由和远程访问"，打开此服务的安装向导。

选择"网络路由器"选项并继续。在下一个界面中选择"是，所有可用的协议都在列表上"选项，并继续；若选择"否，不使用请求拨号访问远程网络"，则不安装远程访问服务；最后完成"路由和远程访问服务器安装向导"。

2）设置路由。右键单击要启用路由的服务器名 WYQ，然后单击"属性"，显示"属性"对话框；在"常规"选项卡上，选中"路由器"复选框，并选择"仅用于局域网（LAN）路由选择"选项。

在"路由和远程访问"窗口中，打开左侧目录树"IP 路由选择"，右击"常规"，并在弹出菜单中选择"新路由选择协议"，显示"新路由选择协议"对话框。在"路由选择协议"列表中选中"用于 Internet 协议的 RIP 版本 2"。

在目录树中右击"RIP"，并在弹出菜单中选择"新端口"，显示"用于 Internet 协议的 RIP 版本 2 的新接口"对话框（参见图 6-17）。

在"接口"列表框中选择第一个网络接口，即"内网（上 ADD）"，单击"确定"，显示"RIP 属性"对话框。RIP 属性取系统默认值即可，单击"确定"（参见图 6-18）。

重复上述操作，为 RIP 添加第二个网络接口，即"外网（下 60A）"。至此，双口的路由器功能已经配置完毕。

图 6-16　启动"路由和远程访问"功能

图 6-17　用于 Internet 协议的 RIP 版本 2 的新接口

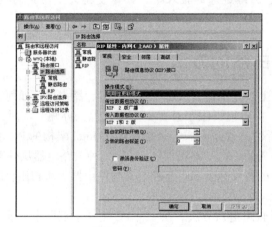

图 6-18　RIP 属性

3）IP 协议的静态路由和动态选路。

静态路由是在路由器选路表中设置的固定路由项。当一个分组在路由器中进行寻径时，路由器首先查找静态路由，如果查到则根据相应的静态路由转发分组；否则再查找动态路由。打开路由器上的选路表，详细分析其中的 IP 选路表中的内容（参见图 6-19）。

图 6-19　IP 选路表中的内容

当 UDP 分组到达时：

①如果目的地址是 127.0.0.1 或 192.168.33.1，即路由器本身，则以 127.0.0.1 作为网关，自身进行环回。

②如果目的地址是 192.168.33.0，则以 192.168.33.1 作为网关，从接口"外网（下 60A）"出去；其他主机类似。

③如果是广播数据报，则可以以 218.18.33.1 为网关从接口"内网（上 AAD）"出去，或以 192.168.33.1 或 192.168.34.1 为网关；从接口"外网（下 60A）"出去。

除了使用 Windows Server 2003/2008 中的 RRAS 作为软路由器外，在 Windows 平台下还可以使用的 ISA2004、Winrouter Firewall 等商业软件将 PC 转为软路由器。

设计提示　软路由器为学习路由器和临时应急提供了一种方便的手段。

6.5　网络工程案例教学

6.5.1　配置简单互联网络的静态路由

【网络工程案例教学指导】

案例教学要求：在实验室环境中，根据一个简单的两级结构的网络进行配置，掌握静态路由的配置方法。

案例教学环境：路由器（2 个 Ethernet 口，一个 Serial 口）2 台；二层交换机 2 台；PC 机 2 台。

设计要点：建立如图 6-20、图 6-21 所示的两级结构互联网络，实现两种典型应用场合不同子网的互联。

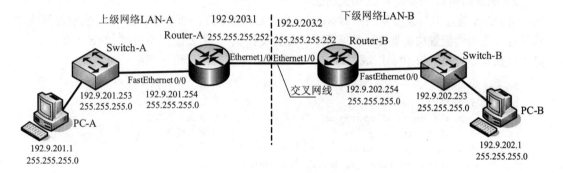

图 6-20　通过以太网接口实现子网互联

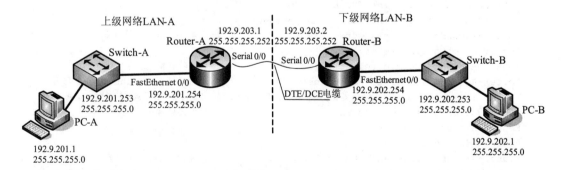

图 6-21　通过 Serial 接口实现子网互联

需求分析和设计

根据上述要求，分别建立如图 6-20 和图 6-21 所示的两种场景。在实验室环境下，本案例假设上下级皆采用 Cisco R2620 XM 路由器作为外联路由器，Cisco S2950 交换机作为各级局域网主交换机。上下级子网互联有两种情况：其一是通过 Ethernet 口实现子网互联，这种情况下上下级间通信可享有较高的带宽；另一种是通过 Serial 口实现子网互联，上下级间互联信道为广域网信道，享有的带宽要低于前一种情况。由于网络相对简单，结构固定，因此采用静态路由算法作为各级路由器的选路算法。

1. 图 6-20 场景下的配置步骤

按照图 6-20 所示的场景连接好各种设备。注意：两个路由器之间的网线应选择交叉线。然后，按如下步骤进行配置。

（1）配置上级网络 LAN-A

上级局域网的网络号为 192.9.201.0。

1）设置上级网络中 PC-A 的 IP 地址、掩码、网关。

在 PC-A 主机上安装好网卡驱动程序，配置如下 IP 属性：

IP 地址：192.9.201.1

子网掩码：255.255.255.0

网关：192.9.201.254，该地址为路由器 Router-A 连接局域网的端口 IP 地址。

2）配置交换机 Switch-A 的管理地址（选做）。

配置交换机 VLAN1 的端口 IP 地址为：192.9.201.253，掩码为：255.255.255.0，具体配置方法参见第 3 章配置交换机的方法。

3）配置路由器 Router-A 的相关信息。

将 PC-A 通过串口连接到路由器 Router-A 的 Console 口，通过 Windows 提供的超级终端软件进入路由器配置功能界面（参见第 3 章配置交换机）。主要配置主机名、Telnet 登录口令、进入特权口令、局域口 IP、广域网口 IP、静态路由等信息，过程如下：

```
Router>enable                             ! 进入特权模式
Router #configure terminal                ! 进入全局配置模式
Router(config)#hostname Router-A          ! 配置路由器名
Router-A(config)#line vty 0 4             ! 进入线路配置模式
Router-A (config-line)#login              ! 允许口令检查
% Login disabled on line 66, until 'password' is set
% Login disabled on line 67, until 'password' is set
% Login disabled on line 68, until 'password' is set
% Login disabled on line 69, until 'password' is set
% Login disabled on line 70, until 'password' is set
Router-A(config-line)#password 123456     ! 设置 Telnet 登录口令
Router-A(config-line)#exit
Router-A(config)#enable secret cisco      ! 设置特权模式口令，密文形式
Router-A(config)#inteface FastEthnet 0/0  ! 进入接口 FastEthnet 0/0 配置
Router-A(config-if)#ip address 192.9.201.254 255.255.255.0  ! 配置接口 IP，掩码 24 位
Router-A(config-if)#no shudown            ! 启用接口
Router-A(config-if)#exit
Router-A(config)#
Router-A(config)#inteface Ethnet 1/0      ! 配置接口 Ethnet 1/0
Router-A(config-if)#ip address 192.9.203.1 255.255.255.252  ! 配置接口 IP，掩码 30 位
Router-A(config-if)#no shutdown           ! 启用接口
Router-A(config-if)#exit
Router-A(config)#
Router-A(config)#ip route 192.9.202.0 255.255.255.0 192.9.203.2    ! 配置静态路由
```

```
Router-A(config)#exit
Router-A#
Router-A#write                                    ! 保存配置
Router-A#exit
Router-A>
```

（2）配置下级网络 LAN-B

下级局域网的网络号为 192.9.202.0。

1）设置上级网络中 PC-B 的 IP 地址、掩码、网关。

在 PC-B 主机上安装好网卡驱动程序，配置如下 IP 属性：

IP 地址：192.9.202.1

子网掩码：255.255.255.0

网关：192.9.202.254，该地址为路由器 Router-B 连接局域网的端口 IP 地址。

2）配置交换机 Switch-B 的管理地址（选做）。

配置交换机 VLAN1 的端口 IP 地址为：192.9.202.253，掩码为：255.255.255.0，具体配置方法参见第 3 章配置交换机的方法。

3）配置路由器 Router-B 的相关信息。

将 PC-B 通过串口连接到路由器 Router-B 的 Console 口，通过 Windows 提供的超级终端软件进入路由器配置功能界面（参见第 3 章配置交换机）。主要配置主机名、Telnet 登录口令、进入特权口令、局域口 IP、广域网口 IP、静态路由等信息，过程如下：

```
Router>enable                                     ! 进入特权模式
Router #configure terminal                        ! 进入全局配置模式
Router(config)#hostname Router-B                  ! 配置路由器名
Router-B(config)#line vty 0 4                      ! 进入线路配置模式
Router-B (config-line)#login                       ! 允许口令检查
% Login disabled on line 66, until 'password' is set
% Login disabled on line 67, until 'password' is set
% Login disabled on line 68, until 'password' is set
% Login disabled on line 69, until 'password' is set
% Login disabled on line 70, until 'password' is set
Router-B(config-line)#password 123456             ! 设置 telnet 登录口令
Router-B(config-line)#exit
Router-B(config)#enable secret cisco              ! 设置特权模式口令, 密文形式
Router-B(config)#inteface FastEthnet 0/0          ! 进入接口 FastEthnet 0/0 配置
Router-B(config-if)#ip address 192.9.202.254 255.255.255.0 ! 配置接口 IP, 掩码 24 位
Router-B(config-if)#no shudown                    ! 启用接口
Router-B(config-if)#exit
Router-B(config)#
Router-B(config)#inteface Ethnet 1/0              ! 进入接口 Ethnet 1/0 配置
Router-B(config-if)#ip address 192.9.203.2 255.255.255.252
! 配置接口 IP 地址 , 掩码 30 位
Router-B(config-if)#no shutdown                   ! 启用接口
Router-B(config-if)#exit
Router-B(config)#
Router-B(config)#ip route 192.9.201.0 255.255.255.0 192.9.203.1  ! 配置静态路由
Router-B(config)#exit
Router-B#
Router-B#write                                                  ! 保存配置
Router-B#exit
Router-B>
```

（3）测试所做的配置

1）在 PC-A 主机的命令提示符界面下测试。

①测试 PC-A 主机到各 IP 的 IP 连通性。

```
ping 192.9.201.1                              ! 测试到 PC-A 的 IP 连通性
ping 192.9.201.253                            ! 测试到 Switch-A 的 IP 连通性
ping 192.9.201.254                            ! 测试到 Router-A LAN 接口的 IP 连通性
ping 192.9.203.1                              ! 测试到 Router-A WAN 接口的 IP 连通性
ping 192.9.203.2                              ! 测试到 Router-B WAN 接口的 IP 连通性
ping 192.9.202.254                            ! 测试到 Router-B LAN 接口的 IP 连通性
ping 192.9.202.253                            ! 测试到 Switch-B 的 IP 连通性
ping 192.9.202.1                              ! 测试到 PC-B 的 IP 连通性
```

若每次执行结果为可达，说明从 LAN-A 到 LAN-B 互联成功，各设备 IP 配置正确，路由器端口配置正确，路由协议配置正确；若出现超时或不可达，则应检查相应设备的配置。

②测试 Router-A 的 Telnet 登录功能是否可用。

执行如下命令：

```
telnet  192.9.201.254                          ! telnet 连接到 Router-A
! 若出现下列提示，并按提示输入相应命令，能成功进入下一步，说明 Router-A 的 Telnet 登录功能配置正确。
Trying 192.9.201.254 ...Open
User Access Verification
Password:                                      ! 此处输入登录口令 123456
Router-A>                                       ! 进入 Router-A 用户模式
Router-A >enable                                ! 准备进入 Router-A 特权模式
Password:                                       ! 此处输入特权口令 cisco
Router-A #                                      ! 已经进入 Router-A 特权模式
```

2）在 PC-B 主机的命令提示符界面下测试。

①测试 PC-B 主机到各 IP 的 IP 连通性。

```
ping 192.9.202.1                              ! 测试到 PC-B 的 IP 连通性
ping 192.9.202.253                            ! 测试到 Switch-B 的 IP 连通性
ping 192.9.202.254                            ! 测试到 Router-B LAN 接口的 IP 连通性
ping 192.9.203.2                              ! 测试到 Router-B WAN 接口的 IP 连通性
ping 192.9.203.1                              ! 测试到 Router-A WAN 接口的 IP 连通性
ping 192.9.201.254                            ! 测试到 Router-A LAN 接口的 IP 连通性
ping 192.9.201.253                            ! 测试到 Switch-A 的 IP 连通性
ping 192.9.201.1                              ! 测试到 PC-A 的 IP 连通性
```

若每次执行结果为可达，说明从 LAN-B 到 LAN-A 互联成功，各设备 IP 配置正确，路由器端口配置正确，路由协议配置正确；若出现超时或不可达，则应检查相应设备的配置。

②测试 Router-B 的 Telnet 登录功能是否可用。

执行如下命令：

```
telnet  192.9.202.254                            ! telnet 连接到 Router-B
! 若出现下列提示，并按提示输入相应命令，能成功进入下一步，说明 Router-B 的 Telnet 登录功能配置正确。
Trying 192.9.202.254 ...Open
User Access Verification
Password:                                      ! 此处输入登录口令 123456
Router-B >                                      ! 进入 Router-A 用户模式
Router-B >enable                                ! 准备进入 Router-A 特权模式
Password:                                       ! 此处输入特权口令 cisco
Router-B #                                      ! 已经进入 Router-A 特权模式
```

2. 图 6-21 场景下的配置步骤

按照图 6-21 所示的场景连接好各种设备，注意，两个路由器之间是通过广域网链路实现互联。使用路由器的 Serial0/0 端口为 WAN 口，连接线缆为 DTE-DCE 线缆，实验室环境若没有 DCE 设施，可采用 DTE-DCE 线缆背靠背连接方式。

本场景的配置过程与图 6-21 的配置过程基本相同，不同之处在于配置互联端口时选择的是 Serial0/0，该端口还要封装链路层协议为 PPP，下面仅列出 Serial 口的配置部分。

（1）上级网络 LAN-A 配置

其他配置操作参见"图 6-20 场景下的配置步骤"部分。

```
Router-A(config)#inteface Serial 0/0              ! 进入接口 Serial 0/0 配置
Router-A(config-if)#encapsulation PPP             ! 接口封装 PPP 协议
Router-A(config-if)#ip address 192.9.203.1 255.255.255.252   ! 配置接口 IP,掩码 30 位
Router-A(config-if)#no shudown                    ! 启用接口
Router-A(config-if)#exit
Router-A(config)#
```

（2）下级网络 LAN-B 配置

其他配置操作参见"图 6-20 场景下的配置步骤"部分。

```
Router-B(config)#inteface Serial 0/0              ! 进入接口 Serial 0/0 配置
Router-B(config-if)#encapsulation PPP             ! 接口封装 PPP 协议
Router-B(config-if)#ip address 192.9.203.2 255.255.255.252
! 配置接口 IP 地址,掩码 30 位
Router-B(config-if)#no shudown                    ! 启用接口
Router-B(config-if)#exit
Router-B(config)#
```

（3）测试所做的配置

参照"图 6-20 场景下的配置步骤"部分给出的测试步骤进行。

6.5.2　配置一个大型企业网

【网络工程案例教学指导】

案例教学要求：在实验室环境中，根据企业规划配置实现企业网环境，掌握路由器、交换机等网络设备的配置方法。

案例教学环境：与外网连接的设备：模块化路由器 1 台；核心设备：核心交换机 1 台；汇聚设备：三层交换机 2 台；接入设备：二层交换机 4 台；工程测试 PC 4 台。

设计要点：建立如图 6-22 所示的以支持办公自动化、电子商务、业务综合管理、多媒体视频会议、远程通信、信息发布及查询为核心的企业网，互联企业办公室、多媒体会议室和控制中心，实现企业对内、对外畅通的网络环境。

（1）需求分析和设计考虑

根据上述要求，我们考虑建立如图 6-24 所示的场景。在实验室环境下，本案例采用锐捷网络的网络设备搭建出模拟该企业单核心网络的场景。其中，与外网连接的设备使用 R2624 路由器，核心层使用 S6806E 三层交换机，汇聚层使用 S2550-24 交换机，接入层使用 S2126G 交换机。在实验中，缺少核心设备的实验室中可以使用三层交换机代替。

（2）施工步骤

在按照图 6-23 所示的场景连接好各种设备后，整个工程的施工可分为以下 5 个阶段：

第一阶段：配置网络设备的基本参数。

第二阶段：配置 OSPF 选路协议。

第三阶段：测试 OSPF 选路协议。

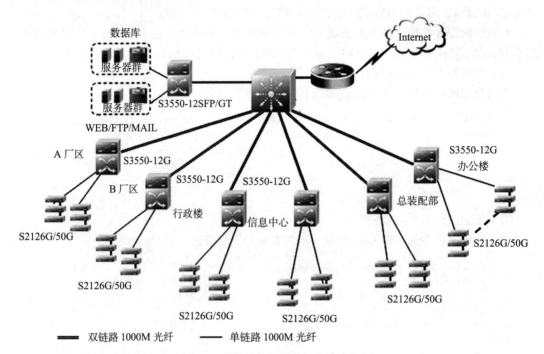

图 6-22　某企业集团单核心企业内部网

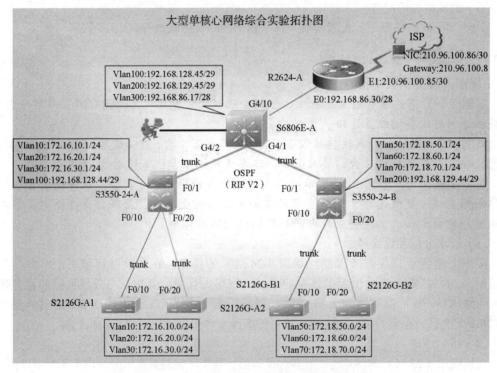

图 6-23　在实验室环境中搭建的企业网的场景

第四阶段：测试全网连通性。

第五阶段：配置 NAT 功能，配置和测试与外部网络的连接。

第一阶段：配置网络设备的基本参数

所有设备的配置均在全局配置模式下进行。

1）S2126G-A1 基本配置：

```
hostname S2126G-A1                          ! 修改设备名称
vlan 10                                     ! 划分 vlan10
vlan 20                                     ! 划分 vlan10
vlan 30                                     ! 划分 vlan10
enable secret level 1 0 star               ! 设置 telnet 密码
enable secret level 15 0 star              ! 设置特权模式密码

interface range fastEthernet 0/1-3         ! 将 Fa0/1,Fa0/2 和 Fa0/3 划到 vlan10
switchport access vlan 10
interface range fastEthernet 0/4-6         ! 将 Fa0/4,Fa0/5 和 Fa0/6 划到 vlan20
switchport access vlan 20
interface range fastEthernet 0/7-9         ! 将 Fa0/7,Fa0/8 和 Fa0/9 划到 vlan30
switchport access vlan 30
interface fastEthernet 0/10
switchport mode trunk                      ! 将 Fa0/10 接口设置为干道模式

interface vlan 1
ip address 192.168.0.1 255.255.255.0       ! 设置 S2126G-A1 管理 IP 地址
ip default-gateway 192.168.0.254           ! 设置 S2126G-A1 默认网关
no shutdown
end
```

2）S2126G-A2 基本配置：

```
hostname S2126G-A2
vlan 10                                     ! 在交换机上分别划分 vlan
vlan 20
vlan 30
enable secret level 1 0 star               ! 设置远程登录 telnet 密码
enable secret level 15 0 star              ! 设置特权模式密码

interface range fastEthernet 0/1-3         ! 分别把相应接口划分到对应 VLAN 中
switchport access vlan 10
interface range fastEthernet 0/4-6
switchport access vlan 20
interface range fastEthernet 0/7-9
switchport access vlan 30
interface fastEthernet 0/20
switchport mode trunk                      ! 将 Fa0/20 接口设置为干道模式

interface vlan 1                           ! 设置 S2126G-A2 管理 IP 地址
ip address 192.168.0.2 255.255.255.0
ip default-gateway 192.168.0.254
no shutdown
exit
```

3）S2126G-B1 基本配置：

```
hostname S2126G-B1
```

```
vlan 50                                      ! 在交换机上划分不同 vlan
vlan 60
vlan 70
enable secret level 1 0 star                 ! 设置远程登录 telnet 密码
enable secret level 15 0 star                ! 设置特权模式密码
interface range fastEthernet 0/1-3           ! 分别把相应接口划分到对应 VLAN 中
switchport access vlan 50
interface range fastEthernet 0/4-6
switchport access vlan 60
interface range fastEthernet 0/7-9
switchport access vlan 70
interface fastEthernet 0/10
switchport mode trunk                        ! 把 Fa0/10 接口设置为干道口

interface vlan 1                             ! 设置 S2126G-B1 管理 IP 地址
ip address 192.168.0.3 255.255.255.0
ip default-gateway 192.168.0.254
no shutdown
exit
```

4）S2126G-B2 的基本配置：

```
hostname S2126G-B2
vlan 50                                      ! 在交换机上划分不同 vlan
vlan 60
vlan 70
enable secret level 1 0 star                 ! 设置远程登录 telnet 密码
enable secret level 15 0 star                ! 设置特权模式密码

interface range fastEthernet 0/1-3           ! 分别把相应接口划分到对应 VLAN 中
switchport access vlan 50
interface range fastEthernet 0/4-6
switchport access vlan 60
interface range fastEthernet 0/7-9
switchport access vlan 70
interface fastEthernet 0/20                  ! 把 Fa0/20 接口设置为干道口
switchport mode trunk

interface vlan 1                             ! 设置交换机管理 IP 地址
ip address 192.168.0.4 255.255.255.0
ip default-gateway 192.168.0.254             ! 设置交换机默认网关
no shutdown
end
```

5）S3550-24-A 的基本配置：

```
hostname S3550-24-A
vlan 10                                      ! 在三层交换机上划分和下连二层交换机对应 vlan
vlan 20
vlan 30
vlan 100
enable secret level 1 0 star                 ! 设置远程登录 telnet 密码
enable secret level 15 0 star                ! 设置特权模式密码

interface FastEthernet 0/1
switchport mode trunk                        ! 将 Fa0/1 接口设置为干道模式
```

```
interface FastEthernet 0/10
switchport mode trunk                    ! 将Fa0/10接口设置为干道模式
interface FastEthernet 0/20
switchport mode trunk                    ! 将Fa0/20接口设置为干道模式

interface Vlan 1                         ! 为交换机分配管理IP地址
ip address 192.168.0.5 255.255.255.0
no shutdown
interface Vlan 10                        ! 为vlan10分配IP地址
ip address 172.16.10.1 255.255.255.0
no shutdown
interface Vlan 20                        ! 为vlan20分配IP地址
ip address 172.16.20.1 255.255.255.0
no shutdown
interface Vlan 30                        ! 为vlan30分配IP地址
ip address 172.16.30.1 255.255.255.0
interface Vlan 100                       ! 为vlan100分配IP地址
 ip address 192.168.128.44 255.255.255.248
ip default-gateway 192.168.0.254
no shutdown
end
```

6）S3550-24-B 的基本配置：

```
hostname S3550-24-B
vlan 50                          ·         ! 在三层交换机上划分和下连二层交换机对应vlan
vlan 60
vlan 70
vlan 200
enable secret level 1 0 star             ! 设置远程登录telnet密码
enable secret level 15 0 star            ! 设置特权模式密码

interface FastEthernet 0/1               ! 将Fa0/1接口设置为干道模式
switchport mode trunk
interface FastEthernet 0/10              ! 将Fa0/10接口设置为干道模式
switchport mode trunk
interface FastEthernet 0/20              ! 将Fa0/20接口设置为干道模式
switchport mode trunk

interface Vlan 1                         ! 为交换机分配管理IP地址
ip address 192.168.0.6 255.255.255.0
no shut
interface Vlan 50                        ! 为vlan50分配IP地址
ip address 172.18.50.1 255.255.255.0
no shut
interface Vlan 60                        ! 为vlan60分配IP地址
ip address 172.18.60.1 255.255.255.0
no shut
interface Vlan 70                        ! 为vlan70分配IP地址
ip address 172.18.70.1 255.255.255.0
no shut
interface Vlan 200                       ! 为vlan200分配IP地址
ip address 192.168.129.44 255.255.255.248
ip default-gateway 192.168.0.254
no shut
```

7）S6806E-A 基本配置信息：

```
hostname S6806E-A
Vlan 100                                    ! 在核心交换机上划分和下连三层交换机对应 vlan
Vlan 200
Vlan 300
enable secret level 1 0 star                ! 设置远程登录 telnet 密码
enable secret level 15 0 star

interface GigabitEthernet 4/1               ! 将 G4/1 设置为干道模式
switchport mode trunk
interface GigabitEthernet 4/2               ! 将 G4/2 设置为干道模式
switchport mode trunk
interface GigabitEthernet 4/10
switchport access vlan 300

interface Vlan 1                            ! 为核心交换机分配管理 IP 地址
ip address 192.168.0.254 255.255.255.0
interface Vlan 100                          ! 为 vlan100 分配 IP 地址
ip address 192.168.128.45 255.255.255.248
interface Vlan 200                          ! 为 vlan200 分配 IP 地址
ip address 192.168.129.45 255.255.255.248
interface Vlan 300                          ! 为 vlan300 分配 IP 地址
ip address 192.168.86.17 255.255.255.240
exit
```

注意： 在实际使用的过程中，如果没有核心交换机，可使用三层交换机代替。实验中使用的相应的万兆接口也可使用普通的以太接口来代替，这不影响实验效果。

8）R2624-A 基本配置信息：

```
hostname R2624-A
enable password star                        ! 设置特权模式密码
interface FastEthernet0                     ! 为 Fa0 接口分配 IP 地址
ip address 192.168.86.30 255.255.255.240
no shut
ip nat inside                               ! 把 Fa0 接口分配为连接企业内部网络接口
exit
interface FastEthernet1                     ! 为 Fa1 接口分配 IP 地址
ip address 210.96.100.85 255.255.255.252
no shut
ip nat outside                              ! 把 Fa1 接口分配为连接企业外部网络接口
exit
line vty 0 4                                ! 设置远程登录 telnet 密码
login
password star
end
```

第二阶段：配置 OSPF 选路协议

1）S3550-24-A 上配置 OSPF 动态选路协议：

```
router ospf                                 ! 启动 OSPF 路由进程
network 172.16.10.0 0.0.0.255 area 0        ! 发布更新网络及所属区域，反掩码格式
network 172.16.20.0 0.0.0.255 area 0
network 172.16.30.0 0.0.0.255 area 0
network 192.168.128.40 0.0.0.7 area 0
```

2）S3550-24-B 上配置 OSPF 动态选路协议：

```
router ospf                                    ! 启动 OSPF 路由进程
network 172.18.50.0 255.255.255.0 area 0       ! 发布更新网络及所属区域
network 172.18.60.0 255.255.255.0 area 0
network 172.18.70.0 255.255.255.0 area 0
network 192.168.129.40 255.255.255.248 area 0
```

3）S6806E 上配置 OSPF 动态选路协议：

```
router ospf                                    ! 启动 OSPF 路由进程
network 192.168.86.16 255.255.255.240 area 0   ! 发布更新网络及所属区域
network 192.168.128.40 255.255.255.248 area 0
network 192.168.129.40 255.255.255.248 area 0
```

4）R2624-A 上配置 OSPF 动态选路协议：

```
router ospf                                    ! 启动 OSPF 路由进程
network 210.96.100.84 0.0.0.3 area 0           ! 发布更新网络及所属区域
network 192.168.86.16 0.0.0.15 area 0
default-information originate always
! 不管路由器是否存在默认路由，总是向其他路由器公告默认路由
```

第三阶段：测试 OSPF 选路协议

1）查看 S3550-24-A 路由信息：

```
S3550-24-A# show ip route                      ! 查看 S3550-24-A 选路表
Type: C - connected, S - static, R - RIP, O - OSPF, IA - OSPF inter area
      N1 - OSPF NSSA external type 1, N2 - OSPF NSSA external type 2
      E1 - OSPF external type 1, E2 - OSPF external type 2

Type Destination IP      Next hop        Interface Distance Metric   Status
---- ------------------  --------------- --------- -------- -------- --------
O E2 0.0.0.0/0           192.168.128.45  VL100     110      1        Active
C    172.16.10.0/24      0.0.0.0         VL10      0        0        Active
C    172.16.20.0/24      0.0.0.0         VL20      0        0        Active
C    172.16.30.0/24      0.0.0.0         VL30      0        0        Active
O    172.18.50.0/24      192.168.128.45  VL100     110      3        Active
O    172.18.60.0/24      192.168.128.45  VL100     110      3        Active
O    172.18.70.0/24      192.168.128.45  VL100     110      3        Active
C    192.168.0.0/24      0.0.0.0         VL1       0        0        Active
O    192.168.86.16/28    192.168.128.45  VL100     110      2        Active
C    192.168.128.40/29   0.0.0.0         VL100     0        0        Active
O    192.168.129.40/29   192.168.128.45  VL100     110      2        Active
O    210.96.100.84/30    192.168.128.45  VL100     110      3        Active
S3550-24-A# show ip ospf neighbor              ! 查看 S3550-24-A 的 邻居路由器
Neighbor ID     Pri State        DeadTime Address         Interface
--------------- --- ------------ -------- --------------- ----------
192.168.129.45  1   full/DR      00:00:32 192.168.128.45  VL100
```

2）查看 S3550-24-B 路由信息：

```
S3550-24-B# show ip route                      ! 查看 S3550-24-B 选路表
...
S3550-24-B#show ip ospf neighbor               ! 查看 S3550-24-B 的邻居路由器
...
```

3）查看 S6806E 路由信息：

```
S6806E-A# show ip route              ! 查看 S6806E-A 选路表
...
S6806E-A#show ip ospf neighbor       ! 查看 S6806E-A 的 OSPF 邻居
...
```

4）查看 R2624 路由信息：

```
R2624-A#show ip route                ! 查看 R2624-A 选路表
...
R2624-A#show ip ospf neighbor        ! 查看 R2624-A 的 OSPF 邻居
...
```

第四阶段：测试全网连通性

1）测试网络连通性：

选择在 S2126G-A1 交换机所连接的的 vlan10 内的用户 PC1，PC1 用户主机 IP 地址为 172.16.10.195/24，网关为 172.16.10.1。

```
D:\>ipconfig                         ! 选择 vlan10 中 ip 地址为 172.16.10.195 主机为测试机
Windows 2000 IP Configuration
Ethernet adapter 本地连接：
        Connection-specific DNS Suffix  . :
        IP Address ............: 172.16.10.195
        Subnet Mask ...........: 255.255.255.0
        Default Gateway .........: 172.16.10.1

D:\>ping 172.16.10.1                 ! 测试到网关的连通性
...
D:\>ping 172.16.20.1                 ! 测试到 S3550-24-A 中 vlan20 虚拟 svi 接口连通性
...
D:\>ping 172.16.30.1                 ! 测试到 S3550-24-A vlan30 虚拟 svi 接口连通性
...
D:\>ping 192.168.128.44              ! 测试到 S3550-24-A vlan100 虚拟 svi 接口连通性
...
D:\>ping 192.168.128.45              ! 测试到 S6806E-A vlan100 虚拟 svi 接口连通性
...
D:\>ping 192.168.129.45              ! 测试到 S6806E-A vlan200 虚拟 svi 接口连通性
...
D:\>ping 192.168.86.17               ! 测试到 S6806E-A vlan300 虚拟 svi 接口连通性
...
D:\>ping 192.168.86.30               ! 测试到 R2624-A 设备 Fa0 口连通性
...
D:\>ping 172.18.50.1                 ! 测试到 S3550-24-Bvlan50 虚拟 svi 接口连通性
...
D:\>ping 172.18.60.1                 ! 测试到 S3550-24-Bvlan60 虚拟 svi 接口连通性
...
D:\>ping 172.18.70.1                 ! 测试到 S3550-24-Bvlan 70 虚拟 svi 接口连通性
...
D:\>ping 192.168.129.44              ! 测试到 S3550-24-B vlan 200 虚拟 svi 接口连通性
...
D:\>ping 210.96.100.85               ! 测试到 R2624-A 路由器 Fa1 接口连通性
...
```

2）vlan 间通信测试：

分别在 vlan50 和 vlan10 中接入测试计算机，主机地址分别为：172.18.50.195 和 172.16.10.179，测试主机的网关各自指向对应的网关：172.18.50.1 和 172.16.10.1。

测试 vlan50 里用户 172.18.50.195 与 vlan10 里用户 172.16.10.179 网络连通性。由于所有不同 vlan 间用户通信测试方法相同，这里仅举一例说明。

```
D:\>ipconfig                           ! 选择主测试机器
Windows 2000 IP Configuration
Ethernet adapter 本地连接 :
        Connection-specific DNS Suffix . :
        IP Address............: 172.18.50.195
        Subnet Mask...........: 255.255.255.0
        Default Gateway...........: 172.18.50.1

D:\>ping 172.18.50.16                  ! vlan50 用户 172.18.50.195 测试到此网关的连通性
…
D:\>ping 192.168.86.30                 ! 测试到其他网络的连通性
…
D:\>ping 172.16.10.179
…        ! 测试 vlan50 里用户 172.18.50.195 到 vlan10 用户 172.16.10.179 连通
```

第五阶段：配置 NAT 功能，配置和测试与外部网络的连接

1）在 R2624-A 上配置 NAT 功能：

```
access-list 10 permit any
exit
ip nat inside source list 10 interface FastEthernet1 overload
interface FastEthernet0
ip nat inside
interface FastEthernet1
ip nat outside
exit
```

2）测试 NAT 功能：

如图 6-22 所示，在 R2624-A Fa1 口的对端放置测试计算机 PC 模拟 ISP。通过内部网络中安装主机 172.18.50.195，测试此主机到 210.96.100.86 网络连通性。并在路由器上调试 NAT，查看相关调试信息测试。

```
R2624-A#debug ip nat                   ! 在 R2624-A 上开启 NAT debug 功能
…
D:\ ipconfig                           ! 在内部网络中选择测试计算机
Windows 2000 IP Configuration
Ethernet adapter 本地连接 :
        Connection-specific DNS Suffix  . :
        IP Address............: 172.18.50.195
        Subnet Mask...........: 255.255.255.0
        Default Gateway...........: 172.18.50.1
D:\ >ping 210.96.100.86                ! 客户机访问外部网络主机
…                                      ! NAT 相关信息，可以看到 NAT 成功
```

【网络工程案例教学作业】

1. 对一台路由器进行如下操作：①转换配置路由器命令行操作模式；②配置路由器设备名称；③使用显示命令；④配置路由器端口参数；⑤配置路由器密码命令；⑥配置路由器

密码命令；⑦配置路由器每日提示信息。

2. 设计一个小型网络，重点考虑两台测试 PC 之间的网络联通情况，其间的路由器可以配置成既使用动态选路协议又使用静态路由。当静态路由选择的路由上的某跳链路出现了故障时，动态路由将发挥作用，自动通过其他链路绕行，仍能保持两台测试 PC 之间的联通。请用实验方法检测上述过程。

习题

1. 填空题

（1）网络层利用_____服务，并基于本层协议提供了将_____从一台主机传输到另一台主机的_____通信服务。

（2）路由器必须先决定分组应采用的_____，计算这些路径的方法被称为_____算法，计算的结果放在路由器的_____中。

（3）一个 IP 地址就可以代表路由器的某个_____，同时也表示这台路由器接口在网络上的地理_____。

（4）路由选择协议的任务是确定数据报在_____之间要采用的优化路径，并据此设置路由器_____中的内容。

（5）处于一个管理机构控制之下的网络和路由器群组称为一个_____。在 AS 内部使用的是_____协议，而在 AS 之间使用的是_____协议。

2. 判断题

（1）路由是指分组从源到目的地所经过的端到端路径，是由一段段路径构成的，它通常是一棵以源节点为根树上的一部分。（　　　）

（2）因特网目前已经不使用分类编址和子网编址方法，而使用无类别域间路由选择编制方法。（　　　）

（3）位于因特网核心的路由器可以用更细粒度在连续地址块间进行转发，而靠近因特网边缘的路由器可以用更粗粒度在连续地址块间进行转发。（　　　）

（4）当路由器的处理速度不及分组到达的速度时，会出现分组排队，因此只要路由器的处理速度足够快就能避免分组排队。（　　　）

3. 简述路由器中转发和路由选择两个重要功能的区别和联系。

4. 静态选路协议的默认管理距离是（　　　），RIP 选路协议的默认管理距离是（　　　），OSPF 选路协议的默认管理距离是（　　　）。

    A. 1，40，120　　　　　　　　　　　　B. 1，120，110

    C. 2，140，110　　　　　　　　　　　　D. 2，120，120

5. OSPF 网络的的最大跳数是（　　　）。

    A. 24　　　　　　B. 18　　　　　　C. 15　　　　　　D. 没有限制

6. 配置 OSPF 路由，最少需要（　　　）条命令。

    A. 1　　　　　　B. 2　　　　　　C. 3　　　　　　D. 4

7. 配置 OSPF 路由，必须需要具有的网络区域是（　　　）。

    A. Area0　　　　B. Area1　　　　C. Area2　　　　D. Area3

8. OSPF 的管辖距离（Administrative Distance）是（　　　）。

    A. 90　　　　　　B. 100　　　　　C. 110　　　　　D. 120

9. 属于距离向量选路协议的是（　　　）；属于链路状态选路协议的是（　　　）。
    A. RIPV1/V2   B. IGRP 和 EIGRP
    C. OSPF   D. IS-IS

10. OSPF 选路协议是一种（　　　）的协议。
    A. 距离向量选路协议   B. 链路状态选路协议
    C. 内部网关协议   D. 外部网关协议

11. 在选路表中 0.0.0.0 代表（　　　）。
    A. 静态路由   B. 动态路由
    C. 默认路由   D. RIP 路由

12. 如果将一个新的办公子网加入到原来的网络中，那么需要手工配置 IP 选路表，此时需要输入命令（　　　）。
    A. IP route   B. Route IP   C. Sh IP Route   D. Sh Route

13. RIP 选路协议默认的 Holddown Time 是多少？（　　　）。
    A. 180   B. 160   C. 140   D. 120

14. 默认路由是（　　　）。
    A. 一种静态路由   B. 所有非路由分组在此进行转发   C. 最后求助的网关

15. 当 RIP 向相邻的路由器发送更新时，它使用的更新计时的时间为（　　　）。
    A. 30   B. 20   C. 15   D. 25

16. 选路协议中的管理距离告诉我们这条路由有关（　　　）的信息。
    A. 可信度的等级   B. 路由信息的等级
    C. 传输距离的远近   D. 线路的好坏

17. 在企业网规划时，选择使用三层交换机而不选择路由器的原因中，不正确的是（　　　）。
    A. 在一定条件下，三层交换机的转发性能要远远高于路由器
    B. 三层交换机的网络接口数相比路由器的接口要多很多
    C. 三层交换机可以实现路由器的所有功能
    D. 三层交换机组网比路由器组网更灵活

18. 三层交换机中的三层表示的含义不正确的是（　　　）。
    A. 是指网络结构层次的第三层   B. 是指 OSI 模型的网络层
    C. 是指交换机具备 IP 路由转发的功能   D. 和路由器的功能类似

19. 试自行设计一个实验，以验证静态路由的优先权确能够比动态路由的优先权要高。

CHAPTER

第 7 章

企业网设计

【教学指导】

设计由多个局域网互联而成的企业网通常比较复杂，首先要进行逻辑网络设计，即设计适当的网络结构；然后规划 IP 地址，从而为网络高效运行和易于管理奠定基础。为企业网选择路由选择协议和网络管理协议则是一项相对简单的工作。最后，本章将给出为一个企业网规划 IP 地址和设计一个大型校园网的案例。

7.1 企业网的网络结构设计

在企业网设计中，第一步就是设计网络结构。我们在第 2 章中设计小型办公室局域网和在第 4 章中介绍设计网络实验室局域网和办公环境局域网是这样做的，在第 5 章中设计结构化布线系统也是这样做的。在本章中，我们将从更为通用的角度讨论网络拓扑。为了满足网络用户的扩展性和适应性目标，在选择具体产品和技术之前，为覆盖更大范围的企业网设计一个合理的逻辑网络结构非常重要。在网络的逻辑拓扑结构设计阶段，首要的问题是确定网络和互连点，明确网络的大小和范围，以及所需要的网络互连类型，但不必给出设备的具体型号。

注意，本章所讨论的是大中型网络的设计问题，因此所涉及的节点是路由器或三层交换机。

7.1.1 网络结构设计中的需求

网络结构设计不是一项纯技术性工作，必须紧密结合用户的实际需求而进行。因此，一个设计好的网络结构图应能反映用户网络建设的主要需求。这些需求体现在以下几个方面。

（1）网络要素的分布及连接关系

网络结构图首先要反映网络要素的分布情况及连接关系，网络要素包括网络中的交换机、路由器、服务器等主要设施。分布情况既包括网络要素在结构图上的分布情况，也包括网络要素的实际分布情况（如重要的房间、楼层、建筑、部门、机构等）。这些分布情况及连接关系也反映了不同设施在网络中的地位和作用，如哪些是枢纽设施，哪些是分支设施或接入设施。

（2）网络规模

网络结构图应当反映用户网络的规模，如网络设施的数量、信息点接入容量、子网数量、关键设施的冗余备份等信息。

（3）传输性能需求

网络结构图应当反映用户网络的传输性能需求，根据主要传输信息类别确定链路传输带宽要求，如主干链路和分支链路的传输带宽，可选择 1000Mbps、100Mbps 等。

（4）传输介质

网络结构图应当反映网络中主要链路采用的传输介质，如单（多）模光纤或双绞线、E1 线等。

（5）信息服务需求

网络结构图应当反映网络中需要建设的信息服务资源，如 Web 服务器、FTP 服务器、电子邮件服务器、DNS 服务器、流媒体服务器等。

（6）路由选择需求

网络结构图应当反映子网间路由选择需求，以及上下级、友邻单位之间网络的互联互通实现方式，主要体现在各类路由设备和 NAT 设备的部署方面。

（7）网络管理需求

如果网络规模较大，有许多路由器、交换机等，则需要配备相应的管理设备及软件，以便对各路由器、交换机的运行状态进行实时监测，将一些主要管理功能集成在统一的网管设备上，由网管设备运行专用的网管软件对各网络设备进行管理。

（8）安全防护需求

如果需要实现用户单位网络的内部防护，则需要对进出本单位的报文进行过滤，需要在单位网络设置统一的进出口并部署防火墙或入侵检测系统。如果有需要，应当对单位网络进行区域划分，使不同区域网络相互隔离，但往往要在不同区域之间通过特定终端进行信息受限传输，这就要部署网络隔离设备。

（9）成本需求

网络结构图也可间接地反映用户单位网络建设的主要硬件成本（布线工程成本除外），因为各网络设施可采用不同档次的配置，采用高端配置的设施成本要远高于采用低端配置的设施成本。

以上几个方面的需求不是独立存在的，而是相互关联的。因此，网络结构设计是一个针对用户网络建设需求而进行的综合设计。设计网络结构的第一步是设计网络拓扑。网络拓扑结构是指由这些顶点和边构成的图，它反映了其中顶点和边的相互关系或图的几何形状，而不表示实际的物理位置。

在网络拓扑中，通常用图的边表示一个网络或子网，而用图的顶点表示连接节点，即路由器等互联设备。该图相当于网络建设概要蓝图，只能说明网络的几何形状，而不表明子网或互联设备的位置。在图论中，一个图 G 是两个不相交的集所组成的有序对 $<V, E>$，其中 V 是顶点集，而 E 是边集，E 是 V 中元素的无序对集合的一个子集。

设计提示 对于企业网而言，网络结构设计是非常重要的一步。由于网络结构设计受到许多需求约束，因此相关工作要求务必精益求精。注意，网络拓扑结构只是网络结构的一部分，两者不可混淆。

7.1.2 平面结构

对于规模较小或简单的网络而言，有平面网络拓扑结构就足够了。所谓平面网络就是没有层次的网络，每个互联网络设备实质上都完成类似的工作。因此，平面网络结构易于设计和实现。

1. 平面局域网拓扑结构

局域网将许多 PC 和服务器连接到一台交换机上，采用的就是平面结构的设计。PC 和服务器通过媒体访问控制方法（如 CSMA/CD 或令牌环传递）来获取对共享带宽的访问。但对广播报文而言，这些设备处于相同的碰撞域，大量设备的通信将会对其他设备的通信时延和吞吐量有不利影响，有时甚至会很严重。

为了满足大量用户和高带宽应用程序对带宽的要求，可以考虑用路由器形成高速主干，这样形成的具有三层网络拓扑结构的分层设计能够将网络分解成多个小的广播碰撞域，使得在任何时候只有有限台设备争用带宽。一个广播碰撞域的机器数量应限制在 100～200 台，以使广播报文占用带宽的百分比较少且机器 CPU 不必花太多时间处理广播。必要时可通过增加路由器的分层，从而进一步优化流量的分发。

2. 平面广域网拓扑结构

小型企业网可能由连接成回路的几个场点构成。每个场点都有一个广域网路由器，它们通过点对点链路与相邻场点相连，如图 7-1 所示。只要路由器不多，路由选择协议便能够很快收敛。当仅有一条链路发生故障时，可以恢复与其他场点（site）通信；而当有多条链路同时发生故障时，一些场点将与其他场点隔离。因此，这种平面拓扑结构也具有容错的优点。注意，场点通常是指位于某地的网络环境。

但是，当网络的场点增多时，通常不推荐使用平面回路结构。回路结构意味着在双向回路路由器之间有许多跳，会导致明显的时延和较高的差错率。

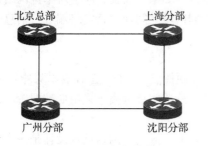

图 7-1　平面拓扑结构

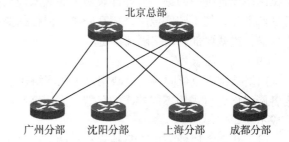

图 7-2　层次模型冗余拓扑结构

如果通信流分析表明回路结构两侧的路由器交换了大量的流量，应当考虑使用层次结构，而不是平面结构。为了避免单点故障，可在设计中采用冗余的路由器（参见图 7-2）。图 7-2 中的拓扑为二级层次结构，并具有冗余结构设计，它可以满足扩展性、高可用性和低时延目标。相比之下，图 7-1 中的平面结构可以满足低成本和良好的可用性目标，但要求网络的范围较小。

3. 网状拓扑结构

为满足更高可用性的要求，可采用网状结构。在一个完全网状结构中，每台路由器或交换机都与其他路由器或交换机相连。这种结构能提供完全冗余和良好的性能，因为任何两个节点之间均只有一个单跳时延。但由于连接链路数量是 $(N \times (N-1))/2$，因此会使网络成本大大增加。

部分网状结构能够在成本和可用性之间找到一个平衡点。在这种网络结构下，要到达其他路由器或交换机有时需要经过中间链路（参见图 7-3）。

网状拓扑结构的使用和维护代价较高，同时在性能优化、排错和升级方面也存在困难。因为这种结构缺乏层次，所以不能按特定功能来优化网络互联设备；因为没有按模块化实现，要查找排除网络问题会很困难；因为更新网络的某个部分很困难，网络的升级就成了问题。而且，网状拓扑结构存在可扩展性的限制，因为随着连通性增加，用于处理广播分组和路由消息的 CPU 资源就会相应增加。

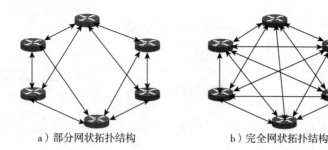

a）部分网状拓扑结构　　　　　b）完全网状拓扑结构

图 7-3　网状拓扑结构

设计提示　网络设计的一个重要规则是，应保证每条链路上的广播流量不超过总流量的 20%。这个规则限制了连接到路由器的 PC 的数量。为了解决这个限制，可采用层次模型网络结构，因为分层设计方法限制了邻接路由器的数量。

7.1.3　按三层层次模型设计网络结构

处理一个大型复杂系统最常用的方法是"分而治之"。同理，在设计一个大型的网络系统时，常用的方法是"分层设计"。

使用层次模型设计网络结构具有如下好处：

1）减轻网络中计算机的 CPU 负载。例如，在一个大的平面或交换网络中，广播分组负载是很重的。每个广播分组都将中断该广播域上的每台机器中的 CPU，从而调用程序来处理和理解该广播分组。

2）增加网络可用带宽。层次结构中的每一层可采用恰当的网络互联设备，避免为每层中不必要的功能花钱。同时，层次化模型的模块化特征允许在层次结构的每层内进行精确的容量规划，以减少不必要的广播分组占用的带宽。采用层次模型，还可以针对网络结构的不同层次进行管理，以控制管理成本。

3）简化每个设计元素并且易于理解。由于每层的功能都很清楚，因此测试网络也较为容易。由于技术人员容易识别网络中的连接点，因而有助于隔离可能的故障点。

4）便于变更层次结构。当网络的一个元素需要改变时，升级的成本被限制在整个网络的一个很小的子集中。而在一个大型平面或网状网络结构中，更换设备会影响系统的许多部分。由于网络连接复杂，更换一个设备可能会影响许多网络。当一个企业特别关注可扩展性目标时，推荐使用层次结构。由于模块的每个实例具有一致性，在网络扩展时，可以通过复制设计中模块化的设计元素，因而很容易规划和实现扩展。

5）网络互联设备可以充分发挥它们的特性。可以将路由器添加到企业网中以隔离广播通信，可使用交换机为带宽要求高的应用程序提供合适的带宽，可将集线器用于简单、不昂贵的访问。使用分层设计模型的好处之一是通过将任务模块化来最大限度地发挥网络互联设备的整体性能。

一种典型的层次模型拓扑结构是三层层次模型（参见图 7-4）。三层层次模型支持三个连续的路由选择或交换层次上的通信聚合和过滤，这种模型向上可以扩大到大型国际互联网络，向下也可以用于交换式网络。分层模型的每一层都有特定的作用。核心层提供两个场点之间的优化传输路径，汇聚层将网络服务连接到接入层，并且实现安全、流量负载和路由选择的策略。在广域网设计中，接入层由园区边界上的路由器组成。在企业网中，接入层为端用户访问提供交换机。

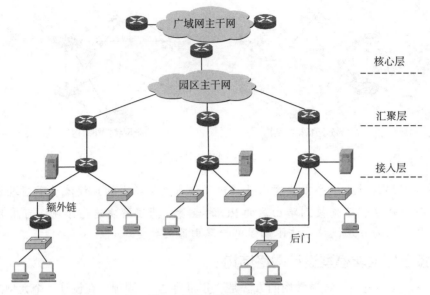

图 7-4　层次模型拓扑结构

1. 核心层

三层层次拓扑结构中的核心层是互联网络的高速主干。由于核心层对互联至关重要，因此必须用冗余组件设计核心层。核心层应具有高可靠性，并且应能快速适应变化。

配置核心层的路由器时，应当考虑应用优化分组吞吐量的路由选择特性。应避免使用分组过滤或其他降低分组处理效率的功能。为了降低时延并获得良好的可管理特性，应当优化核心层。

核心层应当具有有限的和一致的范围。为此，需要在该模型中增加汇聚层路由器和接入层交换机及用户局域网，以便不增加核心层的范围。限制核心层的范围可提供可预测的性能，并且易于发现故障。

对于需要通过外部网或经因特网连接到其他企业的用户来说，核心层拓扑结构应当包括一条或多条连接到外部网络的链路。企业网的网络管理员不应鼓励地区或分支机构的管理员设计各自的外部网或自行建立到因特网的连接，而应将这些功能集中在核心层，进而减少复杂性和潜在的路由选择问题，这对于保障网络安全性也有帮助。

2. 汇聚层

网络的汇聚层是网络的核心层与接入层之间的分界点。汇聚层具有多重作用，如因安全性原因控制通过核心层的网络通信等。汇聚层通常用于描述广播域，尽管该功能也可以在接入层实现。如果计划实现一个虚拟局域网，那么可以在汇聚层配置用于 VLAN 的路由。

汇聚层允许核心层连接多个地点，同时保持较高的性能。为了保持核心层的高性能，汇聚层可以在耗用带宽的接入层路由选择协议和优化的核心层路由选择协议之间重新分布。

为了提高路由选择协议的性能，汇聚层可以汇总接入层的路由。对一些网络而言，汇聚层提供了一个到接入层路由器的默认路由，并且仅当与核心层路由器通信时才运行动态路由选择协议。

汇聚层的另一个功能是地址转换。利用地址转换，接入层中的设备可以使用专用内部地址，通过地址转换功能将该专用内部地址转换为合法的因特网地址，并能使这些分组在因特网上传输。

3. 接入层

接入层为用户提供了在局部子网访问互联网络的能力。接入层包括路由器、交换机和共享媒体的集线器。如前所述，企业网的接入层主要使用交换机来实现的，它分解了带宽碰撞域，以满足需要大量带宽或不能忍受共享带宽可变时延的应用程序的需求。

对于包括分支机构和电子通信家庭办公室的互联网络，接入层可以使用诸如 ADSL、电话线、无线局域网和以太网等接入网技术提供接入因特网的服务。

4. 层次模型网络设计原则

遵从下面一些简单原则，便可以在设计网络时充分利用层次设计的特点。

原则 1：控制分层企业网拓扑结构的范围。在大多数情况下，采用核心层、汇聚层和接入层这三个主要层次即可。

控制网络规模可提供较低的和可预测的等待时间，从而可以帮助预测路由选择策略、通信流量和容量需求。控制网络范围也有助于排错，并使网络文档容易编写。在接入层也应严格控制网络拓扑结构。设计接入层时容易犯两种错误：

- ❑ 额外的链：在图 7-4 的左下方，接入层的网络管理员为将一个子网连到另一个子网而增加了第四层。正确的设计方法是将该子网作为接入层的一部分。
- ❑ 后门：后门是指在同一层设备之间的一个连接，如图 7-4 右下方所示。后门可以是一个额外的路由器，也可以是连接两个网络的交换机。后门的出现将引起不可预知的路由选择问题，并使网络文档的编写和排错变得困难。

然而，在某些特殊的情况下，需要采用链和后门的方法来设计网络。例如，因特网可能需要一条链来增加一个国家，有时需要增加一个后门来提高同一层两个并行设备之间的性能和冗余性。然而，为了尽可能利用层次模型的优点，应当避免使用链和后门，而应当考虑用其他方法来保持这种层次结构。

原则 2：先设计接入层，再设计汇聚层，最后设计核心层。

从接入层开始设计，可以为汇聚层和核心层进行更精确的性能和容量规划，更好地认清所需要的汇聚层和核心层优化技术。应使用模块化和分层技术设计每一层，然后根据对通信加载、流量和行为的分析来规划层与层之间的互联。

设计提示　小型 LAN 通常采用星型拓扑，稍大的 LAN 可采用多星拓扑，而大型网络就要按三层层次模型来设计网络拓扑了。

7.1.4　网络结构的冗余设计

冗余网络设计的基本思想就是通过重复设置网络链路和互联设备来满足网络的可用性需求。冗余是提高网络可靠性和可用性目标的最重要方法，利用冗余可以减少网络上由于单点故障而导致整个网络故障的可能性。冗余的目标是重复设置任何必需的组件，使它的故障不会导致网络用户的关键应用程序停止运行，而仅是适当降低性能。冗余的对象可以是一个核心路由器、一个电源、一个广域主干网或一个 ISP 网络等。

在企业网的核心层和汇聚层均可实现冗余。这种冗余有助于满足用户访问本地服务的可用性目标，也有助于满足整体可用性和性能目标。但冗余增加了网络拓扑结构（即网络设备），并使路由选择更加复杂。

由于冗余会增加使用和维护的费用，因此要根据用户在可用性和可购买性方面的需求来选择冗余级别和冗余拓扑结构。

1. 备用设备

由于路由器或交换机在企业网中的某些部位起着关键的作用，因此有时需要进行这些设备的冗余。有些厂商为了满足这种冗余设计的需求，设计、制造了具有双背板、双电源、双引擎的设备，具有这样冗余部件的设备实际上能被看作两台独立的设备。

图 7-4 显示了一个典型的分层和冗余的企业网设计，该设计使用了部分网状层次结构。

2. 备用路径

当网络的某条路径出现故障时，为了保持互联性，冗余网络设计必须提供一条备用路径。备用路径由路由器、交换机以及路由器与交换机之间的独立备用链路构成，它是主路径上的设备和链路的重复设置。

对于备用路径，应考虑以下问题：

❑ 备用路径支持的容量能否满足应用的最小需求？
❑ 主路径发生故障后，是否允许网络通信暂时中断？
❑ 启用网络备用路径需要多长时间？
❑ 备用路径所需要支付的额外费用是多少？

设计备用路径所采用的容量通常可以比主路径的容量小，而且备用路径所使用的链路通常与主路径使用的技术不同。例如，主路径使用千兆以太网专用线路，而备用线路采用的是SDH 线路。还要注意，提供备份路径的公司应当与提供主路径的公司是具有独立光缆的不同公司，否则租用的线路很可能是取自相同光缆的不同缆芯。一旦电缆被挖断，会导致主路径和备份路径同时中断。如果主要业务的确需要一条与主路径性能完全相同的备用路径，那么即使价格昂贵也应当按照要求设计。

对于某些非常重要的应用而言，路径的中断是不可接受的，这时应当考虑采用双路径设计或者主路径与备用路径之间的自动切换技术。如果允许短暂中断，也可以考虑采用手动重新启动备用路径的方法。通过使用冗余和部分网状网络设计，当某些路径出现故障时，能够避免网络通信中断。

备份路径除了用于冗余外，还可用于负载均衡。这样做的好处是，能够提高网络的总体性能水平，同时产生的问题是，因为备份链路被定期使用和监控，一旦主路径出现故障，备份链路无法从后备转入正式工作。

3. 负载均衡

冗余的主要目标是满足可用性需求，另一个目标是能够通过并行链路支持负载均衡来提高性能。

按照获取系统状态信息，负载均衡算法可以分为静态算法和动态算法两类。

为了保证在处理大量请求时快速做出分配决定，交换机一般不能够使用复杂完备的分配算法，以免成为系统瓶颈，静态算法是最快速的解决方案，因为静态算法不依赖于作决定时系统的状态。

另一方面，由于不知道系统当前状态，静态算法有可能做出错误的决定，造成系统负载的严重不均衡。静态算法适合用于网络负载变化不剧烈，包含静态内容较多的集群系统。典型的静态算法有下面两种：

❑ 随机算法。该算法随机选择目标服务器，它不依赖于系统当前状态，也不考虑以往的分配历史信息，这种算法容易造成负载不均衡，所以当前的静态算法大都采用循环域名算法。

❑ 循环（Round Robin）域名算法。该算法利用循环地将域名解析为集群系统中的某个服务器的特定 IP 地址的方法获得负载均衡，对所有的服务器都平等对待。采用这种方法简单可靠，实际工作中常常采用与 HTTP 请求重定向相结合的方法，以减小 DNS 缓存机制的影响。

动态算法通过利用某些系统当前状态信息做出分配决定，所以在负载均衡性方面做得比静态算法好。但是动态算法需要一个收集、传输和处理状态信息的机制，因此会带来较大的系统开销。根据算法搜集状态信息的种类，动态算法的实现可按以下三类策略来划分。

1）用户状态已知的策略。前面讲过，用户状态已知的策略是指交换机依据某些用户信息决定用户请求的分配，如果选择的 4 层交换机类型不同，系统所能获得的用来决定分配选择的信息也会不同。4 层交换机只能利用网络层用户信息（如用户 IP 地址和 TCP 端口号），而有些交换机除了检查端口号外，还会利用 HTTP 请求内容中的信息。采用这种策略的主要目的是增加服务器端磁盘缓存的命中率。

2）服务器状态已知的策略。这种策略依据某些服务器状态信息决定负载的分配，这些状态信息包括服务器工作量、响应时间、可用性或网络利用率等。交换机定期搜集所有服务器的状态信息并依此计算出服务器的权重以决定负载的分配。

3）用户信息和服务器状态已知的策略。这种策略是上述两种策略的结合。

从静态算法到用户信息和服务器状态已知算法，它们对信息的依赖程度越来越高，负载均衡的控制力度也越来越强。同时，为实现算法所需的网络通信和计算量也越来越大，具体选择何种算法，需要根据特定应用的需要进行权衡。

目前，主流厂商实现的 IP 路由选择协议都支持通过具有相同代价的并行链路的负载均衡。例如，Cisco 公司支持通过 6 条并行路径的负载均衡。在 IGRP 和增强型 IGRP 协议中，Cisco 甚至支持不同带宽路径上的负载均衡。

由于一些协议在默认情况下不支持负载均衡，因此需要进行有关负载均衡的配置。例如，在 Cisco 路由器运行 Novell 的 RIP 时，IPX 路由器默认情况下仅能记住一条路径，可使用 ipx maximum-paths 命令进行负载均衡配置。

设计提示 如果用户需求中网络可用性是一种非常重要的指标，可以采用多种冗余手段来增强网络的可用性。

7.1.5 企业网的结构设计

基于层次模型设计企业网，使网络具有良好的性能、可维护性和扩展性。具体而言，可使用如下技术：虚拟局域网、冗余分布子网和冗余服务器等技术。

1. 虚拟局域网

前面讲过，虚拟局域网（VLAN）使数据的传送不受物理网络连接的限制。在 VLAN 中，一组位于不同物理局域网的用户通过管理软件形成一个逻辑网络，就像连在同一个网段上一样。因为 VLAN 基于逻辑连接而不是物理连接，因此配置非常灵活。VLAN 的划分可以根据应用程序、协议性能需求、安全性要求、通信负载特性及其他因素来完成。

VLAN 允许将一个大的平面网络分解为多个子网，从而缩小广播域。一个 VLAN 交换机不是将所有的广播传送到每个端口，而只是将广播传送到同一子网的某个部分。

目前，由于三层交换机技术的进展，实现大型平面交换式网络的需求越来越少，对 VLAN 的需求也相应减少。设计中通常在接入层使用二层交换机，在汇聚层使用三层交换机。

2. 冗余 LAN 网段

在企业网的设计中，经常在交换机之间设计冗余链路。由于交换机采用了 IEEE 802.1d 的生成树算法，因此这不会导致这两台 LAN 交换机之间形成路由选择回路。然而，IEEE 802.1d 标准只能解决冗余的问题，不能解决负载均衡的问题。在一些厂商设计的交换机中，冗余链路同时提供负载均衡功能。图 7-5 说明了使用生成树算法和 VLAN 设计冗余企业网的例子。该设计利用了 Cisco 的每个 VLAN 都有一个生成树的特性。交换机 A 作为 VLAN1、3 和 5 的根网桥，交换机 B 作为 VLAN2、4 和 6 的根网桥，如果交换机 A 或 B 故障，另一台交换机就会成为其他 VLAN 的根节点。这样，接入层交换机的所有链路都能传送通信，而且如果汇聚层的某台交换机出现故障，其他节点能自动切换到一个新的根网桥。该设计能够实现负载均衡和容错。利用上述结构，企业网可以扩展到一个非常大的范围。

为了提高服务器的效率，可在图 7-5 所示结构的每个 VLAN 上安装一组服务器，也可以在汇聚层和核心层安装冗余的部门和企业服务器，并在服务器和交换机之间使用 1000 Mpbs 全双工以太网。

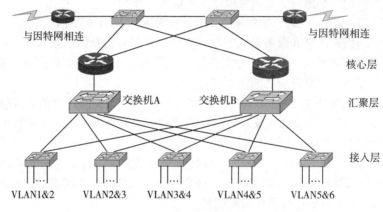

图 7-5 一个园区层次模型冗余结构

3. 冗余服务器

服务器是所有用户网中最重要的设备或资源类型之一，它主要用于存放数据资源。根据用户的应用需求，在企业网中，可将文件服务器、Web 服务器、动态主机配置协议（DHCP）服务器、名字服务器、数据库服务器等设计为冗余结构。关于服务器的较详细信息请参见第 2 章的内容。

7.2 IP 地址规划

在因特网中，每个与网络相连的主机的接口都需要有一个唯一的 IP 地址。所谓网络地址规划是指根据 IP 编址特点，为网络设备设计和配置合适的 IP 地址，使之能够高效地传输分组。

7.2.1　网络寻址的基本概念

1. IP 寻址

IP 地址就是为每一个直接与因特网相连的主机或路由器接口分配的一个在全世界范围内唯一的标识。目前，大多使用的是 32 比特的 IPv4 地址，因此共有 2^{32} 个可能的 IP 地址。这些地址一般按**点分十进制记法**的方式书写，即地址中的每个字节用十进制数字表示，各字节间以句号（点）隔开。例如，对于 IP 地址 192.33.216.8，十进制数 192 等价于该地址中第一个 8 比特，十进制数 33 等价于该地址中第二个 8 比特，依次类推。因此地址 192.33.216.8 的二进制记法是：

$$11000000\ 00100001\ 11011000\ 00001000$$

分开主机和路由器的每个接口产生了几个分离的网络岛，接口端接了这些分离网络的端点。其中每一个分离的网络就是一个子网。一个具有多个以太网段和点对点链路的组织（如一个公司或学校）将具有多个子网，给定子网上的所有设备都具有相同的子网地址。原则上，不同的子网具有不同的子网地址。然而，在实践中，它们的子网地址有许多共同之处。

因特网的当前地址分配策略被称为**无类别域间路由选择**（CIDR）[RFC 1519]。CIDR 将子网寻址的概念一般化了。对于子网寻址，32 比特的 IP 地址被划分为两部分，并且也具有点分十进制数形式 *a.b.c.d/x*，其中 *x* 指示了地址的第一部分中的比特数目。

形式为 *a.b.c.d/x* 的地址的 *x* 最高比特构成了 IP 地址的网络部分，该部分称为该地址的**前缀**（或网络前缀）。一个组织通常被分配一块连续的地址，即具有相同前缀的一段地址。在这种情况下，该组织内部的设备的 IP 地址将具有共同的前缀。当应用因特网的 BGP 路由选择协议时，将看到该组织外部的路由器仅考虑该 *x* 前面的前缀比特。这就是说，当该组织外部的路由器转发一个数据报，且该数据报的目的地址在该组织内部时，仅需要考虑该地址前面的 *x* 比特。这大大减少了这些路由器中的转发表的长度，因为形式为 *a.b.c.d/x* 单一项足以将数据报转发到该组织内的任何目的地。

一个地址的剩余 32-*x* 比特用于区分该组织内部设备。当该组织内部的路由器转发分组时，将考虑这些比特。这些较低阶比特有可能具有一个附加的子网结构。例如，假设某 CIDR 化的地址 *a.b.c.d*/21 的前 21 比特定义了该组织的网络前缀，对该组织中的所有主机的 IP 地址来说是共同的。其余的 11 比特标识该组织内的主机。该组织的内部结构可以采用这样的方式，使用最右边的这 11 比特在该组织中划分子网。例如，*a.b.c.d*/24 可能称为该组织内的特定子网。

2. 获取一块 IP 地址

因特网的 IP 地址最初由因特网编号分配机构（Internet Assigned Numbers Authority, IANA）授权分配的。在因特网名称与数字地址分配机构（The Internet Corporation for Assigned Names and Numbers，ICANN）成立以后，则由 ICANN 统一负责对 IP 地址的分配进行管理，但是具体执行还是由 IANA 负责。

IANA 并不直接面向用户，它先把地址分配给地域性因特网注册机构（Regional Internet Registry, RIR）。这些地域性的 IP 地址管理机构目前有 5 个：ARIN（北美地区）、LACNIC（拉丁美洲）、RIPE NCC（欧洲地区）、APNIC（亚太地区）和 AFRINIC（非洲地区）。在 RIR 之下是国家级注册机构（NIR）和本地区注册机构（LIR），我国的国家级注册机构是中国互联网络信息中心（CNNIC）。RIR 负责将地址空间分配给下一级注册组织（如 NIR）或者有关因特网服务提供商（ISP），同时授权他们进行地址空间的指定和分配。我国较大的 ISP 包括中国教育科研网、中国电信、中国网通、中国移动等。负责 IP 地址和 AS 号码的分配的组织结构如图 7-6 所示。

　　IPv4 地址总量为 40 多亿。在因特网发展初期，IP 地址分配政策比较宽松，再加上当时按类（即地址分为 A/B/C 3 类）的分配方式，浪费了大量地址空间。随着因特网的急速扩张，全球对于 IPv4 地址的需求日益加大。目前 ICANN 已将所有 IPv4 地址分配完毕。为了尽量减缓 IP 地址耗尽的速度，各个 RIR 都遵循很严格的 IPv4 地址分配政策。一旦检测到已分配地址块未使用，将会回收再分配。

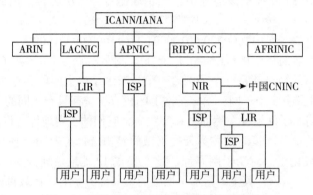

图 7-6　因特网 IP 地址分配机构的组织结构

　　为了获取一块 IP 地址用于一个组织的子网，网络管理员可以首先与某 ISP 联系，该 ISP 会从已分给它的更大地址块中提供一些地址。例如，某 ISP 已被分配了地址块 200.24.16.0/20，则该 ISP 可以依次将该地址块分成 8 个长度相等的较小地址块，为其支持的最多达 8 个组织中的一个分配一小块地址，如图 7-7 所示。

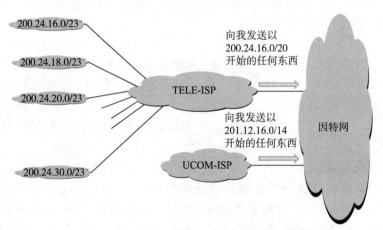

图 7-7　等级编址与路由聚合

　　图 7-7 给出了一个 ISP 将 8 个组织连接到更大的因特网的例子，它较好地说明了仔细分配的 CIDR 化的地址有利于路由选择的道理。如图 7-7 所示，假设 ISP（我们称之为 TELE-ISP）向外界通告，应该将所有地址的前 20 比特与 200.24.16.0/20 相符的数据发送到这里。外界不需要知道在地址块 200.24.16.0/20 内实际上还存在 8 个其他组织，每个组织有自己的子网。这种使用单个网络前缀通告多个网络的能力通常称为地址聚合，也称为路由聚合或路由摘要。可见，CIDR 技术的采用，将使因特网中的路由器表项大为减少，从而大大提高路由

器的工作效率。

设计提示 CIDR 的有效工作实际上要以良好的 IP 地址规划为前提。如果 IP 地址不能成片分配，IP 路由也就无法有效聚合了，即使采用 CIDR 也不能发挥应有的效率，因此 IP 地址规划需要遵循"按地理相邻成片分配"并"适当为未来预留"的原则。

3. 分配企业网主机地址

一个组织一旦获得了一块地址，它就可为该组织内的主机与路由器接口分配独立的 IP 地址。这时地址分配的方法可继续沿用前述的 CIDR 方法，从而对因特网而言仍然表现为单一的地址块，屏蔽了企业网内部复杂的网络结构关系。

如果某企业网管理员向某 ISP 申请了一个地址块 200.24.16.0/20，而该网管员希望将该地址块平均分配给 8 个子网。他该如何划分呢？

首先，从 ISP 申请到的地址块的前缀为 20，这向外部世界表明从这里可以到达 20 比特前缀与之相同的所有网络，也是路由器进行路由选择的依据。但进入企业网内部，我们就能够进一步划分子网，即增长地址前缀。既然我们希望有 8 个子网，那么就可将前缀延长为 23。而这种划分对企业网外面的路由器是透明的，因此无须改变外部路由器的配置。一旦进入企业网，配置了这种较长前缀的企业网内部的路由器就需要按此配置进行进一步路由选择了。

图 7-8 显示了这 8 个子网的具体 IP 地址范围。

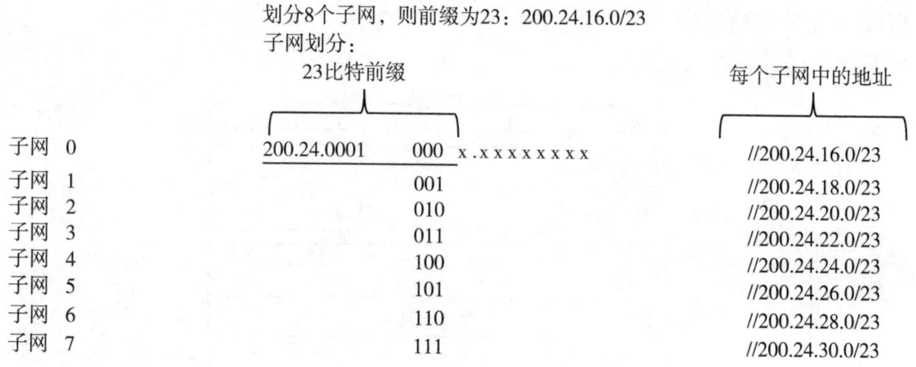

图 7-8 8 个子网的具体 IP 地址范围

对于路由器接口地址，系统管理员手工配置路由器中的 IP 地址（在远程通常通过网络管理工具配置）。可以用两种方法为一台主机分配一个 IP 地址。

❑ 手工配置。由系统管理员手工为一台主机配置 IP 地址（通常在一个文件中）。

❑ 动态主机配置协议（DHCP）[RFC 2131]。DHCP 允许一台主机自动地获取（被分配）一个 IP 地址，同时获得其他信息，例如它的子网掩码，它的第一跳路由器地址（常称为默认网关）与它的本地 DNS 服务器的地址。

由于 DHCP 具有自动地将一台主机连接进一个网络的能力，故它又被称为**即插即用**协议。这种能力对于网络管理员来说非常有吸引力，否则他将不得不执行手工操作！DHCP 还广泛地用于住宅区因特网接入网与无线局域网中，其中的主机可能频繁地加入和离开网络。

网络管理员可以配置 DHCP，以使给定主机能得到一个永久性的 IP 地址，即每次该主机加入网络时，它被分配同样的 IP 地址。但是许多组织没有足够的 IP 地址供其所有主机使用。在这种情况下，DHCP 常常会为连接的主机分配一个临时 IP 地址。举一个例子，一个企业网有 2000 个用户，但不会有超过 400 个用户同时在线。要解决其所有 2000 个用户的地址问题，该企业网的管理员并不需要申请一个含有 2000 个地址的地址块。相反，通过使用 DHCP 服务器动态地分配地址，仅需一个含 512 个地址的地址块（例如 *a.b.c.d*/23 这样的块）。当主机加入或离开时，DHCP 服务器要更新其可用 IP 地址表。每当一台主机加入网络时，DHCP 服务器从其当前可用地址池中分配一个任意的地址给它；每当一台主机离开网络时，其地址便被收回池中。移动计算的兴起促进了 DHCP 的广泛使用。例如，考虑在某校园网中，学生带着便携机从宿舍到图书馆再到教室。这个学生很有可能在每个位置都连接到一个新的子网，因此在每个位置都需要一个新的 IP 地址。在此情形下 DHCP 是最理想的方法，因为有许多用户来来往往，仅在有限的时间内需要地址。

4. 分类编址方案中的子网划分

传统的编址方案是**分类编址**，这种编址方案目前已经不再使用，但了解它对于理解一些网络概念有用。其中 IP 地址被分为网络部分和主机部分，网络部分长度分别被限制为 8、16 或 24 比特，具有 8、16 或 24 比特子网地址分别称为 A、B 和 C 类网络。常用的 A 类、B 类和 C 类地址都由两个字段组成（参见图 7-9），即

- ❑ 网络号字段（net-id）。A 类、B 类和 C 类地址的网络号字段分别为 1、2 和 3 字节长，在网络号字段的最前面有 1 ～ 3 比特用于标明类别，其数值分别规定为 0、10 和 110。
- ❑ 主机号字段（host-id）。A 类、B 类和 C 类地址的主机号字段分别为 3、2 和 1 字节长。
- ❑ D 类地址是多播地址。
- ❑ E 类地址保留在今后使用。

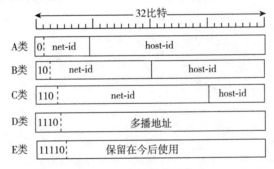

图 7-9　IP 地址的表示方法

表 7-1 列出了 IP 地址的使用范围，表 7-2 中列出了一些特殊的 IP 地址。

表 7-1　IP 地址的使用范围

网络类别	最大网络数	第一个可用的网络号	最后一个可用的网络号	每个网络中的最大主机数
A	126	1	126	16 777 214
B	16 382	128.1	191.254	65 534
C	2 097 150	192.0.1	223.256.254	254

表 7-2　一般不使用的特殊 IP 地址

net-id	host-id	源地址使用	目的地址使用	含义
0	0	可以	不可	在本网络上的本主机
0	host-id	可以	不可	在本网络上的某台主机
全 1	全 1	不可	可以	只在本网络上进行广播（各路由器均不转发）
net-id	全 1	不可	可以	对 net-id 上的所有主机进行广播
127	任何数	可以	可以	用作本地软件回送测试之用

通过指定网络号字段和主机号字段，IP 地址形成了一个具有等级结构的地址空间。但是在许多情况下，不需要某类地址下的全部主机地址。例如，某个网络被赋予 B 类地址，要将65536 台主机放在一个子网内会造成工作效率低且难以管理。

解决的方法是，为 IP 地址结构增加一个层次，使本地网络管理员能够创建子网，将现有地址空间划分得更小，这就是子网掩码的作用。

划分子网掩码利于解决许多与管理相关的问题：

❏ 节约大量的 IP 地址：目前 IPv4 地址已经严重短缺，制约了网络应用的健康发展。

❏ 集成不同的网络技术：各子网可以使用不同的网络技术，然后再通过路由器互联起来。

❏ 减少网络拥塞：即使使用 B 类地址，也不必将 65536 台主机放在一个网络中，而是可以将地址空间划分为 16、256 或更多个子网，每个子网都有更小的碰撞域，从而减少碰撞发生的可能性。

❏ 超越地理距离分配地址空间：如果有多个分支机构，每个机构都有少量的计算机，那么为每个场点分配一个 C 类地址是很浪费的。为每个场点分配一个划分好的子网地址就合理得多。

作掩码是一个从 IP 地址中提取网络地址的过程。无论我们是否划分子网，都能作掩码。如果网络没有划分子网，作掩码就从 IP 地址中提取网络地址。如果网络划分了子网，作掩码就从 IP 地址提取子网地址。

因特网规定用一个 32 比特的子网掩码来表示子网号字段的长度，即子网掩码由一连串的"1"和一连串的"0"组成。"1"对应于网络号和子网号字段，而"0"对应于主机号字段。图 7-10 给出了用子网掩码来划分子网的例子。例如，子网掩码 255.255.255.128可将 C 类地址划分为两个独立的子网，将该掩码应用于网络地址 192.113.255 时，可以得到一台主机地址范围是 192.113.255.1 到 192.113.255.126 的子网，以及主机地址范围是192.113.255.129 到 192.113.255.254 的子网。注意，最后一个字节为全 0 或全 1 的地址不包含在内。

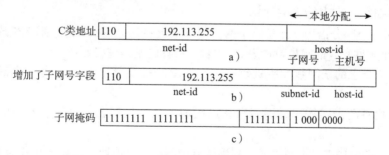

图 7-10　使用子网掩码划分地址

若一个单位不进行子网划分，则子网掩码中"1"的长度就是网络号的长度，其子网掩码即为默认值。对于 A、B 和 C 类 IP 地址，其对应的子网掩码默认值分别为 255.0.0.0（0xFF000000）、255.255.0.0（0xFFFF0000）和 255.255.255.0（0xFFFFFF00）。

采用子网掩码相当于采用三级寻址。每一台路由器在收到一个分组时，首先检查该分组的 IP 地址中的网络号。若网络号表明不是本网络，则从路由选择表中找出下一站地址将其转发出去。若网络号表明是本网络，则再检查 IP 地址中的子网号。若子网号表明不是本子网，则同样地转发此分组。若子网号表明是本子网，则根据主机号即可查出应从何端口将分组交给该主机。

有时，为了方便记忆和表示，可将子网掩码用其连续 1 的个数来表示。例如，如果一个 C 类地址 192.168.143.X 的子网掩码为 255.255.255.224，即其子网掩码共有 27 个连续的 1，可记为 192.168.143.X/27。

5. 分类编址方案中子网中的特殊地址

如表 7-2 所示，某些地址被赋予特殊的功能。全 1 的网络标识、全 0 的网络标识、全 1 的主机标识和全 0 的主机标识被作为特殊地址来对待，不分配给任何主机。

划分为子网后，仍保留了同样的概念。全 1 或全 0 的子网标识不分配给任何主机。此外，具有全 1 的主机标识地址也被保留，用于向一个特定子网中的所有主机广播。具有全 0 主机标志的地址也被保留，用于定义子网本身（见图 7-11）。

尽管要求所有路由器遵守上述规则，但厂商实现它们还是有一定的随意性。这主要是由于无类别路由选择使得这些规则不确定并变得过时。

此外，尽管在掩码中也可以交替使用 1 和 0，但 IETF 强烈推荐使用连续的掩码，即其左边为全 1，右边为全 0。这样会使得划分子网和路由选择变得更加容易。

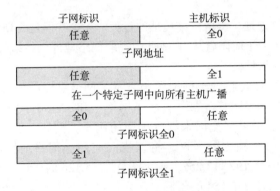

图 7-11　子网中的特殊地址

6. 分类编址方案中的子网计算

设从主机标志部分借用 n 比特给子网，剩下 m 比特作为主机标志，那么生成的子网数量为 2^n-2，每个子网具有的主机数量为 2^m-2 台。设计的基本过程是：

1）根据所要求的子网数和主机数量，由公式 2^n-2 推算出 n。n 应是一个最小的接近要求的正整数。

2）求出相应的子网掩码，即用默认掩码加上从主机标志部分借用的 n 比特组成新的掩码。

3）子网的部分写成二进制形式，列出所有子网和主机地址；去除全 0 和全 1 地址。

A、B、C 三类地址都允许划分子网。下面将举几个例子来说明如何划分子网。

【例 7-1】有一个 C 类地址 192.168.143.0，网内至多可有 140 台主机。为了管理需要，要将该网分成 6 个子网，每个子网能容纳 25 台机器。试给出子网掩码和对应的地址空间划分。

解：因需要 6 个子网，所以考虑到要去除两个保留的特殊子网地址（即子网地址为全 0 和全 1 的子网），至少需要 8 个子网，则 $n=3$，因为 $2^3=8$。而每个子网可容纳的主机数量要去除主机号为全 0 和全 1 的主机，即为 $2^5-2=30>25$，能够满足需求。子网掩码和对应的地址空间划分的具体分配参见图 7-12。

注意：每当确定一个新的子网地址时，就会产生两个新的要去除的主机地址，一个为全

0 地址，一个为全 1 地址。例如，子网为 001 时，对应的全 0 地址是 192.168.143.32，对应的全 1 地址是 192.168.143.63。

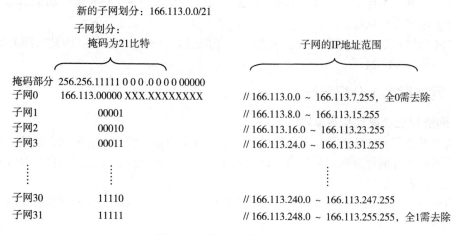

图 7-12　例 7-1 的子网掩码和对应的地址空间划分

【例 7-2】一个具有 B 类地址 166.113.0.0 的机构，需要划分至少 25 个子网，每个子网需要容纳至少 1500 台 PC。试给出子网掩码和每个子网的配置。

解：由于需要 25 个子网，因此从理论上讲，我们至少需要 27 个子网（因为要去除子网号为全 1 和全 0 子网）。这样，子网掩码长度需要增加 5 个比特，留下 11 比特作主机 ID。而 11 比特可容纳的主机数量为 $2^{11}-2=2046$ 台 PC，符合设计要求。子网掩码和对应的地址空间划分的具体分配参见图 7-13。

新的子网划分：166.113.0.0/21

子网划分：
掩码为21比特　　　　　　　　　　　　　　子网的IP地址范围

掩码部分	256.256.11111 0 0 0 .0 0 0 0 00000	
子网0	166.113.00000 XXX.XXXXXXXX	// 166.113.0.0 ～ 166.113.7.255，全0需去除
子网1	00001	// 166.113.8.0 ～ 166.113.15.255
子网2	00010	// 166.113.16.0 ～ 166.113.23.255
子网3	00011	// 166.113.24.0 ～ 166.113.31.255
⋮	⋮	⋮
子网30	11110	// 166.113.240.0 ～ 166.113.247.255
子网31	11111	// 166.113.248.0 ～ 166.113.255.255，全1需去除

图 7-13　例 7-2 中的子网配置

设计提示　分类编址实际上 CIDR 的一种特例。路由器如何解释掩码与路由器的实现密切相关，地址规划时应当考虑这种因素。

7. 变长子网掩码

在有些情况下，某种固定长度的掩码划分并不能满足所有子网 IP 地址分配要求，这就要求每个网有一种子网划分。为了在划分子网地址时有最大的灵活性，TCP/IP 子网标准允许变长划分子网，这样就能为每个物理子网独立地选择划分方式。这意味着在单个网络中可以有大小不同的子网，这些子网也称为具有变长子网掩码（VLSM）的子网。一旦选定某种子网划分，该网上的所有计算机都必须遵守它（参见图 7-14）。

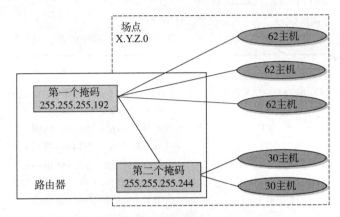

图 7-14　变长子网掩码的一个例子

VLSM 依靠显式提供的前缀长度信息使用地址。前缀长度在使用它的地方单独求值。在不同的地方可以具有不同的前缀长度的功能为 IP 地址空间的使用提供了有效性和灵活性。注意到所谓变长并意味着子网掩码随时间而变化。

对于 VLSM，一件重要的工作是避免地址重叠。避免地址重叠最好的方法是使用通用的子网掩码初始化子网地址空间。例如，可以使用 24 比特子网掩码对 B 类网络进行子网划分，其中的大部分子网可以使用这个掩码，这有利于平衡工作组。如果某些子网中需要更多的小型子网，就可使用一个更长的子网掩码（前缀）对其进行进一步划分。这样，所有子网的子网掩码的长度就不一样了。注意，不要使前缀过长，以免影响下一级扩展。如果小型子网能够连成片，则可以汇总路由信息。

VLSM 的缺点是寻址可能存在二义性，这是网管人员所不希望的。因此，除非绝对必要，一般不使用 VLSM。

7.2.2　网络层地址分配原则

1. 网络层地址规划基本原则

应当对网络层的地址进行规划、管理和记录。必须设计并管理好这些网络地址。如果没有对网络进行很好的规划或未加记录，以后就很难进行故障检测，并且路由器的寻址效率较低，甚至无法进行扩展。

下面是设计网络地址时应遵循的一些简单规则，遵守这些规则将使网络具有扩展性和可管理性。

- 在分配地址之前设计结构化寻址模型。
- 为寻址模型的扩充预留地址空间。如果没有规划扩充方案，以后可能不得不重新对许多设备编号。
- 以分层方式分配地址块，以提高扩展性和可用性。
- 为了避免移动所带来的问题，应根据网络的物理位置而不是根据工作组成员逻辑关系分配地址块。
- 分配网络地址时尽可能使用有意义的编号。

❑ 如果地区和分支机构的网络管理技术水平比较高，则可以授权他们管理自己的网络、服务器和端系统的寻址。

❑ 为了最大限度地满足灵活性，又使配置最小，可以为端系统使用动态寻址。

❑ 为了最大程度地满足安全性和适应性，可以在 IP 环境中使用能够进行网络地址转换（NAT）的专用地址。

2. 使用结构化网络层寻址模型

如果没有寻址模型，而是随意地分配地址，就可能发生下列问题：

❑ 网络和主机地址重复。

❑ 出现无法在因特网进行路由选择的无效地址。

❑ 路由器工作低效。

❑ 全部或组地址不足。

❑ 地址无法使用，从而导致地址浪费。

寻址的结构化模型能够保证地址是有意义的、分层的和良好规划的，并保证网络部分和主机部分的 IP 地址是结构化的。为一个企业网分配一块 IP 地址，然后将每块地址分成子网，再将子网划分为更小的子网，这就是一种结构化 IP 寻址模型。

保留一个清晰明了的结构模型有利于地址的管理和故障检测。结构化使得理解网络结构、操作网络管理软件和利用协议分析仪的跟踪和报告识别设备变得容易。结构化地址还实现了网络优化和安全性，它使得在防火墙、路由器、网桥和交换机上实现网络过滤器变得容易。

3. 动态寻址

如果缺少有经验的网络管理员，那么尽量简化寻址和命名模型是很重要的，并且配置的内容也要尽量简单。在这种情况下，可以使用动态寻址。例如，使用 IP 动态主机配置协议（DHCP），每个端系统只需进行少量的配置，就可以自动获得所需的 IP 地址。如果地区机构和分支机构的网络管理员缺少经验，就不能进行委托授权寻址和命名，仅能在公司一级进行严格的寻址和命名控制。

动态寻址减少了将端系统连接到互联网络所需的配置工作量，它也为那些频繁变动上网地点、旅行或在家工作的用户带来便利。另外，使用动态寻址，一个站点可以自动根据所连接的子网来调整网络层的地址。

4. 专用网络的地址规划

在 TCP/IP 网络系统中，网络上的所有设备（如 PC、Web 服务器、打印服务器、便携机等）都需要分配一个唯一的合法 IP 地址。但目前，我国的许多机构都无法申请到大量的 IP 地址，解决 IP 地址不足大致有以下三种途径：

1）发展 IPv6。因为 IPv6 已将地址空间由 IPv4 的 4 字节扩展为 16 字节，目前有大量 IPv6 地址可供使用。

2）使用动态地址分配技术。例如，使用 DHCP 技术为临时上网的用户分配一个 IP 地址，用户用完后回收该地址，再供别人使用。

3）使用网络地址转换（NAT）技术。在这种方式下，可以为大量用户分配一个内部 IP 地址，在要与因特网通信时，要进行地址转换，将内部地址转换为该内部网络的某个代理主机的 IP 地址，而该 IP 地址是因特网的某个合法 IP 地址。

出于网络安全的考虑，内联网技术被广泛采用，防火墙是内联网所使用的基本设备，而防火墙一般都具有 NAT 功能。下面将讨论一下专用（内部）网络地址的分配问题。

RFC 1918 提供了解决方法。它定义了一组不可进行路由选择的特殊地址块只用于专用地址。这些地址在公共因特网上不存在。任何人可以使用这些地址，但不能通过这些地址连接到因特网上，因为路由器程序没有转发这些地址范围的流量到本地组织以外的功能。RFC 1918 鼓励使用这些专用地址块，这就减少了公共因特网上实际无须公共可访问的设备数量，从而节省公共地址空间。被划分为内联网专用的 IP 地址由 A 类、B 类和 C 类地址空间中的 3 个地址段组成，这些地址可以满足任何规模的企业和机构的应用，如下所示：

- ❑ 10.0.0.0~10.256.256.255，24 比特，约 700 万个地址。
- ❑ 172.16.0.0~172.31.256.255，20 比特，约 100 万个地址。
- ❑ 192.168.0.0~192.168.256.255，16 比特，约 6.5 万个地址。

在规划网络方案时，要明确哪些是只在本单位使用的内部服务器，哪些是与外部网络连接的公共服务器。内部服务器可使用内部专用的 IP 地址，公共服务器则要使用通用的 IP 地址。

设计提示 尽管专用网络地址不为外部所见，一般情况下不会有问题。但万一专用网络与因特网连通（如误操作等），就会出现难以预料的后果，因此专用网络的 IP 地址应当从 RFC 1918 规定的范围内选取。

5. IP 地址分配的方法和步骤

在为用户单位分配网络地址时，一定要结合网络拓扑结构来进行分配，这样才能做到尽可能与实际情况相符。另外，由于 IP 地址（IPv4 地址）是一种有限资源，应本着节约的原则进行分配。下面以一个实际的网络拓扑来说明在工程实践中进行 IP 地址分配的方法和步骤。

在图 7-15 所示的拓扑结构图中，每个分公司子网都要求容纳的主机数大于 200 台。假设该网络所获得的网络地址段为 192.9.200.0/21，为了能够划分出更多的子网，我们将将掩码延长为 24 比特，即用 3 个比特来划分 8 个内部子网。具体规划方法如下。

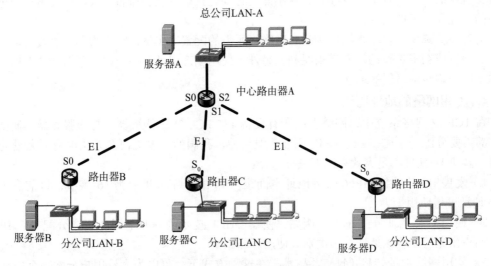

图 7-15　某单位网络拓扑结构

（1）规划子网

在图 7-15 中共需要设置 7 个子网，即 4 个分公司子网和 3 个通过点对点链路互连广域网接口组成的子网。对于分公司子网而言，可进行如下计算：

新的子网划分：192.9.200.0/24

子网划分：

	新掩码为24比特	子网的IP地址范围

掩码部分 192.9.11001 000.000000000

子网0	192.9.11001 000.XXXXXXXX	// 192.9.200.0 ~ 192.9.200.255
子网1	001	// 192.9.201.0 ~ 192.9.201.255
子网2	010	// 192.9.202.0 ~ 192.9.202.255
子网3	011	// 192.9.203.0 ~ 192.9.203.255
子网4	100	// 192.9.204.0 ~ 192.9.204.255
子网5	101	// 192.9.205.0 ~ 192.9.205.255
子网6	110	// 192.9.206.0 ~ 192.9.206.255
子网7	111	// 192.9.207.0 ~ 192.9.207.255

其中每个子网都有 256 个 IP 地址（$>2^8$），能够满足实际需求。我们可以取子网 0 到子网 3 的 IP 地址规划方案分配给 LAN-A、LAN-B、LAN-C 和 LAN-D 使用，即 192.9.200.0~192.9.200.255 分配给 LAN-A、192.9.201.0~192.9.201.255 分配给 LAN-B、192.9.202.0~192.9.202.255 分配给 LAN-C、192.9.203.0~192.9.203.255 分配给 LAN-D。其余大量的 IP 地址可以留作他用。

对于 3 个由广域网链路构成的子网，如果粗略地为每个子网都分配一个 24 位掩码，但每个子网内只需要两个主机地址，就浪费了大量的 IP 地址，因此需要进一步设计。例如，我们为这 3 个子网分配地址块 192.9.204.0/30，只有 2 比特用作标识主机，其余 30 比特作子网标识，这样就可划分 6 个比特用于划分出 $2^6=64$ 个只支持 4 个 IP 地址的子网，我们可以取其中的地址子集，如 {192.9.204.1, 192.9.204.2}、{192.9.204.5, 192.9.204.6}、{192.9.204.9, 192.9.204.10}、{192.9.204.13, 192.9.204.14}……这样，我们可以取前 3 组地址分配给图 7-11 所示的 3 个广域子网，即 {192.9.204.1, 192.9.204.2} 分配给 LAN-A 到 LAN-A 链路子网的两端路由器、{192.9.204.5, 192.9.204.6} 分配给 LAN-A 到 LAN-C 链路子网两端路由器、{192.9.204.9, 192.9.204.10} 分配给 LAN-A 到 LAN-D 链路子网两端路由器。

（2）分配局域网地址

将 192.9.200.0/24、192.9.201.0/24、192.9.202.0/24、192.9.203.0/241 网段分别分配给 LAN-A、LAN-B、LAN-C、LAN-D。

在分配各局域网 IP 地址时，可将路由器、交换机、服务器等重要设施的 IP 地址从 x.x.x.254 依序递减分配，用户的 PC 从 x.x.x.1 依序递增分配。例如，LAN-A 地址分配如表 7-3 所示，其他 3 个局域网的 IP 地址分配方法可照此方式分配。

（3）分配广域网路由器 IP 地址

各路由器的广域网接口 IP 地址分配例子如表 7-4 所示。

表 7-3　局域网 LAN-A 的 IP 地址分配

网络	设备（接口）名	IP 地址	子网掩码
LAN-A	路由器 A 局域网口	192.9.200.254	/24
	交换机 A 管理地址	192.9.200.253	/24
	服务器 A	192.9.200.252	/24
	……	……	/24
	$PC_1 \sim PC_{100}$	192.9.200.1~ 192.9.200.100	/24

表 7-4　广域网链路子网的 IP 地址分配

设备（接口）名	IP 地址	子网掩码
路由器 A 广域网口 S0	192.9.204.1	/30
路由器 B 广域网口 S0	192.9.204.2	/30
路由器 A 广域网口 S1	192.9.204.5	/30
路由器 C 广域网口 S0	192.9.204.6	/30
路由器 A 广域网口 S2	192.9.204.9	/30
路由器 D 广域网口 S0	192.9.204.10	/30

7.2.3　设计名字空间

地址适合路由器处理，但并不适合用户处理。因此，每台主机被指定了一个唯一的名字，以帮助人们记忆。域名系统完成名字到地址映射的任务。一个名字空间定义了一系列可能的名字，它可以是非等级的或者是分等级的。命名系统维护一个名字到数值绑定的集合。这些值在许多情况下是一个 IP 地址。

本节的目的是设计一个 IP 互联网络设备的命名模型，满足用户易用性、可管理性、性能和可用性目标。使用名字而非地址能够提高系统易用性。简短而有意义的名字能够提高用户的生产率，简化网络管理。一个好的命名模型还可以增强网络的性能和可用性。

一个好的命名模型应当允许用户通过名字而不是地址透明地访问应用服务。因为网络协议需要地址，因此域名系统应将名字映射到地址。将名字映射到地址的方法可以是使用某种命名协议的动态方法，也可以是静态方法。例如，用户系统上的包括所有名字及其相关地址的文件。尽管动态命名协议引起额外的网络通信开销，通常还是会使用动态方法。

1. 命名的分布授权

为了理解命名的分布授权问题，我们先看一个因特网名字空间的例子（见图 7-16）。

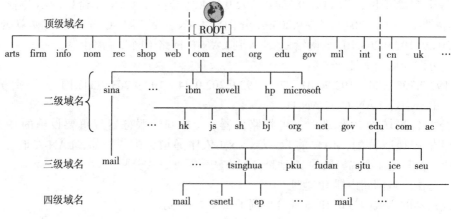

图 7-16　因特网名字空间举例

因特网现在采用层次树状结构的命名方法，就像全球邮政系统和电话系统那样。采用这种命名方法，任何一个连接到因特网上的主机或路由器都有一个唯一的层次结构的名字，即域名。这里的"域"是指名字空间中一个可被管理的划分。域还可以继续划分为子域，如二级域、三级域等。因特网的域名管理机构由 gTLD-MoU（generic Top Level Domain Memorandum of Understanding）负责。

域名的结构由若干个分量组成，各分量之间用点隔开：

….三级域名.二级域名.顶级域名

各分量分别代表不同级别的域名。每一级域名都由英文字母和数字组成（不超过 63 个字符，并且不区分大小写字母），级别最低的域名写在最左边，而级别最高的顶级域名则写在最右边。完整的域名长度不超过 255 个字符。域名系统既不规定一个域名需要包含多少个下级域名，也不规定每一级的域名代表的意思。各级域名由其上一级的域名管理机构管理，而顶级域名则由因特网的有关机构管理。用这种方法能够保证每一个名字都是唯一的，并且能方便地设计出一种查找域名的机制。需要注意的是，域名只是个逻辑概念，并不能反映计算机所在的物理地点。

现在，顶级域名 TLD（Top Level Domain）有 3 类：

1）国家顶级域名（nTDL）：采用 ISO 3166 的规定。例如，cn 表示中国，us 表示美国（通常可以省略）等。

2）国际顶级域名（iTDL）：采用 int 的格式。国际性组织可在 int 下注册。

3）通用顶级域名（gTDL）：根据（参见 RFC1591）规定，最早的顶级域名共 6 个，即 com 表示公司企业，net 表示网络服务机构，org 表示非赢利性组织，edu 表示教育机构，gov 表示政府部门（美国专用），mil 表示军事部门（美国专用）。后来，增加了一些通用顶级域名，如 firm 表示公司企业，shop 表示销售公司和企业（这个域名曾经是 store），web 表示突出万维网活动的单位，arts 表示突出文化、娱乐活动的单位，rec 表示突出消遣、娱乐活动的单位，info 表示提供信息服务的单位，nom 表示个人。

在国家顶级域名下注册的二级域名由该国家自行确定。我国将二级域名划分为"类别域名"和"行政区域名"两大类。其中，"类别域名"有 6 个，分别为：ac 表示科研机构；com 表示工、商、金融等企业；edu 表示教育机构；gov 表示政府部门；net 表示互联网络、接入网络的信息中心（NIC）和运行中心（NOC）；org 表示各种非盈利性的组织。"行政区域名"有 34 个，适用于我国的各省、自治区、直辖市。例如，bj 为北京市；sh 为上海市；js 为江苏省等。在我国，在二级域名 edu 下申请注册三级域名由中国教育和科研计算机网网络中心负责。在二级域名 edu 之外的其他二级域名下申请注册三级域名，则应向中国互联网网络信息中心（CNNIC）申请。有关我国的互联网络发展情况以及各种规定，可查询 http://cnnic.cn。应当注意的是，因特网的名字空间是按照机构的组织结构来划分的，与物理网络无关。

下面来简单说明域名的转换过程。当某一个应用进程需要将主机名映射为 IP 地址时，该应用进程就成为域名系统（DNS）的一个用户，并将待转换的域名放在 DNS 请求报文中，以 UDP 数据报方式发给本地域名服务器（使用 UDP 是为了减少开销）。本地的域名服务器在查找域名后，将对应的 IP 地址放在确认报文中返回。应用进程获得目的主机的 IP 地址后即可进行通信。若域名服务器不能回答该请求，则此域名服务器就暂时成为 DNS 中的另一个用户，直到找到能够回答该请求的域名服务器为止。

对于因特网如此巨大的系统，要靠一个或几个域名解析服务器是无法工作的，必须采用分布式和分级的协同工作模式。每一个域名服务器不但能够进行域名到 IP 地址的转换，还必须具有连向其他域名服务器的信息。当自己不能进行域名到 IP 地址的转换时，知道可以到什么地方去找对应的域名服务器，从而使这些域名服务器形成一个大的域名服务器。

在设计命名模型的早期阶段，应当考虑谁负责分配名字的问题。名字空间是由一个中央机构完全控制，还是将某些设备的命名工作交给非中央机构的代理执行？由一个公司的信息部门为地区机构和分支机构的设备命名，还是由各地方的部门管理员实现命名？允许用户命名自己的系统，还是所有的命名都由网络管理员分配？

命名分布授权的缺点是难以控制和管理名字，但如果所有的用户和组都使用同样的策略，那么命名分布授权就具有许多优点。最明显的优点是不必由任何一个部门负责分配并维护所有名字的工作。其他优点包括性能和扩展性的改善。如果每个名字服务器都只管理一部分名字空间而不是整个名字空间，那么对服务器内存和处理能力的需求就会减少。而且，如果用户能够访问本地名字服务器而不依赖中央服务器，则能在本地将许多名字解析为地址，从而减少网络流量。本地服务器可以高速缓存远程设备的信息，以进一步减少网络通信。

2. 名字分配的原则

在分配名字时，应遵循以下原则。名字应当简短、有意义、无二义性并易于辨认。用户应容易识别名字对应的设备。一个比较好的方法是在名字中包含一些指定设备类型的信息。例如，路由器名字的后缀可以使用字符 rtr，交换机使用 sw，服务器使用 svr 等。一个有意义的后缀可以避免用户误解名字的含义，使管理者更方便地从网络管理工具中提取设备的名字。

名字也可以包括位置代码。位置代码可以使用字母，也可以使用数字，甚至使用汉字。

在名字中应尽量避免使用不常用的字符，如连字符、下划线和星号等，有时它会引起应用程序和协议以一种不可预知的方式动作。还应当避免在名字中使用空格，有时会因为不知某名字中是否存在空格而感到困惑；有些应用程序或协议在有空格时不能正常工作。

名字一般不区分字母的大小写，因为这会给用户记忆带来麻烦并使输入变得困难。此外，有些协议不区分大小写。

如果设备有多个接口和多个地址，就应当将所有地址都映射到一个相同的名字上。在一个使用多个 IP 地址的多端口路由器上，要为所有的路由器 IP 地址分配同一个名字。这样，网络管理软件就不会认为多端口设备实际上是多个设备了。

为了提高系统的安全性，有时需要对上述原则做一些改进，因为用户容易识别的名字也易被入侵者识别。对于那些关键性的设备和数据资源（例如路由器和服务器），推荐使用长且含义隐秘的名字。如果名字仅被系统软件使用而不被用户使用，其易用性不会受到影响；在大多数情况下，必须在易用性和安全性之间进行折中。

7.3 选择路由选择协议

7.3.1 路由器的路由选择功能

在因特网中，通信网是通过 IP 路由器互联的。此时，IP 网是一个虚拟网，路由器是该网的唯一互联设备。路由器具有两大功能：**转发**和**路由选择**。转发涉及分组从一条入链路到一台路由器中的出链路的传送。路由选择涉及一个网络中的所有路由器，它们集体地经路由选择协议交互，以决定分组从源到目的地节点的路径。当分组到达一台路由器时，该路由器检索其转发表并决定指引该分组的链路接口。路由选择算法在网络路由器中运行、交换和计算，用以配置这些转发表的信息。路由选择算法和转发表之间的相互影响如图 7-17 所示。

如果一台主机直接与一台路由器相连接，该路由器即为该主机的**默认路由器**，又称为该主机的**第一跳路由器**。每当主机发送一个分组时，该分组会先被传送给它的默认路由器。我们将源主机的默认路由器称作**源路由器**，把目的主机的默认路由器称作**目的路由器**。一个分组从源主机到目的主机路由选择的问题显然可归结为从源路由器到目的路由器的路由选择问题。

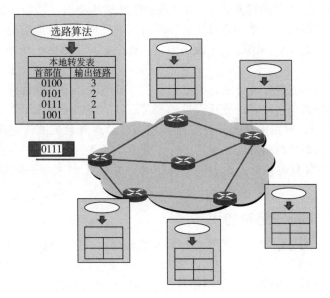

图 7-17　路由选择算法决定转发表中的值

路由选择算法的目的很简单，即给定一组路由器以及连接路由器的链路，路由选择算法要找到一条从源路由器到目的路由器"好的"路径。一条"好的"路径指具有最低费用的路径。然而，在实际工作中，还要关心诸如策略之类的问题（例如，有一个规则是"属于组织 Y 的路由器 X 不应转发任何来源于组织 Z 网络的分组"），这也使得概念简单、性能优秀的算法变得复杂。这些概念简单、性能优秀算法的理论却奠定了当今网络路由选择实践的基础。

7.3.2　路由选择协议的分类

路由选择协议在扩展性和性能特性方面各不相同。例如，许多路由选择协议是为小型互联网络设计的；某些路由选择协议适合静态环境，当网络发生变化时，很难自动收敛于新的拓扑结构；有些路由选择协议则适合连接内部企业网，而有些路由选择协议则适合于连接不同的企业网。

路由选择算法可以根据该算法是全局性的还是分散式的来进行分类。**全局路由选择算法**用完整的、全局性的网络知识来计算从源到目的地之间的最低费用路径。也就是说，该算法以所有节点之间的连通性及所有链路的费用为输入。这就要求该算法在真正开始计算以前，以某种方式获得相关信息。计算本身可在某个场点（集中式全局路由选择算法）运行，也可在多个场点冗余。这里主要的区别在于，全局性的算法具有关于连通性和链路费用方面的完整信息。实际上，具有全局状态信息的算法常被称作**链路状态算法**（LS），因为该算法必须知道网络中每条链路的费用。**分散式路由选择算法**以迭代的、分布式的方式计算出费用最低路径。任何节点都没有关于所有网络链路费用的完整信息，而每个节点在仅有与其直接相连链路的费用知识时即可开始工作。然后，通过迭代计算过程并与相邻节点（即与该节点相连链路的另一端的节点）交换信息，该节点逐渐计算出到达某目的节点或一组目的节点的最低费用路径。**距离向量算法**（DV）就是一种分散式路由选择算法。它之所以叫做 DV 算法，是因为每个节点维护到网络中的所有其他节点的费用（距离）估计的向量。

路由选择算法的第二种广义分类的方法是根据算法是静态的还是动态的来分类。在**静态**

路由选择算法中，随着时间的流逝，路由的变化是非常缓慢的，通常是由于人工干预进行调整（如人工编辑一台路由器的转发表）。**动态路由选择算法**能够在网络流量负载或拓扑发生变化时改变路由选择路径。一个动态算法运行时可周期性地或直接地响应拓扑或链路费用的变化。虽然动态算法易于对网络的变化做出响应，也更容易受路由选择循环、路由振荡等问题的影响。

路由选择算法的第三种分类方法是根据它是负载敏感的还是负载迟钝的进行划分。在**负载敏感算法**中，链路费用会动态地变化以反映底层链路的当前拥塞水平。如果当前拥塞的一条链路被赋以高费用，则路由选择算法在选择路由时会绕开该拥塞链路。早期的 ARPAnet 路由选择算法就因为是负载敏感的而遇到了许多难题。当今的因特网路由选择算法（如 RIP、OSPF 和 BGP）都是**负载迟钝**的，因为某条链路的费用不明显地反映其当前（或最近）拥塞级别。

7.3.3　因特网中的路由选择协议

随着路由器数目的急剧增加，计算、存储及通信路由选择信息（例如 LS 更新或最低费用路径的变化）的开销高得惊人。另一方面，一个组织应能按自己的愿望运行和管理其网络，还要能将其网络连接到其他外部网络。这些问题都可以通过将路由器组织进**自治系统**（Autonomous System，AS）来解决，每个 AS 由一组通常在相同管理者控制下的路由器组成。在相同的 AS 内的路由器可运行同样的路由选择算法（如 LS 或 DV 算法），且拥有相互之间的信息。在一个 AS 内运行的路由选择协议叫做**自治系统内部路由选择协议**，而在 AS 之间运行的路由选择协议叫做**自治系统间路由选择协议**。在因特网中，常用的自治系统内部路由选择协议有 RIP 和 OSPF，对于 Cisco 路由器则可能采用 IGRP 或增强型 IGRP，而自治系统间路由选择协议则是 BGP。

1.　RIP 路由选择协议

RIP 是一种距离向量协议，是目前较小的自治系统使用得最多的一种路由选择协议。在 RFC 1058 中定义的 RIP 版本使用跳数作为其费用度量标准，即每条链路的费用为 1。在 RIP 中，费用实际上是从源路由器到目的子网的链路数量。RIP 从源路由器到目的路由器之间最多只能有 16 台路由器，即 RIP 限用在网络直径不超过 16 跳的自治系统内。在 RIP 中，相邻路由器相互之间交换路由选择信息。对任何一台路由器的距离是从那台路由器到该 AS 中子网的最短路径距离的当前估计值。路由选择更新信息在邻居之间通过使用 **RIP 响应报文**交换，每 30 秒相互交换一次，然后彼此基于表中到目的地距离（跳数）和向量（方向）来计算到目的地的最佳路由。由一台路由器或主机发出的响应报文包含了一个由多达 25 个 AS 内的目的子网列表，还有发送方到其中每个子网的距离。

RIP 协议最大的优点就是简单。然而随着因特网规模的不断扩大，RIP 协议的缺点愈发明显。首先，RIP 限制了网络的规模，它能使用的最大距离为 16。其次，路由器之间交换的完整路由信息开销太大。最后，"坏消息传播得慢"的特性使许多更新过程的收敛时间过长，不能考虑流量均衡因素等，不适合在较大的企业网中采用。

2.　内部网关路由选择协议（IGRP）和增强型 IGRP

内部网关路由选择协议（IGRP）是 Cisco 公司于 20 世纪 80 年代中期开发的，是路由选择信息协议 RIP 一种改进型，它在健壮性和扩展性方面比 RIP 有了增强，它是 Cisco 公司于 20 世纪 80 年代中期开发的。

IGRP 在以下方面与 RIP 不同：

- ❑ 取消了 15 跳的限制。
- ❑ 每隔 90 秒更新一次路由选择信息，而不像 RIP 那样每隔 30 秒进行一次更新。
- ❑ 使用综合的测度，而不仅限于跳数。该测度基于以下几个方面：带宽（即路径上低带宽子网的带宽）、时延（路径上所有输出端口时延的总和，时延与端口带宽成反比）、可靠性（链路上最低的可靠性）。
- ❑ 允许在相等测度和不相等测度路径上的负载均衡。
- ❑ 通告和选择默认路由的算法比 RIP 更好。
- ❑ 支持触发更新，减少收敛时间。

20 世纪 90 年代初，Cisco 公司又开发了增强型 IGRP（Enhanced IGRP），该协议在 1996 年得到了进一步改进，以满足用户对大型、复杂、多协议互联网络的需求。

增强型 IGRP 与 IGRP 兼容，允许导入 IGRP 路由。它能够自动重发布 IGRP、RIP、IS-IS、BGP 和 OSPF 的路由；支持 AppleTalk 和 Novell 路由选择，可以重发布 RTMP 和 IPX RIP 路由，以及 IPX SAP 更新。

增强型 IGRP 采用扩散更新算法（Diffusing Update ALgorithm，DUAL），以加快大型网络路由选择的收敛速度。DUAL 规定了路由器存储相邻节点路由信息的方法，以便路由器可以快速切换到其他路由。通过向其他相邻路由器询问，可以确定邻居的可达性。DUAL 完全避免了回路，因此不需要抑制机制，可以进一步减少收敛时间。

增强型 IGRP 明显地减少了对带宽的需求，可以应用于上千节点的路由场合，并能适应简单的分层拓扑结构。

3. OSPF 路由选择协议

开放最短路径优先（Open Shortest Path First，OSPF）是广泛使用的链路状态路由选择协议。"Open"是指它是一个开放的、非专利的标准，它在 IETF 的主持下创立。OSPF 是为克服 RIP 的缺点开发出来的，它能够用于比使用 RIP 大得多的企业网中，但 OSPF 更加复杂（参见 RFC 2178）。OSPF 最主要的特征就是它是一种分布式的链路状态协议，而不像 RIP 那样是距离向量协议。OSPF 要求所有的路由器都维护一个链路状态数据库，即整个互联网的拓扑结构图。为了确保链路状态数据库与全网的状态保持一致，OSPF 还规定每隔一段时间（如 30 分钟）就要刷新一次数据库中的链路状态。

OSPF 在基本链路状态算法之上增加了许多特性，其中包括：

- ❑ 路由消息的验证：这是一个很好的特色。因为如果某误配置的主机向外发布报文说，它能以费用 1 到达某台著名服务器。当该报文发布后，周围相邻的路由器就会更新它们的转发表将路由指向那台主机，而该主机在收到了大量的数据后，却无法将其送达，只能丢弃它们，从而导致网络的暂停。在许多情况下，这种问题可以通过在 OSPF 中验证路由更新来避免。
- ❑ 进一步的分层：分层是系统可扩展的基本方法。OSPF 通过允许将域分成区域（area）引入了另一个分层。一个域内的路由器不必知道怎样到达域内的每个网络，只需知道怎样到达那个网络所在的区域即可。因此，可以减少每个节点传输和存储的信息量。
- ❑ 负载均衡：OSPF 允许到同一目的有多条相同费用的路由，这样可以使负载平均分配给每一台路由器。

4. BGP 协议

由 RFC 1771 定义的**边界网关协议**（Border Gateway Protocol）版本 4 是当今因特网中域间路由选择协议事实上的标准。它通常被称为 BGP4 或简称为 BGP。作为一个自治系统间路由选择协议，BGP 为每个 AS 提供一种手段，以处理下述问题：①从相邻 AS 获取子网可达性信息。②向该 AS 内部的所有路由器传播这些可达性信息。③基于该可达性信息和 AS 策略，决定到达子网的"好"路由。

用 BGP 协议解决域间路由问题时需要解决多个难题。首先，其优化路由的目标很难实现。BGP 首要的问题就是要在域间找到任何一条到达目的地的无环路径，即我们更重视可达性，而不是最优化。其次，扩展性问题也难以解决。第一，一个互联网主干路由器必须能够转发任何一个到网络的任何地方去的分组。大量路由信息在网内的传输还是不可避免的，通常路由数级约为 50 000 个。第二，是 AS 自主特性。每个 AS 内可以运行它自己的内部路由选择协议，这意味着无法计算出一条通过多个 AS 的路径的有意义的测度。第三是信任问题，提供者 A 可能由于担心提供者 B 会发布错误的路由信息，而不会相信来自 B 的某条发布信息。

BGP 是一个非常复杂的路由选择协议，我们通过图 7-18 的例子来说明它的工作原理。假设因特网服务提供商（ISP）的区域网络是穿通网络，用户网络是桩网络（即没有流量穿过的网络）。ISP A（AS 2）中 AS 的一个 BGP 发言人能够为分配给用户 P 和 Q 的每一个号码发布可达性信息。这样，它发布的消息是"从 AS 2 能够直接到达网络 128.96，192.4.153，192.4.32，192.4.3"。主干网络收到该信息，就发布"沿路径 <AS 1，AS 2 > 能够到达网络 128.96，192.4.153，192.4.32，192.4.3"的信息。类似地，它能发布"沿路径 <AS 1，AS 3> 能够到达网络 192.12.69，192.4.54，192.4.23"的信息。

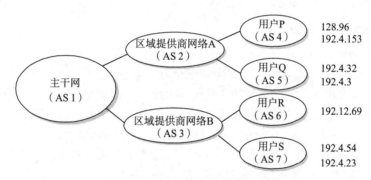

图 7-18　运行 BGP 协议网络的例子

BGP 的一个重要任务就是防止出现循环路径。例如，考虑 3 个互联的 AS1、AS2 和 AS3。假设 AS 1 知道它能通过 AS 2 到达网络 10.0.1，因此它向 AS 3 发布这一信息，AS 3 又把此信息发给 AS 2；如果 AS 2 现在决定目的地为 10.0.1 的分组应发往 AS 3，AS 3 决定把它们发往 AS 1，AS 1 又决定把它们发回 AS 2，于是这些分组将在 AS1、AS2 和 AS3 之间永远循环下去。通过在路由信息中携带完整的 AS 路径可以避免这种情况。在这种情况下，AS 2 从 AS 3 接收到的信息包含一个 AS 路径 <AS 3，AS 1，AS 2>。AS 2 发现它自己在此路径中，于是知道这是一条对它来说无用的路径。

显然，在 BGP 中携带的 AS 号码是 16 比特的，由一个中央权威机构分配以确保唯一性。尽管 16 比特只允许有 65 000 个 AS，看起来并不多，但我们知道桩 AS 并不需要唯一的 AS 号，而桩 AS 占到了非 ISP 网络的绝大部分。

7.3.4　选择一个路由选择协议

尽管路由选择协议的工作原理可能十分复杂，但在网络设计中，为企业网选择一个路由选择协议却是一件简单的工作。自治系统之间的路由选择协议只能为 BGP；自治系统内部的路由选择协议可以选择 RIP、IGRP 或增强型 IGRP 以及 OSPF。RIP 用于小型企业网，IGRP或增强型 IGRP 适用于使用 Cisco 路由器的小型企业网，OSPF 则适用于规模较大的企业网。

在表 7-5 中，我们对一些路由选择协议进行了比较。

表 7-5　路由选择协议的比较

协议名称	RIP1	RIP2	IGRP	增强型 IGRP	OSPF	BGP
协议类型	距离向量	距离向量	距离向量	高级距离向量	链路状态	路径向量
内部协议还是外部协议	内部	内部	内部	内部	内部	外部
分类协议还是无类别协议	分类	无类别	分类	无类别	无类别	无类别
支持的度量	跳数	跳数	带宽、时延、可靠性、负载	带宽、时延、可靠性、负载	带宽、时延、可靠性、负载	路径属性值和其他可配置因素
规模	16 跳	16 跳	255 跳	1000 台路由器	每区大约 50 台路由器，大约 100 个区	1000 台路由器
收敛时间	可能很长（如果没有负载均衡）	可能很长（如果没有负载均衡）	快（使用触发更新与毒性逆转）	非常快（使用 DUAL）	快（使用更新和保持活动分组以及取消路由）	非常快（使用 DUAL）
资源消耗	内存：低 CPU：低 带宽：高	内存：低 CPU：低 带宽：高	内存：低 CPU：低 带宽：高	内存：中等 CPU：低 带宽：低	内存：高 CPU：高 带宽：低	内存：中等 CPU：低 带宽：低
安全性支持与路由鉴别	无	无	无	有	有	有
设计、配置和排错的难易程度	容易	容易	容易	中等	中等	中等

设计提示　尽管因特网路由选择的工作原理非常复杂，但决定路由选择协议却是一件简单的事情：ISP 的不同 AS 之间采用 BGP 协议；中小型企业网可采用 RIP 协议，大型企业网可采用 OSPF 协议。

7.4　选择网络管理协议和系统

网络管理已经成为现代企业管理工作中的一部分。一个设计良好的网络管理系统可以帮助企业网达到可用性强、性能好和安全程度高的目标。有效的网络管理可以帮助一个企业衡量满足设计目标的优劣程度，并在不能满足目标时通过调整网络参数加以改变。由于网络管理可以帮助一个企业分析当前的网络行为、找出适当的升级时机，因此它也可以满足扩展性目标。

处理网络管理设计可以使用与处理其他项目类似的方法来进行，要考虑可扩展性、数据格式和成本 / 效益的折衷。网络管理系统可能成本投入较大，但带来的收益并不明显；更有甚者，网络管理系统可能会对网络性能产生负面影响。例如，购买某些网管平台的成本可能达数百万元或更高，但并没有解决网络中的关键问题；一些管理工作站定期频繁地轮询远程站点，轮询产生的流量很大，有时甚至导致低速信道拥塞。

要认真选择监视资源和测量设备时所使用的方法，并得到用户认同。要仔细选择需要收集的数据，因为保存的数据过多，会需要巨量存储空间并消耗大量通信带宽；丢弃的数据太多，有可能不足以管理网络。认真设计应保存的数据格式，使数据存取格式尽可能通用，以便这些数据能够被多个应用程序复用。

管理要求监视和控制潜在物理上分散的资源。此过程要求交换大量的管理信息。一个管理体系结构的通信模型定义了在作用者之间交换信息的概念。管理协议则是管理双方通信的一组规则。

7.4.1 简单网络管理协议

SNMP 是 1988 年作为短期的网络管理框架而推出的，以解决管理因特网设备的迫切需求。SNMP 并未向其他网络管理标准迁移，大量应用使它得到了普遍接受和业界支持。

简单网络管理协议（SNMP）既是一种网络管理协议，也代表了一个标准化的因特网网络管理框架。通过它可以对各种因特网设备进行监视和控制。要管理大量差异性很大的网络设备和主机，就意味着需要一个可扩展的标准集合，并尽可能健壮和简单。根据这种"简单者生存"的网络达尔文定律，SNMP 开放且实现容易，从而易于推广应用。

SNMP 是适用于因特网设备的网络管理框架，与 TCP/IP 协议结合使用，尽管它在其他协议栈上也能实现。SNMP 采用符合客户 / 服务器模式的管理者 / 代理模型，管理者是位于 TCP/IP 模型的应用程序（进程）。

SNMP 的网络管理模型包括管理者（Manager）、代理（Agent）、管理信息库（MIB）和网络管理协议（SNMP）四个重要元素，如图 7-19 所示。

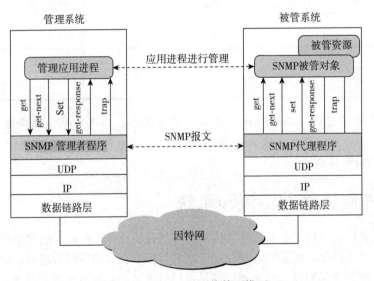

图 7-19　SNMP 的网络管理模型

管理者中集中了网络管理的智能，它通常位于一台连网机器中，该机器称为管理工作站。管理工作站是人类管理员与网络管理系统的接口。网络管理工作站一般提供以下功能：

❏ 具有数据分析、故障发现等网络应用软件。
❏ 为网络管理员提供监视和控制网络的接口。
❏ 能够将网络管理员的命令转换成对远程网络元素的监视和控制。
❏ 能与被管对象的 MIB 交换数据。

代理位于网络被管设备中，是其中的资源的"管理表示"。许多设备（如主机、路由器、交换机甚至集线器）都可以配置管理代理，以接受管理者的管理。代理对来自管理者的信息查询和动作执行请求做出响应，同时还可能异步地向管理者报告一些重要的消息。

要想对网络资源进行管理，必须先将网络资源以计算机能够理解的方式表示出来。一个网络设备能够被抽象表示为若干被管对象。而在因特网管理标准中，一个对象就是代表管理代理特性的一个数据，而这些对象的集合称为管理信息库。管理者通过读取 MIB 对象的值来实现监视功能，并通过设置 MIB 的对象值，使远程代理执行一个动作或者修改代理的配置。

管理者和代理之间是通过 SNMP 网络管理协议进行通信的。SNMP 具有类似于计算机汇编语言中的 Debug 工具提供的能力，它包括以下主要功能：

❏ Get：由管理者获取代理的 MIB 对象值。

❏ Set：由管理者设置代理的 MIB 对象值。

❏ Trap：使代理能够向管理者通告重要事件。

SNMP 的前两种功能通过轮询操作来实现，即 SNMP 管理进程定时向被管理设备发送轮询信息。但 SNMP 不是完全的轮询协议，它允许不经过询问就能发送某些信息，这就是第三种功能 Trap，它能够捕捉"事件"的发生时机。

有时，网络管理协议无法控制某些网络元素（例如，该网络元素使用的是另一种网络管理协议），这时可使用委托代理（proxy agent）。委托代理能提供协议转换和过滤操作等汇集功能。然后通过委托代理来对被管对象进行管理。图 7-20 表示了委托管理的配置情况。

图 7-20　委托管理的配置

SNMP 第 1 版（SNMP v1）的优点是简单，因此得到了广泛应用。但其主要缺点是，不能有效地传送大块的数据，不能将网络管理的功能分散化，且安全性不够好。为解决上述问题，发布了 8 个 SNMP v2 文档（参见 RFC 1901~1908）。SNMP v2 增加了一个 get-bulk-request 的命令，可一次读取许多行信息，而不是像 SNMP v1 那样，一次只能读取一行信息。这样，在读取整个的路由表信息的同时，还可再读取其他某些变量的信息。SNMP v2 还增加了一个 inform 命令和一个管理进程到管理进程的 MIB（manager-to-manager MIB）。使用 inform 命令可以使管理进程之间互相传送有关的事件信息而不需要经过请求。这样的信息定义在管理进程到管理进程的 MIB 中。但是 SNMP v2 在安全方面的设计由于难以实现，因此没有被市场接受。SNMP v3 对安全性进行了改进。SNMP v3 具有三种安全功能：鉴别、保密和存取控制，在安全方面比 SNMP 的前两个版本有了很大的改进。通过 SNMP v3 来读写路由器 MIB 库，要比前两个版本提供更多的安全参数，如表 7-6 所示。

表 7-6　SNMPv3 需要提供的安全参数

参数名	含义	取值示例
Read Community	路由器读共同体名	public
Write Community	路由器写共同体名	private
SecurityName	SNMP v3 的安全名，标识用户	public
SecurityLevel	SNMP v3 的安全等级	NoAuthNoPriv、AuthNoPriv、AuthPriv
SecurityModel	SNMP v3 的安全模型	V1、USM
ContextName	SNMP v3 的上下文名	admin
ContextEngineID	SNMP v3 的上下文引擎标识，由厂商信息、IP 信息等组合生成，在一个管理域中唯一标识一个 SNMP 实体	80 00 00 09 01 9e 65 79 01，前四字节表示 Cisco，第五字节 "01" 表示后四字节为 IP 地址，后四字节为 "158.101.121.1"
AuthProtocol	SNMP v3 的鉴别协议	SHA、MD5、NONE
AuthPassword	SNMP v3 的鉴别密码	
PrivProtocol	SNMP v3 的私有加密协议	DES、3DESEDE、IDEA、AES128、AES192、AES256、NONE
PrivPassword	SNMP v3 的私有加密密码	

　　公共管理信息协议（CMIP）是 OSI 网络管理体系结构中的重要标准。尽管 CMIP 出现的时间与 SNMP 的时间差不多，但它只应用于 OSI 协议栈网络以及大型电信网管理部分市场。

　　SNMP 已经成为因特网事实上的标准，因此成为企业网网络管理协议的首选。事实上，我们在选择任何网络设备时，都应当要求该设备支持 SNMP 标准。因此，余下要做的事是选择一种支持 SNMP 的网络管理工具，对这些设备进行性能管理、故障管理、配置管理、安全管理和账户管理等管理工作。

7.4.2　选择一种 SNMP 网络管理平台

　　作为一种开放的网络管理基础设施，网络管理平台提供以下功能：自动发现网络拓扑结构和网络配置、事件通知、智能监控、多厂商网络产品的集成、存取控制、友好的用户界面、网络信息的报告生成和编程接口等。但是，网络管理平台在提供这些功能时，又各有其特点和不同的增值软件包。在为企业网设计网络管理系统时，需要根据企业管理特点，先选择合适的网络管理平台和需要的管理软件。如果还有特殊的管理需求，就需要进行二次开发了，而一种网络管理系统通常没有这些功能和对二次开发能力的支持。

　　许多国际著名的通信与计算机公司都推出了网络管理平台软件。目前，无论在市场上和技术上都占有领先地位的是 HP 公司的 OpenView、SUN 公司的 SUN Solstice Enterprise Manager、IBM 公司的 Tivoli 和 CA 公司的 Unicenter TNG 等。

　　许多网络设备厂商开发了专用的网络管理工具包，如 Cisco 公司的 CiscoWorks 和 3Com 公司的 Transcend，这些产品针对本公司的网络设备的管理具有天然的技术优势和内在支持。如果你为某个企业网选购了某厂家的网络设备，可以优先考虑选用该厂家的网络管理（平台）系统。

设计提示　SNMP 是因特网网络管理协议的唯一选择。此外，还要选择一种网络管理平台或工具来进行网络管理操作。

7.5　企业网的广域网设计

　　企业网通过在网络内部设计以及配置多条通向因特网的路径，来满足用户的可用性和性能目标。为了连接企业网外部站点或合作伙伴，同时保证广域网的数据安全，可以使用专用线路或者虚拟专用网跨越因特网来连接企业网。

7.5.1　冗余广域网链路

因为广域网链路是企业互联网络非常重要的一部分，所以在企业级网络拓扑中经常包括备份（冗余）广域网链路。一个广域网可被设计为完全网状或部分网状。完全网状拓扑结构提供了完全的冗余，因为在任何两点之间都只有单链路时延，所以它提供了很好的性能。但考虑到所付出的代价，采用分层的部分网状拓扑结构一般就能满足要求了。

为了提高冗余网络的可靠性，应当尽可能多地了解实际物理线路路由的情况，尽可能选择物理上不同的通信设备组成的网络。因此，应当与广域网供应商讨论有关电路实际设置的问题，并将该要求写进与提供商签订的合同中。

除了通信公司的服务外，也要对通信公司到本单位建筑物的本地电缆加以分析。这段电缆往往是网络中最薄弱的链路部分，它会受到建筑施工、火灾、洪水、冰雪和缆线挖断等许多因素的影响。

7.5.2　多因特网连接

多因特网连接是指为一个企业网提供一条以上的链路进入因特网的情况。根据用户的目标，一个企业网可以采用多种不同的方式。图 7-21 描述了一些连接方法，表 7-7 对这些方法进行了解释。

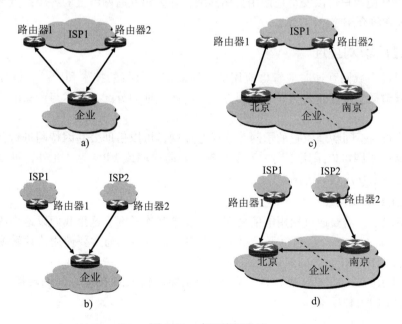

图 7-21　多因特网连接

对于方法 C 和方法 D 的情况，目标是提高网络性能。它要求不同范围的站点通过不同范围的路由器访问因特网。比如，北方范围的各企业网站点使用路由器 1 访问因特网，而南方范围的企业网站点使用路由器 2 访问因特网。这可以通过正确配置默认路由器实现。如果要保证采用上述路由，就需要企业网路由器通告因特网的路由，这些路由必须包括度量参数，以便因特网上的路由器知道到达企业网的最佳路径。

当企业网为多连接时，需要注意的问题是，它可能成为为其他网络提供互联的穿通（transit）网络。在图 7-21 中，企业网从 ISP 获得路由，如果企业网路由器通告了这些路由，那么就有将企业网变为穿通网络的危险，导致大量的外部通信无偿使用网络资源和安全等级下降。当一个企业网变成一个穿通网络时，因特网上的路由器就能知道它们可以通过企业网到达因特网上的其他路由器。要避免这种情况，企业网路由器应当利用 BGP 协议，仅通告它们自己的路由，或者只使用默认路由和静态路由选择。

表 7-7　多因特网连接选项

	企业的路由器数量	到因特网的连接数量	ISP 数目	优点	缺点
方法 A	1	2	1	广域网备份；低成本；与一个 ISP 工作比与多个 ISP 一起工作容易	无 ISP 冗余；本地路由器是单故障点；该方案假设 ISP 有两个访问点靠近企业
方法 B	1	2	2	广域网备份；低成本；ISP 冗余	路由器是单故障点；处理两个不同的 ISP 的策略和协议很难
方法 C	2	2	1	广域网备份；对地理位置分散的公司适用；中等成本；与一个 ISP 工作比与多个 ISP 一起工作容易	无 ISP 冗余
方法 D	2	2	2	广域网备份；对地理位置分散的公司尤为适用；ISP 冗余	高成本；处理两个不同的 ISP 的策略和协议很难

此外，VPN 使用用户可以安全地使用公用网络，在公司互联网络上的各个站点之间提供安全连接。第 8 章将介绍 VPN 技术。

7.5.3　通过广域网互连

企业网通过广域网互连时应考虑应用的具体需求、可行的技术和产品。设计的内容包括：传输信道选择、传输介质选择、组网方式、网络地址的分配、技术与产品的选择、线缆的预埋预留等。

为了将分布在不同物理位置的子网互连成企业网，可以借助公共因特网进行互连。为了安全起见，这些子网可以采用不同的安全措施，如防火墙或 VPN 等。此外，可以通过租用电信公司的专线来互连这些子网。

1. 通过 E1 专线互连

在这种情况下，需要通过租用电信公司的专线来互连子网。这里我们以速率约为 2Mbps 的 E1 专线为例进行讲解，当然也可以租用速率更高的专线。通常要使用协议转换设备，如 E1-V.35、E1-ETHERNET、V.35-ETHERNET 等。

图 7-22 显示的 E1-V.35 转换设备主要用于 E1 接口到 V.35 接口之间的转换。图 7-23 给出了使用该设备的一种场景。

图 7-22　E1-V.35 转换设备示例

图 7-23　通过 E1 信道互联两个子网

E1-ETHERNET 转换设备主要用于 E1 线路接口到以太网网接口之间的转换。这种设备的应用场景如图 7-24 所示。

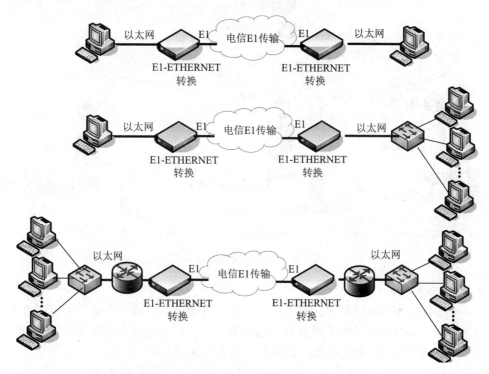

图 7-24　E1-ETHERNET 转换设备的应用场景

当需要互联的子网之间只有一个 E1 信道，而该 E1 信道又要用于其他目的（如语音系统）时，可采用时隙复用设备，实现共用一条 E1 信道，如图 7-25 所示。

图 7-25　时隙复用设备示例

2. 使用防火墙进行互连

为提高互连子网的安全，可采用防火墙设备（将在第 8 章介绍）对分组进行过滤，仅符合条件的 IP 报文可通过防火墙。是否需要在企业网的每级子网中都配置防火墙，应进行整体规划。防火墙并非部署得越多越好，因为防火墙部署在各子网流量进出的关键位置，会对跨子网的传输性能、网络管理、网络应用系统的运行带来一些影响。一般情况下，各子网防火墙的部署可参照图 7-26 所示的方式实施。

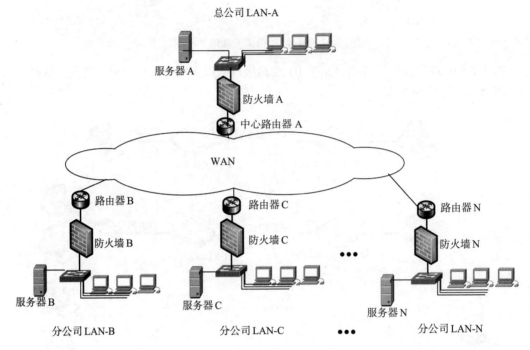

图 7-26　防火墙设备部署示例

3. 使用 NAT 进行互连

当一个子网要与因特网相连，但只有少量的公网 IP 地址，或者企业不希望将内部网络的主机暴露给外部时，可考虑采用 NAT 设备。例如，一些企业网接入因特网时，可将 NAT 设备部署在企业网络统一的出口处，如图 7-27 所示。采用 NAT 方式后，企业网可自定义一套内部 IP 地址，对外发起通信时，统一由 NAT 设备转换为公网 IP 地址；企业网内部的主机可主动发起到外部网络主机的通信，但外部网络主机不能主动发起到企业网内部主机的通信。为便于企业展开对外服务，使外部网络主机能够访问企业网内少数服务器，如 Web 服务器、电子邮件服务器和 DNS 服务器，可在 NAT 设备上配置一些映射，当外部网络主机访问 NAT 设备的特殊端口（TCP/UDP 端口）时，被映射到内部某个服务器的某个端口，这样就达到了由外向内发起主动通信的目的。

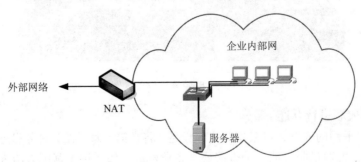

图 7-27　NAT 设备部署示例

4. 使用 VPN 进行互连

现代企业各分支机构的增减或地理位置的变更越来越频繁，机构的分布区域越来越广，管理人员或团队的移动性也越来越强，而这些机构或人员需要及时便捷地联入所在企业的网络。如果依靠租用专用广域网信道来实现子网互连，建设时间长、投入资金多，许多中小型企业无法承受这样的成本，而 VPN 方式则能以较低的成本实现互联需求。该方式的核心思想是利用现有的公共因特网来互联各个子网，以形成企业网。目前常见的 VPN 组网方式主要有两类，一类是企业 VPN 客户通过因特网访问企业专用网，另一类是企业内部各子网在因特网上建立 VPN 隧道，互联成较大的企业专用网，如图 7-28 所示。

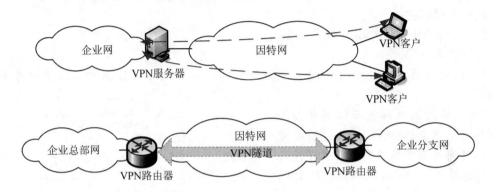

图 7-28　常见 VPN 组网方式示例

5. 使用分区进行互连

这种方式将企业网络不同部分按安全等级划分为不同区域，各区域之间仅能实现受限通信。实现分区方式需要使用网络隔离设备，常用的是单向隔离设备，分区方式的应用场景如图 7-29 所示。

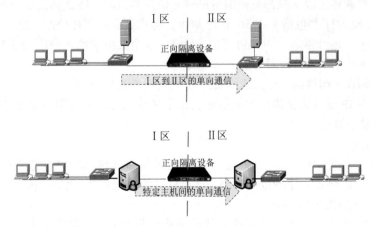

图 7-29　分区方式应用场景

在图 7-29 中，采用正向隔离设备后，将企业网络划分为两个区域，其中 I 区的安全等级高于 II 区的安全等级。基于此，隔离设备可实现两种应用，一种应用场景是：I 区的任意主机可向 II 区的任意主机发起单向通信（有的隔离设备在 TCP 或 UDP 数据部分支持 0~1 字节的反向应答）。另一种应用场景是：I 区的特定主机可向 II 区的特定主机发起单向通信（有的隔离设备在 TCP 或 UDP 数据部分支持 0~1 字节的反向应答）。

7.6　网络工程案例教学

7.6.1　规划一个校园网的 IP 地址

根据一个网络拓扑和给定 IP 地址段，为各子网及设备分配 IP 地址及子网号。

【网络工程案例教学指导】

案例教学要求：

1）掌握为大型校园网规划 IP 地址的技能与方法。

2）学会利用专用 IP 地址来解决 IPv4 地址不足的问题。

案例教学环境：

PC 1 台，Microsoft Visio 软件 1 套。

设计要点：

1）某大学共有 6 个二级学院，分别位于同一城市的 4 个校园中，园区分布如图 7-30 所示。

2）大学向因特网发布信息并为全校提供有关信息化服务，每个学院也自行向因特网发布学院信息并负责学院自己的信息服务，每个学院都拥有约 1500 台 PC。

3）大学已从中国教育科研网 CERNET 有关机构申请了 IPv4 地址块 58.193.152.0/21。

图 7-30　某大学园区分布情况

（1）**需求分析和设计考虑**

这是一个 IP 地址规划问题，需要处理的问题很多，主要包括：

1）由于大学和各二级学院都有向因特网发布信息的需求，因此都需要分配因特网地址。申请的 58.193.152.0/21 共包括 8×256 个 IP 地址，考虑到无论怎样分配，这些地址都无法直接满足该大学的 IP 地址需求，因此可考虑为大学、6 个二级学院各分配 256 个 IP 地址，余下的 256 个 IP 地址用于大学校园网主干和科研。

2）大学和同在一园区的一个二级学院的 IP 地址分配时应连续。

3）由于这些 IP 地址无法满足实际需求，每个学院都可以采用网络地址转换（NAT）技术，增加 IP 地址的数量。

（2）**设计方案**

1）因特网地址的规划。首先我们应当对 IP 地址块 58.193.152.0/21 进行进一步划分，将其分为 8×256 个 IP 地址大小的范围。划分的方法是将前缀从 21 比特延长为 24 比特。IP 地址的具体划分方案如图 7-31 所示。

通过 58.193.152.0/24 划分，进一步将该地址块划分为 8 个子网地址块，为大学、6 个二级学院各分配一个子网地址块，还有一个地址块可作为大学主干网所用 IP 地址。大学主干网所用的 IP 地址块可根据需要进行进一步划分。

2）专用网的 IP 地址规划。由于分配给该大学校园网的 IP 地址远远不能满足需求，因此这些 IP 地址主要用于向因特网发布信息和进行科学研究之用。而对于大学内部教学、科研、办公用的校园网，就需要我们采用 NAT 技术，根据 RFC1597 的建议从专用的 IP 地址段中取出一个 B 类地址进行规划即可。例如，我们可以取 172.16.0.0/23，将其分配给大学和 6 个二级学院。每个单位都能使用这块相同的 IP 地址，假定需要划分 126 个子网，每个子网可容纳的主机数量达 510 台。具体分配方案如图 7-32 所示。事实上，由于各学院使用的专用 IP 地址互不相关，可以由各个学院独立进行规划。

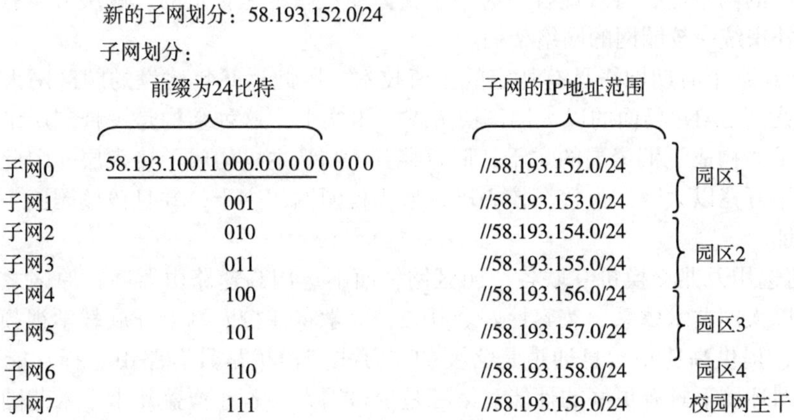

新的子网划分：58.193.152.0/24
子网划分：

	前缀为24比特	子网的IP地址范围	
子网0	58.193.100 11 000.0 0 0 0 0 0 0 0	//58.193.152.0/24	园区1
子网1	001	//58.193.153.0/24	
子网2	010	//58.193.154.0/24	园区2
子网3	011	//58.193.155.0/24	
子网4	100	//58.193.156.0/24	
子网5	101	//58.193.157.0/24	园区3
子网6	110	//58.193.158.0/24	园区4
子网7	111	//58.193.159.0/24	校园网主干

图 7-31　校园网的因特网 IP 地址规划

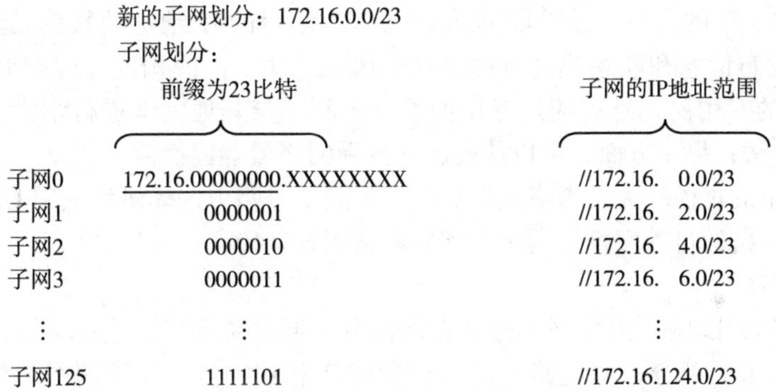

新的子网划分：172.16.0.0/23
子网划分：

	前缀为23比特	子网的IP地址范围
子网0	172.16.00000000.XXXXXXXX	//172.16. 0.0/23
子网1	0000001	//172.16. 2.0/23
子网2	0000010	//172.16. 4.0/23
子网3	0000011	//172.16. 6.0/23
⋮	⋮	⋮
子网125	1111101	//172.16.124.0/23

图 7-32　校园网的专用网 IP 地址规划

7.6.2　设计一个大型校园网

【网络工程案例教学指导】

案例教学要求：

1）掌握设计具有三层结构的大型校园网的设计的基本方法，为与 7.6.1 节条件相同的校园网设计网络拓扑。

2）学会选择适当设备构造该网络。

案例教学环境：

P C 1 台，Microsoft Visio 软件 1 套。

设计要点：

1）采用三层结构为该大学设计校园网：选用万兆以太网作为连接大学 4 个园区的高速主干；选用千兆以太网作为各个园区的主干，形成大学校园网的汇聚层；选用百兆以太 LAN 作为基本的接入形式。

2）大学校园网与因特网具有统一接口，即通过百兆以太网接入中国教育科研网 CERNET。

（1）**需求分析和设计考虑**

这是当前和前一段时间许多大学和企业面临的一个非常典型的大型园区网设计问题。原来位于同一城市不同区域的网络各自设计，并没有统一设计与规划。在大学或企业合并热潮中，这些园区的网络能否有效地合并为一个整体呢？答案是肯定的。解决方案就是采用三层结构网络拓扑来统一校园网的网络架构。

1）由于在某个时期网络具有特定的主流技术，因此近几年建设的园区网大多采用千兆到楼宇、百兆到 LAN/ 桌面的以太网解决方案。事实上，这种结构是一种二层结构的网络拓扑，其中的千兆构成了汇聚层的主干，而百兆到 LAN/ 主机构成了接入层。因此，一种解决方案就是选用万兆以太网作为整个核心层，形成校园网的主干，并且该校园网主干采用因特网的公网地址。

2）为何选用万兆交换机互联各个园区网，而不选用高速路由器呢？原因之一是，各园区网均采用以太网技术体系，兼容性好。其二，大学将在校园网上开展教学视频观摩、远程听课等工作，提供高速率信息通道是必要的。万兆交换机是具有路由选择功能的三层交换机，在校园网环境下具有更好的性能。第三是价格因素。若在覆盖几十千米范围采用高速路由器，通常要采用 SDH 技术，这会使有关设备的价格增加 2～3 倍。尽管高速路由器会使各个园区有更好的隔离性，但在该校园网中用处不大。

3）根据 7.6.1 节的分析，该校园网从 CERNET 获得的 IP 地址的数量无法满足需求，只能供向因特网发布信息和联系或进行网络科学研究之用，因此构成校园网 IP 地址的主体是经过 NAT 转换的专用网地址。使用专用网地址不利于与其他大学进行学术交流，但也是不得已而为之的方法；另一方面，可以使校园网少受网络黑客侵扰。

4）由于网络的规模较大，考虑到以后的可扩展性，路由选择协议选用 OSPF。

5）考虑到设备的可管理性，网络管理协议选用 SNMP。

（2）**设计方案**

1）该大学的校园网分为公网部分和专网部分。通过防火墙，连接了该大学放置各种应用服务器的非军事区部分，并经路由器与 CERNET 相连。该三层校园网结构中的核心层位于公网部分，如图 7-33 所示。本设计中选用了 Cisco 公司的万兆交换机 Cat6509（也可以选用其他公司的相应设备）。为了增加核心层的可靠性，采用租用电信公司的光纤裸芯，用万兆速率将 4 个园区的 4 台万兆交换机连成一个环。为了进一步提高网络可靠性，还在园区 2 和园区 4 之间用千兆光缆连接起来。其中的 VTP 是指 Cisco 专用协议（VLAN Trunking Protocol），该协议负责在 VTP 域内同步 VLAN 信息，这样就不必在每个交换机上配置相同的 VLAN 信息了。VTP 还提供一种映射方案，以便通信流能跨越混合介质的骨干。专网部分就是原有的各二级学院的园区网。

2）各园区网可基本保持原有的二层网络架构，并在自己的园区网中使用专用 IP 地址块。园区网要考虑将汇聚层主干千兆主交换机与大学万兆交换机通过防火墙相连的问题，注意，有些万兆交换机可能具有内置的防火墙。同时，它们可在内部防火墙处设置自己的非军事区，以放置学院的网络应用服务器。

图 7-34 显示的是计算机学院网络与新建的大学万兆核心层主干网的连接。其中计算机学院园区网的主干网由 3COM 公司的 Switch 4007 与交换机 3C16980 连接的千兆光缆构成，以百兆以太网作为接入网与用户 PC 相连。

3）各二级学院的园区中具有的 PC 数量为 300～1000 台，必要时可划分为若干个子网，也可以划分为多个 VLAN，以隔离广播流量，提高网络工作效率，并提高安全性。

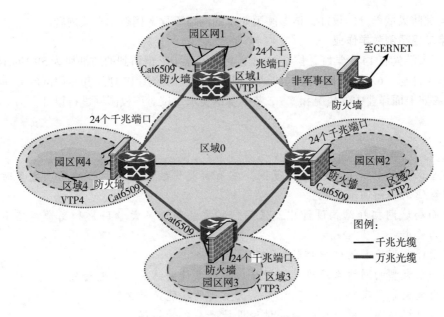

图 7-33 校园网的核心层结构

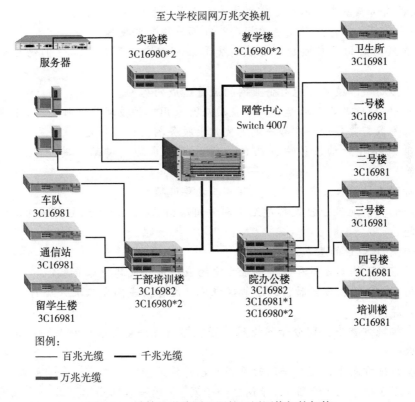

图 7-34 计算机学院园区网的二层网络拓扑架构

4）网络管理协议选用 SNMP。

5）采用防火墙将校园网分为两部分，一部分为与 CERNET 直接相连的公网部分，另一部分为专用网部分，即我们上面所设计的部分，采用的地址可采用 7.5.1 节中所设计的相应方案。有关防火墙部分的设计，请参阅第 8 章的网络工程案例教学有关内容。

网络工程案例教学作业

1）某大学具有 14 个学院，位于 10 个园区，从某 ISP 申请到的地址块为 59.193.144.0/20，其他基本条件与 7.6.1 节的例子相同。试规划该校园网的公用 IP 地址和专用网的 IP 地址。

2）参照上面作业中的情况和 7.7.2 节的基本要求，试对该校园网进行设计。

习题

1. 简述平面网络拓扑结构适用的范围。它有哪些优缺点？当网络的场点增多时，为何不推荐使用平面回路结构？
2. 在平面局域网拓扑结构设计中，采用何种方法来满足大量用户和高带宽应用程序对带宽的要求？
3. 简述设计采用平面的网状拓扑结构的主要特点。
4. 设计一个大型的网络系统时，使用层次模型设计网络具有哪些好处？
5. 层次模型通常具有哪些层次？这些层次主要的功能是什么？
6. 简述层次模型网络设计原则，并讨论设计时易犯的错误。
7. 为何要进行网络结构冗余设计？网络结构冗余设计的基本思路和基本目标是什么？
8. 备用设备有哪些基本方法？它们之间有什么异同？
9. 对于备用路径，应考虑哪些主要问题？能够采用哪些技术？
10. 简述负载均衡的基本概念。负载均衡算法可以分为哪几类？它们的主要思想是什么？
11. 简述虚拟局域网技术可能对企业网的流量造成的影响。
12. 冗余 LAN 网段是否会引起其他不良反应？采用哪种技术能够解决有关问题？
13. 哪些服务器需要备份？是否一定需要冗余服务器？试分析之。
14. 在企业网拓扑结构设计中，为何要设计冗余广域网链路？其中要重点关注哪些问题？
15. 多因特网连接的含义是什么？它有哪些主要选项？
16. 因特网的当前地址分配策略是无类别域间路由选择。简述无类别域间路由选择的基本思想。
17. 获取一块 IP 地址的基本途径是什么？
18. 试分析 CIDR 编制方案和分类编址方案的应用场合及其特殊要求。
19. 在采用 CIDR 编制方案时，为了能保证地址聚合，我们在二次分配 IP 地址时应当注意什么原则？
20. 在分类编址方案中，划分子网掩码是否能够解决许多与管理相关的问题？它的代价是什么？
21. 在分类编址方案中，划分子网时是否存在特殊地址？如果有，如何处理？
22. 考虑互联 3 个子网（子网 1、子网 2 和子网 3）的一台路由器。假定要求每个子网中的所有接口具有前缀 222.1.16/24。还假定子网 1 要支持多达 125 个接口，子网 2 和子网 3 都要支持多达 60 个接口。提供 3 个满足这些限制的网络地址（形式为 *a.b.c.d/x*）。
23. 一个具有地址 10.0.0.0 的机构需要至少 2000 个子网。试用分类编址方案给出子网掩码和每个子网的配置。

24. 一个具有地址 130.6.0.0 的机构需要划分为 15 个以上子网，每个子网至少能容纳 2000 台主机。试用分类编址方案给出子网掩码和每个子网的配置。
25. 一个具有地址 192.9.201.0 的机构需要划分至少 5 个子网。试用分类编址方案给出子网掩码和每个子网的配置。
26. 对于图 7-15 所示的网络拓扑结构，如果分公司子网为 5 个，而 ISP 分配该企业网的地址块是 101.8.120.0/21。试进行 IP 地址规划。
27. 简述网络层地址分配原则。随意分配地址可能发生哪些问题？
28. 如何简化寻址和命名模型？目前有哪些技术手段对此进行支持？
29. IP 地址不足可采用哪些技术途径来解决？如果使用网络地址转换（NAT）技术，对使用的专用 IP 地址范围是否有规定？
30. 简述层次模型分配地址的好处。该模型是否有应用限制？
31. 简述变长子网掩码的概念。应用变长子网掩码时需注意哪些问题？
32. 域名系统的功能是什么？命名为什么要分布授权？
33. 路由器的主要功能是什么？这些功能之间是否存在一定的关系？
34. 路由器的路由选择协议应如何进行分类？这些类别各有什么特点？
35. 路由选择协议的扩展性限制与哪些因素有关？
36. 目前因特网中主要的路由选择协议有哪些？简述它们的特点和应用场合。
37. 动态路由选择协议是否一定比静态路由选择协议要好？为什么有时使用默认路由选择协议更为合适？
38. 简述路由选择信息协议（RIP）的基本工作原理。RIP 协议的主要优缺点是什么？
39. 简述内部网关路由选择协议（IGRP）和增强型 IGRP 的特点。
40. 开放最短路优先（OSPF）是一种什么样的路由选择协议？请列举它的主要特点。
41. 边界网关协议 BGP 的基本目标是什么？简述它的基本工作过程。
42. 为什么说 SNMP 是网络管理协议唯一的候选者？
43. 什么叫做网络管理平台？它与厂商专门管理本厂商设备的网管产品各有什么特点，区别是什么？

CHAPTER

第 8 章

网络安全设计

【教学指导】

人类对网络越依赖，网络的安全性就越重要。网络安全性设计的基本步骤包括：对用户网络的安全需求进行风险评估，开发有效的安全策略，选择适当的安全机制，设计适当的网络安全方案。网络安全并不仅仅限于数据机密性，还包括端点鉴别、报文完整性以及网络可用性等方面。各种网络安全机制和设备往往只能解决某个方面或某个层次的安全问题，因此需要采取综合网络安全措施才能设计好的网络安全方案。

8.1 网络安全设计的步骤

在设计 ARPAnet 之初，人们并没有关注到网络安全问题。因为那时网络的规模很小而且专用，只有拥有安全通行证的少数人员才能够接触到计算机及其相关通信设施。在这样的网络中，没有必要在协议中设计复杂的安全措施，只需将其构建在一座建筑物中，借助门锁和警卫就足以保证安全了，无须特定的加密措施。要防止他人窃听或篡改网络中数据，最简单的方法是拒绝其访问网络。不过，随着因特网的规模不断扩大、应用领域不断扩展及其开放性，因特网上有一些居心叵测的人，他们很容易通过信息服务器和路由器以及链路获取各种通信信息。在物理上保证网络整体的安全性已变得不可能，网络上发送和接收的数据可能被非法使用，因此网络安全性需求与日俱增。

事实表明，我们通过网络获取信息的方式越便捷，保护网络上各种资源的安全就越困难。因此，如何在网络上保证合法用户对资源的安全访问，防止并杜绝黑客的蓄意攻击与破坏，同时又不至于造成过多的网络使用限制和性能下降，或因投入过高的代价而造成实施安全性的延误，最终影响用户的正常使用，正成为当前网络安全技术追求的目标。此外，要说明的是，本章讨论的是一种广义的网络安全性，即网络安全包括网络数据的机密性、端点鉴别、完整性和可用性。

网络安全性设计一般采取以下步骤：

1）确定网络上的各类资源。

2）针对网络资源，分别分析它们的安全性威胁。

3）分析安全性需求和折衷方案。

4）开发安全性方案。

5）定义安全策略。

6）开发实现安全策略的过程。

7）开发和选用适当的技术实现策略。

8）用户、管理者和技术人员认可上述策略。

9）培训用户、管理者和技术人员。

10）实现技术策略和安全过程。

11）测试安全性，发现问题及时修正。

12）制定周期性的独立审计计划，阅读审计日志，响应突发事件，根据最新发展不断进行测试和培训，以及更新安全性计划和策略。

8.1.1 信息安全性的三个方面

为了有效地评估一个机构的安全需求，评价和选择各种安全产品和策略，网络安全设计者需要用某些系统方法来定义安全性需求和表征满足这些需求的方法。其中的一种方法是考虑信息安全性的三个方面：

❑ 安全攻击：危及由某个机构拥有的信息安全的行为。

❑ 安全机制：设计用于检测、防止或从安全攻击中恢复的机制。

❑ 安全服务：加强一个机构的数据处理系统和信息传送安全性的服务。该服务的目标是对抗安全攻击，可通过一个或多个安全机制来提供该服务。

1. 安全攻击

一般而言，有 4 种一般类型的攻击：

❑ 中断：中断是指系统的一个有价值的材料被破坏、变得不可利用或不能使用。这是有关可用性的攻击。损坏部分硬件（如一个硬盘）、切断一条通信线路或使某文件管理系统发生故障就是中断的例子。

❑ 中途阻止：中途阻止是指一个未授权方获取了有价值材料的信息，这是对机密性的攻击。该未授权方可能是一个人、一个程序或一台计算机。例如，在一个网络上搭线窃听以获取数据和违法复制文件或程序等就是中途阻止的例子。

❑ 篡改：篡改是指一个未授权方不仅访问而且篡改了某有价值的材料，这是对完整性的攻击。例如，改变一个数据文件的值，改变一个程序使得其执行结果不同，以及修改在一个网络中传输的报文的内容都是篡改的例子。

❑ 伪造：伪造是指一个未授权方将伪造对象插入系统，这是对真实性的攻击。例如，在一个网络中插入伪造的报文或在一个文件中增加记录。

可以将这些攻击划分为两种类型：被动攻击和主动攻击，如图 8-1 所示。

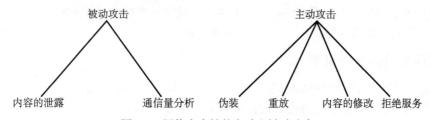

图 8-1 网络安全性的主动和被动攻击

被动攻击本质上是在传输中的偷听或监视。入侵者的目的是从传输的信息中获得信息。被动攻击可以分为获知报文内容和通信量分析两类。获知报文内容比较容易理解，因为一个电话中的交谈、一个电子邮件报文和一个传送的文件都可能包括敏感或机密信息，我们希望防止入侵者从这些传输中知道相关内容。而通信量分析是指入侵者通过观察报文的模式，从中决定通信主机的位置和标志，观察被交换的报文的频率和长度。这些信息对猜测正在发生的通信的性质是有用的。被动攻击非常难以检测，因为它们并不会使数据有任何改变。然而，成功地防止被动攻击是可能的。因此，应对被动攻击的重点是预防而不是检测。

主动攻击涉及修改某些数据流或产生一个虚假流，它可划分为 4 类：伪装、重放、报文的篡改和拒绝服务（DoS）。

- ❑ 伪装：在伪装攻击中，通常用某个项假装成另一个不同项。伪装攻击通常与其他主动攻击形式配合使用。例如，能够获取某个超级用户注册的序列，然后在某个适当的时机重放，从而导致获得某些额外特权。
- ❑ 重放：它涉及一个数据单元的被动获取，然后在适当的时机和地点重传，以达到一个未授权的效果。
- ❑ 报文的篡改：它改变了一个合法报文的某些部分，或报文被延迟或改变顺序，以达到一个未授权效果。例如，一条"允许李明读机密文件 ABC"的报文被修改为"允许张华读机密文件 BCD"。
- ❑ 拒绝服务（DoS）：它防止或禁止通信设施的正常使用或管理。这种攻击可能具有一种特定的目标，例如，一个实体可能强制所有的报文指向某个特殊的目的地。另一种形式的拒绝服务是使整个网络崩溃，或者通过使网络不能工作的手段以及通过用报文使之过载的手段，达到降低网络系统性能的目的。

主动攻击的特点与被动攻击相反。虽然被动服务难以检测，但可采用措施来防止它们。不过，完全防止主动攻击是相当困难的，因为这需要在所有时间都能对所有通信设施和路径进行物理保护。保护的目的是检测出主动攻击，并从它们引起的任何破坏或时延中进行恢复。因为检测具有某种威慑效应，因此它也能起到一定的预防作用。

2. 安全服务

安全服务包括以下方面：

- ❑ 机密性：确保计算机系统中的信息和被传输的信息仅能被授权读取的用户得到。
- ❑ 端点鉴别：通信双方都应该能证实通信过程所涉及的另一方，以确保通信的另一方确实具有他们所声称的身份。
- ❑ 完整性：确保仅有授权用户能够修改计算机系统有价值的信息和传输的信息。修改包括对传输的报文的写、改变、改变状态、删除、创建和时延或重放。
- ❑ 不可抵赖：确保发送方和接收方都不能够抵赖所进行的信息传输。
- ❑ 访问控制：确保对信息源的访问可以由目标系统控制。
- ❑ 可用性：确保计算机系统的有用资源在需要时能够为授权用户使用。

有关安全机制的问题将在 8.2 节中进行详细讨论。

8.1.2 网络风险分析和管理

有关站点安全性设计的有用参考资料是 RFC 2196。在第 4 章提出的有关网络安全性目标中，已经包括了对威胁分析和需求的详细信息，这里不再赘述。

风险指损失的程度。风险分析是进行风险管理的基础，它的目标是估计威胁发生的可能性以及因系统的脆弱性在受到攻击时引起潜在损失的步骤。风险分析有助于选择安全防护措施并将风险降到可接受的程度。大多数风险分析的方法在最初都要对资产进行确认和评估，之后用不同的方法进行损失计算。但是，大多数风险分析都可以分为定量的或定性的方法。也就是说，一些方法用货币的或经济的术语来表示定量的结果，而另一些方法则使用定性的表示或估计的数值。根据分析结果，就可以选择一系列节约费用的控制方法或安全防护方法，以便为信息提供必要级别的保护。被威胁的网络资产包括网络主机（包括主机的操作系统、应用程序和数据），网络互联设备以及网络上的数据。一个容易被人们忽视但却非常重要的网络资产是知识产权、商业秘密和公司名誉。

风险管理包括一些物质的、技术的、管理控制及过程活动的范畴，根据此范畴可得到合理的安全性解决方法。对计算机系统所受的偶然或故意的攻击，风险管理试图达到最有效的安全防护效果。一个风险管理程序包括四个基本部分：风险评估（或风险分析）、安全防护选择、确认和鉴定及应急措施。对风险的控制不仅包括确认威胁，而且包括明确它的影响和严重程度。从风险管理的角度出发，目前要防止两种极端认识：一是漠视信息安全问题，不承认或逃避网络安全问题；二是盲目夸大信息可能遇到的威胁，如对一些无关紧要的数据采用极复杂的保护措施。应当认识到，解决任何网络安全的问题都是需要付出金钱、时间和精力的；某些威胁需要投入大量精力来控制，另一些威胁则可能不需要太多的精力就可以控制。因此，需要认真对用户从事的业务进行分析，对产生的数据信息类型进行风险评估；根据风险评估的结果选择安全防护措施，并在实践中加以确认和鉴定；最后制定出一旦系统遭到安全攻击所能采取的应急措施。

不进行风险评估而搞网络安全是没有实际意义的。与其泛泛地讨论网络安全性问题，不如花时间进行安全风险评估、鉴定实际威胁，进而解决实际存在的安全问题。对于普通办公环境而言，一般是用在解决病毒和黑客方面的时间很多，而用于解决更为常见的用户差错问题的时间较少。资源常常放在不值得控制的威胁上，而对主要威胁则很少或根本没有注意。在管理者了解问题的风险等级以及威胁最易发生的区域之前，是不可能有效地保护好计算机关键资源的。

安全防护选择是风险管理中一项重要的工作。管理者必须选择安全防护措施来减轻安全威胁。通常，将威胁减小到零并不合算。事实上，将风险减少到接近零是非常昂贵的。管理者应决定可承受风险的级别，采用更为经济的安全防护措施将损失控制在可接受的级别。安全防护可通过以下几种方法起作用：

- ❏ 减少威胁发生的可能性。
- ❏ 减少威胁发生后造成的影响。
- ❏ 威胁发生后的恢复。

确认、鉴定和应急措施是在计算机环境下进行风险管理的重要步骤。确认是指一种技术上的认定，用以证明为应用或计算机系统所选择的安全防护或控制措施是合适的，并且运行正常。鉴定是指对操作、安全性纠正或对某种行为终止的官方授权。而应急措施是指发生意外事件时，确保主系统连续处理事务的能力。

设计提示 风险分析是保障网络安全的第一步，管理者只有在了解问题的风险等级以及威胁最易发生的区域之后，才有可能采取适当措施保护好网络关键资源。

8.1.3 分析安全方案的代价

安全性中一个老生常谈的问题是：如果一个黑客入侵了企业网，保护该网的费用是否比恢复网络需要的费用要少？这里的费用应当包括不动产、名誉、信誉和其他潜在财富。

如同大多数技术设计一样，达到安全性目标意味着需要进行折衷。折衷必须在安全性目标和可购买性、易用性、性能和可用性目标之间做出权衡。而且，因为必须维护用户注册IP、口令和审计日志，还增加了安全管理工作量。

安全管理还会影响网络性能。例如，采用分组过滤和数据加密等安全功能都要消耗主机、路由器和服务器上的 CPU 资源和内存。加密可能要占用一个路由器或服务器 15% 的 CPU 资源。虽然加密可以在专用设备上完成，而不必在共享路由器或服务器上实现。但仍然会对网络性能产生影响，因为数据分组在加密解密的过程中产生了时延。另一个实际的例子是，如果你在设计网络安全方案时使用了多重防火墙机制，就可能造成网络功能的紊乱甚至完全不能通信。

为了对网络信息进行加密，往往需要减少网络冗余。如果所有的通信都必须经过一个加密设备，该设备就会成为单故障点，从而很难满足可用性目标，也很难提供负载平衡。只有所有路由器都透明地提供加密时，才可以使用负载均衡。在一对提供加密的路由器之间的设备可以提供负载平衡。

8.1.4　开发安全方案

进行安全设计的第一步是开发安全方案。安全方案是一个总体文档，它指出一个机构怎样做才能满足安全性需求。它将详细说明时间、人员和其他开发安全规则所需要的资源。作为网络设计者，需要帮助用户开发一个可行、恰当的安全方案。该方案必须基于用户的目标，并对网络资产及受到的威胁进行分析。

安全方案应当参考网络结构，并包括一张它所提供的网络服务列表。这张列表应当说明谁提供了服务，谁能够访问服务，如何提供这些服务和谁管理这些服务等。

作为网络设计者，应当根据用户的应用目标和技术目标，帮助用户估计需要哪些服务。如果增加服务，相应地就需要在路由器和防火墙上使用分组过滤器来保护服务，或是用额外的用户鉴别过程限制对服务的访问，这会增加安全策略的复杂性。应当避免过度复杂的安全策略，以避免自相矛盾。复杂的安全策略几乎不可避免地存在着安全漏洞。

安全方案的一个重要方面是，对参与实现网络安全的人员的认定。其中包括以下因素：
- 是否雇佣了专业的安全管理员？
- 端用户和他们的管理者是如何介入安全管理的？
- 如何对端用户、管理员和技术人员进行安全策略和过程的培训？
- 如何保证他们不会对系统安全性构成威胁？

为了使安全方案有效，该方案必须得到组织内人员的支持，得到企业管理层的全面支持尤为重要。

8.1.5　开发安全策略

安全策略是一份所有访问机构的技术和信息资源的人员都必须遵守的规则。它规定了用户、管理人员和技术人员保护技术和信息资源的义务，也指明了完成这些义务要使用的机制。与安全方案一样，安全策略也要得到用户、管理人员和技术人员的认可。

开发安全策略是网络安全员和网络管理员的任务。网络管理员采纳管理者、用户、网络设计者和工程师以及其他提出合理建议者的意见。作为网络安全的设计者，应当与网络管理员密切合作，充分理解安全策略是如何影响网络设计的。

开发出安全策略之后，应在颁布该规定之前，由高层管理人员向所有人进行解释。许多机构采用逐个签字的办法表示相关人员已经读过、了解并同意了这些策略。

安全策略是一个不断变化的文档。因为机构不断变化，安全策略也必须定期更新，以适应业务方向的调整和技术的变化。

RFC 2196 中包括了安全策略的详细信息。一般说来，安全策略应当包括以下几方面的内容：

- □ 访问策略：定义访问权限和特权。访问策略应规定连接外部网络、设备与网络相连和在系统中增加新软件的原则。
- □ 责任策略：定义用户、操作人员和管理层的责任。责任策略应当详细说明审计能力，并提供报告安全性问题的原则。
- □ 鉴别策略：通过有效的口令策略建立信任，并建立远程位置鉴别原则。
- □ 计算机技术购买原则：规定计算机系统和网络的购置、配置和审计要与安全策略相符合。

8.1.6　开发安全过程

应在开发安全过程中实现安全策略。该过程定义了在网络系统中配置、登录、审计和维护的过程。安全过程是为端用户、网络管理员和安全管理员开发的。安全过程指出了如何处理偶发事件。例如，如果检测到非法入侵，应当做什么以及与何人联系。需要安排用户和管理员培训安全过程。

设计提示　从网络功能上讲，网络能够加速信息的流通；从技术角度讲，任何网络都是有风险的。如果不容许你的信息存在任何风险，那就不要考虑将该信息上网，否则就要考虑采取相应的技术措施来减少这种风险。

8.2　选择网络安全机制

本节将简要介绍网络安全设计中的一些典型安全性机制。在设计网络安全性方案时，可能需要用到这些机制的组合。注意，密码学是网络安全性机制的基础，但仅用密码学来保证数据的机密性是不够的。

8.2.1　机密性与密码学

当我们通过计算机网络传输信息资源时，如果无法防止他人窃听这些数据，我们至少希望这些数据不为他人理解，这通常需要用加密来保证报文的机密性。比如，当用户通过网络购物时，要经网络传输信用卡号码，而一旦信用卡号码被泄露，就可能给用户带来损失。

保证数据的机密性的基本方法是采用密码学的思想：发送方用一个加密函数对原始明文进行处理，以形成不可懂的密文，再将该密文通过网络发送出去；接收方对密文应用加密函数的逆函数（叫做解密函数）来恢复出明文。加密/解密进程一般会依赖发送方和接收方之间共享的对称密钥。如果密钥和加密算法有效，那么入侵者将极难破译密文，发送方和接收方便可以确保他们的通信的机密性。图 8-2 给出了信息加密/解密的模型。

上述加解密模型是传统的信息安全方法，又称对称密钥密码。此外，还有一种称作公开密钥密码的方法。它们都能保证信息的机密性，以阻止信息的未授权发布。

采用对称密钥算法通信的双方共享一个密钥，即对称密钥算法是对称的。图 8-2 说明了对称密钥是如何通过一个不安全的通道传输数据的。DES（数据加密标准）和 IDEA（国际数据加密算法）是对称密钥算法的重要例子。

与一对参与者共享一个对称密钥相反，公钥密码体制要求一方拥有别人不知道的对称密钥（称为私钥），而另一个密钥却可以向所有人公布（称为公钥）。要向某人安全地发送报文，应当用他的公钥加密；当他收到密文后则需用他的私钥来解密。RSA 是最有名的公开密钥加密算法。

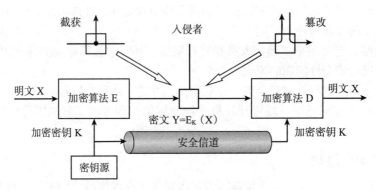

图 8-2　信息加密解密的模型

采用公钥密码体制加密的过程如下：

1）产生密钥对。

2）将一个密钥（公钥）放置在公共域中（如电话簿）。

3）为向用户 B 发送报文，用公钥进行加密：

$$M=E_{PKB}(X)$$

其中，$E_{PKB}()$ 表示使用用户 B 的公钥加密，且有 $E_{PKB}(D_{SKB}(X))=X$，$D_{SKB}(E_{PKB}(X))=X$。

4）用户用其私钥进行解密：

$$D_{SKB}(M)=D_{SKB}(E_{PKB}(X))=X$$

DSKB() 表示使用用户 B 的私钥解密。上述机制只能用于加密数据，不能用于对用户身份进行鉴别。事实上，公钥体制密码也能够用于鉴别，即数字签名。发送方 A 在发送报文前，先用其私钥签名（加密报文）：

$$M=D_{SKA}(X)$$

接收方 B 能够用发送方 A 的公钥进行解密：

$$E_{PKA}(M)=E_{PKA}(D_{SKA}(X))=X$$

这样，接收方 B 就能够鉴别发送方 A，仅有 A 的公钥才可能匹配密钥。

只使用签名的做法的缺点是不能保持数据的隐私，因为 A 的公钥（解密密钥）是公开的。通过综合上述两个步骤，我们就能够得到同时具有加密和鉴别功能的方法：

对于发送方：

1）用自己的私钥签名 $D_{SKA}(X)$。

2）再用对方公钥加密：

$$M=E_{PKB}(D_{SKA}(X))$$

对于接收方：

1）用自己的密钥解密 $D_{SKB}(M)$。

2）用对方公钥鉴别：

$$E_{PKA}(D_{SKB}(M))=E_{PKA}(D_{SKB}(E_{PKB}(D_{SKA}(X))))=X$$

RSA 的安全性基于分解一个大数的代价是很高的事实。分解一个大数的速度取决于处理器速率和使用的分解算法。当人们开始使用 768 比特和 1024 比特或更长的密钥时，破解密码将需要几十年或上百年。这样，敏感数据早就过了它的保密期了，这就是所谓"计算上安全"的概念。

8.2.2　鉴别

在通信的双方建立了一个安全通道之前，他们必须使对方确信自己的真实性，这就是鉴别问题。鉴别就是要确定是谁请求了网络服务。"鉴别"一词是指对用户的鉴别，也是指对软件过程的验证。

当跨越网络鉴别通信各方时，无法依靠他们的生物信息（比如面孔、声音等）进行身份鉴别。路由器、客户/服务器进程等网络组件在通信前也通常必须要进行相互间的鉴别。这种鉴别应当在交换报文的基础上独立完成，而数据交换只是**鉴别协议**的一部分。鉴别协议通常在两个通信实体运行其他协议（例如，可靠数据传输协议、选路表交换协议或电子邮件协议）之前运行。鉴别协议首先建立满足通信对方要求的身份标识，鉴别完成之后通信实体才开始具体的工作。

仅通过 A 直接发送一个报文给 B，说自己就是 A，是无法实现鉴别的。如果利用报文中的 IP 地址，由于无法防止 IP 哄骗，因此也不是一种有效的鉴别方法。那么要是让 A 和 B 约定一个只有他们俩人知道的暗语，是否能够进行鉴别呢？如果该暗语用明文在网上传输，那么入侵者很容易能够"嗅探"（sniff）到它！如果我们对该暗语进行加密又是否能实现鉴别呢？这时，B 仍可能会遭受所谓的**回放攻击**，即入侵者只需在 A 通信时窃听，并记录下加密的口令，并在以后将加密的口令回放给 B，就可以伪装自己是 A 了。显然，使用加密口令并没有使安全性得到显著改善。对付回放攻击的一种有效方法是在通信报文中加上**不重数**（nonce）。不重数是在一个协议的生存期中只使用一次的一个数。也就是说，一旦一个协议使用了一个不重数，就永远不会再使用那个数字了。我们可以设计这样一个协议：

1）A 发送报文"我是 A"给 B。

2）B 选择一个不重数 R，然后把 R 发送给 A。

3）A 使用与 B 共享的对称秘密密钥 K_{A-B} 来加密这个不重数，然后把加密的不重数 K_{A-B}（R）发回给 B。由于 A 知道 K_{A-B} 并用它加密一个值，就使得 B 知道收到的报文是由 A 产生的。这个不重数用于确定 A 是"活着"的。

4）B 解密接收到的报文。如果解密得到的不重数等于他发送给 A 的那个不重数，则可鉴别 A 的身份。

8.2.3　报文完整性

有时，通信双方并不关心是否有人在窃听，而只关心从真实对方发送过来的报文中途是否已被改变，这就是确保报文完整性的问题。例如，对于政府部门发布的一个公告，它不需要保密但绝不能被篡改！

数字签名就是在数字领域用于实现上述目标的一种密码技术。我们在 8.2.1 节中讲解公钥密码时已经提到过数字签名的概念。采用数字签名虽然可以保证报文的完整性，但这种方法的加密和解密的计算代价过于昂贵。常用的方法是基于散列或报文摘要函数。报文摘要函数可以将一个大的报文快速地映射为一个小的固定长度的报文。通过散列函数可以为一个长报文计算一个散列值。只要报文没有被改变，接收方也就能用相同的散列函数报文方便地生成同样的散列值。因为所有散列算法都适当地选择了单向函数，因此从给定的报文校验和不能反推出产生这个散列值的报文。此外，不可能通过选用的函数计算出两条报文，使得对它们生成相同的散列值。如果对长报文的散列值进行数字签名，我们还能得到一种高效的鉴别和保证报文完整性的方法。

MD5 摘要算法 [RFC 1321] 和安全散列算法 SHA-1（Security Hash Algorithm）[FIPS 1995] 是当前广泛使用的两种散列算法。尽管这两种散列算法正在受到挑战，但离所谓破解（即产生"弱无碰撞"的报文）还有相当的距离！

设计提示　网络安全通常包括机密性、端点鉴别、报文完整性和网络可用性等几个方面。仅仅满足某个方面是无法保证网络安全的。

8.2.4　密钥分发中心和证书认证机构

对称密钥密码需要通信双方事先协商他们的共享密钥，而公钥密码虽不需要事先共享密钥，但要解决获取某一方真正的公钥的问题。解决的方法是通过使用一个**可信中介**。

对于对称密钥密码体制，可信中介是**密钥分发中心**（Key Distribution Center, KDC），它是唯一可信的网络实体，任一方都能与它创建一个共享密钥。假设 A 和 B 从未谋面也没有预先约定的共享密钥，但它们可以使用一个可信的 KDC。KDC 是一个与每一个注册用户共享一个不同的秘密对称密钥的服务器。这个密钥是由用户在第一次注册时，人工安装到这个服务器上的。KDC 知道每一个用户的密钥，且每一个用户都可使用其这个密钥与 KDC 进行安全通信。显然，通过这个密钥，一个用户可以获得与其他注册用户进行安全通信的一次性的会话密钥，双方之间的通信可以采用该会话密钥加密，通信结束后即撤销该会话密钥。

对于公钥密码来说，可信中介是**证书认证机构**（Certification Authority, CA）。CA 证明一个公钥属于某个实体（一个人或一个网络实体）。对一个已经证实的公钥，如果相信签发这个公钥的 CA，便可确定这个公钥的所有者。公钥密码的一个主要特征是，两个实体无须交换秘密密钥就可进行秘密报文的交换。所以，公钥密码体制无须设置 KDC 基础设施。然而，要使公钥密码有用，实体必须能够确定它们所得到的公钥确实来自其通信的另一方，否则就会出现**中间人攻击**。为了证实公钥的来源，通常由 CA 生成一个把这个实体的身份和公钥绑定到一起的**证书**（certificate），CA 的职责就是使实体身份和其发出的证书有效。ITU X.509 规定了证书的一种鉴别服务和特定的证书语法。RFC 1422 描述了安全因特网电子邮件所用的基于 CA 的密钥管理，它和 X.509 兼容，但比 X.509 增加了密钥管理体系结构的创建过程和约定的内容。

8.2.5　访问控制

鉴别控制谁能访问网络资源，而访问控制（又称授权）则指出用户在访问网络资源时能做些什么。安全管理员为进程或用户设置权限，授权是控制网络安全的一部分。根据用户的部门或工作性质，能为不同用户授予不同的权限。例如，安全策略规定，只有人事部门的员工可以看到其他员工的工资记录。想要清楚地列出每个用户对每个相关资源的全面授权活动是很困难的，因此可以采用一些技术简化这一过程。例如，网络管理员可以创建一个具有相同权限的用户组。

基于角色的访问控制（Role-Based Access Control, RBAC）作为自主访问控制（Discretionary Access Control, DAC）和强制访问控制（Mandatory Access Control, MAC）策略的另一种选择，正越来越被人们所关注。RBAC 的原理是，用与组织结构自然对应的方式来制定和加强特定机构的安全策略。而传统的安全管理要求将企业的安全策略映射到相当底层的一系列控制上，典型的如访问控制列表（ACL）。MAC 则是一种由系统管理员从全系统的角度定义和实施的访问控制，它通过标记系统中的主客体，强制性地限制信息的共享和流动，使不同的用户只能访问到与其有关的、指定范围的信息。

RBAC 作为管理和加强大型机构范围系统安全的一种很有希望的技术，出现于 20 世纪 90 年代。RBAC 的基本思想是，将代表行为的"操作"与角色相关联，而角色的成员由适当的用户组成，从而大大简化了安全管理。一个单独的用户可以是一个或多个角色的成员，一个角色也可以有一个或多个用户成员。与角色关联的操作将角色成员的行为限制在一个特定的集合中。比如，在一个医院系统中，"医生"这个角色可以执行诊断、开药等操作，而"研究员"这个角色只能收集一些临床信息供研究使用。一个角色可以和一个或几个操作相关联，同样，一个操作也可以允许几个角色来执行。

角色是形成访问控制策略基础的语义结构。通过 RBAC，系统管理员可以创建角色，将权限与角色相关联，再根据用户特定的工作职责和策略将角色分配给他们。因此，角色 - 权限关系可以预先定义，这样就简化了用户和预先定义的角色之间的分配工作。如果没有 RBAC，决定什么权限授权给什么用户是很困难的。RBAC 能够确保只有授权的用户才有权访问某些特定的数据或资源。它支持三种有名的安全策略：数据抽象、最小权限分配和任务隔离。

8.2.6　审计

为了有效地分析网络安全性并响应安全性事件，安全过程应当收集有关的网络活动数据。这种收集数据的过程称为**审计**。

对于使用安全性策略的网络，审计数据应当包括任何个人获得鉴别和授权的所有尝试。这对以匿名或访客身份访问公共服务器的事件尤为重要。审计数据还应当记录用户试图改变自己访问权限的所有尝试。

收集的数据应当包括试图登录和注销的用户名以及改变前后的访问权限。审计记录中的每一个等级项都应当有时间戳。

审计过程不应收集口令。如果审计记录被非法访问，那么收集口令可能会破坏安全性。不论正确的还是不正确的口令都不应当收集。不正确的口令通常与有效的口令只有一个字符不同或某字符的位置有所不同。

对审计的进一步扩展是安全性评估。使用安全性评估，可由内部受过专门训练的专家充当网络入侵者来寻找网络的弱点。应当定期评估网络中任一部分安全性策略和审计过程，评估的结果应当用于为修正缺陷而制定一个计划，它可能如同重新训练工作人员一样简单。

8.2.7　恶意软件防护

恶意软件就是恶意的程序代码，它通常是以某种方式悄然安装在计算机系统内的软件。这些程序代码具有一些人们所不希望的功能，会影响网络系统的数据安全性和资源可用性。

中国互联网协会将恶意软件定义为具有以下特征的软件：

1）强制安装：指未明确提示用户或未经用户许可，在用户计算机或其他终端上安装软件的行为。

2）难以卸载：指未提供通用的卸载方式，或在不受其他软件影响、人为破坏的情况下，卸载后仍然有活动程序的行为。

3）浏览器劫持：指未经用户许可，修改用户浏览器或其他相关设置，迫使用户访问特定网站或导致用户无法正常上网的行为。

4）广告弹出：指未明确提示用户或未经用户许可，利用安装在用户计算机或其他终端上的软件弹出广告的行为。

5）恶意收集用户信息：指未明确提示用户或未经用户许可，恶意收集用户信息的行为。

6）恶意卸载：指未明确提示用户、未经用户许可，或误导、欺骗用户卸载其他软件的行为。

7）恶意捆绑：指在软件中捆绑已被认定为恶意软件的行为。

恶意软件可以分为5类：

- 病毒：通过修改其他程序进行自我复制的程序，会将自己的副本插入寄生的程序或数据文件中，进而攻击操作系统与应用程序。
- 蠕虫：一种通过网络的通信功能将自身从一个节点发送到另一个节点并启动的程序，它感染系统时不需要寄生程序。
- 特洛伊木马：一种隐藏在有用的程序背后的程序，它包含了一段隐藏的、激活时具有某种无用的或者有害功能的代码。
- 恶意远程程序：一类从远程系统传送数据到本地系统的不良软件。入侵者用它把病毒、蠕虫与特洛伊木马传送到用户计算机中，利用默认权限与未做升级的漏洞控制该计算机。
- 追踪 Cookie：这些被许多网站使用的 Cookie，可以让第三方记录用户的行为。入侵者通常会把追踪 Cookie 与网页臭虫一起结合使用。

此外，还有一种称为流氓软件的程序，它介于病毒程序和正常程序之间，同时具有某些正常功能和恶意行为。根据不同的特征和危害，流氓软件又可以分为广告软件（adware）、间谍软件（spyware）、浏览器劫持、行为记录软件（track ware）、恶意共享软件（malicious shareware）等。

最理想的反病毒的方法是预防，即杜绝病毒进入系统。但是，在通常的情况下，该方法难以完全实现，尽管可以大大减少病毒攻击的次数。

常见的反病毒的方法包括以下方面：

- 检测：一旦发生了感染，确定感染的发生并且定位病毒。
- 标志：一旦检测完成，识别感染程序的特定病毒。
- 清除：一旦标志了特定的病毒，从被感染的程序中清除病毒的所有痕迹，将程序恢复到原来的状态。从所有被感染的系统中清除病毒会使病毒不能进一步传播。
- 删除：一旦收到带有附件的可疑电子邮件，不要打开，立即将其删除。

如果检测成功但标志或清除都是不可能的，那么只能丢弃被感染的程序，重新装载一个干净的版本。

目前认为有四代反病毒软件：简单的扫描程序、启发式的扫描程序、行为陷阱和全方位的保护。简单的扫描程序会根据病毒的特征来识别病毒。同一种病毒的所有副本具有相同的结构和比特模式，这样与病毒特征有关的扫描程序只能检测已知的病毒了。另一种类型简单扫描程序维护了程序长度的记录，通过发现长度的改变来检测病毒。启发式扫描程序不依赖专门的签名，而是使用启发式的规则来搜索可能的病毒感染。例如，扫描程序可能查找多形病毒中使用的加密循环的开始，并发现加密密钥。一旦发现密钥，扫描程序可以解密病毒来识别它，然后删除感染部分，恢复程序的原有功能。另一种启发式扫描程序是做完整性检查。它可以为每个程序附加检验和。如果病毒感染了程序，但没有修改检验和，那么通过完整性检查就会得知该变化。为了应对在感染程序时修改检验和的复杂病毒，可以使用加密的散列函数。加密密钥和程序分开存放使得病毒不能生成新的散列代码并对其加密。通过使用散列函数而不是简单的检验和，可以避免病毒像以前一样调整程序来产生同样的散列代码。行为陷阱程序是一些存储器驻留程序，它们通过病毒的动作而不是通过其在被感染程序中的结构来识别病毒。这样的程序的优点在于它不必为数量巨大的病毒开发签名和启发式规则。它们只需要识别一个小的指示了感染正在进行的动作集合便可进行干涉。全方位的保护程序是一些由不同的联合使用的反病毒技术组成的软件包。这些技术中包括扫描和行为陷阱构件。另外，这样的软件包还具有访问控制能力，可以限制病毒渗透系统的能力，限制了病毒为了在感染时传递而对文件进行修改的能力。

8.2.8 防火墙

防火墙是指设置在不同网络（如可信任的企业内部网和不可信的公共网）或网络安全域之间的一系列部件的组合。它可通过监测、限制和更改经过防火墙的数据流，尽可能地对外部屏蔽网络内部的信息、结构和运行状况，以此来实现网络的安全保护。防火墙在企业网和因特网之间建立了可控的连接和安全边界。这个边界能够保护企业网使之避免来自因特网的攻击，并且提供了可以应用安全和审计的单阻塞点。防火墙可以是单个计算机系统，也可以是由两个和更多系统组成的相互合作完成防火墙功能的一个集合。

防火墙通常有三种类型：分组过滤路由器、应用级网关和电路级网关，如图 8-3 所示。

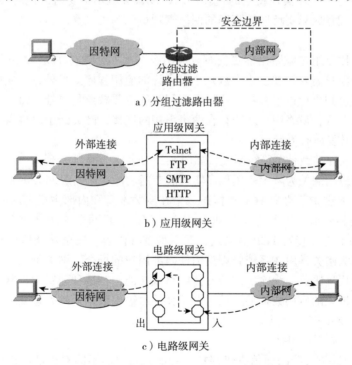

图 8-3 分组过滤路由器、应用级网关和电路级网关

如图 8-3a 所示，分组过滤路由器对每个进入的 IP 分组使用一个规则集合，然后转发或者丢弃该分组。该路由器通常都被配置成过滤双向（来自或进入内部网络）的分组。过滤规则基于 IP 和运输层（TCP 或 UDP）首部中的字段，包括源站和目的站 IP 地址、IP 协议字段（定义了运输协议）和 TCP 或 UDP 端口号（定义了应用程序，例如 SNMP 或 TELNET）。通常，分组过滤器被建立成一组规则的列表，这些规则基于与 IP 或 TCP 首部中字段的匹配。如果入分组存在与某条规则的匹配，就会调用这条规则来决定转发还是丢弃该分组。如果入

分组与任何规则都不能匹配，那就对它采取一个默认动作。有两种默认策略：

❑ 丢弃：没有明确允许的就被禁止。

❑ 转发：没有明确禁止的就被允许。

默认丢弃策略更加保守一些。初始时，每个分组都是被阻塞的，服务必须一个一个地增加。这种策略对用户更具有可视性，用户更加愿意将防火墙看成是一个阻碍物。**默认转发**的策略更加便于用户的使用，但会降低安全性；网络管理员必须在知道每个新的安全威胁时，对其做出相应的反应。

分组过滤可以是无状态的和状态检查的。状态检查则需要记住流经防火墙的所有通信状态，并根据这些状态信息来决定是否要丢弃某个分组。分组过滤路由器的一个好处是它的简单性。典型的分组过滤器对于用户是透明的并且非常快，但其缺点包括正确地建立分组过滤器规则困难和缺少鉴别。

应用级网关也叫作代理服务器（proxy server），它担任应用级通信量的中继，如图 8-3b 所示。用户使用 TCP/IP 应用程序（例如 Telnet 或 FTP）与网关通信时，网关询问用户想要访问的远程主机的名字。当用户回答了询问并提供了一个合法的用户 ID 和鉴别信息后，网关联系远程主机上的应用程序，并在两个端点之间传送包含应用数据的 TCP 报文段。如果网关没有为特定的应用程序实现相应的代理代码，该服务就不被支持，也就不能通过防火墙。而且，网关可以配置成只支持应用程序的网络管理员认为可接受的指定特征，同时拒绝所有其他的特征。

应用级网关比分组过滤路由器更安全。应用级网关不处理在 TCP 和 IP 级允许和禁止的很多可能组合，而只需要详细检查少数几个可允许的应用程序。另外，在应用级对所有进入的通信量记录日志和审计也很容易。这种类型网关的主要缺点是要处理每个连接上额外的处理负载。从效果上看，最终用户之间存在两个串接的连接，网关处于串接点，网关必须在两个方向上检查和转发所有流量。

防火墙的第三种类型是**电路级网关**，如图 8-3c 所示。这可能实现为一个单独的系统，或者可能作为一个应用网关为特定应用程序实现的专门功能。电路级网关不允许端到端的 TCP 连接；相反，网关建立了两个 TCP 连接，一个在网关本身和内部主机上的一个 TCP 用户之间，一个在网关和外部主机上的一个 TCP 用户之间。一旦两个连接已建立起来，网关就从一个连接向另一个连接转发 TCP 报文段，而不检查其内容。安全功能体现在决定哪些连接是允许的。电路级网关常用在系统管理员信任内部用户的场合。网关可以配置成在进入连接上支持应用级或代理服务，为输出连接支持电路级功能。在这种配置中，网关可能为了禁止功能而产生检查进入的应用数据的开销，但不会导致输出数据上的处理开销。电路级网关实现的一个例子是 SOCKS（参见 RFC 1928）。

防火墙的一些局限性包括：

1）不能对绕过防火墙的通信提供保护。例如，防火墙不能对内部网络中的无线网和拨号线路提供保护。

2）不能防范来自内部的威胁，例如来自一个心怀不满的员工的报复或者一个员工的误操作。

3）不能对病毒感染的程序或文件的传输提供保护。

设计提示 防火墙是目前使用最广泛的网络安全设备，应当根据用户的安全需求来决定选择使用哪种类型的防火墙。

8.2.9 入侵检测系统

最易对网络安全造成危害的往往是来自网络内部人员的滥用职权。为此，入侵检测系统（IDS）应运而生。入侵检测用于识别未经授权使用计算机系统资源的行为；识别有权使用计算机系统资源但滥用特权的行为（如内部威胁）；识别未成功的入侵尝试行为。不管系统中是否存在漏洞，入侵检测系统都能检测到特定的攻击事件，并自动调整系统状态，对未来可能发生的侵入做出警告预报。入侵检测技术是一种利用入侵留下的痕迹，如试图登录的失败记录等信息来有效地发现来自外部或内部的非法入侵的技术。它以探测、控制为技术本质，起到主动防御的作用，是网络安全中极其重要的部分。

入侵检测系统通常分为基于主机和基于网络两类。基于主机的 IDS 出现的时间较长，早期用于审计用户的活动，如用户的登录、命令操作行和应用程序使用等。此类系统一般使用操作系统的审计跟踪日志作为输入，某些系统也能获得系统中的其他信息，其所收集的信息集中在系统调用和应用层审计上，以期从日志中得到滥用和入侵事件的线索。基于网络的 IDS 通常在网络中的某一点被动地监听网络上传输的原始流量，通过对俘获的网络分组进行处理，得到有用信息。它通过对流量分析来提取特征模式，在与已知入侵特征相匹配或与正常网络行为原型相比来识别攻击事件。与基于主机的 IDS 不同，基于网络的 IDS 非常适合检测系统应用层以下的攻击事件。将上述两种方式结合起来可得到混合式入侵检测系统。这种系统可以从主机系统、网络部件和通过网络监听等方式收集数据，还可以利用网络数据和主机系统的高层事件发现可疑行为。

入侵检测方法一般可以分为基于异常的入侵检测和基于特征的入侵检测两种。采用前一种方法的系统记录用户在系统中的活动，并且根据这些记录创建活动的统计报告。如果报告表明他与正常用户的使用明显不同，那么检测系统就会将这样的活动视为入侵。

基于异常的检测系统试图建立一个与"正常活动"对应的特征原型，然后将与所建立的特征原型中差别"很大"的行为都标志为异常。显然，当入侵集合与"异常"活动集合存在交集时，就可能出现"漏报"和"误报"的概率。因此，该系统的主要问题是选择一个区分异常事件的"阈值"。而调整和更新某些系统特征度量值的方法非常复杂，开销很大。有时，希望明确划分"正常行为"与"异常行为"两个集合非常困难，或根本不可能，这就使 IDS 难以发挥作用。

一个基于特征的 IDS 维护了一个关于攻击特征的范围广泛的数据库。每个特征是与一个入侵活动相关联的规则集。一个特征可能只是有关单个分组的特性列表（例如源和目的端口号、协议类型和在分组有效载荷中的特定比特串），或者可能与一系列分组有关。这些特征通常是由研究了已知攻击、技艺熟练的网络安全工程师生成。一个机构的网络管理员能够定制这些特征或者将其加进数据库中。

8.2.10 虚拟专用网

因特网的真正价值在于它的开放性和无所不在，但是这些特性也同时是造成它不够安全的主要原因。当应用程序需要基于因特网时，会造成泄密及潜在安全性威胁的风险增加。此外，数据通过因特网传输也导致产生欺诈、会话劫持、窃听等攻击的可能性（参见 RFC 1636）。

将因特网用于业务或认为专用网络内部不够安全，因此引入了一个较新的技术：虚拟专用网（VPN）。VPN 通常是基于 IP 的网络，通过使用密码和隧道技术以达到下列的一个或多个目标：

❏ 将用户安全地连接到他们自己的企业网（即远程接入）。

❏ 将分支机构 LAN 链接进企业网（即建立内联网）。

❏ 扩展一个机构的现有基础设施，以包括合作伙伴、供应商和用户（即建立外联网）。

❏ 为企业网内部敏感区域设置 VPN。因为根据安全分析报告，目前来自企业内部雇员
的攻击是数据安全性的头号威胁。

VPN 的基本思想是：跨越费用低廉的公网来扩展信任关系，同时不牺牲安全性。理想的
VPN 应当像一个专网一样，是安全的、高度可用的和具有可预测的性能，如图 8-4 所示。

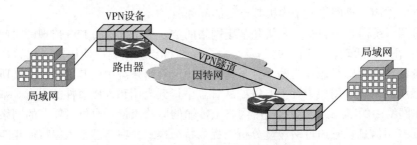

图 8-4　VPN 的设置与应用环境

在 VPN 的设计目标中，安全性是大多数解决方案的核心问题，但性能和可用性也是重
要的目标。数据安全性取决于数据机密性、完整性和鉴别等问题。在实践中，实现一个 VPN
的协议包括各种不同的技术以提供机密性、完整性和鉴别功能。IPSec、隧道和 Socks5 是三
个广泛应用的协议。

8.2.11　物理安全性

物理安全性是指将资源保护在加锁的房间里，以限制对网络关键资源的物理接触。物理
安全性也指保护资源免受诸如洪水、火灾、暴风雪和地震等自然灾害的侵害。因为物理安全
性是一个当然的需求，因此很容易忽视它或是认为它不如其他目标重要。

根据特定的网络用户的要求，物理安全性涉及保护核心路由器、连接线缆、调制解调
器、服务器、主机和备份服务器等。在进行物理安全性设计之前，需要对网络的现场进行勘
察，保证设备放置在有专人看管或安装有 IC 卡验证的计算机机房内。计算机机房应当配备
不间断电源、告警系统、监视系统、灭火系统和排水系统。

网络安全性设计要考虑的一个重要问题是网络设备放置的问题。从保障网络设备物理安
全的角度看，将它们集中放置在条件优良、物理安全的机房中是可取的方案。这样做的优点
是能够降低管理和运营费用，同时易于保证网络设备的物理安全，便于管理和维护。

物理安全性的另一个问题是网络数据的异地备份问题。一般而言，为了管理和维护网
络，网络设备集中放置在网络管理中心。尽管发生自然灾害的概率极低，但由于其后果严
重，因此一定要有最低限度的防范措施。一般而言，网络设备损坏可以重新购买，而网络数
据一旦丢失却是无法挽回的。因此网络数据是系统中最有价值的部分，必须考虑网络数据的
异地备份问题，即在本建筑物之外某个邻近地方或在其他办公环境中建立一个备份或辅助机
房。在该机房中应放置一台备份服务器，用于对网络重要数据进行备份。

设计提示　每种网络安全机制都能解决网络安全某一方面的问题，但是多种网络安全机
制在一起却未必能协调工作，保证网络更加安全，因此需要根据应用需求和实际情况进
行精心设计。

8.3　选择数据备份和容错技术

全世界每年因为计算机故障造成的损失达上百亿美元，每年用于恢复数据的工作日达几千万个。我们没有理由不对数据的安全存储问题进行认真思考。Murphy 定律指出：如果某元件没有损坏，那么它将会损坏的；如果某元件被担保 n 天，那么它会在 $n+1$ 天之后发生故障。请记住这样一个简单的事实：任何物理设备都可能会出现故障和失效。物理设备损坏了可以再购置，而数据损失了就可能永远失去了。因此，请记住"幸运的是那些做了数据备份的悲观主义者"这句格言。事实上，如果我们通过有效而简单的数据备份，就能为数据恢复做好准备，从而很容易地找回失去的数据；而如果有了良好的容错手段，数据也许就会一直在线可用了。

8.3.1　数据备份

当设计备份规程时，应当始终考虑成本最小化。如果花费时间备份无关紧要的数据，就是在浪费资源；反之，如果不能定期备份文件，则损失的代价将远远高于在备份方面的代价。

备份通常要按日、按周或按月进行，同时应当对重要的文件进行更为频繁的备份。对于关键文件，使用高质量媒体做备份，打开验证选项，降低备份速度，并使用有最大变通性的备份方法。每次备份前注意删除无用的文件，并根据重要性程度关注不同的文件。

为方便地备份并实现上述目标，可采用下列方法：

❏ 使用应用软件级的备份选项。例如，许多基于数据库的应用软件都有数据库备份和恢复功能，许多字处理软件都有自动保存和手工保存功能。

❏ 对于数据库和其他保存有价值文件的应用程序，使用文件归档和压缩技术仅存储有价值的副本或者整个目录。

❏ 为减少备份的时间并降低复杂性，可向用户提供将整个目录备份到默认路径（另一个逻辑或物理驱动器，连网的另一台机器或数据库）的服务，并且根据需要进行压缩。

❏ 每天都对当天更改的所有文件备份。这些不同备份的保存周期为一周左右，然后再做复制的完全备份，再保存一段时间。

除此之外，还要注意以下问题：

❏ 检验用已备份信息进行恢复的能力，应为备份的磁盘贴上标签并检查该磁盘上的信息是否能够正确读出。

❏ 将备份数据放到没有危险的地方。首先是要保证数据的安全性，不会被人盗窃；其次要防止备份数据与整个系统因火灾等外部突发事件而损杯。

❏ 尽可能不保存无用的东西，以节约备份的时间。

8.3.2　廉价冗余磁盘阵列技术

廉价冗余磁盘阵列（RAID）系统是一种内嵌微处理器的磁盘子系统，它具有设备虚拟化能力，使许多内部的磁盘驱动器看起来像一个更大的虚拟设备。尽管 RAID 的总容量大是一个重要优点，但是 RAID 阵列的可用容量通常小于成员磁盘的总量。RAID 使系统管理员只需管理单个大的虚拟设备，而无须管理多个小的实际驱动器。在发生错误和驱动器故障的情况下，管理员仍需管理单个驱动器。RAID 的一个重要概念是磁盘分块，即通过将操作分散到各个不同的磁盘驱动器中，使主机 I/O 控制器能够处理更多的操作，这是在单个磁盘驱动器下所不能达到的。

RAID 技术通过冗余获得可靠性和可用性方面的优势。RAID 分为几级，不同的级实现不同的可靠性，但是其工作的基本思想是相同的，即通过冗余来保证在个别驱动器故障的情况下，仍然维持数据的可访问性。为达到这个目标，使用了如下冗余技术：

- ❑ 镜像冗余：将完整的数据复制到另一个设备或地方。
- ❑ 检验冗余：通过计算矩阵中的成员磁盘上数据的检验值来实现检验冗余。
- ❑ 电源冗余：电源的故障将导致整个阵列故障，使得未完成的 I/O 操作丢失，或变得不完整。电源故障是对数据最常见和最危险的威胁。电源冗余能够大大降低电源故障的可能性。

RAID 技术是一种工业标准，各厂商对 RAID 级别的定义也不尽相同，一般分为 RAID 0～RAID 7、RAID 10 和 RAID 53 等级别。目前得到业界广泛认同的 RAID 级别定义有 4 种，即 RAID 0、RAID 1、RAID 0+1 和 RAID 5。有关内容请参见本书 2.9.4 节。

8.3.3 存储区域网络

存储区域网络（Storage Area Network，SAN）是存储资料所要流通的网络区域。SAN 基于采用光纤通道（Fiber Channel）标准协议的光纤信道。一个回路（loop）的速度可达 100 MB/s，长度达 30km。一个回路可连接的装置达一百多个，在不关机状况下即可进行硬盘数组的存储容量扩充。SAN 解决了 SCSI 的信号不稳定及长度受限问题，能够满足存储资料量的增长速度。如果存储资料的增长率持续增高，则可以规划 SAN Ready 的存储设备，包括 RAID 及磁带库。

事实上，SAN 是一类技术的集合，目前已用来定义几乎任何连接主机与存储设备的架构，例如 Host-Hub-Storage 或 Host-SCSI Switch-Storage 以及 Host-Fiber Switch-Storage 等不同连接方式；SAN 连接拓扑分为点对点拓扑、回路拓扑和交换拓扑等。

SAN 来源于局域网技术，SAN 架构必须遵守由 ANSI（美国国家标准局）以及一些共同发展光纤通道的团体所制定的规划设计，以确保相互间的兼容以及资料综合。

用 SAN 进行局域网备份，可以提高备份的效率，解决网络带宽的瓶颈问题，把局域网的带宽留给数据库服务器或其他应用程序使用。SAN 解决方案规划包含软件及硬件，选购 SAN 产品时需要注意与其他设备的兼容性问题。

8.3.4 因特网数据中心

因特网数据中心（IDC）起源于因特网内容提供商（ICP）对网络高速互联的需求。有时运营商为了维护自身利益，将网络互联带宽设得很低，用户不得不在每个运营商处都放置一台服务器。为了解决这个问题，IDC 应运而生，保证用户托管的服务器从各个网络访问速度都不会出现瓶颈。IDC 是一类特殊的行业，对电信部门而言，它是企业级用户；对企业用户而言；它又是电信级用户。它的独特角色决定了它与传统的电信企业和传统的 ISP 不同。这体现在 IDC 有电信级的骨干网络，或电信级的网络设备，并把这些网络设备互相连起来。

IDC 比传统数据中心有更深层次的内涵，它是伴随着云计算不断发展而发展起来的，为 ICP、企业、媒体和各类网站提供大规模、高质量、安全可靠的专业化服务器托管、空间租用、网络批发带宽以及动态服务器主页、电子商务等业务。数据中心在大型主机时代就已出现，那时主要通过托管、外包或集中方式向企业提供大型主机的管理维护，以达到专业化管理和降低运行成本的目的。IDC 是托管入驻（hosting）企业、商业或网站服务器群的场所，是各种模式电子商务赖以安全运作的基础设施，也是支持企业及其商业联盟和其分销商、供应商、用户等实施价值链管理的平台。

IDC 有两个非常重要的特征：在网络中的位置和总的网络带宽容量，它构成了网络基础资源的一部分，就像骨干网、接入网一样，它提供了一种高端的数据传输的服务和高速接入的服务。随着 IDC 中的服务器数量急剧增加，支撑 IDC 的数据中心网络技术已经成为最新的研究课题之一（参见 5.7 节）。

8.3.5 服务器容错

目前主流的服务器容错技术有三类，分别是服务器群集技术、双机热备份技术和容错服务器（单机容错）技术。从容错级别来讲，服务器群集技术容错级别最低，而单机容错技术容错级别最高。

群集系统是由一组相互独立的计算机利用高速通信网络组成的一个计算机系统。它以某种系统模式加以管理，以完成某项任务。群集技术的一个典型的应用是实现容错服务。在容错服务器中，每个部件都具有冗余设计。在容错群集技术中，群集系统的每个节点都与其他节点紧密地联系在一起，它们经常共享内存、硬盘、CPU 和 I/O 等重要的子系统，容错群集系统中各个节点被共同映像成为一个独立的系统，并且所有节点都是这个映像系统的一部分。容错群集系统中的各种应用在不同节点之间以很低的时延进行平滑切换。

双机热备份技术由两台服务器系统和一个外接共享磁盘阵列柜及相应的双机热备份软件实现。在这种容错方案中，操作系统和应用程序安装在两台服务器的本地系统盘上，整个网络系统的数据是通过磁盘阵列集中管理和备份的。通过双机热备份系统，可直接从中央存储设备读取和存储所有站点的数据，并由专业人员进行管理，极大地保护了数据的安全性和保密性。用户的数据存放在外接共享磁盘阵列中，在一台服务器出现故障时，备份主机主动替代主机工作，保证网络服务不间断。在双机热备份方案中，根据两台服务器的工作方式可以有三种不同的工作模式，即双机热备份模式、双机互备份模式和双机双工模式。

容错服务器是通过 CPU 时钟锁频，对系统中所有硬件，包括 CPU、内存和 I/O 总线及电源等进行冗余备份；通过系统内所有冗余部件的同步运行，实现真正意义上的容错。在这种情况下，系统任何部件的故障都不会造成系统停顿和数据丢失。

8.3.6 异地容灾和异地远程恢复

容错系统在物理上通常位于同一个建筑物中，而一旦该建筑物遭受天灾人祸等异常，仍无法避免数据损失。为此，需要在物理上构建分立多地的异地容灾系统。该系统的关键技术包括网络技术、存储技术与解决方案。实现异地容灾可以采取两类方式：基于主机系统的数据复制和基于存储系统的远地镜像。

1）基于主机系统的数据复制通过软件形式来实现，目前许多数据库厂商都通过这种方法实现对数据库中数据的备份。这种方式能够把数据定期、在线地复制到异地目的机器上去。对用户来说，这种复制方式能够较好地保证数据的一致性，但它将消耗大量主机资源，至少要占用监控和复制两个进程。而且，严格来讲，这种方法很难真正实现同步。因为数据复制要求执行任何一个事务时，都要实时地将结果发送到远地的站点中，当远地存储结束后，再执行下一事务；而在实际操作中，很难做到这一点。

2）基于存储系统的远地镜像是基于控制器进行的远程复制，它有在主副存储子系统之间实现同步数据镜像的能力，对主机的资源占用很少，能保证业务正常运行下的 I/O 响应。但其缺点是会受通信链路的通信条件的影响。当带宽不够时，只能做远程的异步复制。

这两类异地容灾技术的比较情况参见表 8-1。

表 8-1　两类异地容灾技术的比较

	数据复制	远程镜像
实现方式	通过软件	通过硬件
主要优点	灵活性和兼容性好	稳定性好
主要缺点	占用主机资源多	受通信链路条件影响大
使用范围	成本低，适合有较丰富的主机资源的中低端企业应用	适合对可靠性、业务连续性要求高的高端企业应用

一旦发生重大灾害，就需要进行异地远程恢复。异地远程恢复有下列 7 种层次。

1）层次 0：无异地数据。该层次被定义为没有信息存储的需求，没有建立备援硬件平台的需求，也没有发展应急计划的需求，数据仅在本地进行备份恢复，没有数据送往异地。这种方式是成本最低的灾难恢复解决方案，但不具备灾难恢复能力。因为它的数据并没有被送往远离本地的地方，而数据的恢复也仅是利用本地的记录。

2）层次 1：货车访问方式（Pickup Truck Access Method，PTAM）。在这个层次，需要设计一个应急方案，备份所需要的信息并将它存储在异地，然后根据灾难恢复的具体需求，有选择地建立备份平台，但事先并不提供数据处理的硬件平台。PTAM 是一种用于许多场点备份的标准方式，数据在完成写操作之后，将会被送到远离本地的地方，同时具备数据恢复的程序。在灾难发生后，需要在一台新计算机上重新进行一整套安装。系统和数据将被恢复并重新与网络相连。这种灾难恢复方案相对来说成本较低（仅仅需要考虑传输工具以及存储设备的消耗）。但同时有难于管理的问题，即很难知道什么样的数据在什么样的地方。一旦系统可以工作，标准的做法是首先恢复关键应用，再根据需要恢复其他应用。在这样的情况下，恢复是可能的，但需要一定的时间，这依赖于什么时候能够准备好硬件平台。

3）层次 2：PTAM + 场点热备份（PTAM + hot site）。层次 2 相当于层次 1 再加上具有热备份能力的场点的灾难恢复。热备份场点拥有足够的硬件和网络设备来支持关键应用的安装需求。对于十分关键的应用，在灾难发生的同时，必须在异地有正运行的硬件提供支持。这种灾难恢复的方式依赖于用 PTAM 的方法将日常数据放入仓库，当灾难发生的时候，再将数据移动到一个热备份的场点。虽然移动数据到一个热备份场点增加了成本，但却明显减少了灾难恢复的时间。

4）层次 3：电子链接（electronic vaulting）。该层次是在层次 2 的基础上用电子链路取代PTAM 方式数据传送的灾难恢复。接收方的硬件必须与主场点物理地分离，在灾难发生后，用存储的数据进行灾难恢复。由于热备份场点要保持持续运行，因此增加了成本，但提高了灾难恢复的速度。

5）层次 4：活跃的备援场点（active secondary site）。该层次的灾难恢复要求两个场点同时处于活动状态并管理彼此的备援数据，允许备援行动在任何一个方向发生。接收方硬件必须保证与另一方平台物理地分离，在这种情况下，工作负载可以由两个场点之间分担，场点 1 成为场点 2 的备份，反之亦然。在两个场点之间，不停地进行着双方的在线关键数据的复制。在灾难发生时，所需的关键数据通过网络可迅速恢复，通过网络的切换，关键应用的恢复时间也可降低到小时级或分钟级。

6）层次 5：双场点两段提交（two-site two-phase commit）。该层次在层次 4 的基础上，以镜像状态来管理被选择的数据（根据单一提交的范围，在本地和远程数据库中同时更新数据）。也就是说，在更新请求被认为是满意之前，层次 5 要求应用场点与备援场点的数据都被更新。

例如，数据在两个场点之间相互映像，由远程两段提交来同步，因为关键应用使用了双重在线存储，所以在灾难发生时，丢失的仅是传送中的数据，恢复的时间被降低到了分钟级。

7）层次 6：零数据丢失（zero data loss）。该层次可以实现零数据丢失率，同时保证数据立即自动传输到备援场点。层次 6 被认为是灾难恢复的最高级别，在本地和远程的所有数据被更新的同时，利用了双重在线存储和完全的网络切换能力。层次 6 是灾难恢复中最昂贵的方式，但也是速度最快的恢复方式。

设计提示　数据是网络中最宝贵的财富，应当认真设计加以保护。适当的备份是最为有效的保护数据的方法。

8.3.7　容错电源

电源问题与网络安全相关的其他问题同等重要。因为没有电力，网络就会瘫痪；电压过高或过低，网络设备就会损坏，特别是如果服务器遭受破坏，就可能造成难以估计的损失。据统计，大量的计算机损坏是由电涌引起的。

电涌通常用于表示威胁系统正常运行的任何电源扰动。具体而言，电涌可能有以下几种情况：

- ❏ 称为尖峰的短暂的突发电压脉冲。这种极高的电压的出现，有可能造成芯片故障、内存错误和系统闭锁以及电源故障。
- ❏ 称为电涌的瞬时过压状况。当从电路上去掉重载负荷时就可能发生电涌。电涌反应会引起内存反常、重新启动和键盘锁定等问题。
- ❏ 由失去电压造成的掉电或中断。掉电引起的后果包括丢失掉电时刻未保存的任何打开的文件，对文件分区表（FAT）的潜在损坏，以及前述尖峰和电涌造成的损坏。
- ❏ 噪声包括电磁干扰和射频干扰。噪声可引起少量假信号和误操作，因而可能会破坏数据文件。

有几种设备能够保持电源的稳定供给。例如，电涌抑制器、稳压电源、交流滤波器或不间断电源（UPS）。由于 UPS 通常能够提供上述几种设备的功能，因此得到了广泛的应用。

UPS 能够在正常市电切断时为系统提供能源。在线 UPS 中的整流器（电池充电器）将来自墙上插座的交流电变换成直流电，并保持对电池充电，且为将该电流变换回交流电的逆变器供电。电池和逆变器都被连接到该设备的电源插座上，一旦来自墙壁插座的电流停止时，该电池可立即向计算机供电。

目前，已经出现新型 UPS，它使网管人员能够从某个管理控制台监控分布式网络设备，从而跟踪 UPS 功能，如电池寿命、电力质量以及最近供电异常情况。有些 UPS 能够在其电力不足时，自动关闭为其供电的服务器上的应用程序和操作系统。

8.4　设计网络安全方案

前面已经对网络安全的原理、常用的网络安全机制和保障数据安全的方法进行了讨论，本节将讨论如何选择网络安全的解决方案。

8.4.1　因特网连接安全性

1. 防火墙和入侵检测系统的设置

为保证与因特网连接的安全性，应当采用多重安全机制，包括防火墙、入侵检测系统、审计、鉴别和授权甚至物理安全性等。尽管如此，技术上也不能保证网络安全高枕无忧。例如，提供公用信息的 Web 服务器无法防止黑客对其进行拒绝服务攻击。因此，应将公用信息服务器放入非军事区中，用防火墙对其进行保护。

从网络拓扑结构来看，必须使用防火墙。因为防火墙是在两个或多个网络之间维持边界的设备，来自外部网络的所有通信都必须通过防火墙。防火墙一般通过路由结构连接因特网与企业网，有时还能起到隐藏内部网络结构的作用。如果仅需提供一般性安全性保证，采用防火墙设备就够了。

对于既要对外发布公用数据，又要对其进行一定保护的服务器而言，网络结构中通常需要设置一个称为非军事区（Demilitarized Zone，DMZ）的公共局域网，并将对网络外部提供服务的 Web、FTP、DNS 和电子邮件等服务器放置在该局域网中。图 8-5 说明了这种 DMZ 网络结构，配置防火墙 FW1 就可使

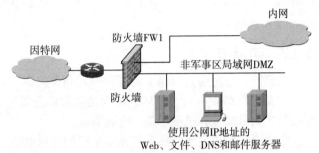

图 8-5　非军事区拓扑结构

DMZ 内的服务器地址使用因特网上的公共地址，而企业网的其他部分则可使用为自己分配的地址。当然，也可以采用其他更为复杂的防火墙结构，提升网络的安全性。

图 8-6 给出了三种常见的防火墙配置方式，简单介绍。

如图 8-6a 所示，在屏蔽的主机防火墙（单地址堡垒配置）中，防火墙是由分组过滤路由器和堡垒主机组成的。路由器一般被配置成具有如下特性：

❑ 对于来自因特网的数据通信量，只有目标为堡垒主机的 IP 分组才允许进入。
❑ 对于来自内部网络的数据通信量，只有来自堡垒主机的 IP 分组才允许发送出去。

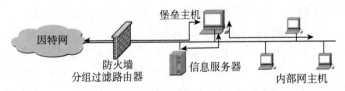

a）屏蔽的主机防火墙（单地址堡垒主机）

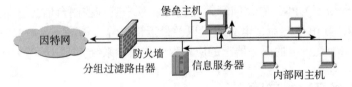

b）屏蔽的主机防火墙（双地址堡垒主机）

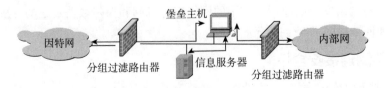

c）屏蔽的子网防火墙系统

图 8-6　防火墙的配置

堡垒主机完成鉴别和代理功能。这种配置比简单地配置一个单独的分组过滤路由器或应用级网关具有更强的安全性，原因如下。第一，这种配置既实现了分组级过滤，又实现了应用级过滤，使得在定义安全策略时具有相当大的灵活性。第二，一个入侵者在破坏内部网络的安全性之前，必须设法渗透到两个单独的系统中。这种配置还为直接访问因特网服务提供了灵活性。例如，内部网络中可以包括公共信息服务器（例如 Web 服务器），来提供要求不太高的安全性。

在单地址配置中，如果攻破分组过滤防火墙，其两侧的其他主机之间的通信就可以直接通过。屏蔽的主机防火墙（双地址堡垒）的配置在物理上防止了这种安全攻击，如图 8-6b 所示。单地址堡垒配置中的双层安全优势这里仍然保留。此外，如果符合安全策略，信息服务器或其他主机可以与防火墙直接通信。

图 8-6c 中屏蔽的子网防火墙配置是这三种配置中最安全的一种。在这种配置中，使用了两个分组过滤防火墙，一个在堡垒主机和因特网之间，另一个在堡垒主机和内部网之间。这种配置形成了一个被隔离的子网，简单的子网配置可以只有堡垒主机，但是也可以包括一台或更多台服务器。虽然因特网和内部网一般都有屏蔽子网中主机访问的权限，但是穿过屏蔽子网的通信也会被阻塞。这种配置提供了几个好处：

❑ 有三级防卫措施来对抗入侵者。
❑ 外部防火墙只对因特网通告屏蔽子网的存在，内部网络对于因特网是不可见的。
❑ 内部防火墙只对内部网络通告屏蔽子网的存在，内部网络中的系统不能构造出到因特网的直接路由。

在网络安全系统的设计中，往往将 IDS 与防火墙结合使用，而 IDS 中的检测器放置的位置对于 IDS 的功能有很大影响。检测器的放置位置通常有三种：在防火墙外、防火墙内以及防火墙内外，如图 8-7 所示。

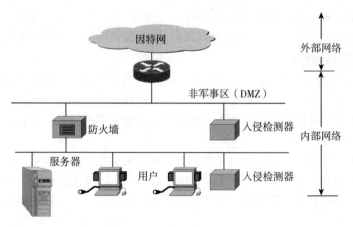

图 8-7　IDS 在网络中的位置

IDS 系统通常放在与外部网络相连的路由器内和防火墙以外的地方的非军事区。这使检测器可以观察到所有来自因特网的攻击，但并不能检测出所有攻击，因为防火墙和路由器的过滤功能能够抵御某些攻击。在防火墙外部是检测外部攻击的最佳位置，可以更好地了解站点和防火墙暴露在多少种攻击之下。

当入侵者发现 IDS 检测器时，就可能对它进行攻击，从而干扰它的功能。将检测器放在防火墙内部，一方面能减少来自外部的干扰，从而减少误报警；另一方面也能对内部人员的非法使用进行检测。如果在防火墙内外都放置检测器，就可以检测来自网络系统内部和外部的攻击。一种较为理想的工作方式是 IDS 和防火墙以互动方式工作：防火墙可通过 IDS 及时发现防火墙策略之外的攻击行为，IDS 也可以通过防火墙对来自外部网络的攻击行为进行阻断，从而大大提高整体防护性能。

2. 常用服务器的连接

通常要求 FTP 服务器和 Web 服务器不能位于同一台物理服务器中。与 Web 服务相比，FTP 服务器将有更多的读取文件和访问操作。入侵者可以使用 FTP 破坏一个公司的 Web 网页，从而达到破坏公司形象的目的，并可能危及基于 Web 的电子商务和其他应用程序。

通常要关闭因特网访问普通文件传输协议（TFTP）服务器的功能，因为 TFTP 没有鉴别功能。

由于公共网关接口（CGI）容易产生系统安全性漏洞，因此在 Web 服务器上增加 CGI 或其他类型脚本时要格外当心，应当对有关脚本进行彻底测试。只有当应用程序与安全套接层（SSL）标准兼容时，才把电子商务应用程序安装在 Web 服务器上。

电子邮件服务器长期以来一向是入侵的重点目标。这是因为电子邮件应用广泛且大家对该系统非常熟悉，同时电子邮件服务器必须允许其他人访问。为了使电子邮件服务器更为安全，网络管理员应当及时下载补丁程序，弥补众所周知的错误和安全漏洞。此外，电子邮件服务器通常应当具有对垃圾邮件和病毒附件进行过滤的功能。

3. 域名系统安全

域名系统（DNS）通常具有很好的抗拒绝服务攻击的能力，但无法验证 DNS 响应查询所返回的信息。例如，某入侵者可以截获查询，并返回一个杜撰的名字地址对应项。为解决这个问题，可以在协议中增加数字签名和其他一些安全功能（参见 RFC 2065）。

名字地址解析是网络信息系统都会提供的服务，应当精心控制和管理域名系统服务器。如果入侵者成功地控制或冒充了 DNS 服务器，都会造成网络损失。使用路由器上的分组过滤器或使用包含安全功能的 DNS 软件可以保护 DNS 服务器免遭安全性攻击。

4. 因特网连接的设计

设计企业网连接因特网方案的一个原则是网络应当有确定、有限的入口和出口。处理只有一个因特网连接的网络安全问题要比处理有多个因特网连接的网络安全问题简单得多。然而，有些大型企业或机构为了提高性能和可靠性，需要有多个连接，这就要求对这些连接进行有效的管理和监控。

在为因特网连接选择路由选择协议时，为了最大限度地保证安全性，应当选择一个具有路由鉴别功能的协议，如 RIPv2、OSPF 或 BGP4 等。静态和默认路由选择有时也是一种有效的办法，因为此时只有一条通道，不存在路由更新的问题。因特网路由器应当能够对 DoS 攻击进行过滤。

为保护因特网连接的安全，可以使用网络地址转换（NAT）保护内部网络寻址方案。NAT 技术对外部网络隐藏内部网络的地址，仅当需要时才翻译成内部网络地址。但 NAT 会使某些网络应用无法正常使用。

通过因特网连接专用站点的机构使用虚拟专用网（VPN）服务时，若数据通过公共因特网传输，数据就会被 VPN 加密。

8.4.2　拨号安全性

在许多情况下，特别是对内联网而言，拨号访问是导致系统安全威胁的重要原因。

要提高拨号访问安全性，应当综合采用鉴别和授权、审计及加密等技术。其中，鉴别和授权是拨号访问安全性最重要的功能。在这种情况下，使用安全卡提供的一次性口令是非常有效的方法。

对于使用点对点协议的远程用户和远程路由器，应当使用挑战握手鉴别协议（Challenge Handshake Authentication Protocol，CHAP）。实现鉴别、授权和审计的另一个选择是远程鉴别拨入用户服务器（Remote Authentication Dial-In User Server，RADIUS）协议（参见 RFC 2865）。RADIUS 目前是工业标准，它为管理员集中管理用户信息数据库提供了一种选择。该数据库包括鉴别和配置信息，规定了用户允许的服务（如 PPP、Telnet 和 rlogin 等）。RADIUS 是一种客户/服务器协议，访问服务器作为 RADIUS 服务器的客户机。

应当严格控制拨号服务，不允许用户将调制解调器和模拟线路连接到他们自己的主机或服务器上。使用单拨入点方式，如使用调制解调器池和访问服务器比较好，这样可以使用同样的方法鉴别所有用户。对于拨出服务，应使用另外的调制解调器。拨入和拨出服务都应当进行鉴别。

如果调制解调器和访问服务器支持回叫，就应当使用回叫。通过回叫技术，当用户拨入并通过鉴别时，系统断开呼叫，然后回叫指定的号码。因为系统回叫的是系统中得到确认的用户电话号码，而伪装为用户的入侵者不知道电话号码，从而降低了入侵网络的风险。

拨号网络要考虑许多操作安全性，这已经超出网络设计的范畴。值得注意的是，要认真配置调制解调器和访问服务器，防止入侵者重新配置它们。在每次呼叫开始和结束时，应将调制解调器重置为标准配置，调制解调器和访问服务器应彻底终止呼叫。如果用户挂起，服务器则应当在一定时间范围内自动强迫其退出系统。

8.4.3 网络服务安全性

8.4.1 节所述的有关因特网连接安全性的许多建议也可用于保护内部企业网的安全。内部网络服务可以使用鉴别和授权、分组过滤、审计日志、物理安全性和加密等安全手段。

为了保护内部安全服务，保护网络互联设备（如路由器和交换机）是很重要的。无论用户是通过控制台端口还是通过网络访问这些设备，都需要注册 ID 和口令。只允许检查设备状态的管理员应使用设备的较低权限的口令，有权查看或修改配置的管理员应使用安全等级更高的第二级口令。

如果允许通过调制解调器访问网络互联设备的控制台端口，则保护该调制解调器的安全必须像保护标准的拨入用户调制解调器的安全那样；电话号码也应当保密，而且应与该机构大部分号码无关。当负责的网管人员变动时，电话号码也应随之改变。

对于使用大量路由器和交换机的用户来说，可以使用终端访问控制器访问控制系统（Terminal Access Controller Access Control System，TACACS）这样的协议来管理大量路由器和交换机用户的 IP 地址和口令。TACACS 还提供审计功能。

对于安全性要求更高的企业网，应限制使用简单网络管理协议（SNMP）的 set 操作，因为该操作可能允许远程站点修改管理和配置数据，而且无法对其进行必要的安全性限制。不过，SNMP v3 已支持对使用 set 操作和其他 SNMP 操作的用户进行鉴别。

8.4.4 网络端系统的安全性

网络端系统包括主机、文件服务器、数据库服务器和移动主机等，网络端系统上运行应用程序，提供了网络服务功能。提供网络服务的服务器通常能够提供鉴别和授权功能，端系统也可以提供这些功能。当用户长时间离开自己的办公室时，端系统应当能够自动锁住屏幕。用户不工作时应关闭计算机，以免未授权用户利用该计算机具有的权限去访问服务和应用程序。

安全策略和过程应当说明可接受的有关口令的规则：何时使用口令、如何格式化口令、如何修改口令等。一般来说，口令应当同时包括字符和数字，长度至少为6，而且不是常用词汇，且需经常修改。

对服务器而言，应该只有少数人知道根口令或系统管理员口令。如果有可能，避免使用guest 账户。在一些主机中，应当慎重使用支持委托（trust）的概念。如果可能的话，应当允许 guest 账户支持委托主机与其他主机分开。

Kerberos 是一个为 FTP 和 Telnet 这样的应用级协议提供用户主机安全性的鉴别系统。如果应用程序需要，也可以使用 Kerberos 来提供加密功能。Kerberos 依赖于使用 Kerberos 服务器上密钥分配中心的对称密钥数据库。

安全策略应该规定允许哪一个应用程序运行在网络 PC 上和限制未知应用程序从因特网或其他站点下载的原则。安全过程应当规定用户如何安装和更新防病毒软件。防病毒是用户服务安全性最重要的方面之一。

根据网络结构，用户服务的安全性可以与加密服务合并。加密有时是在服务器和端系统上而不是在网络里实现的。许多厂商都为端系统、工作站和服务器提供了加密软件。

为了在用户服务级保证安全性，应辨别并改正应用程序和网络操作系统中已知的安全性错误。网络管理员应及时下载有关补丁软件，以修补操作系统或应用系统的安全性漏洞。

8.4.5 网络之间的物理隔离

1. 物理隔离

由于我国目前还没有掌握计算机操作系统、数据库和某些网络关键设备等核心技术，一旦与因特网相连，就可能无法保证连网计算机上的数据安全。因此，对许多对信息安全性有特殊要求的组织机构而言，为了保证万无一失，企业网与因特网在物理上是隔离的。因此，在许多机构中，往往安装有两套甚至多套彼此独立的结构化布线系统：一个布线系统与部门内部局域网相连，另一个布线系统与企业网相连，有的布线系统与因特网相连。我们将这种安装多套物理隔离网络的安全方案称为网络物理隔离。

具体实施网络物理隔离的方法有：

1）集中上因特网。在专门的办公室，用指定专人负责的专用计算机，供大家访问因特网。这些专用计算机不得用于处理涉密内容。

2）使用冗余的主机。有些计算机厂商设计了结构独特的 PC，这种 PC 具有双主板、双硬盘和双网卡，即一个机箱中具有两个完全独立的 PC，只是共用一个显示器。在机器启动时，由用户选择使用与企业网或因特网相连的某台机器。这种做法具有节省空间、安全保密的优点，但成本较高。

2. 通过安全隔离设备连接

物理隔离使得企业网与公共因特网不可能交流信息。如果企业网确有与外部网络之间进行单向传输信息的需求，则可以采用网络安全隔离设备。

网络安全隔离设备是一种专用的硬件系统，使两个网络能够在可控的情况下进行网络间数据单向传输。该设备自身无 IP 协议栈，通过开关切换及数据缓冲设施来进行数据交换，开关的切换使得在任何时刻不会有直接连通的两个网络，在某个时刻网络安全隔离设备只能连接到一个网络，而数据流经网络安全隔离设备时 TCP/IP 协议被中止，因此可以有效地防护网络免受外部的攻击。网络安全隔离设备独特的硬件设计使它能够提供比防火墙更高的安全保证，例如美国、以色列等国家的军政、航天、金融等关键部门都应用了网络安全隔离设备。在国内，中国电力科学研究院与北京科东电力控制系统有限责任公司研制的 StoneWall-2000 等系列网络安全隔离设备已在电力行业的企业网中得到了应用。

网络安全隔离设备分正向型和反向型两种，正向型实现由内网到外网的单向传输，反向型实现由外网到内网的单向传输。以 StoneWall-2000 网络安全隔离设备（正向型）为例，其连接网络的方式可分为以下三种：

1）主机和主机之间。此时，只有内部网的特定主机可与外部网的特定主机进行单向传输，如图 8-8 所示。

图 8-8　经网络隔离设备实现的主机到主机单向传输

2）主机和网络之间。此时，只有内部网的特定主机可与外部网中的任意主机进行单向传输，如图 8-9 所示。

图 8-9　经网络隔离设备实现的主机到网络单向传输

3）网络和网络之间。此时，内部网的任意主机可与外部网的任意主机进行单向传输，如图 8-10 所示。

图 8-10　经网络隔离设备实现的网络到网络单向传输

8.4.6　利用 VPN 提高网络安全性

虚拟专用网（Virtual Private Network，VPN）是通过公用网络（如因特网）将企业分支网络互连在一起，以形成企业专网的一种解决方案。采用该方案实现互连的成本远低于通过专用线路互连的成本，它是目前大多数企业实现广域互连的一个主要选择。由于 VPN 利用了公用网络设施，因此相关的网络安全问题是必须要考虑的。通过 VPN 传输数据，数据是经过加密处理的，数据包即使被截获，也很难被解密，因此它的安全性更有保证。

VPN 通信的实质就是在 VPN 客户与 VPN 服务器之间建立点对点连接，使企业得到一条逻辑上的专用链路。VPN 连接主要有两种类型：远程访问 VPN 连接和路由器到路由器的 VPN 连接。前者用于企业中个人用户主机移动到企业固定网络外部时，通过因特网接入企业专网；后者用于企业分支机构通过因特网连接到企业总部网络。

对于远程访问 VPN 连接，通常有两种解决方案。一种是通过软件方式实现，例如，可以利用 Windows Server 2003（或 2008）相关功能来构建 VPN 服务器，而客户端则用 Windows XP 等，通过配置就可建立 VPN 隧道以实现远程安全连接。图 8-11 给出了一个示例。这种方式实现简单，成本较低。

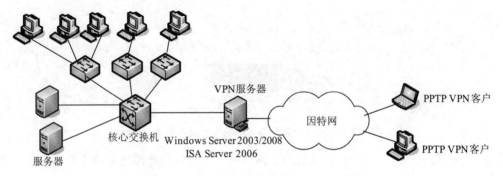

图 8-11　通过软件实现远程访问 VPN 连接

另一种实现 VPN 隧道的方案是使用专用的 VPN 设备。例如，思科公司的 Cisco ASA 5500 系列设备就提供支持多种连接方式的远程接入 VPN 解决方案，如图 8-12 所示。

对于路由器到路由器的 VPN 连接，通常需要购买专用 VPN 路由器，图 8-13 也展示了分支机构到企业总部网的 VPN 连接。

VPN 客户端有两种，一种是点对点隧道协议（PPTP）的客户端，这种客户端组网较简单；另一种是第二层隧道协议（L2TP）的客户端，采用 L2TP 客户端需要部署第三方的证书服务器，VPN 服务器和 VPN 客户都需要访问此证书服务器以获取证书。

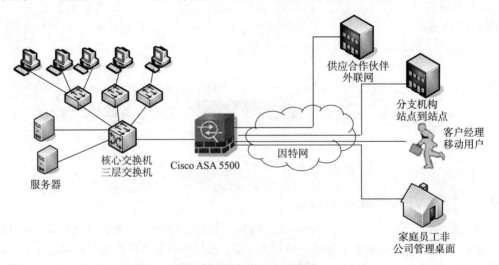

图 8-12　通过专用设备实现远程访问 VPN 连接

在 VPN 服务器端配置好客户端信息后，VPN 客户端主机无须安装额外的软件，只需在操作系统中进行简单的配置即可。例如，对于 Windows 主机，打开"控制面板"中的"网络连接"，单击"新建连接向导"中的"连接到我的工作场所的网络"，再选择"虚拟专用网络连接"，然后输入该连接相关属性参数即可配置好 VPN 客户端。

尽管 VPN 技术能保证数据在传输过程中的安全，但这并不意味着能够保证企业网的安全性。采用 VPN 方案的企业网，仍要注意下列问题：一是在 VPN 终点需要采取适当的安全检测和防御措施，以避免恶意软件对 VPN 内部的攻击和在其内部传播泛滥。有些硬件 VPN接入设备提供了威胁检测和防御功能。二是关注哪些流量正在使用 VPN 资源和带宽，并能控制对网络资源的访问。三是防止经过本网的其他非 VPN 通道泄密。

8.5　网络工程案例教学

在本章的网络工程案例教学中，我们将学习利用防火墙设计非军事区的结构、设计并设置某办公系统和 PC 的安全性的相关技术。

8.5.1　设计一个高可用的网络

【网络工程案例教学指导】

案例教学要求：

1）掌握设计高可用网络的基本方法。

2）用 Visio 绘制该网络拓扑图。

案例教学环境： PC 1 台，Microsoft Visio 软件 1 套。

设计要点：

1）某金融机构的 A 办公楼和 B 办公楼中的网络不仅要求有高传输速率，而且要求有高可用性。

2）用千兆到交换机，百兆到桌面的传输方案。

3）采用双交换机互为高速备份的联网方案。

4）保障金融信息可用性至关重要。

（1）需求分析和设计考虑

根据 6.1.3 节的介绍可知，对于一个需要高可用性的网络而言，最基本的方法就是采用冗余设计。我们为该金融机构的办公楼 A 和办公楼 B 各配置 1 台主交换机，为每个楼层配置 1 台楼层交换机，楼层交换机分别与两台主交换机用千兆光缆相连。为了增加对各种网络服务的支持，可将两台主交换机用链路聚合技术连接起来，并将各种服务器与主交换机相连。这样，一旦某台主交换机出现问题，网络仍能够保持高速运转，而不会全面瘫痪。

为了保障网络中金融信息的安全，应采取服务器异地互为备份等其他容错技术。

如果按上述思想进行网络拓扑的设计，在该网络中出现物理上的环路是必然的。但由于交换机中 IEEE 802.1D 规范定义的"生成树算法"的保证，我们不必担心真正会出现报文的环路。

（2）设计方案

根据上述分析，我们提出的一种网络实验室的设计方案如图 8-13 所示。

其中，2 台主交换机分别位于 A、B 两座办公楼，每台主交换机都用千兆光缆与本办公楼以及另一座办公楼的楼层交换机相连。此外，两台主交换机之间采用链路聚合技术形成速率更高的通道。

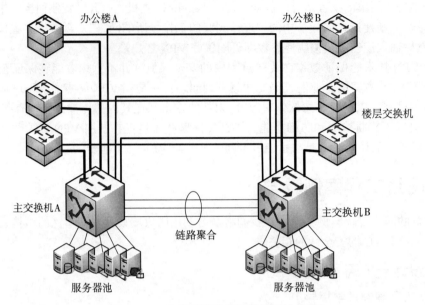

图 8-13　一个高可靠性的网络的设计方案

在 A、B 两个主交换机上都连接了各种重要的服务器，这两个服务器池中的服务器中的信息互为备份。系统中还采用了容错电源等措施。

8.5.2　配置防火墙

【网络工程案例教学指导】

案例教学要求：

1）掌握配置防火墙的基本方法。

2）深入理解防火墙的工作原理并设置它的位置。

案例教学环境： 防火墙 1 台，交换机 2 台（用于连接），PC 2 台（用于测试），网线若干。

设计要点：

1）在与因特网相连的办公局域网边界安装一台防火墙，以提高办公局域网的安全性。

2）对防火墙进行网络地址转换配置，使得该防火墙与办公 LAN（具有专用地址 192.168.1.0/24）的接口为 192.168.1.1，而该防火墙对因特网具有全局 IP 地址 200.100.1.1。

3）只允许内部 PC 向外发起 TCP 连接，而不允许外部 PC 向内发起任何连接。

4）对是否允许管理主机或所有主机对本防火墙进行 Ping 和 Traceroute 设置。

（1）需求分析和设计考虑

企业网中可供选择的硬件防火墙产品型较多，如思科公司的 Cisco PIX 系列防火墙等。配置 Cisco PIX 的方法与配置 Cisco 路由器相似，即用 CLI（命令行界面）来配置。在本案例教学中，我们以国产的锐捷网络防火墙产品 RG-wall 60 为例。配置其他类型的防火墙的过程与之类似。RG-wall 60 防火墙产品外观如图 8-14 所示。正面板的左边包括固化的 7 个 10/100BaseT 端口，其中 4 个用于连接内部网络的交换局域网端口，另外 2 个用于连接外部网络的广域网端口，一个用于连接 DMZ 公共信息区域的端口，还包括一个控制台接口。正面板的右边是与左边接口对应的工作状态指示灯。

图 8-14 RG-wall 60 防火墙外观

为了实现设计要点提出的要求，我们需要参照图 8-15 建立起防火墙配置和测试环境。其中，防火墙一侧用于与局域网连接的接口的地址为 192.168.1.1，防火墙另一侧与因特网连接的接口的地址为 200.100.1.1，而 PC1 的 IP 地址可以设置为 192.168.1.2，PC2 的 IP 地址可以设置为 200.100.1.2。

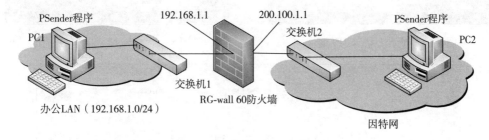

图 8-15 防火墙的配置和测试环境

（2）配置过程

1）配置接口的 IP 地址

启动防火墙 RG-wall 60。由于该款防火墙支持通过 PC 机用 Web 浏览器进行。使用网线连接 RG-wall 60 防火墙，使配置 PC 和防火墙为同一网段地址（该防火墙出厂配置的默认地址为 192.168.1.1/21）。

打开配置 PC1 上的 IE 浏览器，通过 Web 方式访问并配置防火墙。在配置 PC1 浏览器的 URL 窗口输入防火墙出厂时配置的默认地址 192.168.1.1，即

http://192.168.1.1

PC1 将进入防火墙配置主页面。点击左侧菜单"网络配置—> 接口 IP"，进入图 8-16 所示的接口 IP 配置界面。

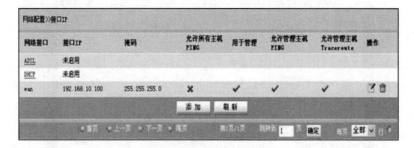

图 8-16 接口 IP 配置界面

点击"添加"按钮，会出现如图 8-17 所示界面，填入 RG-wall 60 防火墙默认以太 LAN 口具体配置参数。

点击"确定"按钮后，LAN 侧的 IP 地址添加成功。然后继续添加 RG-wall 60 防火墙连接外部网络的 WAN1 端口配置如图 8-18 所示。

点击"确定"按钮后，完成 WAN1 端口 IP 地址配置，可以看到如图 8-19 所示页面。

图 8-17　配置 LAN 口 IP 地址

图 8-18　配置 WAN1 口 IP 地址

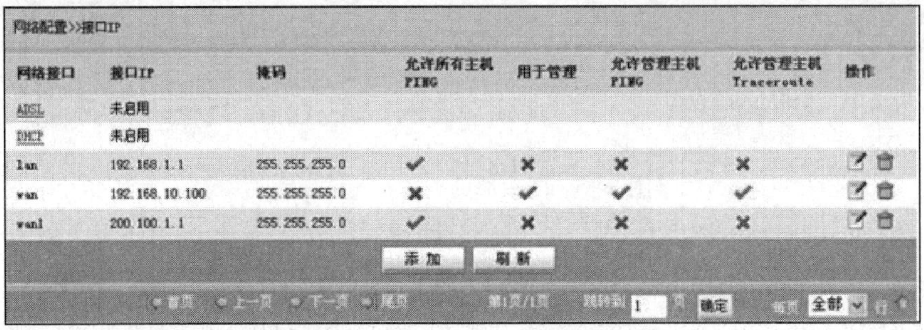

图 8-19　配置完成后的参数

2）定义 NAT 规则

回到防火墙启动的主页面。此时点击"安全策略→安全规则"，进入安全规则配置界面，如图 8-20 所示，配置 NAT 转换的内部网络的专用地址范围为 192.168.1.0/21，映射为网络外部中使用的公有地址 200.100.1.1/17。

图 8-20　定义 NAT 规则

点击"NAT 规则",弹出 NAT 规则配置界面如下,如图 8-21 所示,填入具体配置参数。点击"确定"后,就可以看到如图 8-22 所示配置生效的 NAT 规则。

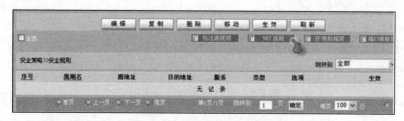

图 8-21 安全规则配置界面

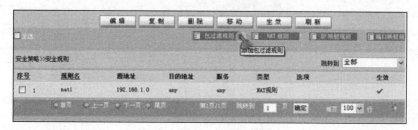

图 8-22 NAT 规则配置界面

【网络工程案例教学作业】

1. 根据 8.4.1 节的内容,为一个企业网设计因特网连接安全性措施。

2. 根据 8.5.2 节的内容和要求,只是将内部网络改变为专用地址 172.16.0.0/16,而公用因特网地址保持不变。试对防火墙 RG-wall 60(也可以用其他防火墙产品)进行配置以满足题目要求。

8.5.3 PC 的网络安全防护

【网络工程案例教学指导】

案例教学要求:

1)掌握 PC 安全防护的基本方法。

2)掌握常用防火墙软件的配置方法。

案例教学环境: 杀毒及防火墙软件 1 套,PC 1 台。

(1)需求分析和设计考虑

对于访问因特网的 PC 而言,首先要做好本机的安全防护工作,以避免受到网络黑客的攻击或木马病毒的入侵,导致本机无法上网或数据失泄密。PC 安全防护工作应从两方面入手,一方面是养成良好的用机习惯;另一方面是安装并使用好相应的安全防护软件。

良好的用机习惯主要包括:不在联网 PC 上存储涉密或隐私信息,不访问不良网站,不点击网站的小广告,直接删除各类来源不明邮件或垃圾邮件,不下载运行未经核实的软件,不运行 U 盘或移动硬盘中可疑的可执行程序等。安全防护软件是指一些知名品牌的杀毒软件和防火墙软件等。

(2)主要工作

1)安装安全防护软件。

安装操作系统后,应关闭自动播放功能,安装杀毒软件和防火墙软件,如瑞星、360 等杀毒防护软件。注意,每台机器上安装一个厂商的产品即可,不要安装多个厂商的同类产品。

2）及时升级系统补丁或安全防护软件。

应通过在线升级的方法或及时下载补丁对操作系统等缺陷进行弥补，定期升级杀毒和防火墙软件。

3）关闭易受攻击的闲置服务。

以安装 Windows 操作系统的主机为例，可以禁用系统中易受攻击的闲置服务。启动服务越少，计算机越安全。表 8-2 给出了可以禁用的服务的一些例子。

表 8-2　可以禁用的服务示例

服务名称	用途	设置建议
Application layer gateway service	为 Internet 连接共享，并为 Internet 连接防火墙提供第三方协议插件的支持	没启用共享或内置防火墙的禁止
Automatic updates	自动从 Windows Update 启用 Windows 更新的下载和安装	禁止
Clipbook	启用"剪贴板查看器"存储信息并与远程计算机共享	禁止
DHCP Client	通过注册和更改 IP 地址以及 DNS 名称来管理网络配置	禁止
Error reporting Service	服务和应用程序在非标准环境下运行时允许错误报告	禁止
Fast user switching　compatibility	为在多用户下需要协助的应用程序提供管理	禁止
Imapi cd-burning Com service	用 imapi 管理 cd 录制	禁止
Indexing service	本地和远程计算机上文件的索引内容和属性，提供文件快速访问	禁止
Netmeeting Remote Desktop Sharing	使授权用户能够通过使用 NetMeeting 远程访问此计算机	禁止
Print spooler	将文件加载到内存中以便迟后打印	没装打印机的禁止
Remote registry	使远程用户能修改此计算机上的注册表设置	禁止
Remote Desktop　Help Session Manager	管理并控制远程协助	禁止
Server	支持计算机通过网络进行文件、打印和命名管道共享	禁止
Smart Card	管理计算机对智能卡的取读访问	禁止
Ssdp discovery　service	启动家庭网络上的 UPNP 设备的发现	禁止
Task scheduler	使用户能在此计算机上配置和制定自动任务的日程	禁止
Telnet	允许远程用户登录到此计算机并运行程序，并支持多种 TCP/IP Telnet 客户，包括基于 UNIX 和 Windows 的计算机	不需要远程管理的禁止
Terminal services	允许多位用户连接并控制一台机器，并且在远程计算机上显示桌面和应用程序	禁止
Uninterruptible power supply	管理连接到计算机的不间断电源	禁止
Wireless　Zero Configuration	使用 IEEE 802.1X 为有线和无线以太网络提供身份验证的网络访问控制	禁止
Workstation	创建和维护到远程服务的客户端网络连接	禁止

4）关闭易受攻击的监听端口。

系统启动后，往往会自动打开一些服务对应的端口。这些端口对于一般 PC 用户可能并不需要，但可能成为黑客攻击的后门，可以选择将其关闭。表 8-3 列出了其中的一些端口。

表 8-3　可以选择禁用的一些端口

协议名	端口	设置方法
TCP 协议	135、137、139、445、593、1025、2745、3127、3389、4444、6129	PC 防火墙软件中设置
UDP 协议	135、137、138、139、445	PC 防火墙软件中设置

5）防火墙软件配置。

对运行 Windows XP、Windows 7、Windows 8 等操作系统的主机，可以使用操作系统自带的防火墙，而对于运行 Windows Server 版操作系统的主机，则需要另外安装第三方防火墙软件。如果需要安装第三方防火墙软件，则要关闭 Windows 自带的防火墙功能。启用 / 关闭 Windows 自带防火墙的方法是：右击屏幕右下角"网络连接"图标，选择"更改 Windows 防火墙设置"，可选择"启用 / 关闭"Windows 防火墙。

启用 Windows 防火墙后，系统将根据规则过滤对本主机的访问，但也允许某些程序或端口被定义为例外来处理。用户可自行修改"例外列表"，如图 8-23 所示。

用户可为指定连接设置详细的网络访问控制信息，如图 8-24 所示。

图 8-23　在 Windows 防火墙中
添加例外程序或端口

图 8-24　Windows 防火墙对每个连接提供的网络访问控制

用户可在 Windows 防火墙中设置 ICMP 访问控制，如图 8-25 所示。

通常网络应用需要开放一些端口，以允许外部主机进行访问，因此在设置防火墙时，应该关注一些典型网络应用使用的默认端口。表 8-4 列出了一些常用网络应用所使用的默认端口。

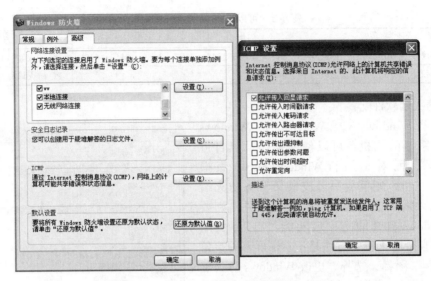

图 8-25 Windows 防火墙设置 ICMP 访问控制

表 8-4 一些常用网络应用所使用的端口

应用或协议名称	端口	运输协议
Web 应用（HTTP 协议）	80	TCP
电子邮件传送（SMTP 协议）	25	TCP
电子邮件读取（POP3 协议）	110	TCP
FTP 服务（FTP 协议）	20（数据） 21（控制）	TCP
DNS 服务（DNS 协议）	53	UDP、TCP
Telnet 应用	23	TCP
网络管理应用（SNMP 协议）	161（代理） 162（管理者）	UDP
Oracle 数据库服务程序	1521	TCP
MS SQL Server 数据库服务程序	1433	TCP
MySQL 数据库服务程序	3306	TCP
远程桌面服务程序	3389	TCP

【网络工程案例教学作业】

根据 8.5.3 节的内容，检查和配置自己所用 PC 的安全防护措施。

习题

1. 简述网络安全的意义和进行安全性设计的一般步骤。
2. 分析信息安全性可以从哪些方面着手进行？
3. 进行网络攻击有哪些基本手段？可以将这些攻击划分为几种类型？简述这些手段和类型的基本特征。
4. 安全服务包括哪些方面的内容？试逐项阐述这些安全服务的内容。
5. 什么是风险管理？风险管理有什么意义？风险管理程序通常包括哪些主要步骤？这些主要步骤包括哪些内容？

6. 简述风险分析的概念和主要方法。

7. 分析安全性管理方案要进行折中的原因。为达到安全性目标，能否不采用折中方案？

8. 开发安全方案的主要工作是什么？这对参与实现网络安全性的人员有何要求？

9. 什么叫做安全策略？它包括哪些内容？

10. 根据传统的信息加解密模型，简述信息加密思想。

11. 简述常用的几种对称密钥算法的基本思想。在这些算法中，对双方共享的密钥通常有哪些要求？试思考破译这些算法的方法。

12. 简述采用公钥密码体制进行加密和数字签名的基本步骤和基本思想。

13. 简述"鉴别"的含义。鉴别协议应当包含哪些要素？

14. 试讨论 Kerberos 协议的工作过程，并说明鉴别服务的原理。

15. 什么叫"报文完整性"？如何保证报文完整性？试举例说明。

16. 为什么要进行公开密钥的分发？简述鉴别、授权以及证书的概念？

17. 访问控制机制具有何种作用？简述基于角色的访问控制的基本思想和使用这个概念可能带来的好处。

18. 什么是"审计"？审计应当包括哪些内容？为什么审计过程不应收集口令？

19. 有哪些恶意软件类型？这些类型的恶意软件有哪些特征？试分析近年来电子邮件病毒猖獗的原因。

20. 从防火墙系统的配置角度而言，防火墙有哪些不同的结构？这些结构有何特点？

21. 入侵检测是一种什么样的技术？入侵检测有哪些主要的类型？

22. 入侵检测方法一般可以分为基于异常的入侵检测和基于特征的入侵检测两种方式。简述这两种方法的异同点。

23. 简述网络物理安全性的概念和实施方法。

24. 为什么说数据备份十分重要？数据备份可以采用哪些方法？

25. 简述廉价冗余磁盘阵列技术的基本思想。RAID 包括哪些冗余技术？

26. 简述存储区域网络的概念和它的主要优点。

27. 因特网数据中心有什么用途？它有什么特殊性？

28. 异地容灾可以有哪几种方式？简述它们的区别和特点。

29. 为什么说电源问题与网络安全其他问题同样重要？应当注意电源可能出现的哪几种情况？

30. 与因特网连接应当采用哪些安全性机制来保证网络安全？只使用一种安全机制是否能够满足安全需求？试分别从常用服务器、DNS 等方面进行讨论。

31. 分析用防火墙设置的非军事区（DMZ）的用途和安全性特性。

32. 入侵检测系统应当位于网络中的什么位置？试说明入侵检测系统与防火墙联合使用会带来哪些好处？根据你的思考，设计一种实用结构。

33. 为什么说拨号访问是造成系统安全威胁的重要原因？如何进行防范？

34. 为加强网络服务安全性，需要进行哪些方面的工作？

35. 如何保证用户服务的安全性？有哪些具体措施可供参考？

36. 什么叫做网络物理隔离？试讨论这些实施方案的优缺点。

CHAPTER

第 9 章

测试验收与维护管理

【教学指导】

测试是网络工程的最后一个关键步骤，测试结果能够表明网络设计方案满足用户的业务目标和技术目标的程度，并以验收的形式加以确认。任何网络系统都可能发生差错和故障，对网络进行维护管理的过程就是对一个给定的网络系统加以日常保障和检测、隔离及排除故障的过程。这些工作既是完成网络工程项目的必要步骤，也是保障网络长期稳定运行的必然要求。

9.1 网络工程的测试

没有两个系统是完全相同的，因此要正确选择测试方法和测试工具，就需要对所评价系统有透彻的理解。没有一种方法或者工具能完全适合所有的项目或所有的网络设计人员。另一方面，尽管用户对系统的要求可能有所不同，但由于网络厂商提供的设备是按型号系列生产的，即使每个档次的设备的性能有较大的差别，但用这些系列化的设备设计出来的系统也会有一定的相似性。同时考虑到为网络的发展需求留有余量，往往导致用户感觉到这些设计之间的差异不是很大。尽管如此，设计上的一个小差异就可能导致日后实现的网络的性能有很大差别，而发现这种设计上的差异就需要借助于测试手段。

网络设计上的微小差别真会带来巨大的性能差异吗？网络测试真有这么大的作用吗？本书作者在 1995 年亲历的一件事就能够说明这一点。某国有大型企业当时要建立一个覆盖方圆几十平方千米地域的企业网用于传输企业管理信息和部分工业控制信息。根据当时的技术条件和经费预算，确定了采用基于 IEEE 802.11b 无线技术的企业网架构，而当时某声名显赫的网络系统集成公司实施了该网络工程项目。一个意想不到的结果是，自 1995 年夏天网络硬件和网络操作系统调试完成之日起，直到 1997 年的秋天，这个速率为 11 Mbps 无线网络甚至连用户注册都无法完成，更不要说进行项目验收了。在网络设备硬件和软件都分别声称没有发现问题的情况下，网络系统究竟出了什么问题？如何才能发现问题并解决问题呢？事实上，对于这个书本上无法直接找到答案又无专家可咨询的问题，作者在便携机上运行了一个编写的分组发送程序和接收程序，通过统计分组丢包率发现该网络各条链路都是连通的但存在着大量丢包。进一步用 Ethereal 进行测试分析，发现该无线网络充斥着大量的广播风暴报文。因此，作者很快发现了该网络在设计上存在重大缺陷：整个广域无线网络被设计成一个二层的广播域！解决这个问题的方案是如此简单，即增加 10 块以太网网卡，将该企业网改造成为由 11 个子网互联的结构。这个案例给我们的启示是：要善于运用仪器测试网络，使我们能够洞察网络内部；要善于定量分析网络故障，使我们能够理性管理网络，最终使自已真正成为网络高手。

9.1.1　测试网络系统

正确选择测试方法和测试工具取决于测试的目的，测试的目的通常包括：

1）验证该设计是否满足主要的商务技术目标。

2）验证选择的局域网技术、广域网技术和设备是否合适。

3）验证服务提供者是否能够提供要求的服务。

4）找出系统瓶颈或连通性问题。

5）测试网络冗余程度。

6）分析网络链路故障对性能的影响。

7）确定必要的优化技术，满足性能和其他技术目标。

8）分析网络链路和设备升级对性能的影响。

9）证明该设计优于其他的竞争方案。

10）通过"验收测试"以验证是否能够进行下一步的网络实现。

11）发现可能妨碍网络工程执行的风险，并拟订相应的应急措施。

12）决定还需要哪些其他测试。

如果网络设计方案中选用的设备不是全新的设备，即该设备或相应的组网方案已经在其他单位得到广泛应用的话，则上述测试内容就可以大大简化。一种简单做法是，实地深入考察采用类似方案构建的现有网络系统。如果可能的话，对该网络进行所关心项目的测试。当然，应当选择不影响该网的业务正常运行的时间，并支付必要的费用。这种做法的好处是，可以节省经费和大量的时间，并与实际结合较紧。

如果采用的是全新设备和网络设计方案，并且工程涉及的金额较大，可以要求设备厂商搭建环境以进行必要的专项测试，提供尽可能全面的权威测试资料，特别是第三方的权威测试结果报告，从而降低测试费用。

9.1.2　建立和测试原型网络系统

原型系统是新系统的一个初始实现，为最终完成系统提供了一个样板。原型系统有利于设计人员证实新系统的作用和性能。建立网络原型系统有两个目的，一是有助于确定为达到验证设计的目的，需要在多大程度上实现该原型系统；二是检查和验证所设计系统的性能。

在实验室全面地实现某个大型系统并进行测试往往是不切实际的。必须分析清楚，网络设计的哪些方面对用户最为重要。建立原型系统的主要目的是验证重要的性能和功能，尤其是对其中没有把握的部分，例如，某个复杂、难理解的功能，某个可能受到商务和技术实现限制的功能，以及对相互冲突实现目标的折中。

实现原型系统的能力取决于所能得到的资源，包括人工、设备、资金和时间等。完成有效的测试需要有足够的资源，但如果资源消耗过大将导致项目预算超支、时间过长或对用户产生不利影响。

有 3 种实现和测试原型系统的方法：

1）作为实验室中的测试网络。

2）与运行的网络集成，利用空闲时间进行测试。

3）与运行的网络集成，在正常工作时间内测试。

一旦网络设计方案被认可，关键问题就是对初始实现进行测试，以核查可能出现的设计瓶颈及其关键指标。这种测试可以放在空闲时间进行，以免产生不必要的问题，但最终测试必须放在正常的工作时间内进行，同时在正常负载下进行评估。

在确定了原型系统的测试范围后，应当编写一份计划，说明如何测试该原型系统。测试计划应当包括以下方面：

1）测试目标和验收标准。

2）所要进行测试的种类。

3）涉及的网络设备和所需的其他资源。

4）测试脚本。

5）测试项目的时间划分和阶段划分。

在测试计划执行的过程中，主要工作是按测试脚本执行并将工作归档。由于在编写测试脚本时不可能考虑到所有突发情况和可能出现的各种问题，严格地按测试计划去做有时不可行。因此，维护日志记录是非常重要的。

日志中应当包括测试数据和测试结果以及日活动记录。日活动记录中记载了对测试脚本或设备配置所做的改变，记录遇到的问题和对引起这些问题原因的推测。这些推测在分析测试结果时往往非常有用。

9.1.3 网络测试工具

网络设计的测试工具一般包括：

❑ 网络管理和监控工具。

❑ 建模和仿真工具。

❑ 服务质量和服务级别管理工具。

网络管理和监控工具（如 HP OpenView）能够在网络测试运行过程中提示造成某些问题的网络事件的出现。这些工具还可以是驻留在网络设备中的应用软件。例如，微软公司Windows Server 2003 网络操作系统包含了监测服务器的 CPU 利用率、发送接收分组的速率和内存使用情况等功能的工具，这些功能有助于发现和识别网络设计中的性能问题。

协议分析仪也能用于监测新设计的网络，帮助分析通信行为、差错、利用率、效率以及广播和多播分组。例如，Fluke 公司的 OptiView 分析仪可用于故障排除和监测，它使用用户接口软件来进行远程控制，使用 Optiview Protocol Expert 软件来分析捕获的数据。其丰富的功能可以参见它们的帮助文档和用户手册。

有时，需要人为地产生大流量的网络负载来对网络系统进行压力测试以核查设计的结果。这是因为无论对于原型系统，还是大型网络系统，如果网络系统中没有一定用户流量，就无法测定网络性能瓶颈，甚至无法判定网络设备正常与否。在实践中，我们就曾经发现某大厂商提供的某型号关键交换机在高强度的流量下出现周期性复位的现象。为此，我们往往需要借助于网络流量产生器根据网络应用场景产生一定强度的流量。所谓网络流量产生器（Network Traffic Generator，NTG）是一种软件与硬件相结合的实体，它能够在一定的时间范围内产生特定的分组类型、分组长度、一定数量分组的数据流，且该流服从一定的概率分布。为了便于分析使用，NTG 通常还需要配套实现记录和分析流量分组特征的工具，如网络协议分析仪等。NTG 通常采用主动工作方式，向目标网络或目的网络设备发送指定模式的数据流。从网络的层次上来看，NTG 能够产生 3 种类型的流量：IP 层的流量、运输层的流量和特定应用的流量。IP 层的流量是指所有在 IP 层可见的分组集合；运输层的流量是指 TCP流和 UDP 流，它们占据了因特网中流量的绝大部分。特定应用的流量由运行各种不同应用层协议的分组组成。从流量的模式上来看，NTG 应当能够产生服从：常数分布、均匀分布、指数分布、泊松分布、Erlang 分布、自相似等模型的流量。根据流量类型的不同，NTG 可以采用单向发送方式（即 NTG 只负责发送，不负责接收），也可以采用双向发送方式（即 NTG 既负责发送，也负责接收）。在这些流量的激励下，NTG 可以支持对吞吐量、时延大小、时延抖动、平均流速、平均流量等网络性能指标的测量。就产生网络流量的场景而言，模拟（emulation）与仿真（simulation）两个词是不同的。前者通常是指在计算机软件环境下用软件来逼近某种对象的特性和行为；后者通常是指在前者的基础上再加入某些真实的网络元素。对于模拟环境下的流量产生器而言，通常可以在软件环境下根据某种数学模型产生出驱动流量事件，但并不会在网络中产生真实流量。对于仿真环境下的流量产生器而言，这种网络流量的产生能够借助于计算机软件和硬件的能力，在实际网络上产生真实的流量。我们讨论的流量产生器是指这种仿真意义上的 NTG。有时为了产生强度极大、来自网络不同部位的网络流量，需要将利用了位于网络不同部位的大量 PC 的能力协同起来，在 9.4 节中介绍的"IP 网络性能监测系统"就包括了产生这种分布式流量的能力。

使用建模工具和模拟工具来测试验证网络设计是一种更为先进但有些理想化的技术。模拟就是在不建立实际网络的情况下，使用软件和数学模型分析网络行为的过程。利用模拟工具，如 NS2（Network Simulator version 2），就能够根据测试的目标开发一个网络模型，估计网络性能，对各种网络实现方法之间的差异进行比较。模拟工具使选择比较余地更大，特别适合于实现和检查一个扩展的原型系统。一个好的模拟工具（如 OPNET）往往非常昂贵，它的技术实现复杂，不仅要求工具开发人员精通统计分析和建模技术，而且要了解计算机网络，同时对系统的整体仿真远比对各个独立部分的仿真之和要复杂得多。有效的模拟工具包括模拟主要网络设备的设备库，如路由器和交换机等。这两种设备的性能主要取决于它们采用的处理、缓存和排队的方式以及该设备的体系结构。为了更准确地模拟路由器和交换机的行为，可在模拟工具中包含对网络实际通信量的测试。这种方法可在一定程度上解决为复杂设备和通信负载建模的问题，也缓解了网络设计人员在难以获得准确网络负载的困扰，为物理网络设计提供依据。然而，应当认识到，利用模拟工具得出的网络性能与实际网络系统性能有可能存在较大差别。

服务级别管理工具是一种较新的工具，用来分析网络应用的端到端性能。有些工具能够管理服务质量和服务级别，有些工具能够监控实时应用的性能，有些工具能够预测新的应用的性能，还有些工具能够将上述功能结合起来。

9.2 网络工程的验收

9.2.1 综合布线系统工程验收规范

布线工程是整个网络工程的基础，通常被当做一个分项工程来实施，其工程质量直接影响网络系统能否正常运行或产生较好的效能，也影响将来网络系统的维护工作，因此其验收应严格按相关规范和标准执行。我国在 2007 年发布了关于综合布线系统工程的最新设计和验收规范，分别是：GB50311-2007《综合布线系统工程设计规范》和 GB50312-2007《综合布线系统工程验收规范》。

GB50312-2007《综合布线系统工程验收规范》的主要内容如下：

1. 总则

描述本规范的制作目的、适用范围、在布线工程质量管理中的地位和作用。

2. 环境检查

2.1 工作区、电信间、设备间的检查内容

2.2 建筑物进线间及入口设施的检查内容

2.3 有关设施的安装方式应符合设计文件规定的抗震要求

3. 器材及测试仪表工具检查

3.1 器材检验应符合的要求

3.2 配套型材、管材与铁件的检查应符合的要求

3.3 线缆的检验应符合的要求

3.4 连接器件的检验应符合的要求

3.5 配线设备的使用应符合的规定

3.6 测试仪表和工具的检验应符合的要求

3.7 针对屏蔽布线系统的相关检查要求

3.8 对绞电缆电气性能、机械特性、光缆传输性能及连接器件的要求。

4. 设备安装检验

4.1 机柜、机架安装应符合的要求

4.2 各类配线部件安装应符合的要求

4.3 信息插座模块安装应符合的要求

4.4 电缆桥架及线槽的安装应符合的要求

4.5 接地与电气连接要求

描述安装机柜、机架、配线设备屏蔽层及金属管、线槽、桥架的接地要求，电气连接要求。

5. 缆线的铺设和保护方式检验

5.1 缆线的铺设

5.1.1 缆线铺设应满足的要求

5.1.2 预埋线槽和暗管铺设缆线应符合的规定

5.1.3 设置缆线桥架和线槽铺设缆线应符合的规定

5.1.4 采用吊顶支撑柱作为线槽在顶棚内铺设缆线时的要求

5.1.5 采用架空、管道、直埋、墙壁及暗管铺设电、光缆的施工技术要求

5.2 保护措施

5.2.1 配线子系统缆线铺设保护应符合的要求

5.2.2 综合布线缆线与大楼弱电系统缆线采用同一线槽或桥架铺设时的要求

5.2.3 干线子系统缆线铺设保护方式应符合的要求

5.2.4 建筑群子系统缆线铺设保护方式应符合设计要求

5.2.5 电缆从建筑物外面进入建筑物时，选用适配的信号线路浪涌保护器的要求

6. 缆线终接

6.1 缆线终接应符合的要求

6.2 对绞电缆终接应符合的要求

6.3 光缆终接与接续应采用的方式

6.4 光缆芯线终接应符合的要求

6.5 各类跳线的终接应符合的规定

7 工程电气测试

7.1 电缆系统电气性能测试及光纤系统性能测试的要求

7.2 对绞电缆及光纤布线系统的现场测试仪应符合的要求

7.3 测试仪表对测试结果的保存、输出、使用、维护及文档管理等方面的要求

8. 管理系统验收

8.1 综合布线管理系统应满足的要求

8.2 综合布线管理系统的标识符与标签的设置应符合的要求

8.3 综合布线系统各个组成部分的管理信息记录和报告包括的内容

8.4 采用管理系统和电子配线设备时的验收

综合布线系统工程如采用布线工程管理软件和电子配线设备组成的系统进行管理和维护工作，应按专项系统工程进行验收。

9. 工程验收

9.1 竣工技术文件的编制要求

9.2 综合布线系统工程检验内容

应按本规范附录 A 所列项目、内容进行检验。检测结论作为工程竣工资料的组成部分及工程验收的依据之一。

附录 A 综合布线系统工程检验项目及内容

附录 B 综合布线系统工程电气测试方法及测试内容

附录 C 光纤链路测试方法

附录 D 综合布线工程管理系统验收内容

附录 E 测试项目和技术指标含义

GB50312-2007 综合布线工程验收规范条文说明

9.2.2 网络工程验收过程

网络工程验收可达到投资确认、认定工程质量和确认网络工程性能达标三方面的目的，它是日后网络维护管理的基础，也是系统集成商和用户确认项目完成的标志之一。

1. 验收的工作流程

（1）验收的阶段划分

网络工程的验收通常分为两个阶段来进行，分别是：布线工程验收阶段，网络设备和系统安装工程验收阶段。其中，布线工程阶段还进一步被划分为隐蔽工程验收阶段、线缆端接配线安装验收阶段。

由于布线工程施工的特殊性，其中桥架、线管、插座、线缆铺设等预埋预留内容属隐蔽工程，与其他隐蔽工程一样，必须及时组织验收，而不能拖延到装修工程大面积遮盖施工之后。

（2）验收的组织形式

验收通常包括测试验收和鉴定验收等两种方式。当网络工程项目完成后，系统集成商和用户双方要组织测试验收。测试验收要在有资质的专门测试机构或有关专家进行的网络工程

测试基础上，由有关专家和系统集成商及用户进行共同认定，并在验收文档上签字认可。隐蔽工程的验收不需要成立专门的专家小组，只需要甲方、设计方、施工方、监理方派代表组成临时验收小组，由监理方主持验收即可。隐蔽工程的验收目的是确认是否可以进入装修工程中的大面积遮盖施工工序。

（3）验收的流程

验收的主要流程如下：

1）施工方自行进行检查测试，保留各项测试数据，准备相关文档资料，向甲方提出验收申请。

2）甲方委托有资质的专门测试机构或成立由专家组成的鉴定委员会，组成成测试小组和文档验收小组。

3）确定验收测试内容。通常包括线缆（光缆、铜缆和双绞线）性能测试，网络性能指标（网络吞吐量、丢包率等）检查，流量分析以及协议分析等验收测试项目。

4）制定验收测试方案。通常包括验证使用的测试流程和实施的方法等。

5）确定验收测试指标。参照 4.3 节的网络性能指标和 5.4.2 节的有关结构化布线系统的国家工程标准，检测系统是否达标。

6）安排验收测试进度。根据计划完成具体的测试验收。

7）测试小组根据制定的测试大纲对网络工程质量进行综合测试。

8）分析并提交验收测试数据。对测试所得到的数据进行综合分析，产生验收测试报告。

9）成立文档验收小组，对网络工程的文档进行验收。

10）召开验收鉴定会，系统集成商和用户要就该网络工程的进行过程、采用的技术、取得的成果及其存在的问题进行汇报，专家们对其中的问题进行质疑和讨论，并最终做出验收报告。

在现场验收通过后，为了防止网络工程出现未能及时发现的问题，还需要设定半年或一年的质保期（应当在事先签订的项目合同中注明这一点）。用户应留有约 10% 的网络工程尾款，直至质保期结束后再支付给系统集成商。

2. 网络工程验收的内容

网络工程验收通常分为布线系统的验收、机房电源的验收、网络系统的验收和应用系统的验收等几个主要部分。

（1）结构化布线系统

结构化布线系统是网络系统的基础，对它的测试是网络系统测试的必要前提。结构化布线系统的测试验收标准需要遵从相关的国际、国家标准，例如 TIA/EIA/ANSI 568B、ISO11801、GB50312-2007 综合布线工程验收规范等。这些标准主要包括以下几个方面：

1）环境要求：环境要求包括地面、墙面、天花板内、电源插座、信息插座和信息模块座、接地装置等，设备间、管理间、竖井、线槽、打洞位置以及活动地板的铺设等是否符合方案设计和标准要求。有关具体要求可参见表 5.1 ～表 5.6。

2）检查施工材料：检验双绞线、光缆、机柜、信息模块、信息模块面板、塑料槽管、电源插座等的规格和生产厂家是否与合同、技术方案等的规定一致。

3）线缆终端安装：验收信息插座、配线架压线、光线头制作、光纤插座等是否符合规范。

4）双绞线线缆和光缆安装：检验配线架和线槽安装是否正确，线缆规格和标号是否正确，线缆拐弯处是否规范，竖井的线槽和线是否固定牢固，是否存在裸线，竖井层与楼层之间是否采取了防火措施。架空布线时，架设竖杆位置是否正确，吊线规格、垂度、高度是否符合要求，卡挂钩的间隔是否符合要求。管道布线时，使用的管孔位置是否合适，线缆规格、线缆走向、防护设施是否正确。挖沟布线（直埋）时，光缆规格、深度、铺设位置是否合适，是否加了防护铁管，回填土复原是否夯实。隧道线缆布线时，线缆规格、安装位置、路径设计是否符合规范。

5）设备安装检查：检查机柜的安装位置是否正确，规定、型号、外观是否符合要求；跳线制作是否规范，配线面板的接线是否美观整洁；信息插座的位置是否规范；信息插座及盖子是否平、直、正；信息插座和盖是否用螺丝拧紧，标志是否齐全。

（2）机房电源验收

按5.5节的设计要点进行验收。特别要注意照明是否符合要求，空调在最热和最冷环境下是否够用，装饰材料中的有害物质排放量是否达标；接地是否符合要求，电力系统是否配备了UPS，是否有电源保护器等。

（3）网络系统

网络系统的验收主要包括交换机、路由器等互联设备和服务器、用户计算机和存储设备等是否提供了应有的功能，是否满足了网络标准，是否能够互联互通。由于网络系统的验收尚无强制性的国家标准，因此可按照行业规范或一些通用做法来进行验收，应重点考察下列几个方面：

1）所有重要的网络设备（路由器、交换机和服务器等）和网络应用程序都能够联通并运行正常。

2）网络上所有主机全部打开上网并满负荷运转，运行特定的重载测试程序如"IP网络性能监测系统"中的有关测试功能，产生大量流量对网络系统进行压力测试（参见9.4.1节）。

3）启动冗余设计的相关设备，考察它们对网络性能的影响。

验收网络系统时，还需要关注以下方面内容：

1）网络施工图。这包括逻辑连接图和物理连接图。逻辑连接图包括各个LAN的布局，各个LAN之间的连接关系，各个LAN与WAN的接口关系，以及服务器的部署情况。物理连接图则包括了每个LAN的接口的具体位置，路由器的具体位置，交换机的具体位置，配线架各插口与某个房间、某个方位的具体网络设备的对应关系。

2）网络信息。这包括各网络的IP地址规划和掩码信息，VLAN信息，路由器配置信息，交换机端口配置信息和服务器的IP地址等。

3）正常运行时网络主干端口的流量趋势图，网络层协议分布图，运输层协议分布图，应用层协议分布图等。这些信息可以作为今后网络管理的测试基准。

（4）应用测试

应用测试是通过网络应用程序来测试整个网络系统支撑网络应用的能力。首先要考虑网络对关键应用（如DNS、Web、电子邮件、多媒体应用）的支持。测试的主要项目包括服务的响应时间和服务的稳定性等。

3. 验收测试中的有关问题

网络验收测试是检查已建成的网络工程项目是否达到了一定的水准，该水准是在可以控制的环境下满足用户需求的最低性能，而不是在各种潜在情况下表现出来的最好性能。然而，所有的测试都应当得到高于最低性能的参数。

由于网络工程和网络应用的复杂性，并不存在适用于各个不同环境、不同类型网络的统一的验收标准。目前用系统集成方法完成的网络工程包括具有不同功能的子系统，因此不能期待用一个标准、几个参数指标就能评定整个网络。例如结构化布线系统、路由器、交换机等都应用各自的方法来评价它们的性能，尤其将它们连接到一起后，所表现出来的性能就会受到设备配置、软硬件版本、拓扑结构、用户数量等诸多因素的影响，特别是要考虑可能存在的网络瓶颈的影响。但无论如何，设计实现的网络工程应当达到应有的设计要求。

9.2.3 验收文档

文档的验收是网络工程验收的重要组成部分。下面介绍网络工程文档通常包括的内容。

（1）工程管理文档

工程管理文档是在工程施工管理中需要用到的文档，属建筑工程通用文档。如果网络工程与整个建筑工程属于同一个大型建设项目，同期建设，则与其他分部（或分项）工程一样，要接受统一指挥、统一管理，在施工过程中要产生一些管理性文档，在工程验收时，需要将相关文档提供给文档验收小组。这类文档主要包括：

1）施工组织设计（含安全技术措施）。

2）各类施工图纸。

3）工程开工 / 复工报审表（含开工报告）。

4）工程材料 / 构配件 / 设备报审表（进场报验）。

5）施工日志。

6）工程施工联系单、现场签证单。

7）工程施工变更确认表。

8）工程款支付申请表。

9）隐蔽工程报验申请表（含隐蔽工程验收记录表、桥架分项工程质量验收记录表、配管及管内穿线分项工程质量验收记录表、电缆线路分项工程质量验收记录表）。

10）分项工程报验申请表（含分项工程质量验收记录表、设备试运行记录）。

11）设备调试记录。

12）工程竣工报验单。

13）工程质量竣工报告（合格证明书）。

14）质量保修书。

（2）结构化布线系统相关文档

结构化布线系统相关文档包括：

1）信息点配置表。

2）信息点测试一览表。

3）配线架对照表。

4）线槽线管预埋图、各类线缆布线图。

5）布线测试报告。具有工程中各项技术指标和技术要求的测试记录，如缆线的主要电气性能、光缆的光学传输特性等测试数据。

6）设备、机架和主要部件的数量明细表，即网络工程中所用的设备、机架和主要部件分类统计，列出其型号、规格和数量等。

（3）设备技术文档

设备技术文档主要包括：

1）操作维护手册。

2）设备使用说明书。

3）安装工具及附件（如线缆、跳线、转接口等）。

4）保修单。

（4）设计与配置资料

设计与配置资料包括：

1）工程概况。

2）工程设计与实施方案。

3）网络系统拓扑图、设备物理连接图。

4）交换机、路由器、服务器的配置。

5）VLAN 和 IP 地址配置表。

（5）用户培训及使用手册

1）用户培训报告。

2）用户操作手册。

（6）各种签收单

1）网络硬件设备签收清单。

2）系统软件签收清单。

3）应用软件功能验收清单。

9.3　网络维护和管理

　　网络包括构成网络的物理部件的链路、交换机、路由器、主机和其他设备，也包括控制和协调这些设备的许多协议（以硬件和软件形式出现）。当一个机构将数以百计或数以千计的部件拼装在一起成为一个网络时，出现如下一些现象将是不足为奇的：网络部件偶尔出现故障，网络元素配置错误，网络资源过度使用，或网络部件完全"崩溃"。网络管理员的工作是保持该网络"启动和运行"，他们必须能够对这些问题做出反应，最好是避免它们的出现。由于大量网络部件可能散布在广阔的区域中，网络管理中心的网络管理员显然需要工具来监视、管理和控制网络。

9.3.1　网络的维护

　　网络维护的目的就是通过某种方式对网络状态进行调整，使网络能正常、高效地运行。当网络出现故障时能够及时发现并得到处理，保持网络系统协调、高效地运行。

　　网络维护工作包括制定相应的管理制度，有针对性地培养用户，完善网络维护的技术手段和工具等方面。

　　网络维护可以包括以下具体措施：

　　1）建立完整的网络技术档案。网络技术档案的内容包括网络类型、拓扑结构、网络配置参数、网络设备及网络应用程序的名称、用途、版本号、厂商运行参数等。这些参数对于网络维护工作非常有用。

　　2）常规网络维护。定期进行计算机网络的检查和维护，现场监测网络系统的运营情况，及时解决发现的问题。

　　3）紧急现场维护。在用户遇到严重网络问题时，集成商技术人员应在规定的时间内上门排除故障并解决问题。

　　4）重大活动现场保障。当用户有重大活动或遇到网络要做重大调整或升级等情况，需要集成商的技术人员现场维护，配合用户解决可能遇到的任何问题。

9.3.2 网络管理

一个网络系统建立以后，它的 85% 以上的工作都与网络管理有关。国际标准化组织开放系统互联将网络管理功能定义为 5 种类型的功能域：故障管理（Fault Management）、配置管理（Configuration Management）、账户管理（Accounting Management）、性能管理（Performance Management）和安全管理（Security Management）。

1. 故障管理

故障可定义为与运营目标、系统功能或服务偏离的集合。故障消息通常是由组件本身或系统的用户传递的。产生故障的源可能是数据传输路径（例如收发器电缆、双绞线线缆、光缆、租用线或虚拟信道），网络组件（例如收发器、转发器、网桥、星型耦合器、服务器或数据终端）、端系统、组件的软件、不适当的接口描述，甚至不正确的操作。

故障管理用于检测、隔离、消除和处理异常系统行为。对所有数据处理系统而言，识别和跟踪故障是一个重要的问题。与非网络的本地系统相比，计算机网络和分布式系统的故障管理更为困难。其原因主要是：涉及的组件数量大，资源的物理分布广阔，硬件和软件具有异构性，组件位于不同的域（例如，不同组织机构的人员）。

故障管理的功能是迅速地检测和纠正故障，以确保系统及其所提供服务的高可用性。从上述故障管理目标演化而来的任务包括：

1）监视网络和系统状态。

2）对告警的响应和反应。

3）诊断故障原因（例如，故障隔离和故障根源分析）。

4）确定差错蔓延途径。

5）引入和检查差错恢复措施（例如，测试和验证）。

6）运行故障日志系统。

7）为用户提供帮助（用户帮助桌面）。

图 9-1 给出了一个应用于管理环境下的故障处理系统的例子。

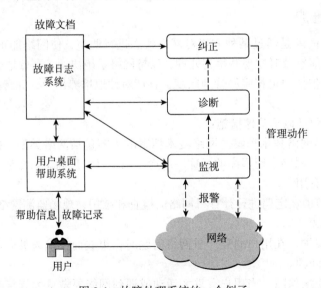

图 9-1　故障处理系统的一个例子

下列技术手段能够帮助分析故障：

- 系统组件的自标识。
- 组件的隔离测试能力。
- 跟踪设施（例如，交换消息流量的记录，有跟踪特性的标志消息，或特殊兼容性报告）。
- 差错日志。
- 在协议层的消息回复（例如，在传输链路和基于端到端的诸如"心跳"（heartbeat）或"保持活跃"（keep alive）检测故障的消息）。
- 对内存转储查找的可能性。
- 在定义的系统环境中，对有意产生的差错的测量。
- 对自测试程序的启动概率（它能够被集中初始化和监视）和向特定端口传送测试文本（环路测试、远程测试、问题文件），以及用 ping 发送的 ICMP 分组的可达性测试和网络可达性跟踪路径分析。
- 对门限值设置的选项。
- 触发设备的复位和重启动（直接对特定端口、端口组和组件）。
- 特殊测试系统的可用性（用于线路监视的示波器、时域反射仪、接口检测仪、协议分析仪和硬件监视仪）。
- 对故障消息或告警，以及用于减少相关事件数量和用于分析故障根源的事件相关性的过滤机制。
- 对故障记录系统和故障管理工具的接口（例如，用于自动转播故障通知和纠正故障）。

2. 配置管理

配置是系统对运行环境的一种适配，包括安装新软件、扩展旧软件、连接设备，为了网络拓扑或流量而改变配置。尽管配置总是包括物理安装的内容，但其通常是通过软件控制去生成并执行设置参数。这些参数通常包括功能选择参数、授权参数、协议参数（消息长度、窗口、定时器和优先级等）、连接参数（设备的类型和类别、过程、比特率和奇偶性等），以及路由选择表中的项、名字服务器和目录、网桥的过滤参数（地址、协议类型、集成）、网桥的生成树参数（网桥或端口的优先级）、路由器连接路径的参数（接口、速率、流控过程）、最大文件长度、计算时间和允许的服务数等。

考虑到网络运营和通信的关系，需要进一步处理下列问题：

1）进行配置管理的位置。被配置的系统不一定与现有的已配置系统兼容。这可能是由于技术原因，也有可能是由于安全或组织方面的原因，特别是当配置参数能够从远程装载时更是如此。配置能够基于组件自身进行，也可以基于某个组件配置其他组件，还可以基于所选择的站点（网络管理工作站）配置所有组件。

2）配置信息的存储。存储配置参数有不同解决方案，如数据可存储在 NVRAM、磁盘上或经网络装载。配置参数通过磁盘交换或经网络装载，能够方便、快捷地改变。然而，当配置信息存储在 EPROM 中时，配置参数的灵活性会降低。配置信息也能够存储在启动服务器中，并通过适当的装载协议来装载。

3）配置参数的合法性检查。配置参数的静态装载需要网络中断运行，另一方面，动态配置则允许在运行过程中改变配置数据。因此，标志新运行参数的合法性的事件是组件的重载、组件的重新启动，或所影响的组件的端口之一的重新启动。

4）配置管理的用户接口。一方面，用户接口的质量取决于能够被迅速改变的参数域的范围；另一方面，其质量也取决于网络管理员处理大量设备的参数配置时，能够减轻配置工作量。这些工作能够通过定义不同的选项加以处理：设备配置文件，配置的版本和使用宏来配置设备组。将具有配置数据的文档同时发送给被控的设备进行配置也较为方便。应当指出，必须保护配置和配置文件，以防止非授权使用。访问保护包括分发不同的口令，将配置分解成不同的域，如网络范围、组件范围和特定功能范围。另一个方法是加密用于执行配置的管理协议。

可见，配置管理包括了设置参数、定义门限值、设置过滤器、为被管对象分配名字。如果有必要，还包括装载配置数据，提供配置变化的文档，并主动地改变配置。配置管理的工具功能包括：

- 自动拓扑和自动发现，具有从某个具体的实际系统环境推断出配置描述的能力。
- 系统的配置和主数据库的文档描述。
- 生成用于可视化配置数据的网络图工具。
- 激活备份系统，拆除丢失的组件等工具。
- 设置和调用配置参数和系统状态的工具。
- 分发软件和许可证控制的工具。
- 监督和控制授权的工具。

3. 账户管理

在 RFC 2975 中对账户（accounting）的定义是"以记账（billing）、审计（auditing）、成本分摊（cost allocation）、容量和趋势分析（capacity and trend analysis）为目的，收集资源消耗的数据。账户管理对资源消耗进行测量、定价和分配，并在参与方之间传输资源消耗数据。"账户管理的基础是网络测量，即度量和收集用户使用网络服务、占用网络资源的信息，这又与网络性能管理相关。

账户管理功能至少由使用管理功能、账户过程功能和付费功能组成。使用管理功能包括使用生成、使用编辑、控制管理和呼叫事件或服务请求、使用差错纠正、使用积累、使用相关性、使用集合、使用分布；账户过程功能包括使用测试、使用监视、使用流管理、数据收集使用管理；控制管理包括费率管理、费率系统变化控制、记录生成控制、数据传输控制和数据存储控制；付费功能包括付费生成、账单产生、支付处理、债务收集、内部调解和合同处理。对于公共通信提供者，上面提到的许多功能尤为重要。在这样的环境中，服务通常是由多个网络提供的（例如，可能涉及多个网络节点、不同的提供者或多个移动用户）。因此，账户管理必须分布式地收集、处理使用数据，根据使用情况收集和报告得到性能改进要求（接近实时），以及多种收费策略。

账户管理所需要的管理数据包括：用户细节（用户数量、合同号、信用信息、用户历史）、所覆盖的合同信息服务、合同合法性、授权用户、配额、服务级协议、账单和支付细节、费率信息、用户信息和管理系统参数。

4. 性能管理

性能管理要通过收集网络的相关参数（实时的或历史的、统计的数据）来估算当前网络的运行情况。要完成性能管理，首先要根据网络需求选择合适的软硬件，然后测试出这些设备的最大潜能并在运行过程中进行监测。性能管理与故障管理相互依存，密不可分，它能够被看作故障管理的系统延续。虽然故障管理负责确保通信网络或分布式系统的运转，这还不能满足性能管理的目标，性能管理要求系统总体上运转良好。"良好"表明了性能管理必须解决的第一个问题，即服务质量的定义。

服务质量是在提供者（例如负责通信网络或 IT 基础设施的人）和用户之间所传递的接口信息的典型机制。在实现企业网或分布式系统中，随着涉及更多的用户 - 提供者关系，其重要性将会增加。服务接口被定义如下：

- ❑ 服务和服务类型（例如，确定的、静态的或最好的可能）的规格参数。
- ❑ 相关 QoS 参数的描述（具有可计量的值，包括试用值、平均值、限制值）。
- ❑ 监视操作（有关度量方法的信息，度量的选项和度量的值；度量报告的规格参数）的规格参数。
- ❑ 对前述的 QoS 参数变化的反应的描述。

然而，问题在于事先提供一个服务接口的全面定义是非常困难的，并且并非总是可能的。可能会出现下列问题：

1）垂直 QoS 映射问题。因为通信系统是分层的系统，N 层的特定 QoS 参数将被映射为 $N+1$ 或 $N-1$ 层的相应的层边界的 QoS 参数。例如，面向应用的（例如语音质量）到网络相关的 QoS（例如抖动）。QoS 的等级结构还没有对所有服务和协议栈定义好。当不同层的服务由不同运营商或提供者提供时，该问题将会恶化。

2）水平 QoS 映射问题。如果企业网是由多于一个电缆公司提供通信服务的话，其结果可能是用不同子网的串连来为端用户之间的通信提供统一 QoS 的服务。上述结论的前提是不同的电缆公司提供了相同的服务质量特性，否则，使用标准的 QoS 协商协议、资源预留协议或管理协议。服务越复杂，该要求就越不易满足。必须考虑语音服务和电信系统的非兼容专用信令协议，以及正交信令（QSIG）被使用的事实。

3）度量方法。评价服务质量的较好方式是在服务接口应用度量方法，该方法基于可视数量而不是使用由服务提供者提供的技术分析。后者变化很快，并且用户在没有将度量的数量转换为 QoS 参数之前，通常对这些数值不感兴趣。

性能管理包括了所有使确保 QoS 符合服务等级协定所需要的方法。它包括：

- ❑ 创建 QoS 参数和度量体系。
- ❑ 监视所有用于性能瓶颈和门限交叉点的资源。
- ❑ 用度量和趋势分析仪在故障出现之前预测之。
- ❑ 评价历史日志（例如，记录系统活动、差错文件）。
- ❑ 处理度量数据并编辑性能报告。
- ❑ 执行性能和容量规划。这对于提供分析或模拟预测模型是必要的，该模型用于检查新应用、转换度量和配置变化的结果。

监视器、协议分析仪、分组统计、报告产生器和建模工具是用于性能管理应用的一些典型工具。

5. 安全管理

"安全管理"一词不是指网络管理的安全（例如，保证管理的执行过程是安全的），而是指对网络安全的管理。这意味着应保护网上的资源，避免信息、IT 基础设施、服务和产品受到威胁或不适当地使用。安全性措施反映了对安全威胁进行的分析或采取的行动，以防止网络及其数据的损坏和丢失。与网络设计相关的安全问题，我们已在第 8 章中进行了较详细的讨论。

安全性管理包括下列一般方法：

❏ 进行网络安全风险评估。

❏ 定义和强制安全性策略。

❏ 检查标志（基于签名的鉴别和证书）。

❏ 执行强制的访问控制。

❏ 确保机密（加密）。

❏ 保证数据完整性（消息鉴别）。

❏ 监视系统以防止对安全性的威胁。

❏ 有关安全性状态和违反安全性或试图违反的报告。

为了便于实施安全管理，应当在安全性管理领域设计认可的安全性过程和一个可靠的集合，并将该过程的大部分作为公共软件。应当将这些过程嵌入管理体系结构中，并且在安全性策略的框架中以一种统一的方式控制它们。

事实上，上述 5 个网络管理功能域的功能是相关的。图 9-2 给出了这 5 个管理功能域之间的关系。

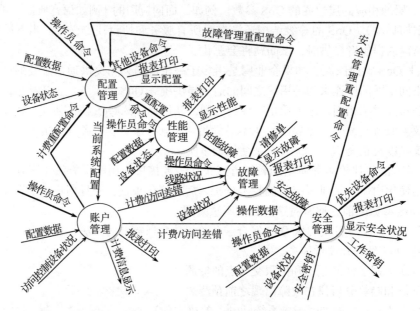

图 9-2　五个管理功能域之间的关系

9.4　网络工程案例教学

用"IP 网络性能监测系统"测试网络性能

【网络工程案例教学指导】

案例教学要求：

1）掌握"IP 网络性能监测系统"的基本使用方法。

2）能够使用该系统的相关功能测试网络性能参数。

案例教学环境：

装有 Windows Server 2003 操作系统的 PC 服务器或 PC 1 台，该机器与网络连接，安装好 Oracle 数据库和 IP 网络性能监测系统软件。

设计要点：

1）系统能够正常工作并与网络通过交换机相连。

2）阅读系统在线电子文档，启用系统相关测量功能。

3）对要测量的网络性能，正确选择系统的适当功能。注意，有些测量项目需要持续一段时间。

（1）需求分析和设计考虑

"IP 网络性能监测系统"是解放军理工大学在国家 863 计划支持下自主研发的网络管理系统。该系统基于网络端到端测量技术和国际因特网管理经验，使用多重测量机制。该系统采用了多项国家发明专利，并有十年多的实际大规模应用经历。经简单配置，系统就能够自动完成网络端到端性能参数提取、性能评估、故障定位和运营报告等功能，能够为网管人员提供客观公正、综合和高度自动化的网络级、定量、可视化的网管工具；能够为领导机关提供科学决策的依据；能降低网管费用和人员培训费用，规范 IP 网络的管理。该系统的核心是监测服务器，操作系统采用 Windows Server 2003，数据库采用 Oracle；应用 C/S 与 B/S 结合的体系结构；采用分布式技术形成广域监测系统。

"IP 网络性能监测系统"提供三大类共计几十项功能，测量功能包括测量 IP 层的往返时延、双向丢包率、路由和该路径上的节点数量、路径容量、路由器输入 / 输出流量、非忙率和不可预测性等；测量运输层的 TCP/UDP 带宽、丢包率、时延，TCP 单向丢包率；测量应用层的 DNS、电子邮件、Web 服务器等的性能。监视和分析功能包括实时测量数据显示与分析；历史测量数据显示与分析；Web 实时测量数据监测；路由器流量显示；往返时延、双向丢包率、可达性、非忙率、不可预测性和时延抖动参数分析；数据汇总分析、多种表格报告的显示、打印、电子邮件发送；路由分析；用户视图（网络拓扑发现工具、网络作图工具、故障可视化显示）；故障定位；告警处理（声音提示、颜色提示、电子邮件转发）；各种测量记录查询。系统管理功能包括测量域和测量策略的定义和管理；网络设备信息管理；系统管理员管理；Web 用户管理；系统安全性管理；操作日志管理；数据字典管理；电子邮件配置；数据库表备份、恢复、导入和导出；联机帮助等。

监测域是被监测设备的逻辑集合，它能根据监测需求形成特定的监测视图、报表和曲线集合。系统默认定义了"节点主域"和"应用主域"，用户还可以自行定义各种监测域。"节点主域"在系统中极为重要：通过配置，下级定义的"节点主域"中的数据将会自动传输到上级。因此，节点主域中应当放置上级节点所关注的重要被监测的节点。本级被监测的节点可放在自行定义的监测域中。

该系统的运行环境如图 9-3 所示，其中有运行 Windows Server 2003 操作系统的 PC 服务器 1 台，它具有一块以太网卡，通过双绞线与局域网交换机相连。

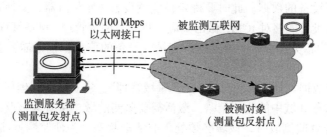

图 9-3　监测系统的运行环境

（2）设计方案

1）基本配置。打开系统主界面，可进行系统的配置（参见图9-4）。配置C/S系统的3个基本步骤是：规划并配置监测系统参数，规划并配置被监测设备的数据和规划并配置监测域数据。

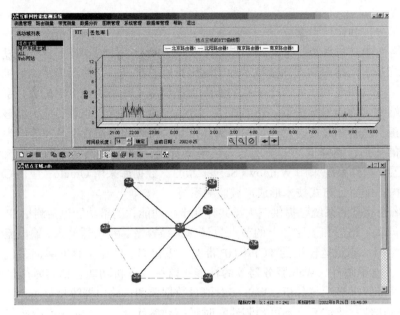

图9-4　系统主界面

监测系统参数是指有关系统全局的重要参数，规划是指根据监测目标对监测任务的事先计划。打开系统的"监测系统数据/系统管理/数据字典管理"中定义的各项，其中的内容需要根据监测需求进行具体规划并进行定义。规划可根据制定的框架，对下属部门进行。

①配置监测系统的数据。包括以下各项：

❑ 所属大单位：对一个全国性的网络可以选择省会城市，如沈阳、北京、兰州、济南、南京等。

❑ 节点：可以包括一级节点、二级节点、三级节点等。

❑ 应用系统：可以定义银行、证券、娱乐等。

❑ 监测中心配置：定义监测服务器所在地的名称和IP地址。

❑ 告警代码：定义各种告警代码。

❑ 告警严重等级：定义各种告警的严重等级。

②配置被监测设备的数据。此时要确定被监测设备（如路由器、交换机、服务器）的列表，其中要求这些设备能够对ICMP做出响应。打开"测量管理/设备管理"，点击"增加设备"，输入各设备的相关参数；需要输入所有被管设备的信息，包括需要立即或可能要监测的设备。

③配置监测域数据。打开"测量管理/测量域管理"，建立根据管理任务所规划的逻辑监测域。选中域中对象和域中的监测策略，激活需要监测的域，接着为该监测域建立用户监测域视图。注意，配置监测域时，该域必须处于非活动状态；为使监测域曲线与拓扑图联动，该图名字必须与监测域名完全一致。

④根据监测需求，选择相关菜单，配置监测SNMP重要对象、DNS服务器、电子邮件

服务器、Web 服务器监测等功能。

2）使用 B/S 监测服务器。打开浏览器，在地址栏输入"http://*ip_address*/ptop"，即可打开 B/S 主操作界面（参见图 9-5），其中的功能与 C/S 系统具有的功能大体对应。每项测量功能可根据菜单的提示使用，这里不再叙述。

图 9-5　B/S 主操作界面

为了更直观地进行性能监测，该系统提供了配置底图、定义热区和性能标签等功能，使得在底图的特定位置显示性能数据，图 9-6 是某大型电信运营商使用该系统监测网络的一个实际画面。

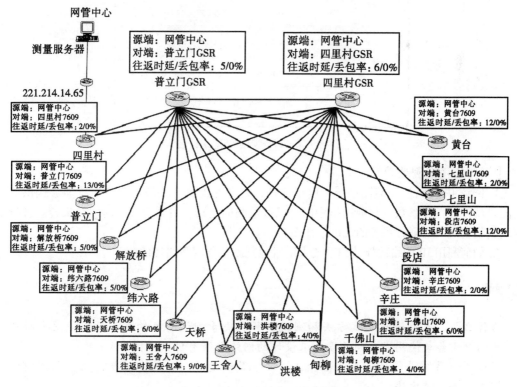

图 9-6　以图形方式监测网络性能

3）网络性能统计。系统能够根据监测配置，自动地获取网络性能数据，经处理后存入数据库表中。通过一段时期对网络的性能监测，我们可以对网络端到端链路性能进行各种分析（参见图9-7）。

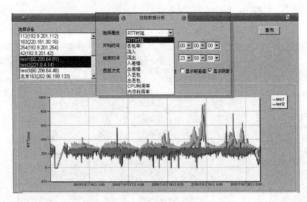

图 9-7　性能数据分析功能

可以利用系统提供的丰富网络性能参数统计表格功能，得到指定时间范围，指定端到端链路的性能参数（参见图9-8）。

节点主域阻断情况统计表
2005年6月13日----2005年6月20日

监测服务器名称：网管中心　　　　　　　　IP地址：192.9.201.112

Page 1

测试条件（长度：字节；数量：个）：

长包长度= 1000　　长包数量= 10　　短包长度= 100　　短包数量= 10

测试时间间隔（分）：1

被测节点名	故障起始时间	故障历时（分）	可通率(%)
test2(221.0.4.14)	2005-6-15 2:33:16	80	99.29
test2(221.0.4.14)	2005-6-18 6:16:51	2	99.29
test3(60.208.64.46)	2005-6-15 2:33:16	80	99.3
test3(60.208.64.46)	2005-6-18 6:17:51	1	99.3
test1(60.208.64.81)	2005-6-15 2:33:16	80	99.3
test1(60.208.64.81)	2005-6-18 6:17:51	1	99.3

图 9-8　节点主域阻断情况统计表

【网络工程案例教学作业】

1. 阅读 IP 网络性能监测系统的电子文档，定义并配置监测域。观察系统能够提供的自动测量功能和性能参数。切断网络中的一条被监测的链路，看系统多长时间后报警。分析如何减少报警时间间隔，系统的代价是什么？

2. 如何利用 IP 网络性能监测系统来定量地判断某条网络路径的瓶颈？

习题

1. 为什么说"正确选择测试方法和测试工具取决于测试的目的"？设想使用全新技术的网络设备与使用成熟网络设备来设计的网络系统有什么不同。

2. 实现原型系统进行性能测试在什么情况下是必要的？如果有必要，应当采用何种测试工具和测试方法？

3. 网络工程的验收流程是什么？通常包括哪些主要内容？

4. 作为网络工程验收的重要组成部分，验收文档通常包括哪些内容？

5. 网络维护的目的是什么？它包括哪些具体措施？

6. 网络管理的重要性体现在一个建立的网络系统的 85% 以上的工作都与网络管理有关。具体而言，网络管理包括了哪些方面？

7. 故障管理可定义为检测、隔离、消除和处理异常系统行为的过程。为什么故障管理对于大型网络而言有时非常复杂呢？

8. 配置管理包括什么内容？配置管理的工具包括哪些功能？

9. 根据 RFC 2975 的定义，账户管理主要包括哪些内容？为什么说"accounting management"超出了"计费管理"的含义？

10. 性能管理的主要内容是什么？为什么说性能管理能够被看作故障管理的系统延续？

11. 安全管理是指对网络安全的管理。它的具体含义是什么？

12. 基于网络管理系统或仪器的定量分析的方法与从网络管理实践中不断积累经验的方法相比，其优势在哪里？

参 考 文 献

[1] 陈鸣.计算机网络工程设计：系统集成方法 [M].北京：机械工业出版社，2008.

[2] J. F. Kurose , K. W. Ross.计算机网络——自顶向下方法（原书第 6 版）[M].北京：机械工业出版社，2014.

[3] 陈鸣，常强林，岳振军.计算机网络实验教程——从原理到实践 [M].北京：机械工业出版社，2007.

[4] R. Pressman.软件工程：实践者的研究方法（原书第 7 版）[M].北京：机械工业出版社，2011.

[5] 谢希仁.计算机网络 [M].5 版.北京：电子工业出版社，2008.

[6] O'REILL.网络分析与设计 [M].周长庆译.北京：中国电力出版社，2000.

[7] L. Raccoon.The Chaos Model and the Chaos Life Cycle[J]. ACM Software Engineering Notes,1995,20（1）.

[8] L. Peterson,B. Davie.计算机网络：系统方法（原书第 4 版）[M].北京：机械工业出版社，2009.

[9] P. Oppenheimer.A System Analysis Approach to Enterprise Network Design — Top-Down Network Design[M]. Macmillan Technical Press, 1999.

[10] D. Comer. Internetworking with TCP/IP Volume I: Principles, Protocols, and Architecture [M].4 版. Prentice Hall , 2001.

[11] W. Stevens. TCP/IP 详解 卷 1（英文版第 2 版）[M].北京：机械工业出版社，2012.

[12] D. Black.Building Switched Networks[M]. Addison-Wesley, 1999.

[13] M. Martin. 网络精髓——实用与理论 [M].归元计算机工作室译.北京：机械工业出版社，2000.

[14] M. Miller.Troubleshooting TCP/IP[M].3 版. IDG Books Worldwide, Inc., 1999.

[15] T. Ogletree. Upgrading and Repairing Networks[M].2 版. Que Publishing , 1999.

[16] W. Stallings. Data & Computer Communications[M].8 版. Pearson Education , 2007.

[17] B. Forouzan.TCP/IP Protocol Suite[M].4 版. McGraw-Hill Companies, Inc., 2010.

[18] W. Stallings. High-Speed Networks: TCP/IP and ATM Design Principles[M].Pentice-Hall, Inc., 1998.

[19] 陈鸣.NetWare 386 技术大全 [M].北京：人民邮电出版社，1995.

[20] 邝孔武，王晓敏.信息系统分析与设计 [M].北京：清华大学出版社，1999.

[21] H. Hegering ， S. Abeck.Integrated Network and System Management[M].Addison-Wesley Publishing Company, 1994.

[22] Carry Williamson. Internet Traffic Measurement[J].IEEE Internet computing, 2001（11-12）: 70-74.

[23] V. Paxson, et al. Framework for IP Performance Metrics[P]. RFC 2330. 1998.

[24] N. Brownlee, et al.,Traffic Flow Measurement: Architecture[P]. RFC 2722.1999.

[25] N. Brownlee.SRL: A Language for Describing Traffic Flows and Specifying Actions for Flow Groups[P].RFC 2723.1999.

[26] N. Brownlee.Traffic Flow Measurement: Meter MIB[P]. RFC 2720.1999.

[27] N. Brownlee. RTFM: Applicability Statement[P]. RFC 2721.1999.

[28] S. Handelman, et al. RTFM: New Attributes for Traffic Flow Measurement[P].RFC 2724.1999.

[29] G. Almes, et al.A One-way Delay Metric for IPPM[P]. RFC 2679.1999.

[30] J. Mahdavi ,V. Paxson.IPPM Metrics for Measuring Connectivity[P].RFC 2678, 1999.

[31] N. Brownlee,A. Blount.Accounting Attributes and Record Formats[P]. RFC 2924.2000.

[32] B. Aboba, et al. Introduction to Accounting Management[P]. RFC 2975.2000.

[33] A. Pras, et al.Internet Accounting[J]. IEEE Communications Magazine,2001（5）.

[34] J. Romkey. A NONSTANDARD FOR TRANSMISSION OF IP DATAGRAMS OVER SERIAL LINES: SLIP[P]. RFC 1055. l988.

[35] V. Jacobson. Compressing TCP/IP Headers for Low-Speed Serial Links[P]. RFC 1144 .1990.

[36] W. Simpson. The Point-to-Point Protocol（PPP）[P].RFC 1661. 1994.

[37] K. Sklower, et al. The PPP Multilink Protocol（MP）[P].RFC 1990.1996.

[38] N. Brownlee , E. Guttman. Expectation for Computer Security Incident Response[P]. RFC 2350. 1998.

[39] S. Bradner. Benchmarking Terminology for Network Interconnection Devices[P]. RFC 1242.1991.

[40] M. Leech, et. Al.SOCKS Protocol Version 5[P]. RFC1928.1996.

[41] R. Braden, et al.Report of IAB Workshop on Security in the Internet Architecture[P]. RFC 1636.1994.

[42] S. Deering. ICMP Router Discovery Messages[P]. RFC 1256.1991.

[43] Y. Rekhter, et al. Address Allocation for Private Internets[P]. RFC 1597. 1994.

[44] V. Fuller, et al.Classless Inter-Domain Routing（CIDR）: An Address Assignment and Aggregation Strategy [P].RFC 1519. 1993.

[45] J. Moy. OSPF Version 2[P]. RFC 2178. 1997.

[46] Y. Rekhter,T. Li.A Border Gateway Protocol 4（BGP-4）[P].RFC 1771. 1995.

[47] E. Guttman. Service Location Protocol, Version 2[P]. RFC 2608. 1999.

[48] M. Rose ,K. McCloghrie. Concise MIB Definitions[P]. RFC 1515.1991.

[49] M. Rose. A Convention for Defining Traps for use with the SNMP[P].RFC 1215. 1991.

[50] K. McCloghrie ,M. Rose. Management Information Base for Network Management of TCP/IP-based internets[P].RFC 1156. 1990.

[51] K. McCloghrie ,M. Rose. Management Information Base for Network Management of TCP/IP-based internets: MIB-II[P]. RFC 1213.1991.

[52] J. Case, et al.A Simple Network Management Protocol（SNMP）[P].RFC 1157.1990.

[53] J. Case, et al.Introduction to Community-based SNMPv2[P].RFC1901.1996.

[54] S. Waldbusser. Remote Network Monitoring Management Information Base[P]. RFC 1757. 1995.

[55] S. Waldbusser. Remote Network Monitoring Management Information Base Version 2 using SMIv2[P].RFC 2021. 1997.

[56] R. Enger，J. Reynolds. FYI on a Network Management Tool Catalog: Tools for Monitoring and Debugging TCP/IP Internets and Interconnected Devices[P]. RFC 1470.1993.

[57] M. Johns, et al. Identification Protocol[P]. RFC 1413.1993.

[58] B. Fraser. Site Security Handbook[P]. RFC 2196. 1997.

[59] R. Atkinson. Security Architecture for the Internet Protocol[P]. RFC 1825. 1995.

[60] R. Atkinson. IP Authentication Header[P]. RFC 1826. 1995.

[61] R. Atkinson. IP Encapsulating Security Payload（ESP）[P]. RFC 1827.1995.

[62] P. Metzger , W. Simpson. IP Authentication using Keyed MD5[P]. RFC 1828. 1995.

[63] P. Karn, et al. The ESP DES-CBC Transform[P]. RFC 1829.1995.

[64] C. Rigney, et al. Remote Authentication Dial In User Service（RADIUS）[P]. RFC 2865.2000.

[65] S. Waldbusser. Remote Network Monitoring Management Information Base Version 2 using SMIv2[P]. 1997.

[66] Raza S. K，Bieszczad A. Network Configuration with Plug and Play Components[C]. the Sixth IFIP/IEEE International Symposium on Integrated Network Management，1998.

[67] Rekesh John .UPnP，Jini and Salutation :A look at some popular coordination frameworks for future networked devices[J].California Software Labs 1015，1999（7）.

[68] Erik Guttman. Zero Configuration Networking[J].Japan: INET2000，2000（7）：18-21.

[69] Microsoft Corporation.Universal Plug and Play Device Architecture,Version 1.0. 2000.

[70] Sun Microsystem Inc.What is Jini.1999.

[71] The Salutation Consortium. Salutation Architecture Specification，Version 2.0c. 1999.

[72] JIDM：Joint Inter-Domain Management[OL].http://www.jidm.org/index.html.

[73]]ISO/CCITT and Internet Management Coexistence（IIMC）；Translation of Internet MIBs to ISO/CCITT GDMO MIBs ；ISO/CCITT to Internet Management Proxy，Issue 1.0，1993.10.

[74] A. I. Riviere, M. Sibilla. Management Information Models Integration: From Existing Approaches to New Unifying Guidelines[J].Journal of Network and Systems Management，1998:6（3）.

[75] 陈鸣 . 论管理系统的分布化、综合化、动态化和智能化 [J]. 通信学报，2000:16（11）.

[76] 陈鸣等 . 综合网管系统的设计方法及应用实例 [J]. 电子学报，2000:11A.

[77] Ming Chen, et al. The Design and Implementing of ChinaGBN INMS[C]. Proceedings of WCC2000, ICCT, August 2000, Beijing, CHINA.

[78] Ming Chen.ASMDS: An Architecture Of Self-Management Distributed System, IEEE SoftCom 2000, Croatia & Italy, October 11-14, 2000.

[79] 陈鸣，张涛，谢希仁 . 异质环境下分布式应用开发平台 PSDA 的设计与实现 [J]. 通信学报，1998（1）:29-35.

[80] Chen Ming. A New Principle of Statistical Multiplexing In Multimedia Networks[J]. Chinese Journal of Electronics. 1993,2（2）:82-88.

[81] Ming Chen, The General Switch: An Architecture for Integrated Switching of Services Feature Oriented, in Proc. IEEE MULTIMEDIA'90, Bordeaux, France. 1990.

[82] Chen Ming. Conceptual Issues for a Signaling System in an Integrated Communication Network, Proc.ICCS'90, Singapore. 1990.

[83] Chen Ming. The Evolving Spectrum of the Transport Models, Proc.ICCC'91, Beijing, 5.18.1-5.18.5. 1991.

[84] Chen Ming. A Services Features Oriented Congestion Control Scheme for a Broadband Network, Proceedings of ICC'91, Denver USA. 1991.

[85] Chen Ming. Methods of Statistical Multiplexing in Broadband Networks, Proceedings of XIV Int' l. Switching Symposium, Yokohama, Japan. 1992.

[86] Zhang Tao, Xi Xiren and Chen Ming. X.500 Information Infrastructure of Distributed Systems in Heterogeneous Environments, IFIP TC8/WG8.1 Working Conference on Information Systems in the WWW Environment, 15-17, July 1998, Beijing, China.

[87] DMTF: Common Information Model Specification 2.2.http://www.dmtf.org/ .

[88] G. Goldszmidt, On Distributed System Management, In Proceedings of the Third IBM/CAS Conference, Toronto, Canada, October 1993.

[89] Meyer, et al., Decentralising Control and Intelligence in Network Management, Proceedings of International Symposium on Integrated Network Management, May 1995.

[90] M. Kahani and H. Beadle. Decentralisted Approaches for Network Management[J]. Computer Communication Review, 1997（7）:36-47.

[91] Y. So, E. Durfee.Distributed Big Brother.8th International Conference on Artificial Intelligence and Applications.1992.

[92] Y. Yemini, G. Goldszmidt. Network Management by Delegation. 2nd International Symposium of Integrated Network Management, April 1991.

[93] A. Leinwand ,K. Fang. Network Management: A Practical Perspective[M]. Addison Wesley, 1993.

[94] J. Herman.Enterprise Management Vendors Shoot It Out[J].Data Communication International, 1990（9）.

[95] B. Wijnen.et al. Simple Network Management Protocol Distributed Protocol Interface（V2.0） [P]. RFC 1592. 1994.

[96] Heinz-Gerd Hegering, et al. Integrated Management of Networked Systems: Concepts, Architectures, and Their Operational Application[M]. Morgan Haufmann Publishers, 1999.

[97] G. Goldszmidt, Y. Yemini. Evaluating Management Decisions via Delegation.3rd International Symposium of Integrated Network Management, April 1993.

[98] J. Hansen. The Use Multi-dimensional Parametric Behavior of a CSMA/CD Network Diagnosis. Doctoral Dissertation, Department of Electrical and Computer Engineering, Camiegie Mellon University, 1992.

[99] Y. Shoham. Agent-Oriented Programming[J]. Artificial Intellgience, 1993（60）.

[100] G. Prem , P. Venkataram.Artificial Intelligent approaches to Network Management: Recent

Advances and a Survey[J].Computer Communications, 20（1997）.

[101] H. Gottfried , B. Subbianh. An Intelligent Mobile Agent Framework for Distributed Network Management, GLOBECOM '97, Phoenix, Arizona, USA, 3-8 Nov. 1997.

[102] L. Lewis. A Case-based Reasoning Approach to the Resolution of Faults in Communications Networks, Proc. Of IFIP/IEEE International Symposium on Integrated Network Management III, 1993.

[103] P. Frohlich, et al. Model-Based Alarm Correlation in Cellular Phone Networks, Proc. of the International Symposium on Modelling Analysis and Simulation of Computer and Telecommunications Systems, 1997.

[104] I. Rouvellou et al.Automatic Alarm Correlation for Fault Identification, Proc. of IEEE INFOCOM '95.

[105] G. Goldszmidt, Y. Yemini. Delegated Agents for Network Management[J].IEEE Communications Magazine,1998,36（3）: 66-70.

[106] Ray Hunt. SNMP, SNMPv2 and CMIP: The Multivendor Network Management[J]. Computer Communications , 1997（20）.

[107] B. Moore, E. Ellesson.Policy Core Information Model—Version 1 Specification[P]. RFC 3060. 2001.